中国林草生态舆情蓝皮书

（2019）

王武魁　李　艳　　主编
樊　坤　马　宁

U0231437

中国林业出版社

·北京·

图书在版编目（CIP）数据

中国林草生态舆情蓝皮书（2019）／王武魁，李艳，樊坤等主编 . —北京：中国林业出版社，2020.7

ISBN 978-7-5219-0651-6

Ⅰ. ①中… Ⅱ. ①王… ②李… ③樊… Ⅲ. ①林业–生态环境建设–互联网络–舆论–研究报告–中国 Ⅳ. ①S718.5

中国版本图书馆 CIP 数据核字（2020）第 118024 号

出版 中国林业出版社（100009 北京西城区刘海胡同 7 号）

E-mail forestbook@163.com **电话** 010-83143543

发行 中国林业出版社

印刷 三河市双升印务有限公司

版次 2020 年 10 月第 1 版

印次 2020 年 10 月第 1 次

开本 889mm×1194mm 1/16

印张 16.75

字数 485 千字

印数 1–3000 册

定价 138.00 元

《中国林草生态舆情蓝皮书（2019）》
编委会

前　言

　　基于研究团队和配套的 IT 基础设施以及相关学科优势，以山水林田湖草生态为研究和监测对象，通过公众生态保护舆情的数据搜集和分析，形成《生态舆情蓝皮书》，以定期和不定期的时间周期发布。发布的蓝皮书属于第三方研究性质的蓝皮书。

　　生态蓝皮书包括生态舆情环境分析、生态舆情热点分析、生态管理部门传播能力分析、生态舆情应对效果分析和生态舆情前瞻等部分。①生态舆情环境分析侧重对网络传播生态、生态管理政策和治理变革等宏观舆论环境的分析，其目的是方便舆情蓝皮书使用对象的阅读，从宏观视角了解网络传播的整体环境，了解生态舆情的整体环境。②生态舆情热点分析侧重对生态热点事件或人物的舆情分析，包括生态热点事件热度排行、生态热点话题领域分布（例如森林公园或湿地）等，从多个维度对这些问题实施排序并形成排行榜。③生态管理部门传播能力分析，主要评估生态管理部门传播的议程设置能力、对媒体资源整合能力、跨文化传播技巧、新媒体传播及运营能力等方面。④生态舆情应对效果分析侧重林草行业主要管理部门（国家林业局相关司局、省相关部门和生态保护区域主题管理部门等）的舆情压力指数排行、负面/敏感舆情应对效果等内容。舆情压力是指行业内主要企业承受负面/敏感舆情的指标，通常以整体舆情负面率作为基础值并通过加权得出。通过对重点生态保护地负面/敏感舆情指标的分类，可以得出整体的负面/敏感舆情的话题分布情况。基于以上分析，可以对负面/敏感舆情的分布特点和未来需关注重点等进行更深一步的解读，提出管理、管控和政策导向建议。敏感舆情应对效果是指相关单位处置负面/敏感舆情的成效，蓝皮书可以通过快速响应、信息发布、整改落实和形象修复等角度实施分析。⑤行业舆情前瞻是在以上分析基础上，结合社会环境、政策环境、治理环境和社会热点话题，探讨下阶段生态管理的趋势，政策应对和关注重点，以及生态管理舆情应对压力、声誉管理等方面的内容。在生态舆情蓝皮书的基础上，后续还可以继续针对某项专门的生态政策和生态重大话题或事件出版生态政策蓝皮书和生态重大问题蓝皮书。

　　党的十八大以来，习近平总书记从生态文明建设的顶层宏观视角，提出了山水林田湖草是一个生命共同体的理念，在《关于〈中共中央关于全面深化改革若干重大问题的决定〉的说明》中强调："人的命脉在田，田的命脉在水，水的命脉在山，山的命脉在土，土的命脉在树。用途管制和生态修复必须遵循自然规律"，"对山水林田湖进行统一保护、统一修复是十分必要的"。中央全面深化改革领导小组第三十七次会议又将"草"纳入山水林田湖同一个生命共同体。"生命共同体"理念界定了人与自然的内在联系和内生关系，无论是自然界的整体认知，还是处理人与生态环境的关系上，该理念为生态保护提供了重要的理论依据，成为推进生态文明建设的重要方法论。

　　生态系统具有生态产品供给、净化调节、文化美学等多重服务价值，需进行多目标综合管理。生态系统中各生态要素之间是一个普遍联系的"生命共同体"，不能实施分割式或独立式的生态系统管理。实施山水林田湖草生态保护和修复，其任务涵盖自然保护区治理和管理、流域水环境和湿地保护治理、沙漠荒漠治理、生物多样性保护、草原生态维护和持续发展、矿山环境治理恢复、土地整治与土壤污染修复、区域生态系统综合治理修复等重点内容。生态系统保护修复的核心是修复"人与自然的关系"。

人对自然的作用以及从自然中获取的价值，使得人成为自然的干预者。当自然受到人的威胁和破坏后，人们开始认识到自然生态的重要性。随着生态保护观念的提升，以及"绿水青山就是金山银山"的生态文明价值观的形成，公众开始重视并广泛参与自然生态的保护。互联网以及 Web3.0 媒体的发展，网络媒体新闻、社交网络、博客、微博、网络论坛等成为公众讨论和发表生态环境意见和建议的重要场所。从互联网上获取公众对生态环境的评价、意见、态度（情感倾向）、话题、热点事件、建议等舆情数据，以此评价山水林田湖草为对象要素的生态环境，或发现重大生态环境破坏事件，或对环境问题和管理提出意见，成为一种从公众视角修复"人与自然的关系"的手段。近期网络热点新闻，例如秦岭别墅事件、牡丹江曹园事件等，都成为与生态系统保护关联的热点事件，成为网络媒体的焦点，公众关注进而发表意见热议，形成了网络舆情。

对网络舆情的监控和分析，能够为林业行政部门制定生态保护政策提供公众视角的意见，可以为生态保护，诸如森林公园、自然保护区、湿地管理和保护等，提供政策制定和政策执行情况的参考，提供管理评价的依据，发现将要或正在发生的问题，也可以了解公众对生态保护的期望和意愿，掌握公众对生态保护的动态趋势。通过公众生态保护舆情的数据搜集、框架设计、指标体系设计、与实际生态政策和生态环境管理映射等环节，形成第三方视角的生态保护舆情蓝皮书，并以年度为周期发布，热点问题不定期发布。生态蓝皮书包括三种形式，即生态舆情蓝皮书、生态政策蓝皮书和生态重大问题蓝皮书。

蓝皮书的发布基于北京林业大学经济管理学院的常设研究机构，即林草生态舆情与大数据管理研究团队。该团队依托经济管理学院信息管理和信息系统、电子商务两个专业的师资和博硕研究生，具有计算机和管理交叉的学科背景，承担过多项国家自然科学基金、国家社会科学科学基金和林业局项目，具有很强的研究实力。2015 年课题组即开始参与北京市园林绿化局委托的"北京市园林绿化法制化进程研究"有关舆情监测部分的研究。近3 年已指导多名研究生开展社交媒体挖掘方面的研究，发表相关论文多篇，在网络舆情信息抓取和分析方面已具备了一定的技术储备并积累了一定的实际经验。

编　者

2020 年 5 月

目　录

总　论

第一篇　林草生态舆情报告

第二篇　生态功能区生态舆情报告

第三篇　生态热点事件舆情分析

第四篇　官媒涉林报道与地方政府林草部门舆情分析

总　　论

2019 年中国林草生态网络舆情分析及展望

王武魁　李　艳　郭培燕　耿韵惠[*]

摘要： 2019 年中国林草生态舆情总量较上年增长显著，各舆情话题的主要传播媒介并不相同。林业信息化、林产品质量安全和林业产业扶贫是网络媒体报道的热点话题，而网民讨论更多集中在草原生态、洪水调蓄生态功能区和大都市群生态功能区话题。本年度林草生态相关的热点事件话题和地域分布都较为集中。分析显示，在新媒体环境下，各级林草主管部门积极使用"双微"平台应对林草生态舆情，各部门在传播能力和应对效果上有所差异。展望 2020 年，舆情关注会聚焦野生动物，挖掘事件，关注热点，获取公众情感态度倾向，分析舆情的社会影响，争取为林草生态保护提供把脉工具。

关键词： 林草生态舆情　热点事件　舆情应对　林业产业发展　林业扶贫　林草"双微政务"

一、中国林草生态网络舆情总体结构说明

本舆情报告基于网络主要媒体，例如微博、微信、新闻和论坛等媒体数据，利用舆情分析的研究路线和分析工具，以课题组拟定的舆情研究总体框架为主线，以分报告的形式，回溯林草生态的年度热点话题、热点事件和网民针对特定主题的舆情，并做出一定程度的分析和研判，提出相应的建议。报告旨在从官方主流媒体和网络参与多视角提供多源信息，为主要利益相关者，例如行业管理人员提供决策参考。

林草生态舆情主题选择依据林草生态的自然组成、林草行业关注的主要问题以及生态功能区划分，具体分为生态舆情环境分析、生态舆情热点分析、生态管理部门传播能力分析、生态舆情应对效果分析和生态舆情前瞻等五部分（图 1）。

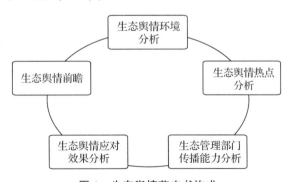

图 1　生态舆情蓝皮书构成

生态舆情环境分析侧重对网络传播生态、生态管理政策和治理变革等宏观舆论环境的分析，力图使读者从宏观视角了解网络传播的整体环境，了解生态舆情的整体环境。

生态舆情热点分析侧重对生态热点事件或人物的舆情分析，包括生态热点事件热度排行、生态热点话题领域分布（例如森林公园或湿地）等，从多个维度对这些问题实施排序并形成排行榜。

* 王武魁：北京林业大学经济管理学院教授，博士生导师，主要研究方向为信息系统、林业信息化和大数据；李艳：北京林业大学经济管理学院教授，硕士生导师，主要研究方向：信息管理、竞争情报；郭培燕、耿韵惠：北京林业大学经济管理学院硕士研究生。

生态管理部门传播能力分析，主要评估生态管理部门传播的议程设置能力、媒体资源整合能力、跨文化传播技巧、新媒体传播及运营能力等方面。

生态舆情应对效果分析侧重林草行业主要管理部门(国家林草局相关司局、省相关部门和生态保护区域主题管理部门等)的舆情压力指数排行、负面/敏感舆情应对效果等内容。舆情压力是指行业内主要企业承受负面/敏感舆情的指标，通常以整体舆情负面率作为基础值并通过加权得出。通过对重点生态保护地负面/敏感舆情指标的分类，可以得出整体的负面/敏感舆情的话题分布情况。基于以上分析，可以对负面/敏感舆情的分布特点和未来需关注重点等进行更深一步的解读，提出管理、管控和政策导向建议。敏感舆情应对效果是指相关单位处置负面/敏感舆情的成效，蓝皮书可以通过快速响应、信息发布、整改落实和形象修复等角度实施分析。

行业舆情前瞻是在以上分析基础上，结合社会环境、政策环境、治理环境和社会热点话题，探讨下一阶段生态管理的趋势，政策应对和关注重点，以及生态管理舆情应对压力、声誉管理等方面的内容。

在生态舆情蓝皮书的基础上，后续还可以继续针对某项专门的生态政策和生态重大话题或事件，出版生态政策蓝皮书和生态重大问题蓝皮书。

二、生态舆情环境分析

据对网络媒体涉林报道以及社交媒体涉林帖文和评论的跟踪监测可以发现，2019 年林草生态舆情总量为 128.47 万条。其中网络媒体数据监测来源包括人民网、央视网、央广网、新华网、求是网和光明网，社交媒体包括微博、微信公众号以及百度贴吧和天涯论坛。通过数据监测和统计可以发现，网络媒体报道与网民在社交媒体上讨论的关注点有所差别。在排名前三的热点话题中，网络媒体报道与网民在社交媒体上讨论各有不同。总体来看，网络媒体报道更多关注的是国家林草政策会议类的话题，例如林业信息化、林产品质量安全和林业产业扶贫；而网民的关注点主要是日常生活相关的林草生态话题，诸如草原生态、洪水调蓄生态功能区和大都市群生态功能区。

(一)网络媒体报道舆情数量及话题结构

1. 舆情数量分布

据涉林报道的监测与统计显示，2019 年全年涉林报道共计 5.35 万篇，较 2018 年相比，增长 42.99%。网络媒体基于互联网等新兴媒介形态对新闻传播行业及整个社会产生了巨大推动作用。2019 年网络媒体涉林报道的增加，一方面说明网络媒体从整体的内容把控上更加关注林草生态，这或许是党的十八大以来，习近平总书记从生态文明建设的顶层宏观视角，提出了"山水林田湖草是一个生命共同体"的理念之后，反映在网络媒体上的重大举措。另外网络媒体归根结底，其受众仍旧是各位网民，所以从侧面说明了网民开始更加关注生态环境、生活质量，网络媒体为此也增加了相关的报道。最后，网络技术的发展日新月异，网络媒体环境也在不断改善，2019 年涉林网络媒体报道的大增，也反映了我国信息化水平的进步，我们所处的社会正大步昂首进入新时代。

林业信息化、林产品质量安全和林业产业扶贫是 2019 年网络媒体报道排名前三的热点话题，数据量分别为 17999 篇、6792 篇和 5347 篇，三者合计约占总网络媒体报道量的 61%(图 2)。这三类话题的数据量占比较多，与我们新时代下的新举措息息相关。近年来，我国越来越重视生态文明建设，大力实施林业生态建设工程。《林业产业发展"十三五"规划》政策文件中提出林业产业要"贯彻落实创新、协调、绿色、开放、共享五大发展新理念"，林业现代化正趋向林业信息化转变。林产品质量安全类话题数据量占比较多，这与我国拥有十分丰富的林业生态资源，林产品在国内外有着巨大的市场空间①是分不开的。随着中国的经济发展和人均收入的不断攀升，在小康时代情境下，绿色消费观念逐渐形成，网民追求更健康的生活质量，带动了森林旅游、森林食品等新兴产业的发展。在 2019 年中国北京世界园艺博览会开幕式上，习近平总书记发表了题为《共谋绿色生活，共建美丽家园》的重要讲话。在讲话中习近平总书记强调，"绿水青山就是金山银山，改善生态环境就是发展生产力。良好生态本身蕴含着无穷的经济价值，能够源源不断创造综合效益，实现经济社会可持续发展"，"纵观人类文明发展史，生态兴则文明兴，生态衰则文明衰"。各省各部纷纷响应习近平总书记的倡导，林业扶贫也不甘落后，坚持"绿水青山就是金山银山"的理念，遵循"良好生态本身蕴含着无穷的经济价值"的真理，"生态扶贫"成为林业扶贫领域中人们重点关注的扶贫工作之一。

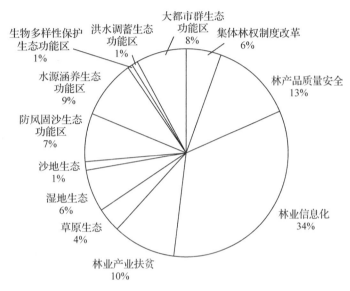

图 2　2019 年网络媒体涉林报道话题分布

2. 话题结构变化

　　与 2018 年相比，2019 年网络媒体涉林报道，集体林权制度改革、林产品质量安全、林业信息化、林业产业扶贫、草原生态、湿地生态、沙地生态、防风固沙生态功能区、水源涵养生态功能区、生物多样性保护生态功能区、洪水调蓄生态功能区、大都市群生态功能区 11 个话题的数据量都呈现一定程度的增加。

　　其中数据量增加最为显著的 3 个话题分别是大都市群生态功能区、洪水调蓄生态功能区和集体林权制度改革，分别同比增加 1082%、211% 和 118%（图 3）。大都市群的舆情分析主要以京津冀大都市群、长三角大都市群和珠三角大都市群为研究对象，其中 2019 年京津冀大都市群新闻类数据总量为 1552 条，较 2018 年增长 339.66%，较显著的增长期是 2019 年 4 月中国北京世界园艺博览会期间以及 10 月银杏红叶的观赏期；长三角大都市群新闻类数据总量为 548 条，较 2018 年增长 238.27%，数据增长主要是由网络媒体增加了对台风和强降雨的关注；珠三角大都市群新闻类数据总量为 788 条，较 2018 年增长 785.39%，其中在 2019 年 4 月濒危物种走私案期间、6 月穿山甲被宣布功能性灭绝时、8 至 9 月动物制品走私案高发期时数据量显著增加。洪水调蓄生态功能区 2019 年网络媒体报道增加，追溯原因后发现新闻平台围绕长江防护林工程、长江经济带、1 号洪水等话题展开的报道增多，洪水调蓄生态区的绿化造林区域建成基本连续完整、结构稳定、功能完备的森林生态系统，显著改善了长江森林生态功能。集体林权制度改革 2019 年 8 月份舆论增长迅速，相

---

①　国家林业局. 林业产业发展"十三五"规划[R]. 2017.

关新闻报道达到 310 条。8 月,习近平总书记主持召开中央财经委员会第五次会议,会议强调要改革土地管理制度,增强土地管理灵活性,涉及林地流转、林地抵押相关内容,新闻平台围绕林地"三权分置"开展报道,出现全年集体林权制度改革话题新闻量高峰。

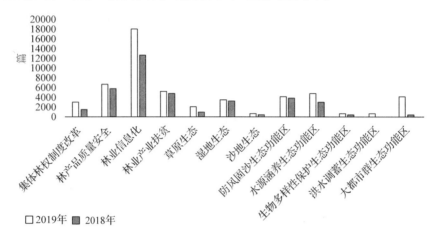

图 3　2018 年与 2019 年网络媒体涉林报道话题结构变化

(二)网民社交媒体帖文及评论话题结构分布

社交媒体的诞生,是网络时代新闻传播领域的一次革命,意味着传统媒体正在向新型媒体转型。它凭借独有的便捷性、低门槛、低成本和多终端等优势,使得传统媒体的线性传播方式革新成为爆发式增长的星形传播方式,成为信息传播的重要载体,也成为反映社情民意的重要平台。① 微博、微信和论坛贴吧成为林业生态舆情社交媒体的主要平台。

据社交媒体涉林帖文和评论的跟踪监测显示,2019 年涉林社交媒体讨论与帖文数量合计 19.29 万条。其中草原生态、洪水调蓄生态功能区和大都市群生态功能区是 2019 年网民讨论排名前三的热点话题,数据量分别为 76334 条、40005 条和 17639 条,三者合计约占总网络媒体报道量的 70%(图 4)。草原生态舆情方面可以看出多数网民对于各项草原问题基本持正向积极态度,并且愿意主动关注相关新闻、新推行的政策,论坛靠庞大的网民使用量和较高的参与度得到了最大的数据量。具体内容方面,微博网民明显着重关注于草原旅游方面的资讯,微信网民偏好阅读相关知识科普的文章内容。洪水调蓄生态功能区网民的讨论反映出的情绪负面情感占据 50% 以上,多数网民表示"对于该生态功能区环境堪忧""质疑相关部门如何保证湖泊湿地的洪水调蓄生态功能的发挥""鄱阳湖越来越萎缩了,以后改名为洞庭河吧。"这些言论无不警示各级水行政主管部门和规划编制部门应该关注网民评论并及时采取解决措施,以保证洪水调蓄生态功能区健康持续。大都市群生态功能区的话题中,三大都市群都存在网民负面情绪占比较重的问题。其中,负面观点主要有对雾霾的担忧、对破坏公共绿地等不文明行为的谴责、对行道树选择的不满、对相关政策的不理解以及对拔光广州中药材科普基地艾草的谴责等,相关部门应当及时对公众的质疑、不满言论进行回应,防止负面言论的传播损害政府形象。

(三)林草生态舆情话题数据源分布

舆情数据监控与统计显示,各林草生态舆情话题的主要传播媒介并不相同(图 5)。其中林产品质量安全、林业信息化、林业产业扶贫以及湿地生态话题中,网络媒体新闻是它们的第一传播路

① 郭俊晖. 社交媒体舆情研究[D]. 太原:山西大学,2014.

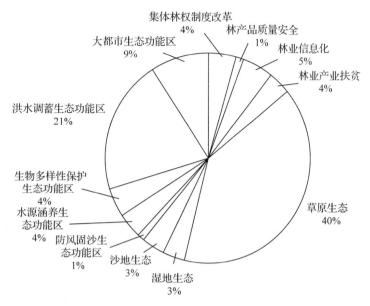

图 4　2019 年社交媒体涉林评论及帖文话题分布

径，这与上文网络媒体报道舆情数量分布处的结论也进行了交互验证。以微博平台作为舆论场的话题主要有防风固沙生态功能区、水源涵养生态功能区、洪水调蓄生态功能区还有大都市群生态功能区。这四个功能区主要都是和人们日常生活息息相关的话题，更具体地说都与"水"密不可分。由图中可见，微信平台在所有的话题中都扮演着中间角色，这一方面是因为微信公众号的文章有不少都是非原创，而是转载自各大新闻媒体的，另一方面是因为网民习惯于在微信公众号中以阅读留痕，评论和点赞的动作只有情绪特别强烈的时候才会发生。这也导致了微信平台未能成为林草舆情开展的主角，但它的推广能力仍旧不容小觑，仍是林草生态舆情中不可或缺的部分。集体林权制度改革、草原生态、沙地生态、生物多样性保护生态功能区话题，论坛舆情所占比重最大，成为影响舆情反馈的重要力量。

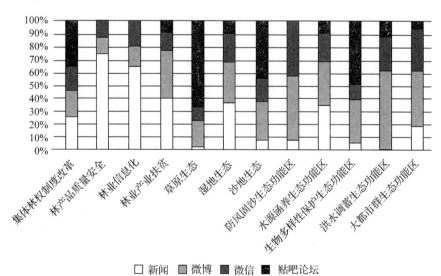

图 5　林草生态舆情话题数据源分布

三、林草生态热点舆情分析

在本年度时间范围内，课题组结合媒体报道量、网民讨论量、平台传播广度、事件性质等要素，选取 100 个热点事件，并从其舆情话题和地域分布不同维度进行分析，以期总结本年林草生态热点事件的舆情传播规律及特点。

(一)舆情热点

目前林草生态舆情的数据源设定为微博、微信、新闻和论坛四类，涉及 10 个平台。参考数据量、字段以及研究侧重，现将林草生态舆情热度指标阈值设定如下。

林草生态舆情事件热度 = 微博量×50% + 微信量×30% + 新闻量×15% + 论坛量×5%

在对 2019 年 1 月 1 日至 12 月 31 日林草生态舆情热点事件的微博、新闻、帖文进行监测和统计的基础上，通过加权计算得出热点事件的舆情热度，进而整理出排名居前 100 位的热点事件(表 1)。

表 1　2019 年林草生态舆情热点事件 TOP100

排名	林草生态热点	月份	地域	首发媒体	舆情热度
1	凉山州木里县森林火灾	4 月	四　川	新浪微博@央视新闻	246282.1
2	杨花柳絮	4 月	全　国	中国天气网	174078.8
3	曹园违建	3 月	黑龙江	央广网	11125.8
4	自然保护地体系建设	1 月	全　国	人民网	7970.15
5	从国家公园，到公园国家	3 月	全　国	中国林业网	7107.95
6	森林公园	1 月	全　国	中国林业网	3337.3
7	黄河流域生态保护	9 月	全　国	搜狐网	2922.6
8	熊猫扶贫	9 月	内蒙古	新浪微博@成都大熊猫繁育研究基地	2753
9	国家森林步道	8 月	全　国	中国林业网	2252.05
10	生态兴则文明兴	5 月	全　国	光明网	2190.15
11	救救穿山甲	4 月	全　国	人民日报官博	2150.3
12	车厘子产业链	3 月	全　国	凤凰网	2003.35
13	运城盐湖天然调色盘	6 月	山　西	新浪微博@人民日报	1844.85
14	大都市群雾霾	10 月	全　国	人民日报官博	1784.9
15	京津风沙源地 20 年生态逆袭	8 月	京津冀	中国林业网	1515.3
16	天然林保护	8 月	全　国	中国政府网	1010.75
17	香椿自由	3 月	全　国	上海市农业农村委员会官方微博	997.35
18	长江三角洲区域一体化发展规划纲要	12 月	全　国	中国政府网	926.5
19	沙漠公园	3 月	全　国	百度贴吧-石河子吧	803.1
20	森林旅游	3 月	全　国	搜狐网	780.8
21	林业扶贫	2 月	全　国	搜狐网	748.5
22	新一批国家级旅游度假区	5 月	全　国	中国政府网	738.35
23	数百亩荷花被野蛮采摘	7 月	四　川	红星新闻	688.9
24	湿地公园	1 月	全　国	人民网	636.85
25	长三角一体化示范区	3 月	全　国	人民网	566.95
26	智慧林业	4 月	全　国	36氪	565.05
27	大兴安岭森林火灾	6 月	黑龙江	央视网	550.45

（续）

排名	林草生态热点	月份	地域	首发媒体	舆情热度
28	世界地球日	4 月	全 国	央广网	544.05
29	海关破获特大象牙走私案	4 月	广 东	现代快报	537.25
30	草原鼠疫	5 月	全 国	搜狐网	528.65
31	退耕还林还草	9 月	全 国	央广网	516.9
32	济南超豪华违建别墅被拆除	1 月	山 东	央视网	512.7
33	山西沁源森林大火	3 月	山 西	新浪新闻	503.85
34	河北再现削山造地建别墅	2 月	河 北	搜狐网	500.6
35	沙漠摘枸杞日薪一千	10 月	青 海	深港在线	490.7
36	毁林私建私人庄园	3 月	黑龙江	中国新闻网	488.1
37	江西景德镇森林火灾	4 月	江 西	中国新闻网	474.25
38	内蒙古阿尔山发生森林火灾	5 月	内蒙古	新华社	462.05
39	云南普洱山火	4 月	云 南	央视网	454.85
40	龙池山森林火灾	4 月	江 苏	新华网	454.4
41	30 家国家级旅游度假区	5 月	全 国	中国新闻网	444.7
42	海关查获 222 只白胸翡翠鸟尸体	6 月	广 东	人民网	406.7
43	华能光伏项目推平沙漠林草地事件	12 月	陕 西	《财经》杂志	397.15
44	已有 571 种植物灭绝	6 月	全 国	人民网	395.95
45	贺兰山下的绿洲	3 月	宁 夏	光明网	362.3
46	林业大数据	4 月	全 国	中国林业网	350.05
47	森林认证	2 月	全 国	森林认证网	340.05
48	我国是人工造林最多的国家	3 月	全 国	环球网	316.7
49	南宁海关查获走私黑叶猴骨架	4 月	广 西	央视网	301.45
50	四川冕宁森林火灾明火	4 月	四 川	中国新闻网	281.8
51	抽烟引发森林火灾获刑 5 年	5 月	云 南	中国经济网	263.05
52	全国油茶产业	6 月	全 国	中国林业新闻网	257.1
53	世界防治荒漠化和干旱日	6 月	全 国	新华网	238.9
54	"互联网+全民义务植树"	3 月	全 国	搜狐网	232.75
55	中药材科普基地艾草被拔光	6 月	广 东	北京青年报	218.95
56	陕西商洛森林大火	4 月	陕 西	新华网	192.5
57	密云森林起火	3 月	北 京	央视网	171.8
58	邢台违建别墅群	3 月	河 北	搜狐网	171.1
59	库布其沙漠治理走出经济和生态融合发展之路	9 月	内蒙古	中国环境新闻	150.105
60	山东栖霞山火	5 月	山 东	新浪新闻	144.3
61	两山理论	3 月	全 国	搜狐网	139.35
62	绿水青山就是金山银山	3 月	全 国	求是网	139.15
63	第六届全国林业信息化工作会议	3 月	全 国	中国林业网	128.2
64	北京挖野菜大军	4 月	北 京	人民日报	114.35
65	黄山守松人	2 月	安 徽	央视网	104.3
66	"秦岭四宝"成为第十四届全运会吉祥物	8 月	陕 西	西安广播电视台长安号官方微博	100.6
67	沈阳棋盘山山火起因为秸秆燃烧	4 月	辽 宁	新华网	93.3

（续）

排名	林草生态热点	月份	地　域	首发媒体	舆情热度
68	发展草原旅游，助力脱贫攻坚	10月	全　国	中国林业网	85.3
69	云南沙甸大火	4月	云　南	新京报	78
70	黑龙江尚志市毁林种参 2722 亩	4月	黑龙江	人民网	74.4
71	六千亩密林疑被毁种人参	4月	黑龙江	新浪新闻	71.1
72	古城修缮百年榕树被砍	5月	福　建	新京报	62
73	重庆市城口县：退耕还林，种苗先行	7月	重　庆	自然资源部	61.7
74	2019 年国家重点扶持的 4 个林业项目，补贴高达 200 万	1月	全　国	微信公众号"土地论坛"	56.45
75	长江第 1 号洪水	7月	全　国	水利部长江水利委员会	51.3
76	鄱阳湖——70 万只候鸟之家	12月	江　西	中国绿色时报	50.55
77	信息技术与森林防火成为大家关注的热点	3月	全　国	搜狐网	45.75
78	公益林区划	9月	全　国	中国社科院民族学与人类学研究所	45.5
79	3S 技术在林业调查监测管理中的成果备受肯定	2月	全　国	东星资源网	37.7
80	科尔沁变了模样	7月	内蒙古	人民网	37.25
81	林产品质量监测与标准化管理	10月	全　国	微信公众号：中国人造板	33.2
82	西安回应临潼骊山建别墅	4月	陕　西	搜狐网	32.15
83	《江西省集体林权流转管理办法》出台	11月	江　西	江西省林业局	30.85
84	山水森林客都，宜居生态梅州	4月	广　东	梅州日报数字报	30.8
85	延安市"三北"防护林工程建设成绩斐然	8月	陕　西	中国林业网	30.65
86	88 万元天价普洱茶	2月	云　南	人民网	30.6
87	《联合国防治荒漠化公约》第十四次缔约方大会高级别会议	7月	全　国	科技日报	29.05
88	2019 年世园会纪念币	4月	全　国	北京本地宝	28.1
89	林业信息化建设成果与标准	3月	全　国	中国政府网	27.4
90	"一带一路"沿线荒漠化防治的中国贡献	8月	全　国	中国林业网官方微博	27.15
91	数据共享——"一张图"成关注热点	3月	全　国	搜狐网	23.8
92	内蒙古的底色由黄变绿	8月	内蒙古	中国林业网	12.8
93	灌木林虫灾	4月	全　国	中国林业网官方微博	9.5
94	特种经济林产业	6月	全　国	大河网	8.7
95	古树风韵润蓟州	6月	天　津	中国绿化网	7.45
96	人造板创新绿色发展成趋势	3月	全　国	新华网	4.85
97	农用地种植经济林，砍伐受影响吗？	5月	全　国	安宁市人民法院	3.9
98	巴山深处"金花银杏树"	10月	四　川	生态中国网	3.5
99	福建林改让"不砍树，也致富"变为现实	8月	福　建	中国经济网	1.95
100	香城泉都 森林咸宁	11月	湖　北	中国绿化网	1.85

注：热点事件所在地区若涉及多个省份，则统一划分为全国。

由表 1 可知，就林草生态热点事件舆情的首发媒体来看，占比较高的媒体有人民网、搜狐网和中国林业信息网，而中国林业信息网作为国家林业和草原局官方的网站，能在热点事件报道的媒体中脱颖而出，一方面肯定了国家林业和草原局的作为，另外一方面也说明了网民现在更加关注官方的报道及发声，网民智慧的提升也进一步净化了鱼龙混杂的舆情平台。

（二）舆情话题

本年度林草政策及会议、森林火灾以及绿化风采相关话题较为突出（图6）。

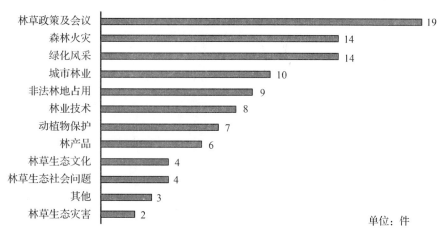

图 6　2019 年林草生态热点事件主题分布

林草政策及会议事件中，"2019 年国家重点扶持的 4 个林业项目，补贴高达 200 万""发展草原旅游，助力脱贫攻坚""林业扶贫"等涉及社会民生，为百姓谋福祉的相关话题下正能量充沛、舆情态势积极向好。另外，"绿水青山就是金山银山""生态兴则文明兴""退耕还林还草"等国家政策和林草生态相关文件会议也颇受广大网民的关注，大家关注并表达愿积极参与到国家的绿色治理行动中。

森林火灾是严重的林业灾害，这类舆情网民情绪主要包括对火情的担忧，对牺牲消防员的哀悼，当然也不乏对相关部门工作的质疑。在 2019 年相关的火灾舆情中，涉及的主要区域包括四川省、内蒙古自治区、黑龙江省等地。网民的关注点包括火灾的过火面积、火灾原因、扑火过程、善后治理等，其中起火原因和善后治理是网民关注的热点。起火原因大致可以分为自然灾害和人为两类。2019 年的森林火灾包括雷击火引发 3 月 30 日四川凉山木里重大森林火灾，村民烧荒引起 4 月 1 日陕西商洛森林大火，燃烧秸秆引发 4 月 17 日沈阳棋盘山森林火灾，油罐车爆燃引发 4 月 20 日云南普洱山火。另还有男子抽烟引发 4 月 12 日云南鹤庆山火获刑 5 年的事件。通过起火原因的梳理，我们首先知悉起火时间主要集中在 3、4 月份，各相关部门应在这个时间段加强巡视，发现火情或隐患及时扑救和治理，以免事态进一步恶化。另外，天灾尽量补救，人祸却应避免，公众应自觉律己，保护森林资源人人有责。在燃烧秸秆、烧荒、祭奠时，一方面要远离森林从根源上解决隐患，另一方面至少需要进行相应的防火措施，发生火灾及时扑救。

绿化风采类事件相关舆情的网民态度主要是赞美，一方面讨论家乡绿色建设的新变化和新面貌，另一方面为生在这个伟大富强的新时代而骄傲，为身为一个中国人而自豪，为美好的生活发出由衷的赞美，并希冀着更加美好的"绿色"明天。

（三）地域分布

2019 年林草生态相关热点事件地域分布主要集中在东北、华东、华南地区。其中，黑龙江省和陕西省最受舆论关注，各发生 5 起热点事件。黑龙江省的热点事件包括"毁林私建私人庄园""六千亩密林疑被毁种人参""大兴安岭森林火灾""黑龙江尚志市毁林种参 2722 亩"和"曹园违建"。这些事件主要涉及的是非法林地占用，建议黑龙江省相关部门加强相关监控与治理，加大相关惩处力度，将非法林地占用扼杀在摇篮里。陕西省的热点事件包括"'秦岭四宝'成为第十四届全运会吉祥物""陕西商洛森林大火""华能光伏项目推平沙漠林草地事件""延安市'三北'防护林工程建设成绩斐然""西安回应临潼骊山建别墅"，这些事件既包括陕西省的"名片"——"秦岭四宝"和"三北防护林"，也有非法林地占用事件，同黑龙江省一样，也应有所作为，消灭违法负面事件，让陕西省的"名片"深入人心，建设美丽陕西省。

（四）舆情简析

后续的舆情报告就网民负面情绪集中的舆情热点话题，分为森林火灾、非法林地占用、城市林业、林产品以及野生动植物等五类，分别选取热度最高的事件进行详细研究。

1. 民意的底色是"正能量"

虽然选取的五个热点事件都是林草生态相关的批评的、灾害性的、揭露的、建议的等网民存在大量的负面情绪，例如，曹园违建："有关当局早干嘛去啦？造成这么大的浪费！都是纳税人的血汗！"熊猫扶贫："成实园月不想呆仙盖室内外场吸毒气不想吃工业竹子"；杨花柳絮事件中甚至有网民号召"光头强你快来砍树吧"等，这些言论有的是在质疑相关部门的工作，还有的是提建议、督促改进。新时代下，网民对林草生态给予了前所未有的关注与支持。舆论监督不是洪水猛兽，有关部门应正确应对舆论监督，凝集公众的智慧，群策群力，建设我们美丽、绿色的家园。

回望2019年热点事件的舆情，一个最明显的感受是：即便仍有不同立场、不同观点，即便仍有"槽点"、仍有"失焦"，"正能量"却正在成为舆情的主流、民意的底色，在沧海横流之际"透出人心向上的力量"。

2. 相关部门要加快事件反应速度

公众发表的看法对于相关部门的形象有极大影响，如有一些负面言论传播过广没有得到官方回应，可能会极大降低政府的公信度，同时可能会导致恶性事件。因此，对突发事件的舆情监测至关重要，及时答复质疑、对事件涉及矛盾利用官方媒体进行疏导，可以有效引导舆情，进而创建更好的舆论环境。

从传播情况来看，在有关部门做出回应前，舆论会处于无序发展的情况，但是当有关部门做出回应后，舆论会快速就有关部门的回应发生变化。因此，政府应该进一步加快对于有关事件的反应速度，确保有关社会舆论的发展态势能够尽早进入可控范围内。

3. 要做有态度、有理想、有担当的"看门人"

如何揭露问题、拿捏分寸，考验着媒体监督报道的智慧。如果说有什么执简驭繁的抓手，那可能就是回归舆论监督的初心：发现问题、促进解决。具体来说，媒体要有问题意识，也要有大局意识，敏感地发现问题、犀利地追问原因是必须，但不能"只让问题遮望眼"，忽略了有关部门日拱一卒的付出。

要有批判精神，也要有建设心态，做个"键盘侠"很简单，一句"这个社会怎么了"便会有无数附和者，可这于解决问题何益？媒体扮演的应是"黏合剂"，而非"助燃剂"，不逞一时之勇，不图一时之快，而应本着解决问题的初衷，科学监督、准确监督、依法监督、建设性监督。做有态度、有理想、有担当的"看门人"

四、生态管理部门传播能力分析

当前，信息化媒介的快速发展使民意有了更广阔的表达空间，但同时海量网络信息数据的快速传播也带来了复杂多变的舆情环境，这便对相关林草生态部门的传播能力和应对舆情的回应能力提出了新的挑战。目前"微博+微信"的"双微政务"正在逐渐成为中国政府机关问政、施政的主要平台。这部分生态管理部门传播能力分析也将基于相关林草部门的"双微政务"表现来进行排名。

结合微博和微信平台传播指标的计算，得到国家林草局以及各省级林草管理部门的传播能力，见表 2。

表 2　国家林草局以及各省级林草管理部门传播能力（双微政务）评级

林草管理部门	双微政务评级	林草管理部门	双微政务评级
国家林业和草原局	★★★★★	北京市园林绿化局	★★★★★
上海市绿化和市容管理局 上海市林业局	★★★★★	深圳市规划和自然资源局	★★★★
河北省林业和草原局	★★★★	四川省林业和草原局	★★★★
江西省林业局	★★★★	贵州省林业局	★★★★
新疆维吾尔自治区林业和草原局	★★★★	湖北省林业局	★★★
陕西省林业局	★★★	山西省林业和草原局	★★★
天津市规划和自然局	★★★	辽宁省林业和草原局	★★
吉林省林业和草原局	★★	内蒙古自治区林业和草原局	★
福建省林业局	★	黑龙江省林业和草原局	★
青海省林业和草原局	★	江苏省林业局	★
河南省林业局	★	浙江省林业局	★
湖南省林业局	★	安徽省林业局	★
广东省林业局	★	重庆市林业局	★
广西壮族自治区林业局	★	云南省林业和草原局	★
海南省林业局	★	甘肃省林业和草原局	★
山东省自然资源厅（山东省林业局）	★	宁夏回族自治区林业和草原局	★

综合表 2 可知，目前"双微"平台已经在林草部门进行推广，目前表现较优的是国家林业和草原局还有北京市和上海市的相关林草管理部门。因本次评级仅涉及省级林草部门，而有些省份诸如山东省、福建省等在省级林草舆情传播上有所不足，但是它们的市级舆情监督平台搭建的相对完善，日后可继续补充市级的林草生态舆情评级情况，当然各省份也应积极响应"双微政务"，增加沟通渠道，继续向前迈进绿色中国的步伐。

五、生态舆情应对效果分析

在新媒体环境下，把握舆论新格局是舆论监督工作开展的基础。新媒体的出现打破了传统媒体对舆论表达的垄断权，形成了一个全新的舆论场——"两个舆论场"的新格局。本舆情报告主要基于新媒体下的舆情数据。

舆论监督不是洪水猛兽，各级政府的表态与行动，恰是对媒体作用的再次确认。"舆论监督只要是真实客观的，我们就要认真地整改。"在日前举行的新闻媒体座谈会上，河南省委书记卢展工说，舆论监督也是一种正面报道，不能简单把它称为负面报道。其实，对于舆论监督的不同评价，其本质牵涉到我们观察问题的立场。如果站在党和人民利益的立场，我们就得承认，批评、曝光性质的舆论监督和歌颂、表扬性质的报道，是一件事物的两个侧面，都是为了把党和人民的利益实现得更好。公开揭露问题，才能更好地解决问题，无论是从动机看，还是从效果看，其意义都是积极的，因此都是正面的。

本舆情报告集中各话题的负面/敏感情绪占比见表 3。

表 3 话题的负面/敏感情绪占比分布

话 题	微信占比	事件点	微博占比	事件点	论坛占比	事件点
集体林权制度改革	33.11%	林权纠纷、滥用职权	14.35%	林地占用	59.28%	公职人员违规操作、集体林地违法占用、政府部门不作为、乱作为
林产品质量安全			20%	生态破坏、公职人员腐败、退耕还林		
林业信息化			21%	林业信息化、林业协同管理、林业信息化与生态建设		
林业产业扶贫	13.64%	扶贫政策	10.30%	扶贫落实情况		
草原生态	17.64%	草原火灾	3.99%	草原旅游	1.11%	草原火灾
湿地生态	24.68%	政策实施	14.91%	湿地公园规划、湿地污水处理		
防风固沙生态功能区			8%	治理过程中的能源利用、造林防火等问题		
沙地生态	20.91%	沙地治理	3.30%	沙地治理	17.08%	沙地治理
水源涵养生态功能区	26.65%	政策实施、措施选择	6.15%	水源问题		
生物多样性保护生态功能区	25.64%	动植物	8.06%	动植物	11.91%	动植物、栖息地
洪水调蓄生态功能区	54.27%	水位、环境	66.24%	政府部门	68.52%	鄱阳湖治理
大都市群生态功能区-京津冀			65.85%	雾霾、不文明行为		
大都市群生态功能区-长三角			61.97%	雾霾、城市热岛效应、政策、行道树选择		
大都市群生态功能区-珠三角			66.23%	艾草事件、古树生存、行道树管理、穿山甲		

如表 3 所示，在集体林权制度改革负面情绪中，涉及林权纠纷、滥用职权等问题网民表达了愤怒情感。林产品质量安全和林业信息化部分，网民的负面情绪主要集中在对生态破坏的担忧，对公职人员腐败的愤怒以及对于加快林业信息化建设进程的迫切心愿。林业扶贫话题下的负面舆情主要是对于政策有用性和落实性的质疑，例如有网民评论“这个政策有用吗？真的能做到利国惠民吗？”“扶贫工作不到位”等。草原生态部分，网民主要是反映草原火灾牺牲消防员善后问题以及草原上发展旅游业造成的生态破坏问题。

湿地生态舆情中，“湿地政策真的能落到实处吗，我可从来没看见”“每次都是雷声大雨点小”等评论表达了部分网民对政策实施效率及效果的质疑，同时也反映出网民对相关政策的进展较为关注，针对这类负面评论，政府应该引起重视，通过报道政策实施成果进展，或政策实施过程透明化等方式，让人们及时了解到相关湿地政策的实施进展。沙地生态相关的事件比较单一，大家都是在抱怨质疑沙地治理相关的内容。防风固沙生态功能区有小部分网民提出自己在防风固沙治理方面的意见及建议，即加强在治理过程中的能源利用、造林防火等问题。此外政府需提高西部沙漠化地区人民的生活水平，平衡工业化建设、草原放牧与沙漠化治理间的关系。从对水源涵养生态功能区网民的负面评论内容分析中可以看出，大部分负面评论均与事件、政策的介绍不详细以及后续跟进不及时使得人们对水源涵养相关政策的推广提出了质疑，并表达了否定态度。政府应针对这几类质疑评价进行回复和解答，如有必要，应该推送事件和政策的相关科普文章，并及时跟进事件和政策的发展和实施状况，以回复网民的质疑。

生物多样性功能区话题下出现的负面高频讨论词，如入侵、破坏、濒危、灭绝等反映了网民对于保护动植物和栖息地的迫切愿望。负面情感的评论占洪水调蓄生态功能区过半，这部分集中的话题以及背后的成因分析不能省略，在"鄱阳湖区水位创新低"这件事曾是网民热点讨论的话题，同时大部分是负向评论，一些网民表示对于环境问题堪忧，对其他自然保护区的森林建设发展抱有担心的态度，2019 年多地出现干旱现象，同时也令网民对未来的环境持有担心态度，如"我们这边水库都快干了""江西已经很久很久没有下过雨了""广州珠江也快没水了，今年严峻啊"等负面评论颇多，这些现象影响了当地林业的发展，对森林旅游也带来了负面影响。大都市群生态舆情负面情绪梳理中可以发现，首先地域差异会导致网民的关注点有所差异，各地政府应该因地制宜，做出举措缓解网民的负面情绪，让网民对相关政府持有信任支持的态度。

六、林草生态舆情前瞻

林草生态舆情与大数据管理研究团队设计了本书的舆情分析框架，基于这个框架展开了研究和分析，并将结果呈献给读者。这个框架基于研究团队开放式的讨论，学术色彩可能多一些，因时间关系，未能广泛征求关注林草行业生态的实践者意见。来自那些政府机构的需求，来自基层生态保护践行者的看法，或来自专业团体的建议，可能更贴切，更能符合蓝皮书的初衷，这是未来蓝皮书努力的方向。

本书最后组稿时间，正值疫情笼罩大地，倾国力抗争之时。公众对野生动物的相关立法执行寄予厚望，未来的舆情关注会聚焦野生动物，挖掘事件、关注热点，获取公众情感态度倾向、分析舆情的社会影响，是蓝皮书要重点做的事情。

衷心希望蓝皮书能够捕捉生态事件，反映公众心态，映射网民关注，了解群体意愿，解析政策结果，为生态保护提供把脉工具。

第一篇
林草生态舆情报告

集体林权制度改革舆情报告

马 宁 王昭杰 秘佳和 黄 钊[*]

摘要： 2019 年集体林权制度改革舆情信息总体呈波浪上升走势，新闻媒体、微博、微信、论坛四大平台舆情分布较为平均，社交媒体传播量占六成以上。在当前继续深化集体林权制度改革阶段，集体林地"三权分置"、解读林地确权制度、完善林权管理服务、发展林业金融和森林保险、利用林下经济作物种植脱贫致富、培育新型林业经营主体等受到舆论积极关注。媒体舆论从制度本身转移到林权制度解读和集体林改效果评价，通过集体林权制度改革，积极实践"两山"理念，做到"不砍树，也致富"，更好实现生态美、百姓富的有机统一。

关键词： 集体林地 林权管理 森林经营

一、舆情总体概况

自 2008 年全面推进集体林权制度改革以来，改革进程不断加快，集体林权制度改革效果显著，舆情信息采集主要从媒体报道和公众舆论两方面展开。媒体报道主要涉及媒体新闻、微信公众号文章和微博正文，各平台媒体报道更侧重于报道集体林权制度改革的效果、林权管理政策解读、林业扶贫和生态保护工作，普及林地林权知识，推进林改工作持续向好发展；公众舆论主要涉及论坛、微信和微博评论，网民更加关注林下经济作物种植、林地抵押贷款和脱贫致富相关问题。相较于其他平台，论坛负面情绪更多，政府管理效率问题、法律法规监管不到位、林权管理政策了解不足等话题引发热议。

（一）舆情数量分析

2019 年，共采集到的集体林权制度改革舆情数据 11618 条。其中，新闻舆情 3021 条，占舆情总量的 26%；微信 2024 条，占 17%；微博 2451 条，占 21%；论坛 4122 条，占 36%，各平台舆情数据分布见图 1。集体林权制度改革各平台舆情基本平稳，论坛舆情占舆论数量比重最大，成为影响舆情反馈的重要力量。

（二）舆情走势分析

2018 及 2019 年集体林权制度改革在新闻、微信、微博、论坛四大平台的每月舆情数据量及全年舆情走势分别如图 2、图 3、图 4 和图 5 所示。

比较 2018 年和 2019 年新闻类舆情走势，除 8 月份外，其余月份走势大致相同。2019 年 8 月份舆论增长迅速，相关新闻报道达到 310 条。当月，习近平总书记主持召开中央财经委员会第五次会议，会议强调要改革土地管理制度，增强土地管理灵活性，涉及林地流转、林地抵押相关内容，新闻平台围绕林地"三权分置"开展报道，出现全年新闻量高峰。

总的来看，2019 年新闻类舆情量走势起伏较大，在 1 月、3 月、8 月和 12 月出现高峰，其余月

* 马宁：北京林业大学经济管理学院副教授，硕士生导师，主要研究领域为林业舆情分析、复杂系统建模与仿真、物流与供应链管理；王昭杰、秘佳和：北京林业大学经济管理学院本科生；黄钊：北京林业大学经济管理学院硕士研究生。

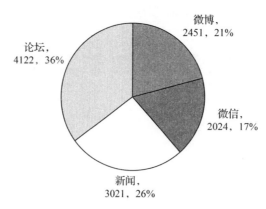

图1　各平台集体林权改革舆情信息分布

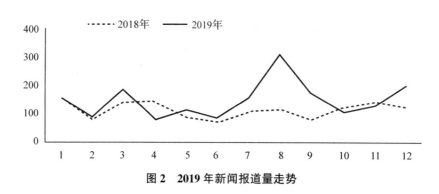

图2　2019年新闻报道量走势

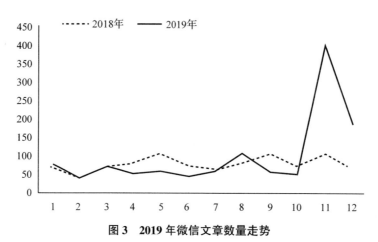

图3　2019年微信文章数量走势

份均维持在每月100至150条的新闻报道量。在8月份出现了全年舆论峰值，相关新闻报道达到310条。

分月来看，1月新闻媒体开展"全面深化改革这五年"系列专题报道，其中涉及集体林权制度改革相关内容，总结五年内集体林改成果。2月，受春节假日影响，相关舆情信息量小幅走低，"全面深化改革这五年"继续进行相关报道。3月出现新闻报道小高峰，各平台围绕政府工作报告对各省绿色生态发展、林下经济脱贫致富开展报道，强调深化农村综合改革，焕发乡村振兴活力，促进林业生态发展。4~7月新闻报道量较为平稳，2019年4月，国家林草局同意支持安徽省创建全国林长制改革示范区，改革"林长制"促动"林长治"，以林长制深化集体林权改革，完善集体林区森林资源管护。8月，习近平总书记主持召开中央财经委员会第五次会议，会议强调要改革土地管理制度，增强土地管理灵活性，涉及林地流转、林地抵押相关内容，新闻平台围绕林地"三权分置"开展报道，出现全年新闻量高峰。9~12月新闻报道平稳上升，安徽省率先开展林长制实践，人民网以"林长制·绿水青山就是金山银山"为主题进行专题报道，各省以此为经验进行林长制探索。恰逢新中国成立70周年，新闻平台以"壮丽70年 奋斗新时代"为主题开展系列报道，人民网《林地这样"变现"》被新闻媒体大量转载。

微信类2018年和2019年舆情走势如图3所示，与2018年相比，2019年1~10月数据量稳中上升，其中7~8月出现小高峰，11月舆情数量出现直线上升，达到全年最高峰。1~10月份中，微信公众号文章、微博报道围绕林地流转管理、集体林权制度改革经验、林下经济产业发展、生态扶贫等内容进行报道，出现了《共和国的故事·兴林记》《评论员观察：深化产权制度改革 促进生态文明建设》《武平的林权抵押金融实验：外出打工者回乡包林种百香果年收入百万》等热点文章和热门微博。11月份林下经济工作会议召开，各地以脱贫攻坚为主题开展林下经济发展工作会议，媒体对林下经济发展促进乡村振兴、脱贫致富进行相关报道；11月8日，《江西省集体林权流转管理办法》出台，微信公众平台自媒体对相关政策解读进行报道，各省份也以此为经验进行相关林权流转实践，林下经济工作会议和集体林权流转管理办法的出台以及各省份的借鉴，推动11月份微信相关文章迅速增多。12月微信文章减少，但相较于1~10月报道量仍较多，其内容大多与年末改革总结有关。

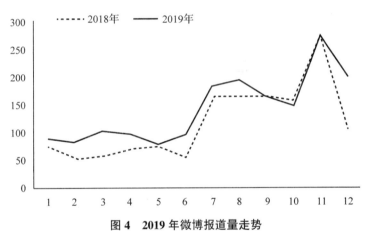

图4 2019年微博报道量走势

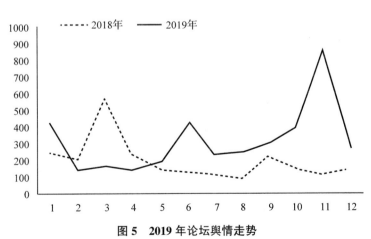

图5 2019年论坛舆情走势

2018年和2019年微博舆情走势如图4所示，其中2019年微博涉及集体林权制度改革的舆情走势与微信大体一致，总体呈上升态势，这也反映了两平台的报道一致性。7~8月出现小高峰，"新型林业经营主体""林权证普及""香椿种植"等话题受到了多家媒体的评论与转发。11月舆情数量出现直线上升达到275条，林权管理知识普及、集体林权改革政策解读、林下经济作物种植是微博舆论关注的重点。

2018 年和 2019 年论坛舆情数据采集自"百度贴吧"和"天涯论坛"两大平台,2019 年论坛发帖和回复量全年总体呈上升态势,2 月份回落,6 月出现小高峰,10~11 月份舆情数据量增多显著,《江西省集体林权流转管理办法》的出台、林下经济工作会议的召开也促使论坛网民相关讨论的增多。12 月份数据直线下降。

集体林权制度改革舆情搜索关键词见表 1。

表 1 舆情搜索关键词

关键词大类	关键词细分
政 策	林权改革、集体林权、集体林改、集体林权制度改革、天保工程、生态补偿、采伐限额
管 理	南方集体林区、林地/林业使用权、林地/林业所有权、林地/林业经营权、林地权属
配套完善	林权流转、林地流转、林权登记、林地登记、林业金融、林地确权、森林保险、林权抵押贷款、林业上市公司、林权交易所、林权交易
收益状况	林农收益、林下经济
典型地区	福建林权改革、江西林权改革、湖南林权改革、浙江林权改革、云南林权改革、辽宁林权改革、福建林权流转、江西林权流转、湖南林权流转、浙江林权流转、云南林权流转、辽宁林权流转、福建林下经济、江西林下经济、湖南林下经济、浙江林下经济、云南林下经济、辽宁林下经济、福建生态补偿、江西生态补偿、湖南生态补偿、浙江生态补偿、云南生态补偿、辽宁生态补偿

集体林权制度改革舆情搜集的关键词分类较为全面,顾及到明晰产权、规范流转、林权管理等集体林权制度改革的核心任务,又考虑到森林保险、林权抵押、采伐制度等配套改革,同时也从效果评价方面入手,分析舆情中林下经济发展对林农收益的影响。在舆情搜集中还选取到改革的典型地区:福建省、江西省、浙江省、湖南省、云南省和辽宁省,从具体典型地区观察改革深化进程。

二、舆情内容分析

舆情内容分析从新闻、微信、微博和论坛四个平台展开。新闻采用词云展示的形式对 2018 和 2019 年的新闻平台报道关键词进行对比,反映官媒报道热点变化。微信公众号、微博展示热点文章、主题关键词表和词频,对舆论进行词频分析,展现媒体和网民关注焦点,反映 2019 年网民重点关注事件。情感分析选取微信、微博、论坛三大平台的评论数据,从网民角度进行情感分析,了解其积极和消极态度,聚焦网民在集体林权制度改革中集中反映的事件,直面敏感的舆情和群众的诉求。

(一)新 闻

分别对 2019 年和 2018 年的新闻数据进行关键词抽取,并利用词云展示了排名 TOP50 的关键词,结果如图 6 和图 7 所示。

从图 6 和图 7 明显可以看出,2019 年和 2018 年集体林权制度改革在新闻报道中的关键词相似,"土地""农民""林地""流转""林权证""法官"等关键词出现频率较高,由此可见,新闻报道关键词与集体林权制度改革贴合度较高,林权流转、林农利益、法律纠纷、林地管理、脱贫致富等问题是媒体的关注点。

对 2018 年词云中的关键词语义进行扩展,发现土地确权、农民利益、司法纠纷、林业扶贫等话题出现频率较高。以农民利益为例,只有集体林权制度改革相关配套完善,改革成果才能真正落实到农民农户。在深化改革中,经营组织、经营模式、金融政策、管理服务等多方面创新,从林下经济、林权抵押贷款、森林保险、精准扶贫等为林农脱贫致富提供了多种途径,切实保障林农利益[1]。

图6　2018年集体林权改革文章关键词　　　　图7　2019年集体林权改革文章关键词

同样对2019年词云中的关键词语义进行扩展，发现土地确权、林权流转、林地抵押、生态保护、脱贫致富等话题出现频率较高。以土地确权为例，在集体林权制度改革中，林地产权制度从家庭承包、联户承包、均股均利、三权分置和承包林地有偿退出五个方面进行创新。《中共中央　国务院关于全面推进集体林权制度改革的意见》明确，要在坚持集体林地所有权不变的前提下，采取多种方式明晰产权，确立农民作为林地承包经营权人的主体地位。依法将林地承包经营权和林木所有权通过家庭承包方式落实到本集体经济组织农户。对目前仍由集体经营管理的山林，可将林地和林木分配到农户，也可采取"分山不分林"或"分股不分山"的形式将权益明晰到农户。对不宜承包到户的林地，依法经集体经济组织成员同意。可通过均股、均利等方式将权益明晰到农户。村集体经济组织可保留一定集体林地，由集体经济组织依法实行民主经营管理。土地确权涉及到途径多、主体多，出现的问题也多，其关乎广大林农的切身权益，新闻媒体就土地确权的典型案例、法律解释、政策解读、成果成效进行报道，反映了林农的诉求。

（二）微　信

微信文章相关报道达1042篇，对微信公众平台文章进行热点计算，得出集体林权制度改革微信热点文章TOP25，见表2。

表2　2019年集体林权制度改革热点微信文章TOP25

	公众号	标　题	发布时间	阅读量	点赞量	评论量
1	经济日报	经济日报重磅推出："共和国的故事·兴林记"	2019/9/21	27811	49	21
2	赣州林业	非法侵占用林地，真的会坐牢！	2019/8/21	18332	32	23
3	人民日报评论	评论员观察：深化产权制度改革 促进生态文明建设	2019/4/22	17667	87	14
4	农视网	土地流转可拿高额补贴！这些钱你到手了吗？	2019/1/10	11783	26	37
5	德宏团结报	德宏州林业局原局长退休后"与家乡人争林地"被处分	2019/2/13	6637	27	5
6	定南发布	返乡创业追梦人：张日平：油茶林里沐"春风"	2019/2/19	6362	20	8
7	经济观察报	武平的林权抵押金融实验：外出打工者回乡包林种百香果年收入百万	2019/8/4	6232	1	0
8	中国不动产官微	农村土地"三权分置"下的统一登记与流转制度	2019/3/22	5435	22	3
9	中国不动产官微	两本不动产权属证书"打架"，咋办？	2019/11/11	4658	11	3
10	苗木通	九张图带你看清2020年中国林业发展方向！	2019/6/27	4440	26	1
11	大江网	终结"九龙治水"的局面：独家专访江西这个新部门主官	2019/1/22	4017	7	1

（续）

	公众号	标　题	发布时间	阅读量	点赞量	评论量
12	中国不动产官微	以案说法：不动产权属证书换发是否等同于变更登记	2019/8/7	3817	12	7
13	投行小兵	回顾境外上市林业股造假之登峰造极者——嘉汉林业	2019/8/20	3708	11	3
14	不动产登记	自然资源确权与自然资源登记	2019/1/28	3541	15	1
15	胶州身边事	胶州1506亩林地莫名蒸发？自然资源局：有证没有地，管不了	2019/7/9	3513	24	11
16	今日濠江	濠江一男子擅自改变林地用途，后果很严重……	2019/5/15	3527	12	4
17	学习时报	头条：习近平生态文明思想在福建的孕育与实践	2019/1/9	3484	19	2
18	中国金融杂志	李有祥：推动农业保险高质量发展	2019/5/28	3442	21	0
19	微将乐	壮丽70年 将乐记忆：它开启将乐上市公司新篇章	2019/9/17	3414	13	2
20	武平发布	新华社今日刊发：武平林改18年——一本林权证里的大山传奇！	2019/6/4	3231	8	4
21	宁马都市圈	马鞍山举行农村集体产权制度改革和"三变"改革新闻发布会——构建中国特色社会主义农村集体产权制度	2019/11/18	3078	1	0
22	万宁发布厅	万宁北大村因地制宜发展林下经济 斑兰叶市场前景可观	2019/11/20	2993	19	7
23	中国不动产官微	关注：林权类不动产登记的邢台探索	2019/11/22	2633	13	0
24	国资报告	产权交易平台的转型新路	2019/8/8	2603	11	2
25	生活呃	2019年土地确权，如果老人去世土地确权归谁？	2019/2/6	2546	9	0

对微信2019年的文章内容进行LDA主题划分，提取文本主题关键词，并分为4个主题，结果如表3所示。

表3　2019年集体林权制度改革微信文章主题关键词表

主　题	关键词
深化改革	美丽中国先锋榜：福建南平深化集体林权制度改革践行两山理念，"党政一把手一席谈：中共福建省委书记于伟国生态省建设推向新高度""福建南平深化集体林权制度改革践行两山理念""浙江推进农村土地流转集体林权制度改革提供司法保障意见""集体林权制度改革工作情况汇报""森林法第十五条森林林木林地使用权流转释义""黔东南州推进集体林改配套改革""江西省集体林权流转管理办法政策解读""江西省国有林权集体统一经营林权交易管理办法政策解读"
林权管理	"关注林权类不动产登记邢台探索""自然资源确权自然资源登记""老人去世土地确权""两本不动产权属证书打架咋办""土地纠纷专题林地权属纠纷""林权分析｜吉林省林权分析""太湖县集体林地经营权流转登记管理办法试行""保障林农林企权益服务绿色林业发展我省积极开展林地经营权登记""以案说法不动产权属证书换发等同于变更登记""土地承包经营权流转""资讯动态｜江西省林业局南方产权交易所调研组香屯街道林地流转经营权服务平台建设情况""美丽中国大赛获奖作品选登信息改变林业，林权服务助发展"
林业金融	"土地制度改革牵引商业银行支农力度""壮丽年奋斗新时代：林权抵押贷款沉睡林业资源变绿色银行""绿色金融改革创新实践思考""行业观察｜林业金融产品助力乡村振兴""专题传统绿色融资案例精选""部委联手推进林权抵押贷款工作""中国金融王小龙农信社服务乡村振兴实践""中国林业产权交易市场深度调研投资前景研究报告""林权证林权抵押贷款相关程序"
脱贫致富	"深化集体林权制度改革带动燕赵大地林茂民丰""践行'两山'理念发展林业产业：恩施利用林地拓宽增收路""绿色理念引领林业产业经济高质量发展""绿树浓荫产业兴请当好家乡美容师""武平林权抵押金融实验外出打工者回乡包林种百香果年收入百万""地方实践林业产业助推乡村振兴江西实践""承包林地苗农"

由LDA主题划分的结果可以看出，集体林权制度改革微信文章的主题关键词可以分为深化改革、林权管理、林业金融、脱贫致富四类。在每一类中微信公众号文章关注更多的是对政策的解读、林权争议报道和热点事件转载及评述。

根据以上分析，对 2019 年集体林权制度改革微信热点文章进行总结。

2019 年 9 月 21 日，经济日报公众号推出的《经济日报重磅推出："共和国的故事·兴林记"》成为微信文章第一热点。新中国成立 70 年来，我国林业走出了一条具有中国特色的发展之路，为生产发展、生活富裕、生态良好的可持续发展奠定了坚实的基础，为世界可持续发展提供了一份宝贵的答卷，文章梳理了七十年中国绿色事业发展，涉及三北防护林建设、天保工程、沿海防护林建设等，其中介绍了集体林区林下经济取得长足发展，从侧面角度反映集体林权制度改革的成效。

《评论员观察：深化产权制度改革　促进生态文明建设》《土地流转可拿高额补贴！这些钱你到手了吗？》《农村土地"三权分置"下的统一登记与流转制度》《胶州 1506 亩林地莫名蒸发？自然资源局：有证没有地，管不了》等文章对集体林地"三权分置"进行政策解读，向农林户普及林地流转制度、林权抵押贷款操作事项，从优化林业管理服务的角度解决林地流转过程中的相关问题。

《返乡创业追梦人·张日平：油茶林里沐"春风"》《武平的林权抵押金融实验：外出打工者回乡包林种百香果年收入百万》等文章报道了张日平等回乡创业先锋利用集体林开展林下经济作物种植，通过"油茶林经营权证"、林权抵押贷款等方式获得作物种植资源，他们从忙致富到助脱贫，分享集体林权制度改革成果，成为林下经济发展的典型事迹。此外林地使用纠纷、林业上市公司、森林保险等话题也受到舆论较多关注。

此外，对集体林权改革相关微信文章评论的词频进行了统计，并展示了词频为 TOP20 的关键词（表 4）。可以看到"林权""改革""林地""流转"是网友评论的高频词，说明网民积极关注集体林权制度改革的最新动态。同时"经营权""所有权""使用权""林权证""承包"等高频词也表明了集体林地"三权分置"是网民在集体林权制度改革事件中关注的重点，林地确权问题是网民反映较多的话题，怎么办理林权证、林权证怎么用、林地流转怎样操作等是评论中集中反映的问题。

表 4　集体林权制度改革微信文章评论词频分析

序　号	关键词	词　频	序　号	关键词	词　频
1	林　权	3960	11	天　保	165
2	改　革	1931	12	林　区	160
3	林　地	1205	13	林　农	155
4	流　转	721	14	林　下	154
5	农　民	343	15	登　记	151
6	土　地	255	16	所有权	144
7	经营权	224	17	林权证	143
8	集　体	196	18	使用权	121
9	生　态	186	19	承　包	120
10	确　权	170	20	点　赞	112

抽取微信网友的评论数据进行情感分析，结果如表 5、图 8 所示。

表 5　微信评论文本情感分析

	平均值	总　值	总　量
微信正面情感值	10.896	57714.243	5297
微信中性情感值	0	0	0
微信负面情感值	−4.618	−12108.138	2622

从总量上看出，正面评论占 66.89%，负面评论占比 33.11%，大部分网民对微信文章的报道持正面态度，网民重点对微信文章所报道的事

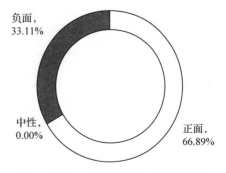

图 8　微信文章正负向评论总数环形图

件抒发自己的看法，提出各自的见解，对相关政策将政策解读表示赞赏，纷纷点赞；同时网民也对我国目前集体林权制度改革相关成果表示认同。在负面情绪中，涉及林权纠纷、滥用职权等问题网民也表达了愤怒情感。

(三)微　博

根据官方媒体发布微博的正文数据，对其进行词频统计，其中排名 TOP18 的高频词及词频展示见表6。

表6　2019年集体林权制度改革微博正文部分主题关键词表

序　号	关键词	词　频	序　号	关键词	词　频
1	生　态	1836	10	林　木	308
2	林　地	1085	11	森　林	302
3	林　权	904	12	使用权	298
4	登　记	499	13	试　点	276
5	流　转	469	14	资　金	234
6	经营权	460	15	林业局	231
7	集　体	429	16	脱　贫	212
8	不动产	427	17	所有权	204
9	公益林	311	18	林权证	167

从高频词表中可以看出微博对集体林权制度改革关注的重点内容，其中关键词"生态"以1836次的出现频率遥遥领先，同时"林权""登记""流转""经营权""使用权""承包"等词汇出现频率较高，体现了林农积极通过林地流转，开展林业经营，从事涉林产业，从而推动脱贫致富。《青山绿水就是金山银山，宝鸡实现增绿与增收同频共振》《安徽：着力打造绿色发展样板区》《福建生态"试验林"长出经济硕果》等微博正文内容报道了各地在集体林权制度改革中实现的林业经营经济效益和生态效益的统一。

在当前集体林权制度改革全面深化的阶段，舆论关注重点已经从制度本身深入至改革效果层面。生态建设与林权制度改革交相呼应，实现生态效益与经济效益统一，促进可持续林业生态发展是制度改革的重要任务[2]。微博媒体关注改革对"生态美""百姓富"的影响，体现了集体林权制度改革以"生态"为准绳，以"生态美、百姓富"的有机统一作为总方略，践行"绿水青山就是金山银山"的发展理念。

选取微信公众号的评论数据进行情感分析，结果如表7、图9所示。

表7　微博评论文本情感分析

	平均值	总　值	总　量
微博正面情感值	7.850	6664.650	849
微博中性情感值	0.000	0.000	524
微博负面情感值	-2.791	-642.015	230

从总量上看出，正面评论占52.96%，中性评论占比32.69%，负面评论占比14.35%，大部分网民对相关持正面态度。在微博评论中，评论自带"转发微博"字样构成中性评论的主体，占比较大，这与微博评论机制有关，网民对热点事件的转发并不发表看法的比例较大。

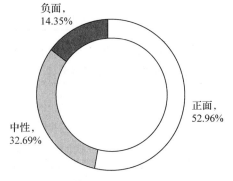

图9　微博正负向评论总数环形图

(四) 论 坛

我们对百度贴吧和天涯论坛中涉及集体林权制度改革的舆情进行统计,表 8 展示了词频为 TOP20 的关键词。可以看到"澄迈县""东水港""海南省""鲁能"等关键词出现频率较高,且占据 TOP20 中多席。这些关键词都指向了论坛中网民发帖举报澄迈县县政府未经集体村民讨论同意非法变卖东水港沿海造林地给鲁能公司改建海景别墅房违法行为。

2019 年 8 月 25 日,有网友举报称澄迈县县政府未经集体村民讨论同意非法变卖东水港沿海造林地给鲁能公司改建海景别墅房,并出现多份签订阴阳合同协议等违法问题,严重损害了集体林户的权益。经相关搜索,该事件仅在天涯论坛进行举报,并未有新闻媒体、公众平台进行报道,事件也并未得到官方回应证实。

表 8 2019 年集体林权制度改革论坛部分主题关键词表

序 号	关键词	词 频	序 号	关键词	词 频
1	澄迈县	3198	11	村干部	497
2	东水港	2674	12	举 报	423
3	林 地	1363	13	林 木	383
4	土 地	920	14	生 态	354
5	信 访	791	15	林业局	349
6	非 法	666	16	鲁 能	323
7	村 民	664	17	补 偿	281
8	开发区	617	18	圈 占	274
9	海 南	567	19	县政府	265
10	信访局	560	20	违 法	260

抽取论坛网民的发帖和评论进行情感分析,结果如图 10 所示。从总量上看出,正面评论占 39.18%,中性评论占比 1.55%,负面评论占比 59.28%,一半以上的论坛网民对集体林权制度改革的内容持负面态度。

表 9 论坛网民观点分类

类 别	细分种类	网民观点
政策解读	林权管理新规	【律土网】小编告诉您:林地补偿款到底是谁的、河北农村 12 类产权!
	林下经济新政	流转交易新规来了、江苏省林权分析(二)、承包荒山植树造林政策、
	林权流转概念解读	林权分析、不动产登记你我最关心的哪点事、花 3 分钟看完吧:云南
	林业金融监管	昆明安宁林地林权流转注意事项
咨询询问	林下经济种植	杜关的林权证什么时候能发、农村里的荒地谁开垦,就给谁确权吗、有人投资林下经济发展吗、麦槽沟省级自然保护区可以投资吗、新潮的林下经济花样玩法、期待"益农社"来添能助力、林权、林地、林木的所有权和使用权有什么不同、三权分置什么意思、自己承包的荒山租给别人使用,被人举报违法卖卖土地罪、啥样的林地能确权、怎么确权、有没有在华东林业产权交易所和华东大宗商品交易中心投资的
	林权证下发	
	林地转租	
	三权分置问题	
检举揭发	公职人员违规操作	强烈要求依法确权,依法处理安徽铜陵义安区天门镇高联村五房村民组的土地山场权属问题、检举乌审旗林业局森林公安局行政乱作为、牡丹江毁林削山建私人庄园,未取得任何审批手续属于违法建筑、广东韶关乐昌林业局行政不作为、林权证没有了,脱贫奔小康的希望也断了
	集体林地违法占用	
	政府部门不作为、乱作为	

论坛平台的讨论反映了网民对集体林权改革的热点讨论、问题诉求,百度贴吧、天涯论坛等论坛平台对集体林改、林下经济、林地确权等相关内容讨论较多,林地确权政策、集体林改问题建

议、林权证办理、林地非法占用、林下经济作物种植养殖、举报政府公职人员等话题是讨论重点。论坛相关讨论如表9所示，主要分为以下三类：政策解读、咨询询问和检举揭发。在政策解读中，相关讨论集中在深化集体林改新闻转发、林权管理新规解读、林下经济新政、林权流转概念解读、林业金融监管等，例如《【律土网】小编告诉您：林地补偿款到底是谁的?》《河北农村12类产权！流转交易新规来了》《江苏省林权分析(二)：承包荒山植树造林政策、林权分析》；在咨询询问类中，问题主要集中在林下经济种植、林权证下发、林地转租和三权分置问题，例如《有人投资林下经济发展吗? 麦槽沟省级自然保护区可以投资吗?》《新潮的林下经济花样玩法，期待"益农社"来添能助力!》《林权、林地、林木的所有权和使用权有什么不同、三权分置什么意思》《啥样的林地能确权? 怎么确权?》；在检举揭发中，主要涉及公职人员违规操作、集体林地违法占用和政府部门不作为、乱作为的问题，例如《强烈要求依法确权，依法处理安徽铜陵义安区天门镇高联村五房村民组的土地山场权属问题》《检举乌审旗林业局森林公安局行政乱作为》《广东韶关乐昌林业局行政不作为》。

表10 论坛评论文本情感分析

	平均值	总 值	总 量
论坛正面情感值	10.487	13266.055	1265
论坛中性情感值	0	0	50
论坛负面情感值	-6.877	9779.094	1422

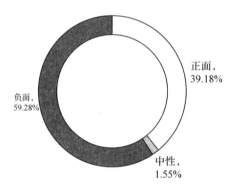

图10 论坛正负向贴文总数环形图

正面，39.18%
负面，59.28%
中性，1.55%

三、热点事件——新《江西省集体林权流转管理办法》出台

摘要：江西省林业局日前发布新的《集体林权流转管理办法》。对林地流转期限超过5年的，鼓励流入方向登记机构申请林地经营权登记。林地经营权登记由此取得法律地位。新《江西省集体林权流转管理办法》是2019年江西省最新出台的有关集体林权流转的管理规定，具有法律效力。江西省作为我国集体林权制度改革的典型地区，该文件出台引发了网民和媒体的广泛关注，为其他省份林权管理办法的出台和改进提供了借鉴。本文将从舆情走势、舆情数据来源、媒体报道解读等方面探究该管理规定出台的相关报道及舆论观点。

关键词：集体林权管理 林权登记 新型经营主体

(一)概 况

江西省是我国的林业大省，也是南方集体林区重点林业省，全省林业用地1072万公顷，占全省国土面积的64.2%，森林覆盖率63.1%，位居全国第二。全省农村人口近2/3生活在山区，在江西的国民经济和社会发展中，林业、林区的发展具有极其重要的地位。作为我国深化集体林改的典型省份，江西省集体林改工作已经基本完成，配套改革正在全面深化。预计到2020年，全省集体林亩平蓄积达到4立方米以上，新型林业经营主体突破2万家，林农涉林收入年均增长12%以上，实现生态美、百姓富的有机统一。

为了进一步深化改革，巩固集体林改成果，11月8日，江西省林业局发布了新的《江西省集体林权流转管理办法》。该《办法》的出台是为了贯彻新修订的《中华人民共和国农村土地承包法》的实施及有关政策规定和践行习近平生态文明思想，规范集体林权流转及管理的需要。

新《办法》主要增加的内容如下：

(1)依照新的《中华人民共和国农村土地承包法》第四十一条之规定，对林地流转期限超过5年的，鼓励流入方向登记机构申请林地经营权登记。林地经营权登记由此取得法律地位，权利人权益得到充分保障。

（2）《办法》中对林地流转审核和合同备案做了必要的相关规定，对新发生的流转行为，应鼓励、引导当事人按照《江西省集体林权流转合同（示范文本）》签订合同，并保留必要的签订记录。

（3）为更好的引导林农和社会资本投身林业建设，《办法》规定县级林业主管部门应为林权流转提供场所设施、业务咨询、信息发布、组织交易、合同备案、林业金融、流转审核等服务，切实维护林业经营主体合法权利，促进林地、林木依法开发利用。

（4）《办法》鼓励和引导集体林权采取林地股份合作社、国乡合作、家庭林场、企业+合作社+农户（家庭林场）、村（组）代理及林业专业合作社、托管、互换等多种形式，通过林权流转服务体系向专业大户、家庭林场、农民合作社、林业企业流转。

（二）舆情态势分析

1. 舆情走势

舆情初始阶段 11 月 8~13 日的数据共有 18 条，占比 6.45%；11 月 14~19 日的数据占比最高，共 137 条，占比 49.10%；11.20 日后至 12 月份，讨论热度稍降，逐渐走向淡化期，相关报道减少。

11 月 8 日，江西省林业局发布了新的《江西省集体林权流转管理办法》，发布日当天微博开始出现相关新闻和讨论。至 11 月 19 日，达到讨论热议期，该《办法》的新闻报道、政策解读、网民讨论等方面内容达到最高峰，微信文章开始出现有关该《办法》的深度解读和探讨。

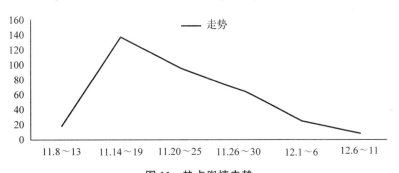

图 11　热点舆情走势

2. 舆情数据来源分析

根据数据采集发现，自 2019 年 11 月 8 日至 12 月 31 日，有关新的《江西省集体林权流转管理办法》出台的舆情总量为 279 条。其中，67% 的舆情来自于新闻媒体（包括人民网、央视网、央广网、光明网、新华网），55% 的舆情来自于微博平台，8% 的舆情来自于微信平台，5% 来自论坛（包括天涯论坛和百度贴吧）。

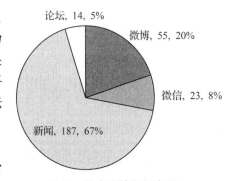

图 12　热点舆情数据来源

3. 媒体报道解读

最新的《江西省集体林权流转管理办法》出台引起各平台媒体的广泛关注，在基本的新闻报道之外，人民网、新华网以及微信平台"南方林业产权交易所""务林人""十里山塘"等公众号发布政策解读的文章，为林农解答该《办法》出台的相关问题。政策解读从出台背景、主要内容、修订变化等方面做出主要介绍，也回答了林农关注最多的问题，例如"哪些林权是可以流转的？""集体林权流转应当遵循哪些原则？""林地经营权登记如何办理？""申请人办理林权流转，应当提交哪些材料？"等，方便林农进行进一步了解新规。福建、广西、湖南等省份也积极借鉴《办法》中提到的规定与改革中的经验，颁布新的集体林权流管理条例。

四、舆情小结

我国有集体林地 27.37 亿亩，占全国林地总面积的 60%，在我国林业改革发展中具有重要地位。集体林既是国家重要的生态屏障，又是农民重要的生产资料，集体林权制度改革对于建设生态文明、保障林产品供给、促进农民就业增收具有重要意义。截至 2016 年年底，全国除上海和西藏以外的 29 个省（自治区、直辖市）已确权林地面积 27.05 亿亩，累计发证面积 26.41 亿亩，占已确权面积的 97.63%，林改后，9000 多万农户拿到了林权证，户均拥有接近 10 万元森林资源资产，有效调动了广大农民发展林业的积极性。我国拥有林权证的农民数量庞大，集体林权制度改革牵动着广大林农的心，相关政策的出台需要舆情引导和政策解读。2019 年共采集到新闻、微信、微博和论坛四个平台的相关数据，从总体来看，不同的平台有不同的关注重点，新闻平台紧跟中央和地方出台的各项政策，对其进行报道和总结，而微信公众号侧重于对政策的解读和热点事件的评述，微博和论坛中的舆情反映了网民对政策理解，并暴露了改革中遇到的敏感问题。从网友在微信和微博平台的评论来看，大部分网友对改革持正面态度，论坛中网民负面情绪较多，政府管理效率问题、法律法规监管不到位、林权管理政策了解不足等话题引发热议。

五、对策建议

改革永远在路上，集体林权制度改革是一个不断探索、创新、深化的过程，改革目的是要充分释放 27 亿多亩集体林地的巨大潜力，全面提升集体林业经营发展水平，满足经济社会和人民群众对林业的多样化需求。2019 年我国集体林权制度改革继续深化，舆情监测显示目前关注的重点是实现"生态美，百姓富"的有机统一，践行"绿水青山就是金山银山"的科学理念。相关舆情监测对加快完善产权制度，积极引导适度规模经营，完善林业公共财政支持，做好林业管理和服务发挥了积极的支撑作用，也对后续积极深化集体林权制度改革，切实保障林农权益提供了基础素材和有益启示。

1. 加强政策科普解读，拓展林农认知途径

林改后，我国 9000 多万农户拿到了林权证，集体林改牵动着广大林农的心。深化改革进程中不断出台新政完善集体林权制度，为了做好林业管理和服务，让广大林农了解新政，熟知办事流程，媒体平台需要进一步加强政策科普解读，为公共服务提供良好的舆情引导，从信息沟通、政策咨询、规范林权流转、调处经营纠纷等方面为林农解决集体林权制度改革和配套服务问题提供信息支撑。

2. 持续开展舆情监测，建立长效监控机制

舆情监测是一项基础性、长期性工作。在舆情监测中要顺应深化集体林权制度改革的新形势新要求，对网民反映的现实问题切实解决，查出损害林农利益和破坏森林资源等违法违规行为，及时回应社会关切，化解舆情风险。同时也要支持本领域舆情风险管控理论及技术研究，提高舆情监控的技术水平，建立长期、稳定的舆情监控体系[3]。

3. 及时关注舆情诉求，深化改革迫在眉睫

读懂深化集体林改过程中的民意诉求是平息舆情的关键。尽管集体林权制度改革力度不断加码，但目前林权管理使用问题仍层出不穷，部分地区个案中曝出了一些共性问题，如林地大量闲置、林农并不想获得林地自主经营、林权流转不规范、林权证无法下放到林户手中等。上述问题容易引发进一步的连锁反应，而舆论对政府部门"主动作为、有效治理"的关注往往成为议题的核心指向。因此，读懂深化集体林改过程中的民意诉求是平息舆情的关键。全面关注新闻媒体、微博、

微信、论坛等各平台中的舆论诉求，挖掘集体林改中在现实中未解决的内容，充分尊重民众知情权和话语权，切实解决公众关注的林改突出问题。

集体林区也有这样的例子，林权证发给了林农，但林农不知道林权证上的林地具体位置，或者知道但存争议，只能由村集体管理和经营。当几亩山林不能独立支持和改善林农生活时，主要劳动力会外出务工，致山林撂荒，这种情形下村集体的经营对林业的整体发展在一定程度上具有合理性。这种情形下有些林农有流转林地的计划，但不能实施，会在舆情上有负面评价。

所以集体林的深度改革，需要了解林农的想法和需求，特别是针对不同的需求类别制定合理的解决方案，在满足林农需求意愿基础上，从森林规模经营角度探索改革方向。舆情是了解林农意愿的重要途径，未来集体林权制度改革的深化将带来传播内容的不断丰富，媒介技术的更新升级也将进一步影响受众需求，官方媒体、新闻媒体、社交媒体还须各司其职，积极发挥各自所长，在报道内容的深广度及吸引力方面多下工夫，为农村土地制度改革提供有力舆论支撑。

参考文献

[1]张建龙.中国集体林权制度改革[M].北京：中国林业出版社，2018.

[2]李发姝，陶其良.集体林权制度配套改革的实施对策[J].绿色科技，2018(03)：162-163.

[3]周昕，李瑞，黄微.多媒体网络舆情危机响应机理及风险分型研究[J/OL].图书情报工作：1-11[2020-01-14].https://doi.org/10.13266/j.issn.0252-3116.2019.20.001.

林产品质量安全舆情报告

王武魁　耿韵惠　孔　硕　李丹一　张靖然*

摘要：随着国家对生态的重视和林业的自身发展，林业产业在全国GDP的占比逐年增加，且GDP的绿色属性更强，将生态、社会和经济效益结合得更完美。2019年林产品舆情数据量基本平稳，舆情评论正向积极，林业产业发展与森林可持续经营成为关注热点。森林认证中森林经营认证、产销监管链认证、非木质林产品认证等内容也受到广泛关注。林产品质量监测和标准化管理推动了林业品牌建设和产业高质量发展。

关键词：林产品认证　林产品质量　经济林产业　森林旅游

一、舆情概况

基于新闻、微博、微信三大平台，根据确定的35个林产品相关关键词爬取所需舆情数据。其中新闻类数据涵盖新华网、人民网、央视网、央广网、求是网和光明网等主流媒体。微博、微信类数据主要来源于林业官方微博、林业官方公众号以及与林业相关的权威机构等。2019年林产品舆情数据共9027条，其中新闻类6792条，微博类1157条，微信类1078条。以下基于三个平台数据对舆情数量、走势和内容进行分析。

新闻类舆情数据近三年逐年增加，舆情高峰均出现在8月。抽取2019、2018和2017年度新闻类数据，按月汇总绘制折线图（图1）。截至数据爬取日，2019年数据量为6792条，2018年5908条，2017年3723条。对比三年每个月的新闻数量，年度舆情数量整体趋势相似，峰值一般出现在1月、5月、7月至9月、11月的时间区间，2月、10月和12月则为新闻数量的低谷期。

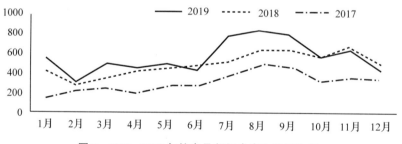

图1　2017~2019年林产品新闻类发文数量比较

分别对2018年和2019年林业信息化新闻类数据进行关键词抽取，并用词云展示TOP50的关键词（图2、图3）。在2018和2019年中，"生态""经济""创新""智能""产品""品牌"和"技术"等，一直是词频较大的词，"品牌""产业"和"市场"逐渐成为热点词。我国拥有十分丰富的林业生态资源，林产品在国内外有着巨大的市场空间[1]。随着中国的经济发展和人均收入的不断攀升，在小康时代情境下，绿色消费观念逐渐形成，网民追求更健康的生活质量，带动了森林旅游、森林食品等新兴产业的发展。同时，近年来新一代信息技术如大数据、云计算、物联网等不断融入林业产业。对比2018年与2019年关键词，"人工智能""需求"的词频逐渐变大，网民对智能家居的关注度越来

＊王武魁：北京林业大学经济管理学院教授，博士生导师，主要研究方向为信息系统、林业信息化和大数据；耿韵惠、孔硕、李丹一：北京林业大学经济管理学院硕士研究生；张靖然：北京林业大学经济管理学院博士研究生。

越高；同时"质量""品质"在两年中词频数量稳定，可看出网民对林产品的品牌和质量有更高的要求，这说明加快林产品品牌建设和质量提升有很重要的意义。

图 2　2018 年林产品新闻类文章关键词　　　图 3　2019 年林产品新闻类文章关键词

根据训练模型计算与人工指定关键词距离最接近的其他词，扩展关键词数量，我们发现 2018 年对森林食品、森林旅游、乡村振兴等关键词的讨论比较多。自 2015 年起，我国林业产业进入历史上发展最为迅速的时期，我国家具以及经济林产品产量居世界第一，已成为最具影响力的林产品生产和贸易大国[1]。近年来我国森林食品、森林药材、森林旅游产业规模逐步扩大，越来越多的林业企业活跃起来，积极改善林产品生产技术以提高林产品质量的同时注重提升创新能力，为林业产业的发展注入活力。林业产业的发展促使从业者增收，特别是带动了许多边远地区的贫困乡村富起来，使扶贫工作的推进更为有利。随着信息技术的不断发展，林业新兴产业发展迅猛，2019 年森林食品、森林旅游依然是热点话题，除此之外，智能家居话题出现频率较高，5G、人工智能、大数据等技术在相关新闻文章中提及较多，可看出这些先进技术的应用正在推进林业产业科技进步，在提高林业产业创新能力方面起着不可忽视的作用。

二、微博类舆情评论数据反映网民关注点

本文在微博平台共爬取 3014 条林产品舆情数据，其中 2019 年数据 1157 条。本文对林产品微博类舆情数据进行了词频统计，表 1 列出了统计结果。从表 1 可知，在林产品舆情部分，网民讨论的热点话题包括林业产业发展、林下产品、经济林产业、林产品认证、林产品安全监管等。

表 1　2019 年林产品微博类舆情数据关键词词频统计 TOP20

序　号	关键词	词　频	序　号	关键词	词　频
1	经济林	1537	11	提　质	405
2	林　业	1318	12	草　果	380
3	产　业	1313	13	总产值	378
4	林产品	1071	14	特　色	356
5	森　林	866	15	种　植	365
6	生态旅游	586	16	食　品	332
7	发　展	534	17	认　证	310
8	食　用	523	18	安全监管	253
9	生　态	433	19	花　椒	250
10	质　量	419	20	基　地	248

本文根据林产品舆情数据中微博正文的"转评赞"数量,对每一条正文数据进行了加权计分(总分=转发×7+评论×9+赞×4),结果如表2所示。从表中数据可知,在林产品部分,网民发布的热点文章的主题包括各地林产品的宣传、林业行业与其他行业合作、发展林业行业特色和脱贫致富等。

表2　2019年林业产品热点微博正文TOP20

TOP值	内容主题	转发	评论	点赞	得分	发布时间
1	诗意山水　千年忠橙	119	122	123	2423	11月
2	国家林草局与阿里巴巴集团合作发展经济林产业	5	20	200	1015	12月
3	走向世界的礼县苹果　市人大常委会副主任、礼县县委书记方新生致辞	36	10	20	422	09月
4	全国两会"丝绸之路橄榄情"幸福陇南·魅力武都	21	4	11	227	03月
5	特色产业提质增效	18	5	7	199	12月
6	郑州供销:新媒助农兴衿喜讯	15	6	7	187	05月
7	脱贫攻坚奔小康	14	6	1	156	04月
8	特色产业提质增效	11	1	9	122	12月
9	我国林业产业总产值达7.33万亿第三产业产值增速达19.28%	11	0	2	85	01月
10	如何辨别优劣纸品	5	1	9	80	11月
11	快讯:市特色经济林产业提质增效培训班在武都区举办	6	1	5	71	12月
12	4月2日,以"杏福花开,春满聚乐"为主题2019云州区聚乐乡首届杏花节开幕	0	4	6	60	04月
13	调整产业结构,改善生态与产业富民协同推进,让经济林产业成为农村牧区经济最具活力的新增长点	7	0	0	49	04月
14	前三季度我国林业产业总产值超5万亿元	5	0	2	43	12月
15	广西在玉林六万林场开展全区林业专业合作社培训	3	1	3	42	07月
16	第四届中国韩城花椒大会　中国韩城花椒大会	4	0	2	36	07月
17	青春三下乳　赴上蔡爱心帮扶精准扶贫服务团	0	1	6	33	07月
18	神奇!揉不碎的树叶?	0	3	1	31	12月
19	山西立法促进经济林产业发展	4	0	0	28	12月
20	风情内蒙　百万亩林果扶贫基地"绿了青山,富了农民"	2	0	3	26	05月

本文接下来对林产品舆情数据中部分微博评论进行了情感分析,情感分析结果如表3所示,正负中性情感值分布如图4所示。根据分析结果可知,在林产品部分,网民评论的正负中性比例分别为78%、20%和2%,舆论走势较为积极。在评论中,主要的负向争论点有以下几方面:

(1)对发展林业经济而带来的生态破坏的质疑。如网民@紫薯蘅包子评论:"要注意经济林种植中的破坏环境情况,特别是在自然植被生产得很好的地方,毁林开荒种经济林和农药污染的情况常有发生。"@荒野守护人评论:"落后的生态观如何体现生态价值?"

(2)对于腐败现象的质疑。如网民@目击者贾先生评论:"先把基层县、镇、村里的看不见的捞钱黑手斩断了再说吧。"

(3)对"退耕还林"政策落实的质疑。如网民@hanhan2688259207评论"退耕还林老百姓的钱都拿到手了吗?"

从网民们的负向评论中可以看出,在林业发展方面我们还有很长的路要走。尤其是在政策落实、反腐倡廉、生态保护方面,特别是林下经济发展与生态保护的协调问题,还需要政府进一步做出努力。

表3 2019 年林产品微博评论数据情感值

	情感均值	情感总值	评论总量
微博正向情感	7.474	1382.804	185
微博负向情感	-2.516	-118.261	47
微博中性评论	0	0	6

3. 微信类舆情数据林产品认证主题突出

微信平台共爬取 2017 至 2019 年林产品舆情正文数据 1703 条，评论数据 2361 条。我们发现 2017~2019 年数据总量稳定，为了直观地展现三年舆情数据变化趋势，我们绘制了 2017~2019 年林产品微信类发文数量时间分布折线图

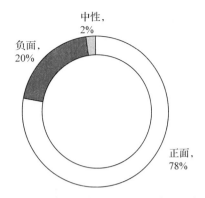

图4 2019 年林产品微博评论情感分布图

（图5）。由图5可以看出，微信平台每月发文数量基本在 30~60 条之间波动，值得注意的是 2019 年 12 月份林产品舆情数量与其他时间段比较有明显不同，超过 150 余条。我们选取 2019 年林产品微信类舆情数据进行报道方式和传播内容的具体分析。可以体现微信文章热度的指标包括阅读量、点赞量和评论量，我们将阅读量记为 M_1，点赞量记为 M_2，评论量记为 M_3。根据项目的微信文章热度计算比例，调整它们之间的权重为 7:9:4。微信文章热度计算公式如下：

$$M = 7/20 M_1 + 9/20 M_2 + 4/20 M_3$$

表4 2019 年林产品热点微信文章 TOP40

	公众号	标题	发布时间	阅读	点赞	评论
1	地板网	生态板、颗粒板、密度板……这么多板材你分清了吗？	2019/7/8	3641	3	1
2	江西风景独好	江西省十大最具发展潜力森林旅游目的地、十佳森林乡村公布啦！你最想去哪深呼吸？	2019/8/12	3581	13	4
3	鲁班园	材料创新驱动行业发展，新型木质人造板都有哪些？	2019/1/28	2837	5	1
4	高州阳光论坛	广东推出 3 条精品森林旅游线路，茂名 1 处上榜，你去过吗？	2019/11/22	2699	8	2
5	中国人造板	2010~2018 年我国人造板产业发展简况	2019/7/12	2610	5	3
6	中国人造板	第 18 届全国人造板工业发展研讨会召开	2019/9/19	2538	10	4
7	中国林产工业	焦点汇：两大协会强强联手，共创无醛供应链管理	2019/5/18	2050	9	0
8	东南木业	浅谈 2019 年人造板发展趋势	2019/2/21	1961	6	1
9	中国林草产经资讯	【林产工业 30 年】钱小瑜：甘为梯桥是"钱哥"矢志不渝为"大姐"	2019/11/9	1662	31	2
10	中国纸业网	亚太森博洪庆隆：为下一代做出负责任产品	2019/8/15	1564	1	1
11	中国质量新闻网	21 批次人造板不合格，部分甲醛超标！装修的你务必注意！	2019/5/23	1426	9	3
12	中国林业网	林产业上升空间在哪里	2019/2/22	1405	10	3
13	莫干山	权威认证！莫干山家居入选首批"中国家居综合实力 100 强品牌"	2019/4/2	1400	7	0
14	生活家人	喜讯！生活家地板通过"CFCC-CoC"权威认证【一周简讯（10.21~10.28）】	2019/10/29	1285	2	0
15	贵州荔波亿隆之家	热烈祝贺贵州荔波亿隆之家荣获 CFCC/PEFC 中国森林认证证书	2019/9/25	1085	23	0
16	中国人造板	2019 全国人造板产业链盛会精彩纷呈	2019/8/5	1084	5	0

（续）

	公众号	标　题	发布时间	阅读	点赞	评论
17	中园林	国家林草局与阿里巴巴集团合作发展经济林	2019/12/4	1028	7	1
18	中国林草产经资讯	【林产工业30年】黄永平：倾心为广西林产工业夯基	2019/12/19	1022	7	2
19	SGS审核及管理解决方案	FSC森林认证：木制品行业的绿色通行证	2019/1/23	923	10	2
20	克一河	"诺敏山"牌黑木耳荣获第十六届中国林产品交易会金奖	2019/11/14	855	16	3
21	中国林产工业	产业报告连载：人造板行业安全生产	2019/3/5	863	5	1
22	大卫地板	高端对话：大卫地板董事长蒋卫受邀出席"共建全球绿色供应链国际论坛"	2019/10/23	833	6	1
23	品牌农业与市场	上央视、抖音获赞十几万……这颗桃子为啥这么火？	2019/8/2	819	8	1
24	中国人造板	第六届中国林产品质量与标准化研讨会在杭州召开	2019/10/17	806	3	0
25	木业网	"匠心筑梦，携手共赢"第三届板材-定制家居绿色生态链发展高峰论坛圆满召开	2019/5/20	800	2	0
26	林业精准扶贫	国家林业和草原局推动特种经济林产业发展	2019/9/5	773	22	2
27	CFCC森林可持续经营	旌德县天山绿色食品有限公司获中国森林认证证书	2019/1/4	717	16	2
28	厨卫资讯	前四个月中国进口自美国的林产品下降10%	2019/7/1	714	5	0
29	韩师傅集成家居	韩师傅集成家居顺利通过"森林认证"——打造生态家居新标杆	2019/12/17	640	6	0
30	森林疗养	白云山森林疗养基地认证进入新阶段	2019/5/10	634	4	0
31	中国林业网	绿色发展要闻：国家林草局与阿里巴巴集团合作发展经济林产业	2019/12/4	591	4	2
32	福湘木业	福湘受邀参加中国林产品质量与标准化研讨会，共同推进负离子板材行业标准建立	2019/10/19	592	3	0
33	CFCC森林可持续经营	"中国森林认证-产销监管链示范（试点）单位"——巴洛克木业（中山）有限公司获得CFCC-CoC证书	2019/11/6	473	8	2
34	中国林业网	【世界林业第二季】林产品绿色消费：政府推动与消费倡导	2019/5/20	478	2	0
35	中国木材工业	政策速递：2019年木质林产品质量监测方案公布	2019/4/29	423	2	0
36	中国木材工业	林业科技发展项目（森林认证）"木竹林产品产销监管链认证实践"通过验收	2019/6/28	424	0	0
37	阿克苏零距离	国家林业和草原局调研组来阿调研时指出　发展经济林产业　改善生态环境	2019/7/23	387	1	0
38	生态话题	林产品绿色消费：政府推动与消费倡导	2019/5/15	369	3	0
39	CFCC森林可持续经营	哈尔滨林草产业整体启动森林认证	2019/10/25	350	5	0
40	CFCC森林可持续经营	国家林草局和国家市场监管总局领导调研江苏省森林认证工作	2019/6/11	340	4	0

　　针对2019年林产品微信类舆情数据，根据热度计算公式，选取热度在TOP85的发文信息（表4仅展示了TOP40的发文信息）。我们首先对选取的热度事件数量按月汇总（图5），发现2019年度热度事件分布均匀，仅在10月和12月略高于其他月份。2019年12月微信平台发文总量和热度事件总量均出现峰值，且高于其他月份。对可能的原因进行探讨，我们发现12月份发文主题以森林认证居多，各省纷纷对年度森林认证推广培训工作和年度林业产值进行回溯和总结，舆情热度上升，

网民关注度提高。

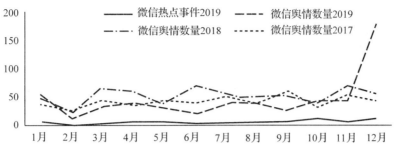

图5　2017—2019年林产品微信类发文和热点事件时间分布

从来源公众号角度，对2019年林产品微信类舆情数据进行分析(图6)，发现热度事件主要来源于CFCC森林可持续经营、中国林产工业、中国人造板、中国林业网、中国林草产经资讯等公众号，其他地方、企业级公众号发文也占一定的比重。从来源角度来看，可以初步判定舆情主题主要围绕林产品认证、林业产业、人造板产业等展开。

基于林产品微信类舆情数据，对2019年林产品热度事件进行主题概括，统计各主题下事件总热度与热点事件数量(表5)。我们发现森林认证成为大家关注的热点，森林经营认证、产销监管链认

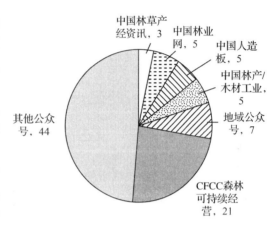

图6　2019年林产品热度事件来源公众号占比图

证、非木质林产品认证等相关报道引起网民关注。森林旅游、特种经济林等非木质林产品产业发展迅速，推动了森林经营的可持续发展。聚焦人造板产业，创新绿色发展成为新的发展趋势，环保绿色优质人造板产品的供给不断增加。林产品质量监测和标准化管理推动了林业品牌建设和产业高质量发展，引起社会各界的广泛关注。

表5　2019年林产品热点事件各主题舆情热度

主　题	人造板绿色发展	特种经济林产业	森林旅游	林产品质量监测	林产品认证
舆情热度	10	7	6	6	35
事件数量	7055.85	1030.7	3804.6	876.6	4575.65

二、热点舆情回顾

(一)人造板创新绿色发展成趋势，相关会议引网民关注

人造板产业是中国国民经济重要的产业之一，其产品主要用于建筑装饰装修板材、家具、地板以及包装材料和体育文化用品等方面，用途十分广泛。根据国家统计局数据显示，2013～2018年，我国木材产量呈现下降后上升的态势。2014、2015年受国家政策的影响，限制森林资源的采伐利用，加大了对天然林的保护，木材的产量急剧下降。2016年开始，我国虽然对自然林保护扩大到全国范围，但是经济林、人工林等发展较为良好，带动了我国木材产量的增长。据中国板材汇报道，中国人造板产业正在经历供给侧改革淘汰落后产能、环保升级等阵痛，中小企业关停休整，大企业多数保本经营。随着供给侧结构改革淘汰落后产能工作的持续推进，目前中国人造板的产业明显向华东、华南原材料供应充足的地域集中。

　　绿色消费正成为一种新的消费方式，环保绿色优质人造板产品越来越受到消费者的青睐。中国人造板产业技术进步和装备升级促进了产品质量不断提高，环保绿色优质人造板产品的供给不断增加。甲醛释放量更低或无醛产品将成为骨干企业的主流产品。2019年5月17日"中国林产工业协会与中国房地产业协会战略合作签约仪式"暨"无醛人造板及其制品认定与供应链管理联合发布会"在北京召开。大会为首批《无醛人造板及其制品》采标单位颁发了荣誉证书，指出要坚持绿色发展的指导方向以及高质量发展的路线。为推进木材与木制品广泛应用，顺利绿色、生态、健康的发展趋势，2019年7月第二届中国国际绿色木业博览会在上海举办，本届展会通过以会带展，形成以点带面扩散效应，吸引全社会高度关注木业发展现状与趋势，为国家"十三五"规划中明确的绿色发展规划，落实政策措施，强化技术支撑等工作起到添砖加瓦的作用[2]。第十八届全国人造板工业发展研讨会于2019年9月18～20日在湖北举办，全国人造板工业发展研讨会是由我国四大行业权威机构——中国林业科学研究院木材工业研究所、中国林业机械协会、中国林产工业协会和中国绿色时报社于2002年联合创立。会议结合当前人造板产业发展过程中的热点和焦点，以"聚焦产业变革，助推家居升级"为主题，重点关注创新引领、绿色发展、市场展望三个领域[3]。

（二）特种经济林产业与乡村振兴、国土绿化紧密结合

　　2019年9月3日至4日，特种经济林产业发展政策与技术培训班在北京举办。国家林业和草原局副局长刘东生指出，发展特种经济林产业是维护食用油安全的战略举措，是实施乡村振兴战略的重要内容，是服务健康中国战略的重要措施。近年来，国家林业和草原局将特种经济林基地建设和经济林产业提质增效作为重点工作全力推进。各地将经济林产业发展与精准扶贫、乡村振兴、国土绿化紧密结合。

　　以"特种经济林产业是乡村振兴的重要战略""发展特色经济林产业助力果民增收乡村振兴""国家林业和草原局推动特种经济林产业发展""发展经济林产业，改善生态环境"为主题的报道引起网民关注。宁夏、新疆、贵州等地也紧紧围绕"大数据、大扶贫、大生态"战略，对区域特色经济林产业的发展现状、取得的成绩经验、存在的问题以及在乡村振兴中的作用等进行了分析报道。以新疆为例，据悉2000年以来，新疆阿克苏紧紧围绕生态建设这个中心，因地制宜，争取资金积极实施国家沙化土地封禁保护、人工造林、封沙育林、大力推进生态造林建设工程，践行"绿水青山就是金山银山"发展理念。经过近20年的荒漠化治理以及生态造林，地区沙化土地面积逐渐减少，林果面积不断增加。实现生态效益、经济效益、社会效益三大效益完美结合。

　　目前，我国经济林面积超过6亿亩，产量超过1.8亿吨，核桃、枣、柿子、板栗、苹果、桃、梨等主要干鲜果品产量居世界前列。2019年12月3日，国家林业和草原局与阿里巴巴集团签署战略合作协议。双方将围绕经济林产业提质增效和高质量发展，在电子商务、电商扶贫、大数据应用、互联网社会化金融服务、前沿技术示范等领域开展合作。率先在广西罗城、龙胜和贵州独山、荔波等4个国家林业和草原局定点扶贫县优先布局打造电商扶贫示范县，在具备条件的贫困地区联合培育"淘宝村""淘宝镇"，开拓高品质特色经济林产品市场，助力林草产业精准扶贫。中国绿色时报，中国林业网、中园林、林业精准扶贫等媒体对此进行了报道，引起网民的关注与讨论。

　　科学推进特种经济林产业持续健康发展、改善生态环境、促进乡村振兴，走出一条生态美百姓富有机统一的绿色发展之路。要优化区域布局，把特种经济林栽培与国家重大生态修复工程相结合。要加快新品种新技术研发，把科技成果转化为产品和效益，全面提升产品价值。要积极开发利用林地资源，划定特种经济林产业发展优势区，推广高产优质种苗和先进适用造林技术，建设高产高效绿色生产基地[4]。

（三）森林旅游成为林业产业中增长最快和最具发展前景的亮点

我国森林旅游资源是以森林公园为主，林业自然保护区和湿地公园、沙漠公园为辅的森林旅游景区体系。党的十八大以来，我国森林旅游保持快速增长，不断开拓创新，森林体验、森林康养、生态休闲、生态露营、自然游憩、自然教育等新产品、新业态百花齐放，不断吸引更多社会公众走进生态，走进自然。2018年，全国森林旅游游客量达到16亿人次，占国内旅游人数的约30%，创造社会综合产值约为1.5万亿元[5]。仅2019年1月至8月，全国森林旅游达12亿人次，同比增长13%，创造社会综合产值约为1.1万亿元[6]。目前，森林生态旅游业是继经济林产品种植与采集业、木材加工与木竹制品制造业之后，年产值突破万亿元的第三个林业支柱产业，成为林业产业中增长最快和最具发展前景的亮点[7]。

2019年，全国各省市积极发展森林生态旅游产业，成果颇丰。全国林改策源地——福建省武平县举办森林旅游节，通过林下经济产品促销、特色农民文化体育活动、森林人家美食节等一系列独具武平特色的森林旅游活动，吸引众多游客"森"临其境，乐享自然[8]；江西省于2019年8月在抚州举办首届森林旅游节，公布了2019年江西省十大最具发展潜力森林旅游目的地、十佳森林乡村[9]；2019年中国森林旅游节于10月18日在江苏省南通市举办，此次活动的主题为"绿水青山就是金山银山——江海之约，森林之旅"。国家林业和草原局副局长刘东生在开幕式上指出我国生态旅游迎来了更加难得的发展机遇，国家林业和草原局将切实履行好保护生态环境、提供更多优质生态产品的神圣职责，进一步下力气做好生态旅游发展这篇大文章。继续利用好"中国森林旅游节"等平台，深化交流合作，开创我国生态旅游事业发展的新局面[10]。该活动主要对全国森林旅游风光和产品、全国森林旅游扶贫推介进行了展示，同时举办了中国生态旅游、全国自然教育、全国森林疗养论坛。南通市在中国森林旅游节期间自主开展了南通菊花展、全国精品盆景展、森林音乐会、南通森林旅游嘉年华、关爱自然万人万米徒步行等活动。江苏省积极推进森林生态旅游业发展工作，全省已建世界自然遗产1处、国际重要湿地2处、国家重要湿地5处、省级以上湿地公园71处，建成省级以上森林公园71处、省级以上风景名胜区22处，年接待游客超7000万人次，直接旅游收入近40亿元[6]。据悉，南通市2019年新增造林面积3.52万亩，实施森林抚育面积7万亩，全市重点景区达到4A或5A标准[11]。除此之外，全国各省区如北京市、天津市、河北省、山西省、山东省、黑龙江省、江西省、湖南省等积极筹备并举办联动活动，设置森林旅游风光和产品展台。中国森林旅游节的举办有效实现了鼓励消费者参与森林游憩、度假、疗养、保健、教育等林业旅游休闲康养活动，同时加大林业旅游、森林休闲、森林康养宣传推介，扩大横向联合和对外合作，大力推动林业产业的发展。

（四）林产品质量监测、标准化管理推进产业高质量发展

2019年10月16日，第六届中国林产品质量与标准化研讨会暨林业产业标准化国家创新联盟第一届二次理事会在杭州召开。本次会议以"实施标准化战略和品牌战略，推动林业产业高质量发展"为主题，国家林业和草原局科技司、中国林业科学研究院木材工业研究所、浙江省林业局、浙江省林产品质量检测站等单位领导出席会议，来自科研、质检、高校以及企业代表200余人参会。中国林产品质量与标准化研讨会已经连续举办了五届，逐渐成为林业产业质量和标准化政策和学术交流的宣传平台，得到行业的认可，本次大会的召开将对我国林产品质量和标准化政策宣传、质量和标准化管理经验交流以及推进林业品牌建设和产业高质量发展，发挥重要的推动作用。

搜狐网、中国绿色时报、中国林业网、浙江林业网等新闻媒体报道，为加强林产品质量监管工作，提高林产品质量，保障消费安全，根据《国家林业和草原局2019年工作要点》和《国家林业和草原局关于加强食用林产品质量安全监管工作的通知》，2019年3月国家林草局决定开展2019年林产

品质量监测工作，并制定具体监测方案，重点对食用林产品及其产地土壤、木质林产品、林化产品、花卉产品等4大类开展行业质量监测。2019年4月木质林产品质量监测方案公布，拟在全国范围内对国家林业标准化示范企业、国家林业龙头企业和重点区域企业的产品进行重点监测。2019年6月、9月、11月，完成第一、二、三批木质林产品监测的抽样、检测工作以及监测报告。各省级林业和草原主管部门根据本地区实际情况，组织开展本地区2019年林产品质量监测工作。2019年4月浙江省强调加强对承担监测任务质检机构的监督和管理，确保监测工作质量，督促各受检单位提高产品质量，切实履行生产单位的产品质量安全主体责任，积极配合抽样和监测工作。2019年7月安徽省首次开展部分食用林产品质量监测工作，充分认识开展食用林产品质量安全监测工作的重要性和重大意义。切实履行食用林产品质量安全监管职责，全面提升食用林产品质量安全水平。

（五）森林认证相关工作与会议成关注焦点

森林认证是由独立的第三方按照特定的绩效标准和规定程序，对森林经营单位和林产品生产销售企业进行审核并颁发证书的过程。通过对认证的产品加贴认证标识，可实现从最终产品到原料来源的追溯，从而排除非法的林木采伐，确保产出相关林产品的森林得到有效保护，在生产端上保证林产品的绿色供给，对于推进林产品绿色消费发挥了不可替代的重要作用。完善林产品产销监管链认证体系，促进林产品全商品链绿色化。根据《国务院关于加强质量体系认证体系建设促进全面质量管理的意见》(国发〔2018〕3号)，国家高度重视质量体系建设，森林认证已经迎来了良好的发展机遇。

2014年，中国森林认证体系(CFCS)与全球最大的森林认证体系——森林认证体系认可计划(PEFC)实现互认，中国森林认证为获证林产品突破国际贸易壁垒和拓展国际市场准入提供了"绿色通行证"。中国森林认证—产销监管链(CFCC-CoC)认证是指由独立的第三方认证机构依据中国森林认证体系标准，对自愿申请认证的林产品加工、贸易企业从原料来源、加工、制造、运输、储存、销售，直至消费终端等各个环节进行评估，以确认其林产品的原料是否来源于经过认证的、可持续经营的森林，其管理体系是否符合CFCS体系标准的要求。中国木材工业报道，2019年6月21日，全国人造板标准化技术委员会、中国森林认证委员会(CFCC)和森林认证体系认可计划(PEFC)共同启动了第2批中国木竹产业"中国森林认证-产销监管链示范(试点)"活动。截至2019年12月27日，19家试点企业中已有17家企业获得了中国森林认证-产销监管链认证证书。以巴洛克木业(中山)有限公司为例，2019年5月1日，巴洛克木业(中山)有限公司(品牌为"生活家")在国家林业和草原局科技发展中心认证实践项目的支持下，正式启动中国森林认证-产销监管链(CFCC-CoC)认证，开始建立和实施产销监管链管理体系。6月，巴洛克木业(中山)有限公司被正式列入第2批中国木竹产业"中国森林认证-产销监管链示范(试点)单位"，并于10月16日顺利通过中国森林认证审核，获得CFCC-CoC证书。

安徽省具有地方特色的非木质林产品种类繁多，但是非木质林产品认证工作一直于空白。2018年，在国家林业和草原局、省林业厅的大力支持下确定旌德县天山绿色食品有限公司为安徽省首个非木质林产品认证试点企业。其开展认证的林地面积500公顷，基地4个，开展认证的产品包括茶叶、板栗、山茶油、食用菌、竹笋、林下土鸡等6个产品组。相关产品已经加载中国森林认证与国际森林认证体系认可计划联合标识(CFCC+PEFC)上市销售。哈尔滨林草产业整体启动森林认证，强调在各地林区开展非木质林产品经营认证，认证林产品加载中国森林认证(CFCC)与国际森林认证体系认可计划(PEFC)联合标识，给林产品进入市场提供了"绿色通行证"，扩大了市场占有率和竞争力[12]。2018年，丽水市政府和中国林学会森林疗养分会达成战略合作协议，双方合作引入森林疗养基地认证示范，借鉴日德和国内相关工作经验，共同在白云山、白马山等地打造一批森林疗养基地。2019年5月白云山森林疗养基地认证进入新阶段。

据 CFCC 森林可持续经营报道，2019 年 10 月、11 月、12 月山东、四川、浙江、广东、云南等地纷纷开展森林认证相关培训、推广班。介绍当前我国森林认证的形势与政策。推广森林认证的理论和审核流程，加深相关人员对森林认证的了解和认识。一系列报道体现了开展森林认证的重要性，引起网民的关注。开展森林认证，高质量发展林草产业，完成以木材采伐为主向绿色、全面的森林可持续发展转变，实现林草行业应有的生态、社会和经济效益，是践行"绿水青山就是金山银山"的重要途径，也是在天然林全面禁伐的背景之下，建设生态文明，创新林下经济发展，开拓市场路径，带动广大林区精准脱贫致富的现实举措。

三、舆情小结和展望

森林认证成为各方关注重点，2019 年 12 月 28 日第十三届全国人民代表大会常务委员会第十五次会议通过修订的《中华人民共和国森林法》第六十四条规定："林业经营者可以自愿申请森林认证，促进森林经营水平提高和可持续经营。"这意味着中国森林认证正式进入国家立法。森林认证包括森林经营认证、产销监管链认证、森林生态环境服务认证、生产经营性珍贵濒危野生动物认证、珍稀濒危野生植物认证、碳汇林认证和森林防火认证等认证领域。要加强森林认证体系的市场监管，未来，国家市场监督管理总局将继续联合国家林业和草原局协调相关部委，根据形势需要，制定更多政策来支撑森林认证体系更好地应用，推进形成市场采信机制，以市场的信任感来推动森林认证体系的有效运行，发挥认证的真正作用，从国家层面和市场监管角度，推动森林认证行业健康发展。

林业产值上升空间依赖于第三产业。国家林业和草原局出台《关于促进林草产业高质量发展的指导意见》提出，到 2025 年，全国林业总产值在现有基础上提高 50% 以上。林产业的上升空间在于建立生态产业化、产业生态化的林草生态产业体系。国家林业和草原局相关负责人表示，需要从增强木材供给能力、推动经济林和花卉产业提质增效、巩固提升林下经济产业发展水平、规范有序发展特种养殖、促进产品加工业升级、大力发展森林生态旅游、积极发展森林康养、培育壮大草产业等方面着力。该负责人表示正考虑制定森林生态旅游与自然资源保护良性互动的政策机制，引导各地开展森林城镇、森林人家、森林村庄建设。

从舆情数据分析，林业产业与森林经营可持续发展关系密切。为加强森林资源保护和可持续利用，构建林产品绿色供应链成为新的发展要求。2018 年 6 月，12 家中国林产品领军企业联合倡议建立全球林产品绿色供应链，标志着中国林业产业界的自我觉醒。实践证明，企业自身转变观念，增强社会责任意识，坚持绿色、可持续发展理念，不断转型升级生产方式，提高资源利用效率，是构建绿色供应链、确保企业长远发展以及人类福祉的关键。此外，产业链、政府部门、社会组织、科研机构、广大民众的共同努力和紧密合作，形成有利于构建绿色供应链的激励政策、企业精神、社会环境和消费舆论氛围等也起到重要作用。

参考文献

[1]中国木材与木制品流通协会. 关于举办第二届中国(上海)国际绿色 木业博览会的通知[EB/OL]. https://mp. weixin. qq. com/s/P8naTDEBsuczY50Eb_ Js-g.

[2]中国人造板. 第 18 届全国人造板工业发展研讨会成功召开[EB/OL]. https://mp. weixin. qq. com/s/6yjR2glaECYmEh0X4oR9Hw.

[3]林业精准扶贫. 国家林业和草原局推动特种经济林产业发展[EB/OL]. https://mp. weixin. qq. com/s/SLJY-bW0P7t21vdJ9S52gXg.

[4]新华网. 2019 上半年全国森林旅游游客量突破 9 亿[EB/OL]. (2019-10-21) http://www. xinhuanet. com/politics/2019-10/21/c_ 1125130504. htm.

[5]新华社. 今年前 8 月全国森林旅游游客量达 12 亿人次[EB/OL]. (2019-09-28) http://www. gov. cn/xinwen/2019-

09/28/content_ 5434378. htm.

[6]人民日报海外版."天然氧吧"何处觅 林深水美不知归[EB/OL].(2017-11-28)http://paper. people. com. cn/rmr-bhwb/html/2017-11/28/content_ 1819769. htm.

[7]闽西日报."森"临奇境,"土味"十足,武平森林旅游节"氧"你[EB/OL].(2019-01-16)https://mp. weixin. qq. com/s？src=11&timestamp=1578472817&ver=2083&signature=A＊DZm8jv2kCOTKqaVifRqL＊1NRTTy6i＊4FFG2NazI9HcuZPAuy4hdSTeUNC1dBL3Q5pIoz9k-J＊3sVC5hXMJXs6WuTH5XQKTKw＊mLU92aHArYdJvZMHGtaMipu-1SaiB&new=1.

[8]南昌三农发布.江西省十大最具发展潜力森林旅游目的地、十佳森林乡村公布啦! 你最想去哪深呼吸？[EB/OL].(2019-08-12)https://mp. weixin. qq. com/s？src=11&timestamp=1578473129&ver=2083&signature=q3EuNVf03M-6XbLH9i2kzQlaWOH3ESA2XZov1GUvtmWymowJ1gyJZbq8vmPqpKGaZcOYr-CoaViBg7SB7kdJueaqrw9029IiBigxHA3zm4CnOi＊WraJ5UAmuTP-QJ＊ne&new=1.

[9]国家林业和草原局头条号."江海之约 森林之旅"2019 中国森林旅游节开幕[EB/OL].(2019-10-19)http://www. ftourcn. com/slj/2019/showfile. html？projectid=246&username=70B4A31869&articleid=2F2EB5D3E42243FBA2EA62C7834F024A.

[10]南通发布.2019 中国森林旅游节10 月18 日至21 日在南通举办[EB/OL].(2019-08-28)http://www. ftourcn. com/slj/2019/showfile. html？projectid=246&username=70B4A31869&articleid=C01C5DB93D684A69B7F892702B815843.

[11]CFCC 森林可持续经营.哈尔滨林草产业整体启动森林认证[EB/OL].https://mp. weixin. qq. com/s/TWPZGb-MIfrRpQYL0jM6BiQ.

林业信息化舆情报告

王武魁　耿韵惠　孔　硕　李丹一　张靖然*

摘要： 当前，全球智慧化浪潮汹涌而至，网络强国战略加速推进，林业信息化建设进入高质量发展时期。2019年林业信息化舆情数据量基本平稳，舆情评论正向积极，中国林业网对林业信息化报道比重较大。智慧林业技术成为大家关注的热点，林业信息技术在森林防火、森林监测、荒漠化治理、生态保护中的发挥的作用越来越大，林业信息化建设成果丰富。

关键词： 林业信息化　林业大数据　林业信息技术　中国林业网

一、舆情概况

根据林业信息化关键词（表1），爬取新闻、微博、微信三大平台数据。其中新闻类数据涵盖新华网、人民网、央视网、央广网、求是网和光明网等主流媒体报道。微博、微信类数据主要来源于林业官方微博、林业官方公众号以及与林业相关的权威机构。2019年林业信息化舆情数据共27362条，其中新闻类17999条，微博类4457条，微信类4906条。以下基于三个平台数据对舆情数量、走势和内容进行分析。

表1　林业信息化部分关键词

类　别	关键词
林业信息系统	林业信息系统、GIS、遥感
林业大数据	林业数据库、林业大数据、数字林业、数据共享
智慧林业	林业互联网+、智慧林业、林业现代化
林业政务类	林业网站建设、林业政府网站、中国林业网、政务微信

（一）新闻类——近三年舆情数据逐年增加，数据量稳定

选取2019、2018和2017年度新闻类数据，按月汇总绘制折线图（图1）。截至数据爬取日，2019年数据量为17999条，2018年12710条，2017年9125条。对比三年每个月的新闻数量，2017~2019年，新闻文章数量逐年增长，2019年的数据量几乎是2017年数据量的两倍。从数据量趋势来看，2017年和2018年趋势相似，数据量峰值一般出现在1月、3月、6月、8月和11月，2月、4月和10

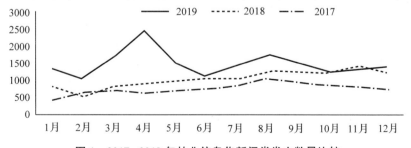

图1　2017~2019年林业信息化新闻类发文数量比较

* 王武魁：北京林业大学经济管理学院教授，博士生导师，主要研究方向为信息系统、林业信息化和大数据；耿韵惠、孔硕、李丹一：北京林业大学经济管理学院硕士研究生；张靖然：北京林业大学经济管理学院博士研究生。

月则为新闻文章数量的低谷期;而2019年4月、8月的数据量明显较其他月份数据量多,与2017年、2018年趋势特点不同,2月、5月至6月、10月为新闻文章数量的低谷期。

分别对2018年和2019年林业信息化新闻类数据进行关键词抽取,并用词云展示TOP50的关键词(图2、图3)。在2018和2019年中,"数据""平台""生态""互联网""网站""信息化""创新"和"服务"等一直是词频较大的词,"共享""区块链""5G""技术"逐渐成为热点词。近年来,我国越来越重视生态文明建设,大力实施林业生态建设工程。《林业产业发展十三五规划》政策文件中提出林业产业要"贯彻落实创新、协调、绿色、开放、共享五大发展新理念"[1],林业现代化正趋向林业信息化转变。

图2　2018年林业信息化新闻类文章关键词　　　　图3　2019年林业信息化新闻类文章关键词

根据训练模型计算与人工指定关键词距离最接近的其他词,扩展关键词数量。我们发现2018年对数字林业建设、数字林业管理、智库建设、智库数字治理、生态环境、生态效益、生态建设和环境治理等关键词的讨论比较多。2019年林业信息化数据开放、数据监测、数据管理、数据共享和资源共享等话题出现频率高,5G、人工智能、区块链等新兴技术也已有所涉及。

(二)微博类——舆情评论正向积极

在本研究报告中,共爬取微博2019年间正文数据3384条,评论数据1073条。我们抽取微博正文数据进行词频统计,各类数据中TOP10的高频词及其词频展示见表2。从表中可以看出,在林业信息化这部分,大家比较关注的话题有林业数据平台建设、平台信息化;林业建设、智慧林业;林业网站、绩效评估等。

表2　2019年林业信息化微博平台各类数据TOP10高频词

TOP 值	林业信息系统		林业大数据		智慧林业		林业电子政务	
	关键词	词频	关键词	词频	关键词	词频	关键词	词频
TOP1	森林	2046	林业	2961	林业	872	微博	3165
TOP2	绿化	392	数据	2605	建设	331	林业	3139
TOP3	林业	388	国家林业局	965	发展	265	网站	2598
TOP4	工程	378	中国林业	895	现代化	205	国家林业局	2175
TOP5	网页	299	数据中心	625	产业	197	政务	1530
TOP6	链接	273	建设	592	智慧	187	林业网	1217
TOP7	京津	260	网页	574	科技	185	林业局	1069
TOP8	林业局	252	链接	524	项目	166	评估	915
TOP9	直播	171	平台	501	技术	161	公安	675
TOP10	建设	142	信息化	408	管理	159	绩效	617

　　本文对微博评论数据进行了情感分析，统计了所有正向、负向及中性评论评论数量，并对评论情感赋值量化，客观地反映微博评论倾向（表3）。由以上统计分析可知，在林业信息化部分，网友正向评论数量远远大于负向评论数量，正向评论占总数的76%，共856条，负向评论仅占21%，共241条，中性评论3%，共32条（图4、图5）。从评论词频统计情况可知，"加油""支持"是网友评论的高频词。由此可知，网友对我国林业信息化建设持较为积极的态度。微博平台网民的负向评论主要集中于智慧林业和林业信息系统两大类中。在智慧林业部分，网民负向评论的焦点话题有林业信息化与林业协同管理、林业信息化与生态建设等问题；林业信息系统部分，网民负向评论的焦点话题主要是林业现代化建设发展较慢、发展不平衡。从网民的负向评论中可以看出，我国林业行业的信息化发展还不够完善，在林业一体化、协同化、生态化方面还有很大的发展空间。

表3　2019年林业信息化微博平台各类数据评论情感值

关键词大类	林业信息系统	林业大数据	林业电子政务	智慧林业
微博正向情感均值	25.17	6.25	7.61	5.62
微博正向情感总值	6746.06	443.37	228.28	2735.84
微博正向评论总量	267	71	30	487
微博中性评论总量	2	4	2	24
微博负向情感均值	−2.22	−1.47	−0.92	−2.70
微博负向情感总值	−110.96	−30.94	−11.99	−424.57
微博负向评论总量	50	21	13	157

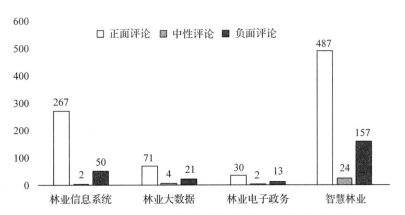

图4　林业信息化微博平台各类数据正负向评论总数条形图

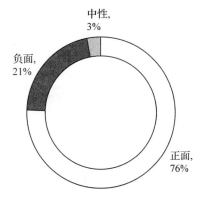

图5　林业信息化微博平台各类数据正负向评论总数环形图

(三)微信类——中国林业网热度事件占比大

在本研究报告中,共爬取微信 2019 年间正文数据 1143 条,评论数据 3763 条。可以体现微信文章热度的指标包括阅读量、点赞量和评论量,我们将阅读量记为 M_1,点赞量记为 M_2,评论量记为 M_3。根据项目的微信文章热度计算比例,调整它们之间的权重为 7:9:4。微信文章热度计算公式如下:

$$M = 7/20M1 + 9/20M2 + 4/20M3$$

表 4　2019 年林业信息化热点微信文章 TOP40

	公众号	标题	发布时间	阅读	点赞	评论
1	泰伯网	林火面前,遥感产业"双分辨率"难题待解	2019/8/25	10219	17	1
2	中国林业网	全国林业和草原工作会议在安徽合肥召开	2019/1/14	8474	52	17
3	中科院之声	我国发布 2018 全球 30 米分辨率森林覆盖图	2019/11/21	6519	38	15
4	蒙草	荒漠化防治国际研讨会上:蒙草用"种质资源+大数据"探索精准荒漠化治理	2019/6/18	6323	14	7
5	中国林业网	【最美林业故事】从数字林业到智慧林业,我们一起走过	2019/6/27	5027	273	0
6	中国科学报	"绿水青山"究竟值多少"金山银山"	2019/4/2	4687	33	2
7	国匠城	国土空间规划中的 GIS 应用——数据篇	2019/11/26	4503	42	48
8	自然资源频道	森林督查之数据库的解读说明	2019/8/1	3686	10	0
9	广东林业	16 个重点!国家林业和草原局公布 2019 年工作要点	2019/1/22	3517	22	4
10	蒙草	森林草原防火正当紧:生态大数据系统模拟推演助力森林草原防火	2019/9/18	2833	7	0
11	中国林业网	【图解】张永利在第六届全国林草信息化工作会议暨林业信息化全面推进 10 周年研讨会上的讲话	2019/7/3	2377	9	3
12	自然资源频道	高清遥感卫片监测森林资源对基层林业工作将会产生哪些深远影响	2019/7/25	2375	10	0
13	自然资源频道	ArcGIS 林业专题图的制作	2019/7/15	2312	0	0
14	iPlants	【Nature】全球 174 家科研单位合作组建森林数据库,率先建立了全球森林分布图!	2019/5/19	2227	17	0
15	将门创投	以树观林:AI 带来更智能化的森林管理	2019/1/31	2158	18	0
16	中国林业网	2018 年全国林业信息化十件大事	2019/3/4	2082	12	1
17	中国林业网	"智慧祁连山"开启资源管护新模式	2019/4/12	2026	16	3
18	自然资源部门户网站	我国发布首幅 2018 年全球 30 米分辨率森林覆盖图	2019/11/21	1991	9	6
19	中国野生动物保护协会	"中国自然生态百科数据库"鸟纲、哺乳纲图文上线	2019/6/14	1958	20	14
20	中国林业网	我国林业遥感卫星数据 70%实现自给	2019/1/16	1906	28	0
21	英伦房产圈	空中护林——大疆无人机守护西双版纳自然保护区	2019/4/17	1863	6	1
22	自然资源频道	林业地理信息系统之 ArcGIS 数据管理之下	2019/9/27	1855	6	0
23	中国林业网	第六届全国林业信息化工作会议在沪召开	2019/3/29	1769	12	3
24	自然资源频道	林业地理信息数据管理之-森林资源常见业务的 GIS 处理	2019/9/20	1761	13	0
25	中国林业网	中国林业网访问量突破 30 亿人次	2019/8/9	1578	33	16
26	兴全基金	今天,收到一封来自支付宝蚂蚁森林的感谢	2019/4/22	1553	23	6

（续）

	公众号	标　题	发布时间	阅读	点赞	评论
27	浙江林业	省委常委、常务副省长冯飞批示肯定我省森林资源"一张图"建设工作	2019/1/10	1546	29	0
28	飞马机器人	无人机科技——精准林业应用新方向	2019/4/2	1565	11	4
29	测绘学报	走近2018年国家科技进步二等奖项目——高分辨率遥感林业应用技术与服务平台	2019/5/3	1332	7	0
30	林家那些事儿	热烈祝贺国家林业和草原科学数据中心荣获第八届梁希科普奖（作品类）一等奖	2019/11/5	1317	14	3
31	中国林业网	【最美林业故事】谈无人机与林业信息化	2019/3/20	1247	1	0
32	中国林业网	2018年全国林业网站绩效评估结果揭晓	2019/3/27	1233	9	1
33	自然资源频道	让无人机在林业中大显身手	2019/8/28	1228	10	
34	中国林业网	高分卫星观测提升林业草原监测水平	2019/3/22	1208	13	4
35	中国林业网	2018年全国林业信息化率评测结果正式发布	2019/3/27	1109	6	0
36	中国林业网	林业信息化全面推进10周年高峰论坛在上海举办	2019/3/29	1039	7	3
37	生态话题	高分五号、六号卫星正式投入使用，将提升林业草原监测水平	2019/3/22	939	8	0
38	湖南林业	2019年度全省林业信息化工作会议在长沙召开	2019/11/29	933	5	0
39	务林人	甘肃省林业和草原有关情况	2019/10/27	918	11	0
40	中国林业网	从1.0到4.0，中国林业网的十年超越	2019/5/13	881	2	2

　　基于林业信息化微信类数据，我们选取热度排名靠前的85个事件进行分析（表4仅展示了TOP40），我们发现中国林业网涵盖43个热度事件，约占总数的50%；省市级林业官方微信（浙江林业、湖南林业、长沙林业、广东林业等）共有9个，占比11%；自然资源频道次之占比7%；其他各类微信公众号发文占比32%。

　　由此可以看出，中国林业网对林业信息化相关类报道占比很大，因此基于2019年林业信息化微信类正文数据按照月份对比统计了微信发文总量、中国林业网发文总量、微信热点事件数量、中国林业网热点事件数量，分析结果见下图。分析其走势可以看出，林业信息化发文数量在3月、8月和11月出现三次峰值，热点事件在3月、4月和7月数量较多。

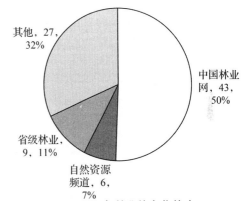

图6　2019年林业信息化热度事件来源公众号占比图

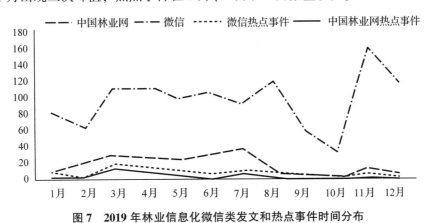

图7　2019年林业信息化微信类发文和热点事件时间分布

基于林业信息化微信类数据，对 2019 年林业信息化热点事件进行主题概括，统计其热度与热点事件数量见表 5。林业信息化技术成为大家关注的热点，3S 技术、云计算、物联网、大数据等成为大家讨论的热点；林业信息技术在森林防火、森林监测、荒漠化治理、生态保护中的发挥的作用越来越大；林业信息化标准、相关会议等基础性工作不可或缺，林业信息化成果丰富。

表 5　2019 年林业信息化热点事件各主题舆情热度

主　题	林业信息技术			林业大数据		其　他		
	林业 3S 技术	信息技术与森林防火	智慧林业技术	林业数据库	林业数据共享	第六届林业信息化工作会议	林业信息化成果	林业行业标准
舆情热度	15	5	3	6	2	4	6	2
事件数量	13664	2013	1425	4917	1341	2158	1035	3243

二、热点舆情回顾

(一)3S 技术在林业调查监测管理中的成果备受肯定

森林资源调查、森林资源动态监测、森林火灾的监测等都离不开 3S 技术的运用。"3S"技术中，RS 遥感技术能够迅速的获取大范围的空间信息，GPS 能够准确获取具体定位信息，GIS 能对 RS 和 GPS 的信息迅速做出反应，并进行综合管理。目前，随着空间、信息、计算机技术的迅猛发展，无疑更推进了"3S"一体化、智能化的进程。中国林业网、自然资源中心、地信技术等对"3S 技术在林业信息化中的应用""GIS 在林业中的运用""GIS 的原理及其在林业系统中的中的应用""遥感技术在林业中的运用"相关报道较多。

林业 GIS(地理信息系统)以林学为基础，信息技术为手段，进行森林资源环境的经营管理决策分析，使森林经营管理信息化。自然资源频道(2019)以 GIS 在林业中的运用为主题进行了多次报道，对 GIS 在林业中多方面的应用现状进行了综述，并对 GIS 在林业中的应用前景进行了探讨，指出地理信息系统在林业上应用研究的重要性。

近年来，遥感技术在林业应用的广度和深度逐渐加大，尤其对高分辨率遥感数据和处理技术的需求与日俱增。为满足森林资源调查、湿地监测、荒漠化监测、林业生态工程监测和森林灾害监测等林业调查和监测业务的重大应用需求，结合《国家中长期科学和技术发展规划纲要(2006～2020 年)》中部署的 16 个国家重大专项之一的"高分辨率对地观测系统"项目研究。2018 年中国林业科学研究院资源信息研究所攻克了高分辨率遥感林业调查和监测应用的 8 项关键技术，并建立了应用服务平台，填补了我国高分辨率遥感林业应用的空白，获国家科学技术奖。2019 年 1 月，2018 年度国家科学技术奖励大会在北京人民大会堂举行。测绘学报和中国林业网分别以《走近 2018 年国家科技进步二等奖项目——高分辨率遥感林业应用技术与服务平台》和《我国林业遥感卫星数据 70%实现自给——高分辨率遥感林业应用技术与服务平台获 2018 年度国家科技进步奖二等奖》为题对其进行了报道。2019 年 11 月 20 日，中国科学院空天信息创新研究院基于美国 Landsat 系列卫星数据和国产高分辨率卫星数据，构建了全球高精度森林和非森林样本库，利用机器学习和大数据分析技术实现全球森林覆盖高精度自动化提取，在国际上率先获得 2018 年全球 30 米分辨率森林覆盖图。该图对于加强森林的管理和利用等具有重要意义。中科院之声、中国科学报、遥感视界、自然资源部门、今日科协、环球科学等公众号进行了相关报道。

(二)信息技术与森林防火成为大家关注的热点

森林和草原野火是最为广布的林业灾害之一，不仅破坏自然生态环境、造成空气污染，严重时更会带来生命和财产的损失。2019年3月30日，四川省凉山州木里县发生重大森林火灾，引发全民关注；4月5日，31位英雄被爆燃的大火吞噬，举国上下哀思如潮。8月，亚马孙雨林火灾成为国际舆论热点。林业技术在森林防火的运用成为大家关注的热点。

4月，测绘学报在《林火监测-遥感要做观象识火的诸葛亮》的报道中指出遥感贯穿于林火防控自始至终每一个阶段和进程，是林火防控中重要的高技术手段。

5月，马鞍山发布指出无人机在森防救灾中的运用。

8月，《林火面前，遥感产业"双分辨率"难题待解》的报道指出不同遥感传感器在火灾探测方面都具有其优点和局限性，获取和传递火场信息的速度主要取决于是否建立了一个有效的火灾监测管理系统。

9月，蒙草生态指出如何能够及时高效地对火情开展预测和预判，成为防火灭火应急工作的重中之重。结合现代计算机技术和生态大数据的应用，以支撑防火灭火应急工作的开展。以内蒙古锡林郭勒盟的历史火情数据为例，蒙草生态大数据尝试利用计算机模拟技术助力森林草原防火，保护绿水青山。

（三）智慧林业技术助力林业信息化再发展

智慧林业是指充分利用云计算、物联网、大数据、移动互联网、区块链等新一代信息技术，通过感知化、物联化、智能化的手段，形成林业立体感知、管理协同高效、生态价值凸显、服务内外一体的林业发展新模式。

目前3S技术与物联网、云计算信息技术结合，在林业科研、生产、管理及服务中得到广泛应用。广西率先试验、试点和应用"天空地"一体化森林资源调查监测新三维遥感技术体系，获取森林数据的效率较传统方式有大幅提升，森林火灾、病虫害的监测预警更加精准，同时减少大量人工成本的投入[2]。除此之外，以森林防火视频监控、道路视频监控、红外野保相机、生态因子监测、水文水质监测、无线通信专网等为代表的物联网相关技术已成为支撑智慧林业发展的主要信息技术手段。3S技术采集的数据通过物联网技术实现数据在林场到各级监控指挥中心的互联互通，云计算技术实现对采集数据处理分析的低成本和高效率，对林区的各种突发事件能做到及时发现、快速预警、快速反应。未来5G网络结合物联网的应用将会使数据传输速率大幅提升，森林资源监控预警将会更加迅速高效。

区块链技术的应用正在改善现代林业的发展，目前区块链技术主要应用在林权和林业碳汇方面。2019年8月份，杭州一树区块链科技有限公司分别与四川省北川羌族自治县以及北京尚水集团达成战略合作，将区块链技术引入林业经济发展和产业扶贫。四川省北川羌族自治县是西部国家重点贫困县。在合作过程中，一树科技将利用区块链确权技术，把以亩为单位的林权精确到以树为单位的树权进行销售。同时，打通区块链林木电商，以树为媒介发展旅游业，从而助推北川特色农产品销售，以此重点打造扶贫项目—树扶贫。也是在8月份，雄安新区宣布应用区块链技术对造林资金进行监管。雄安新区专门研发了采用基于区块链技术打造的项目资金管理平台系统，对植树造林参建单位及利益相关单位项目专项资金流向进行实时动态监控[3]。区块链在林业碳汇方面的应用，2019年Xarbon公司推出基于林业碳汇的区块链项目——碳汇链。该项目允许普通消费者参与林业投资，消费者只需要在碳汇链应用中购买碳汇链数字化资产，每一个碳汇链的数字化资产都等于一吨可注册的碳汇资产[4]。

（四）林业大数据成关注焦点

林业信息资源的全面整合及知识服务是我国林业科技创新的重要基础。多年来，中国林业科学研究院林业科技信息研究所组织制定了林业数据采集与数据库建立的标准和规范，建立了数据分类指标体系和元数据库，全面整合国内外林业信息资源，2017年林业专业知识服务系统正式开通运行。2018年9月基于大数据的"林业专业知识服务系统"在青岛举行的大数据智能与知识服务高端论坛暨农林渔知识服务产品发布会上正式发布。2019年10月29日至2020年1月31日林业专业知识服务系统开通试用。平台以林业元数据知识仓储为基础，整合林业行业丰富的科学数据和信息资源。目前，已完成4大类60个数据库1200多万条数据整合，构建了林业领域基础知识词典系统，开发了林业知识的深度搜索、知识链接、学科导航、知识图谱和可视化分析等服务功能，实现了林业各平台数据的有效打通和共享，提供基于语义关联的知识发现服务。

2019年11月9日，国家林业和草原科学数据中心原创微信公众号"林家那些事儿"荣获第八届梁希科普奖(作品类)一等奖。国家林业和草原科学数据中心是20个国家科学数据中心之一，拥有森林资源、草地资源、湿地资源、荒漠资源、国家公园、自然保护地资源等12个类别的科学数据，建立了178个数据库。贯彻落实习近平总书记"弘扬科学精神，普及科学知识"的要求和国家关于科普工作的战略部署，林草数据中心充分发挥自身的数据资源积累和技术人才优势，努力开展关于林业和草原的科普工作。利用微信这种普及率极高的信息传播渠道开展科普工作，实现了科普信息载体的创新。微信公众号"林家那些事儿"由国家林业和草原科学数据中心创办于2015年6月，截至2019年11月，共撰写并发表原创科普文章264篇，总计41.5万字，合计访问数达155万人次，关注人数达40000余名。

在大数据应用方面，荒漠化是影响人类生存和发展的全球重大生态问题。我国是世界上荒漠化土地面积较大、危害最严重的国家之一。2019年6月17日是第25个世界防治荒漠化与干旱日，我国确定主题为"防治土地荒漠化 推动绿色发展"。当天在"保护利用荒漠资源，探索沙产业发展新思路"的专题论坛上，蒙草生态集团做了题为《生态大数据+适地种质资源体系下的精准荒漠化治理》的报告，指出大数据在荒漠化治理中的重要意义。除此之外，蒙草大数据还为内蒙古、西藏、青海、陕西等多地建立生态大数据平台，用大数据指导草原、青藏高原、祁连山、三江源、秦岭、黄土高原等生态文明建设。

(五)数据共享——"一张图"成关注热点

从2010年开始，以林业资源监管综合服务体系试点建设项目实施为标志，开启了中国林业一张图建设的历程。经过数年努力，林业资源的海量数据流不断生成、汇聚，以此为基础，构建起一张立体、动态、可视的全国林业一张图。2018年《中国林业一张图》正式出版。促进国家与省级林业部门资源协同监管，为提高林业资源管理水平和生态建设保障能力提供重要支撑。

全国林地"一张图"构建了全国统一的森林资源数据库，是林业资源管理的基石，其推广应用对林业乃至全国生态建设都具有重大而深远的意义。2019年12月9日召开的全国森林资源管理工作会议指出，国家林业和草原局将全国林地"一张图"升级为全国森林资源管理"一张图"。这是我国首次形成全国统一标准、统一时点、服务于森林资源管理和生态建设的大数据库，包括地理信息库、解释标志库、影像数据库、林地数据库、专题数据库，成为推进森林资源管理创新、夯实森林资源管理基础的重要举措。以浙江省为例，浙江省自2016年起全面启动全省森林资源"一张图"建设工作，经过两年多的实践探索，目前全省森林资源"一张图"信息管理平台的主体框架初步建成，并将扎实推进森林资源"一张图"活起来、用起来，持续推进林业管理数字化转型[5]。

(六)第六届全国林业信息化工作会议引发舆情高潮

2019年3月27日，第六届全国林业信息化工作会议暨林业信息化全面推进10周年研讨会在上海召开。北京市园林绿化局、上海市林业局、湖南省林业局、甘肃省林业和草原局、广州市林业和园林局分别介绍了典型经验。各省积极展开相关报道，以湖南为例，湖南以首批全国林业信息化示范省建设为契机，以林业信息化推进林业现代化，取得了一定成效。构建了互联互通的"大网络"，整合了信息资源"大数据"，开发了业务支持"大系统"，打造了公共服务"大平台"。湖南林业信息网连续9年被国家林草局授予"十佳省级网站"；衡东县林业局网站多年位居全国林业"县级十佳网站"第一名；索溪峪国有林场网站位居全国林业"专题十佳网站"首位。2019年11月28日，湖南省林业信息化工作会议在长沙召开，贯彻落实第六届全国林业信息化工作会议精神。中国林业网、搜狐网进行了相关报道。会上，湘西自治州林业局、衡阳市林业局、靖州县林业局、洞口县林业局、湖南省林业科学院等代表作了交流发言，从不同角度介绍交流了各自在林业信息化工作中的经验。

2019年，林业信息化工作深入贯彻党的十九大精神，全面落实第六届全国林业信息化工作会议精神，按照国家林草局信息化工作领导小组工作部署，取得重大突破。

（七）林业信息化建设成果显著

各省林业信息化建设中，江西、甘肃、浙江、湖南成果突出。此外，中国林业网作为林业发展行业最大的林业信息类门户网站也为林业信息化发展贡献了不可或缺的力量。

中国林业网、江西林业、中国林业产权交易所等影响力较高的公众号，在2019年3月对江西林业信息化发展进行了集中报道。《江西省智慧林业总体设计》《江西省智慧林业建设标准》《江西省林业信息化建设"十三五"规划》及《开展"互联网+"行动 大力推进智慧林业建设实施方案》绘就了全省林业信息化发展蓝图。

2019年5月，中国林业网对甘肃省林业信息化建设工作的报道中指出，面对大数据时代，甘肃省不断深化认识，将林业信息化作为林业现代化的核心标准与关键支撑加以推进。省内351个林草监测监控点资源与省局平台实现了信息互联互通。还建成了全省林业资源信息管理系统、远程视频监测监控系统、国家公园高分卫星应用系统和护林巡护系统，全省近2000处实现了护林巡护，拍照、推送、音视频对话和巡护路线管理功能，林草资源管理更规范、更高效。确保到2020年，全省林业信息化率达到85%，基本建成智慧林业。

信息化深刻地改变了浙江林业。资源调查管理手段向移动化、智能化革新。森林安全监控预警系统及应急管理平台建成，实现了森林消防和濒危动植物动态监控。以无人机等为核心的林业"天网"系统建设和应用推进。自2016年起，浙江开展全省90个林业政务微信智慧监测，定期发布影响力周、月、年榜单，各市县政务微信公众号活跃度及内容质量快速提升。浙江林业公众号以"林业政务微信影响力排行"为主题，发布系列文章，网民关注度逐步提高。

2019年5月，根据湖南经济网、中国林业网等相关报道，湖南省2018年制定《湖南林业生态大数据体系建设规划》，高质量完成国家数字档案试点单位建设。实现各类林业业务数据协同、各级林业机构数据联动、各种相关部门数据互通，形成全覆盖、一体化、智能化的林业信息化管理体系，并积极建设林业"天空地"一体化智慧感知网。

2019年8月中国林业网访问量突破30亿人次，按照《国务院办公厅关于印发政府网站发展指引的通知》等要求，国家林草局信息办不断推进"互联网+"政务服务，创新服务方式，提高网络政府履职能力，全面推进网站集约化、智慧化发展，中国林业网不断突破刷新访问纪录，获得了社会公众的广泛认可。其最美林业故事板块，发文量和关注度不断提高。目前，中国林业网日均发布信息1000多条，日均访问量超过100万人次，实现了全国林草业网站上下一致、立体发声、全终端适用，显著提高了林草业社会影响力。

（八）林业信息化建设标准先行

在全国林业信息化建设"四横两纵"总体框架中，标准规范是其中"一纵"，发挥着重要的基础性作用。2014年发布的7项林业信息化行业标准包括：《林业信息术语》《林业信息元数据》《林业基础信息代码编制规范》《林业信息资源交换体系框架》《林业信息资源目录体系框架》《林木良种数据库建设规范》《造林树种与造林模式数据库结构规范》。国家林草局信息办于 2017 年成功发布了 3 项首批林业信息化国家标准,实现了林业信息化发展史上国家标准零的突破,推动智慧林业发展。回顾过去 10 年,林业信息化标准建设从杂乱无章到井井有条、从信息孤岛到整合共享,努力实现"统一标准",为林业信息化建设再上新台阶提供了坚实基础和有力保障[6]。

三、舆情小结和启示

对林业信息化舆情数量、报道方式和传播内容进行分析,发现林业信息化舆情特点、关注点及相关启示如下。

(1)更加关注林业信息化与生态建设的关系。各大平台在林业信息化相关报道中均体现了生态监测、生态修复、生态建设、生态服务等主题,林业信息化有助于林业生态大数据的应用,通过采用信息化手段来降低甚至是打破林业生态大数据的局限性,通过全面采用物联网技术、云计算技术、移动物联网技术等信息化技术,来促进林业生态的智慧管理、智慧感知以及智慧服务,进而提高林业生态的信息化水平,实现林业结构的创新发展。国家林业与草原局信息办指出要实现生态治理模式向"智慧化"转变,2016~2019 年开展生态安全监测评价体系建设;2017~2019 开展生态红线动态保护体系和"三个系统一个多样性"动态决策体系建设;2018~2020 年开展生态应急服务体系和林业数据开放共享服务体系建设。林业大数据服务体系建设中强调要努力建成以森林、湿地、荒漠、野生动植物等资源为主的生态大数据平台,为林业生产人员、管理人员、科研人员提供智能化、最优化的林业大数据服务。

(2)更加关注林业信息化在数据流通共享中的作用。林业信息化通过打破各级各部门间的信息孤岛,实现各级各部门间的信息共享,为决策提供参考。据中国林业网报道"金林工程"是涉及林业核心业务系统的国家级重大信息化工程,以维护国家生态安全、充分发挥林业生态建设主体功能为宗旨,通过集约化整合与分析,形成支撑林业核心业务的信息基础平台,建成森林生态系统、湿地生态系统、荒漠生态系统、生物多样性、生态功能监测与保护 5 类业务应用,依托国家电子政务外网,实现与环保、国土、水利、气象等 9 部门的互联互通和信息共享。从而打通纵、横向数据的关联和互通。2019 年林业信息化微博类舆情数据中,林业信息系统相关内容占比大,网民关注度较高。通过林业信息化中的森林资源调查管理系统、林地管理系统、林权管理系统、林业综合决策支持系统等子系统,可以随时随地知道林地哪些地方可以开发,哪些地方适合开发,哪些地方严禁开发,林业生态红线划到哪里,荒山还有多少、坡地还有多少能够造林。通过绘制"林业一张图",将所需要的散乱无结构的数据结构化,最终为政府决策提供依据。

(3)政府部门与新闻媒体在林业信息化宣传上有效互动,多方报道营造良好舆论氛围。2019 年新闻媒体报道更聚焦于地方特色、聚焦于问题解决,内容越来越细、越来越实;各省林业信息化会议积极展开,林业信息化建设中的好经验、好做法被大力宣传。从报道平台看微信舆情成为影响林业信息化舆情内容的重要因素,林业信息化关注的角度更加多元、立体、丰富;数字罗列和新闻通稿式宣传比例下降,故事化呈现更容易吸引网民目光,以中国林业网最美林业故事板块为例,《我的林业信息化之路》《致敬林业信息化》《数字林业　璀璨人生》《信息化,让林业人插上腾飞的翅膀》等相关报道,获得了广大网民的关注与认同。国家林业和草原科学数据中心原创微信公众号"林家那些事儿",贯彻落实习近平总书记"弘扬科学精神,普及科学知识"的要求和国家关于科普工作的战略部署,充分发挥自身的数据资源积累和技术人才优势,努力开展关于林业和草原的科普工作。利用微信这种普及率极高的信息传播渠道开展科普工作,实现了科普信息载体的创新。从传播效果角度看,这样的形式提升了舆论对林业信息化建设的关注热情,进一步推动了林业信息化建设。

从舆情数据分析,近些年林业信息化的发展较快,多种媒体的舆情数据显示,来自林业基层运营单位，例如国有林场、改制后的国有林区的林业经营单位的信息化舆情数据较弱，这个结果可能是基层单位的信息化出现在媒体的机会较少，或者，相比轰轰烈烈的信息化顶层设计和政府网站评比，基层森林经营单位的信息化还路长道远。林业基层森林经营单位的数据是林业大数据的基础和源泉，是宏观决策的基础，基于各种先进 IT 技术的用于基层森林经营单位的信息化，还需要受到重视和关注。

参考文献

[1]广西日报．新技术体系推广 广西森林资源"天空地"一图尽收［EB/OL］.（2019-05-27）http：//www. gxnews. com. cn/staticpages/20190527/newgx5ceb1512-18354573. shtml.

[2]起风财经．区块链+林业：提高产业链透明度，以区块链打通林木电商［EB/OL］.（2018-09-25）http：//dy. 163. com/v2/article/detail/DSHU0G0S0519X3D1. html.

[3]北国网．Xarbon——基于林业碳汇的区块链项目［EB/OL］.（2019-04-12）https：//www. zhonghongwang. com/show-140-135336-1. html.

[4]浙江林业．省委常委、常务副省长冯飞批示肯定我省森林资源"一张图"建设工作[EB/OL].https：//mp. weixin. qq. com/s/wyuhbz8yZqOBQ0yP0BHuqg.

[5]中国林业网．【最美林业故事】标准先行，标注林业信息化建设新高度[EB/OL]. https：//mp. weixin. qq. com/s/a0Tg-RAf2bo7qbfHAUGsHQ.

林业产业扶贫舆情报告

樊　坤　张正宜　王君岩　李　俊　谭佳鑫　王　甜[*]

摘要：党的十八大以来，全国林业系统深入贯彻落实习近平总书记扶贫开发战略思想，不断建立健全各项政策措施，加大资金投入力度，林业扶贫工作取得了积极进展。从舆情传播特点看，网民对我国林业扶贫进展充满自信，媒体多角度报道让网民从多方面了解国家林业扶贫相关政策和事件。林业扶贫新闻宣传还须进一步丰富报道内容和方式，让群众从多渠道能够详细了解到我国的林业扶贫相关内容，进一步激发舆论关注和参与热情。

关键词：林业扶贫　生态扶贫　绿色扶贫　林业脱贫坚攻战

一、舆情总体概况

2019 年，林业扶贫话题舆情量与 2018 年相比，同比增长 8.44% 。其中，媒体关注度和网民关注度有所分化，尽管媒体新闻报道量变化不大，但社交媒体帖文量同比增长 15.63%。林业扶贫工作的方式方法问题受到舆论热议。

（一）舆情数量分析

从舆情数量看，在微信、微博、论坛以及六大新闻网站中，2019 年林业扶贫舆情数据总量达 12477 条，其中微信 1731 条，微博 4705 条，论坛 1104 条，新闻 5347 条，其各占比例如图 1 所示。总体来看，新闻为林业扶贫相关舆情的传播主要途径，占比 41%；其次微博网友对林业产业扶贫相关话题也关注度较高，占比 37%；而微信公众号推送主要是对新闻报道内容的转发，在舆情总体数量中占比 13%。

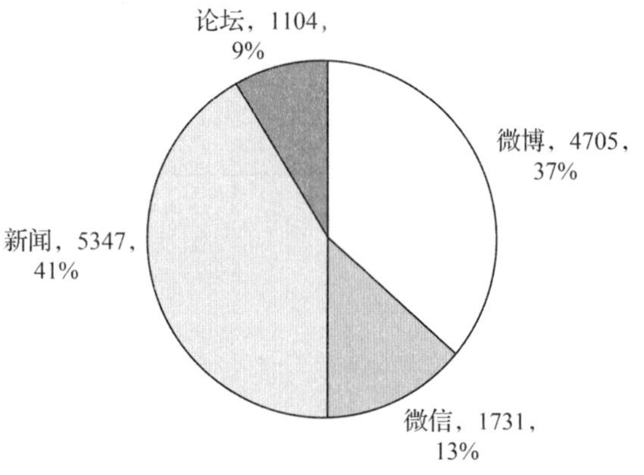

图 1　各平台林业产业扶贫舆情数量及占比

（二）舆情走势分析

1. 新　闻

新闻舆情数据主要来源于——央视网、央广网、光明网、新华网、求是网及人民网。2018 年林业扶贫相关新闻总量为 5058 条，而 2019 年林业扶贫相关新闻总量为 5347 条，数量略有上升。2018 年与 2019 年每月林业扶贫相关新闻数量走势如图 2 所示。

总体来看，对比 2018 年来说，2019 年林业扶贫相关新闻虽然在总数上略有上升，但是从其全年走势来看，相比 2018 年，2019 年林业扶贫相关新闻报道数量波动较大。

首先，3 月至 4 月呈现出 2019 年首个林业扶贫相关新闻数量峰值。此期间，"绿水青山就是金山银山"及"生态扶贫"相关新闻报道数量明显增多，这与"2019 年北京世园会"的开幕密切相关。

---

　　[*] 樊坤：北京林业大学经济管理学院教授，博士生导师，主要研究方向为管理信息系统、林业电子商务与大数据；张正宜、王君岩：北京林业大学经济管理学院硕士研究生；李俊、谭佳鑫、王甜：北京林业大学经济管理学院本科生。

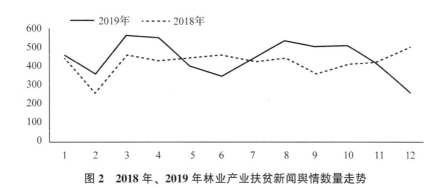

图2 2018年、2019年林业产业扶贫新闻舆情数量走势

2019年3月22日，北京世园会动员大会在北京召开；随后，4月28日，在2019年中国北京世界园艺博览会开幕式上，习近平主席发表了题为《共谋绿色生活，共建美丽家园》的重要讲话。在讲话中习近平总书记强调，"绿水青山就是金山银山，改善生态环境就是发展生产力。良好生态本身蕴含着无穷的经济价值，能够源源不断创造综合效益，实现经济社会可持续发展"，"纵观人类文明发展史，生态兴则文明兴，生态衰则文明衰"。各省各部门纷纷响应习总书记的倡导，林业扶贫也不甘落后，坚持"绿水青山就是金山银山"的理念，遵循"良好生态本身蕴含着无穷的经济价值"的真理，"生态扶贫"成为林业扶贫领域人们重点关注的扶贫工作之一。而后5月至6月相关新闻报道数量减少，但人们仍对"绿水青山就是金山银山"保持关注。

数据量在7月之后再次上升。2019年7月22日至8月21日，庆祝新中国成立70周年大型直播特别节目《共和国发展成就巡礼》在央视网播出。该节目通过记者行进式的采访报道，走进全国各地的城市和乡村，通过直播展示现实、用故事讲述变迁，全面展现共和国70年来的发展与成就，反映各地在习近平新时代中国特色社会主义思想指引下，为实现"两个一百年"奋斗目标、实现中华民族伟大复兴而砥砺前行的生动实践。各地纷纷响应，林业扶贫相关报道也层出不穷；2019年8月19日上午，第一届国家公园论坛在青海西宁开幕。开幕式上宣读了习近平的贺信，"绿水青山就是金山银山"的理念再一次深入人心。此后各地响应习近平主席号召的相关新闻报道不断，使得人们对林业扶贫持续关注。直至2019年12月，林业扶贫相关新闻报道数量为256条，到达该年度的低谷。

2. 微信

2019年林业产业扶贫相关的微信公众号推送数据总量为1731条，其中林业扶贫相关推送有880篇，其相关评论有851条。2018年及2019年林业产业扶贫微信舆情数量走势如图3所示。

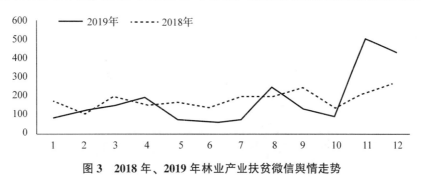

图3 2018年、2019年林业产业扶贫微信舆情走势

2019年林业扶贫相关的微信公众号推送及评论的数据量波动较大，但整体呈上升趋势，在4月、8月及11月出现了峰值。其中4月，"生态扶贫"相关微信公众号推送占绝大多数，这与北京世园会的开幕密切相关；8月"林下经济产业发展大会"召开，"林下经济"关键词成为公众号推送的热点关键词。从8月份开始，"林下经济"的相关内容持续成为人们的关注热点，9月、10月其热度

逐渐减退,直到 11 月,全国林草科技扶贫工作现场会在贵州荔波召开,林下经济相关推送再次增多,使得相关微信公众号推送数据量达到 2019 年顶峰为 403 条相关推送。总结来说,微信公众号推送紧跟林业扶贫相关事件进行推送,是对新闻内容的推广与补充。

3. 微 博

2019 年林业产业扶贫相关的微博数据总量为 4705 条,其中林业产业扶贫相关的微博正文有 1084 条,其相关评论有 3621 条。2018 年及 2019 年林业产业扶贫微博舆情数量走势如图 4 所示。

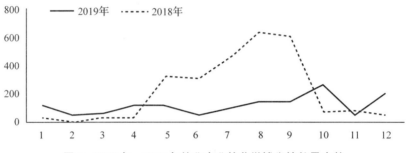

图 4 2018 年、2019 年林业产业扶贫微博舆情数量走势

2019 年林业扶贫相关的微博数据总体走势较为平稳,在年末出现较大波动,但总体数据量相比 2018 年有所减少,即微博网民在 2019 年对林业扶贫相关内容的讨论热度有所下降,但依然讨论较多。相比 2018 年,年初微博网民对林业扶贫的讨论热度较低,而中间 5 月开始直至 9 月,微博网民对"林业扶贫"关键词相关内容关注度较高以外,人们对与林业扶贫相关的"经济林""林下经济"及"苗木产业"的内容讨论也较热。而在 2019 年,全年人们都对林业扶贫相关内容有所讨论,前三个季度仅小有波动,而在最后一个季度,10 月份,微博网民对"林下经济"和"生态扶贫"的关心度再次上升,这与 10 月 16 日在北京召开的"中国扶贫国际论坛"相关,使得人们对林业扶贫的讨论热度急剧上升。

综上,新闻媒体会对各省各地的相关政策及林业扶贫相关事件进行全面的报道,而微信公众号推送多为林业扶贫相关新闻的改版重述和推广,进一步助力热点事件的发酵。而微博则主要关注热点事件,人们会对某一时期发生的林业扶贫相关的热点事件进行讨论,并进而联系讨论与每个人生活相关的内容。

二、舆情内容分析

(一)新 闻

分别对 2019 年和 2018 年的新闻数据进行关键词抽取,并利用词云展示了排名 TOP50 的关键词,结果如图 5 和图 6 所示。

图 5 2019 年新闻类文章关键词　　　**图 6 2018 年新闻类文章关键词**

2019、2018 年林业扶贫相关新闻报道内容中的关键词 TOP50 词展示见表 1 及表 2。

表 1　2019 年林业产业扶贫舆情信息关键词词频统计 TOP50

序号	关键词	词频	序号	关键词	词频
1	发展	516	26	实施	105
2	生态	669	27	农村	130
3	建设	339	28	体系	114
4	脱贫	633	29	环境	106
5	扶贫	508	30	制度	104
6	质量	102	31	项目	85
7	经济	168	32	精准	180
8	贫困	166	33	城市	88
9	产业	234	34	资源	89
10	绿色	262	35	改革	101
11	旅游	205	36	农业	86
12	国家	133	37	提升	91
13	推进	179	38	服务	83
14	文化	128	39	生活	80
15	保护	166	40	理念	111
16	特色	175	41	森林	100
17	推动	130	42	时代	106
18	创新	151	43	分享	109
19	企业	101	44	机制	85
20	攻坚	255	45	治沙	83
21	群众	161	46	加快	77
22	社会	104	47	持续	81
23	治理	147	48	思想	84
24	乡村	162	49	落实	77
25	文明	189	50	工程	77

表 2　2018 年林业产业扶贫舆情信息关键词词频统计 TOP50

序号	关键词	词频	序号	关键词	词频
1	发展	561	26	群众	167
2	生态	711	27	精准	228
3	建设	374	28	农业	118
4	扶贫	643	29	改革	132
5	脱贫	754	30	治理	142
6	经济	197	31	我国	110
7	文明	204	32	制度	106
8	产业	242	33	资源	100
9	旅游	219	34	分享	119
10	推进	219	35	重点	92
11	绿色	241	36	政策	88
12	乡村	238	37	加快	99
13	国家	122	38	提升	101
14	特色	211	39	生活	85
15	推动	147	40	机制	99
16	农村	174	41	城市	85
17	攻坚	300	42	服务	87
18	实施	136	43	时代	120
19	企业	106	44	理念	117
20	文化	120	45	振兴	113
21	创新	151	46	贫困地区	164
22	保护	148	47	战略	98
23	体系	138	48	美丽	95
24	环境	130	49	落实	94
25	社会	115	50	帮扶	88

2018、2019 年林业扶贫相关关键词抽取结果可以看出，两年中林业扶贫相关新闻中，最多提到的都是相同的关键字："发展""生态""脱贫""扶贫""建设"等。近两年来，包括 2020 年林业扶贫方面仍然是会朝这些方向发展。而 2018 年中的贫困地区等关键词没有在 2019 年中出现，证实了对于贫困地区这些新闻出现的少了，也直接证明了林业扶贫带来了一定程度的效果。

从 TOP50 词中可以看出，"绿色"一词的热度有一定上升。2019 年 3 月 5 日上午 9 时，十三届全国人大二次会议在人民大会堂开幕。李克强总理在回顾 2018 年政府工作时表示，2018 年扎实打好三大攻坚战，重点任务取得积极进展，全面开展蓝天、碧水、净土保卫战。并对 2019 年生态环境保护工作，从持续推进污染防治、壮大绿色环保产业、加强生态系统保护修复三个方面，提出了新的目标。"绿色发展"是新时代中国特色社会主义发展道路上重要的一个环节。

根据 2018、2019 年新闻类数据，进行主题关键短语抽取。结果展示如图 7 和图 8 所示。

图 7　2019 年新闻类主题关键短语词云展示　　　图 8　2018 年新闻类主题关键短语词云展示

2018 年抽取出的主题包括"加强扶贫、群众脱贫、建设生态、分享产业发展、绿色发展理念"等。其中，产业发展是指产业的产生、成长和进化过程，既包括单个产业的进化过程，又包括产业总体，即整个国民经济的进化过程。产业发展主要分为形成期、成长期、成熟期和衰退期这四个阶段，而我国的绿色产业还处于成长期，且稳步提升中。2015 年，中共十八届五中全会通过《中共中央关于制定国民经济和社会发展第十三个五年规划的建议》将绿色发展与创新、协调、开放、共享等发展理念共同构成五大发展理念，至此，绿色发展理念"踏入"历史舞台。绿色发展与可持续发展在思想上是一脉相承的，既是对可持续发展的继承，也是可持续发展中国化的理论创新，也是中国特色社会主义应对全球生态环境恶化客观现实的重大理论贡献，符合历史潮流的演进规律。

"森林旅游"为绿色产业发展相关内容中被提及较多的主题词。调查显示，森林旅游作为生态旅游的一种，它构成了我国生态旅游的主体，已经成为我国公众特别是城镇居民常态化的生活方式和消费行为。[1] 森林旅游作为新兴时尚的绿色产业，是林业产业的重要组成部分，温州[1]、山东等地都在积极推进森林旅游，打造绿色生态旅游产业。

2015 年 11 月 27 日至 28 日，中央扶贫开发工作会议在北京召开，会议强调"全面建成小康社会，是中国共产党对中国人民的庄严承诺。脱贫攻坚战的冲锋号已经吹响。立下愚公移山志，咬定目标、苦干实干，坚决打赢脱贫攻坚战，确保到 2020 年所有贫困地区和贫困人口一道迈入全面小康社会。"林业扶贫属于"脱贫攻坚战"里重要的一个分支，体现了我国坚持"共同富裕"的根本原则。

从 2019 年年初，发布关于林业发展的四大重点项目以及国家林业和草原局办公室印发了《国家林业和草原局 2019 年扶贫工作要点》的通知。到 4 月 16 日，习近平总书记在"两不愁三保障"突出问题座谈会发表重要讲话，强调脱贫攻坚决胜阶段的重要性；到 10 月 17 日主题为"全球贫困治理：世界经验与中国实践"的减贫与发展高层论坛在北京召开；再到 2019 年末第四届全国林业产业大会在北京召开。2019 年作为脱贫攻坚关键点一年，各种热点事件的相关报道和讨论成为焦点。根据分析数据得出，2019年主要的相关主题包括"脱贫攻坚、生态保护、精准扶贫、旅游发展、绿色文明"等。

"精准扶贫"的重要思想最早是在2013年11月，习近平到湖南湘西考察时首次作出了"实事求是、因地制宜、分类指导、精准扶贫"的重要指示。随后，2014年3月，习近平参加两会代表团审议时强调，要实施精准扶贫，瞄准扶贫对象，进行重点施策。进一步阐释了精准扶贫理念。2017年10月18日，习近平总书记在十九大报告中指出，要动员全党全国全社会力量，坚持精准扶贫、精准脱贫，确保到2020年我国现行标准下农村贫困人口实现脱贫，贫困县全部摘帽，解决区域性整体贫困，做到脱真贫、真脱贫。习近平总书记的多次讲话中，均强调的了"精准扶贫"的重要性，具体要针对不同扶贫对象特点进行重点施策，"因地制宜"这是"精准扶贫"的关键所在。

其次在2018年的基础上，林业扶贫相关新闻对"旅游发展"的讨论较多，从新闻中可看出，国家想通过旅游发展等方法，进行地方的林业扶贫，加快地方脱贫速度。经调查，从2011年到2016年，国家颁布实施了一系列推进旅游扶贫工作的相关政策文件，有力促进了我国旅游精准扶贫工作的开展。在脱贫攻坚系列举措中，旅游扶贫是崭新生力军，在促进精准扶贫产业发展、增加贫困农民收入等方面发挥着十分重要的作用。

(二) 微 信

首先进行了微信文章的热点计算，得出了排名前25的文章见表3。

表3　2019年林业扶贫热点微信文章TOP25

排名	热点事件	月份	首发媒体	舆情热度
1	2019年国家重点扶持的4个林业项目，补贴高达200万！	1	土地论坛	1915.35
2	【林业扶贫】"种树卖空气"：碳汇树为贵州贫困山民增收	6	中国林业网	1784.65
3	沅江：对"生态扶贫"项目开展专项督查	4	清风益阳	1267.4
4	万宁北大村因地制宜发展林下经济 斑兰叶市场前景可观	11	万宁发布厅	962.3
5	青山变"金山" 果子换"票子" 云南"绿色扶贫"拓宽山区脱贫路	2	云南扶贫热线	825.35
6	特色经济林"种出"田园综合体	4	通渭县常家河镇人民政府	694.85
7	民主镇如何靠一抹绿色，助推扶贫产业	11	爱盘州	589
8	六项举措推深做实林草科技创新	9	中国林业网	581.8
9	通知：允许利用一定比例的土地发展林下经济、生态观光旅游、森林康养、养生养老等环境友好型产业	11	农业规划智库	545.05
10	沿河新景："阳雀"叫响生态扶贫产业	4	走进沿河	538
11	【林业扶贫】山西岚县创新模式 打造生态扶贫"岚县样板"	1	中国林业网	537.95
12	全州林下经济产业发展大会召开	8	黔东南微报	497.2
13	产值1.10亿元 庆元深山"林下经济"渐入佳境	11	爱庆元	487.3
14	"她"力量为新时代林草事业建言	3	中国绿色时报副刊	462.55
15	国家林业和草原局加强定点扶贫工作	1	中国林业网	453.6
16	【安报头条】旬阳林下经济有看头，绿色发展有底气	7	今日旬阳	447.65
17	上亿资金扶持"庄园经济"：2019年中国农业新趋势	1	土地论坛	422
18	乌拉特前旗新安镇大力发展特色经济林种植 促农增收	5	前旗广电新传媒	416.95
19	【天等新闻】我县多举措推进林下经济发展	8	天等广播电视台	392.65
20	林下经济：放下斧头来致富	4	中国林业网	379.15
21	食叶草与林下经济	10	食叶草	354.05

（续）

排名	热点事件	月份	首发媒体	舆情热度
22	【林业扶贫】山西生态扶贫助力 52 万贫困人口增收	7	中国林业网	336.8
23	【林业扶贫】广西：发展竹产业助力脱贫攻坚	9	中国林业网	336.75
24	【媒体看荔波】全国林草科技扶贫工作现场会在贵州荔波召开	11	荔波宣传	334.3
25	【脱贫攻坚看林草】云南：脱贫攻坚林业大有作为	9	中国林草产经资讯	327.85

　　从数据中可以看出，林下经济是林业扶贫的重点。国家林草局在关于贫困地区开展林下经济的相关文件中指出，我国 90% 的国家级贫困县分布在林区、山区和沙区，大力发展林业特色产业和林下经济是促进农民增收、提高贫困地区自我发展能力的根本举措，是实现生态保护脱贫、产业特色脱贫的有效途径。发展林下经济对促进农民增收致富、拓宽创业就业渠道，实现精准扶贫等具有重要意义。

　　然后对微信 2019 年的文章内容进行 LDA 主题划分，提取文本主题关键词，并分为 4 个主题，结果见表 4。

表 4　2019 年林业扶贫微信文章部分主题关键词表

主　题	关键词
绿色扶贫	绿水青山就是金山银山、绿色银行、金寨县党委和政府在多部门的支持下因地制宜、多项扶贫政策、大力发展第三产业、以第一产业为主导、走出了一条特色鲜明的扶贫之路、在充分保护生态环境的基础上引导、坚持本地特色、支持农户就业创业、为了彻底解决人民的贫困、在贫困村建起、贵州茶叶营销中心
林下经济	关键在党、全市农村工作暨人居环境整治推进会指出、盘州市民主镇依托良好的自然优势大力发展茶产业、林下经济铺就绿色脱贫路实现乡村振兴、助力脱贫攻坚
科技扶贫	助力岚县创新发展、群山碧绿、45 岁的桑杰是青海省果洛藏族、拿着望远镜、这已成为牧民桑杰的标配、手里还握着一本巡护日志、满目苍翠、五月的延安、精准实施科技扶贫、花香四溢、行驶在通往五彩大地生态园区的路上
生态扶贫	既让贫困群众从守护绿水青山当中收获真金白银、开展生态环保扶贫则具有双重意义、又促进生态环境保护和改善、做好林文章、一带一路

　　由 LDA 主题划分的结果可以看出，林业扶贫相关微信文章的主题关键词可以分为绿色扶贫、林下经济、科技扶贫和生态扶贫四类。在每一类中公众号更关注的是热点事件，对事件起因、经过和结果以及相关政策。

　　根据以上分析，对 2019 年林业扶贫热点事件进行回溯。

　　2019 年 1 月，林业相关管理部门宣布目前关于林业发展的重点集中在以下四个方面：木本油料示范项目、林下经济示范项目、特色经济林示范项目和国家储备林示范项目。单个项目中央财政资金投入规模 200 万元以上（含 200 万元）。扶持对象包括林（农）业产业化龙头企业、农业合作社、国有林场（森工企业）等经营主体。

　　2019 年 2 月，国家林业和草原局办公室印发了《国家林业和草原局 2019 年扶贫工作要点》的通知，其中宣布 2019 年的主要任务目标是：全面完成新增 30 万名生态护林员选聘工作，贫困地区扶贫造林（种草）专业合作社（队）数量达到 1 万个，贫困地区符合政策条件且贫困群众有意愿的退耕地实现应退尽退，帮扶定点县按期脱贫摘帽。2019 年 3 月，《中国绿色时报》记者采访了 5 位全国人大女代表，询问其对林草事业高质量发展的思考与建议。

　　2019 年 3 月 5 日上午 9 时，十三届全国人大二次会议在人民大会堂开幕。李克强总理在回顾 2018 年政府工作时表示，2018 年扎实打好三大攻坚战，重点任务取得积极进展，全面开展蓝天、碧水、净土保卫战。并对 2019 年生态环境保护工作，从持续推进污染防治、壮大绿色环保产业、加强生态系统保护修复三个方面，提出了新的目标。"绿色发展"是新时代中国特色社会主义发展道路上重要的一个环节。

2019 年 4 月 16 日，习近平总书记在重庆召开解决"两不愁三保障"突出问题座谈会并发表重要讲话，他强调，脱贫攻坚战进入决胜的关键阶段，务必一鼓作气、顽强作战，不获全胜决不收兵。各省（自治区、直辖市）党政主要负责同志要增强"四个意识"、坚定"四个自信"、做到"两个维护"，强化政治责任，亲力亲为抓好脱贫攻坚。

2019 年 7 月，由自然堂与中华环境保护基金会联合成立的"自然堂喜马拉雅环保公益基金"第三次发起"种草喜马拉雅"活动，在西藏日喀则市南木林县艾玛乡种下 100 万平方米的绿麦草。

2019 年 8 月，国务院扶贫办官方网站对外发布了 2019 年电子商务进农村综合示范县名单，共计 215 个县，其中国家级贫困县 138 个。2019 年 9 月，身残志坚，带领乡亲奔小康的朱彦夫被授予"人民楷模"国家荣誉称号。中共淄博市委做出《关于开展向"人民楷模"朱彦夫同志学习活动的决定》。

2019 年 10 月 17 日，2019 减贫与发展高层论坛在北京召开，主题为"全球贫困治理：世界经验与中国实践"。2019 年 11 月 18 日，财政部发布公告：全国 28 个省（自治市、直辖市）2020 年中央财政专项扶贫资金预算今日提前下达，共计 1136 亿元，以期助力打赢脱贫攻坚战。其中，继续重点加大对"三区三州"等深度贫困地区支持力度，专门安排"三区三州"144 亿元，并将资金分解到具体区、州。

2019 年 12 月 3 日，第四届全国林业产业大会在北京召开。国家林业和草原局局长张建龙在大会中提到，林业产业的快速发展，促进了农村经济结构调整，拓宽了林农群众就业增收门路，助推了贫困地区精准脱贫。目前，根据《中国林业统计年鉴》发布的 2017 年各地区林业系统单位在岗职工年末人数统计，全国林业产业从业人员超过 240 万人，一些林区、山区农民收入的 20% 左右来自林产品，部分林业重点县超过 60%。[3]

选取微信网民的评论数据进行情感分析，结果如图 9 所示。

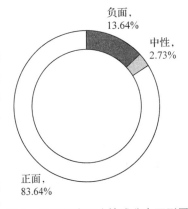

图 9 微信文章评论情感分布环形图

从总量上来看，对于林业扶贫相关公众号推送文章持正面态度的约占 83.64%，而持负面评价的约占 13.64%，此外还有 2.73% 的微信评论为中性评论。可以看出，大部分微信网民对于公众号发布的林业扶贫相关内容都抱有赞同的态度，但是依然存在少部分网民持有反对态度，如有网民评论"这个政策有用吗？真的能做到利国惠民吗？"

（三）微 博

根据收集的微博正文数据，对其进行词频统计，其中排名 TOP5 的高频词及词频展示见表 7。

从高频词可以看出关于林业扶贫内容，微博网友的关注重点内容，整体来说，网友们对"林业扶贫"的相关内容关注度最高，此外，与林业扶贫相关的内容同样也受到微博网友们的关注，如与"森林旅游"和"生态旅游"相关的，与大众生活相关的主题受到人们较多的关注以及与"护林员"相关的话题也是微博网友讨论的热点。此外，习近平总书记提出的"绿水青山就是金山银山"理念也受到了微博网民的广泛关注。中共中央、国务院于 2015 年 11 月 29 日颁布的《中共中央 国务院关于打赢脱贫攻坚战的决定》，

表 7 2019 年林业扶贫微博正文部分主题关键词表

关键词	词 频
林业扶贫	3558
森林旅游	611
护林员	516
生态旅游	450
绿水青山就是金山银山	142

是指导当前和今后一个时期脱贫攻坚的纲要性文件，其中提出目标就是到 2020 年，稳定实现农村贫困人口不愁吃、不愁穿，义务教育、基本医疗和住房安全有保障。脱贫攻坚结合习近平总书记提出的"绿水青山就是金山银山"理念，使林业扶贫成为网民的关注热点。

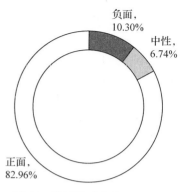

图 10　微博情感分布环形图

选取微博网民的评论进行情感分析，结果如图 10 所示。

通过分析结果可以看出，一方面，从总量上，微博林业扶贫相关内容的正面评论占 82.98%，而负面评论占 10.30%，同时有小部分中性情感的评论占 6.74%，说明 2019 年微博用户对于"林业扶贫"话题的评论情感有分歧，有网民支持国家林业扶贫的相关政策，认为这是真正能够"利国利民"的政策，但也有部分表示"扶贫工作不到位"或者认为意义不大，并对此持有怀疑的负向情感；另一方面通过分析，我们发现网民评论中基于正向的情感倾向大于基于负向的情感。整体来说持极端态度的网民较少，大多数网民都在理智探讨林业扶贫相关政策和事件，并对其发展持有正向积极的态度。而对于部分网民对林业扶贫事件及政策持负面态度，政府官微应及时通报进展并回复网民相关的疑问，从而更有针对性的解决问题，且对舆情发展起到良好的引导作用。

三、热点事件——2019 年国家重点扶持的 4 个林业项目，补贴高达 200 万

摘要：根据《国家林业局农业综合开发林业项目指引（2017~2020 年）》，2019 年国家将重点扶持木本油料示范项目、林下经济示范项目、特色经济林示范项目和国家储备林示范项目四个林业项目。各级林草管理部门相继开展选拔扶持项目活动，并根据多方评议选拔出满足条件的经营主体进行扶持。各地扶持项目均取得了良好的效果，带动了贫困地区产业发展，为乡村振兴做出新贡献。

关键词：林业扶持　产业发展　脱贫

（一）事件概况

2016 年 9 月 23 日，根据《国家农业综合开发资金和项目管理办法》（财政部令第 84 号）要求，国家林业局计财司和国家农业综合开发办公室编制了《国家林业局农业综合开发林业项目指引（2017~2020 年）》。该《指引》中提到国家将重点扶持以下四个林业项目：

（1）木本油料示范项目：重点支持油茶、核桃、油橄榄、油用牡丹等木本油料标准化示范基地建设；要求项目区相对集中连片，突出高标准示范，营造林必须采用省级以上审定认定的 2 年生以上良种壮苗，并应用配套丰产栽培技术，加强抚育管理。

（2）林下经济示范项目：比如林下药材、林下食用菌种植等林下经济，目的在于提升林地复合经营能力；要求在不影响林木正常生长情况下，充分利用林地资源和林荫空间，发展林药、林菌等林下种植业，提高林地综合效益。

（3）特色经济林示范项目：在适宜地区，发展具有区域特色的榛子、香榧、枸杞、红枣等干鲜果品以及竹笋等森林食品，建设高产高效示范基地。

（4）国家储备林示范项目：着力培育中短周期速丰林、大径级用材林和珍稀树种。营造林须采用省级以上审定认定的 2 年生以上良种壮苗。人工造林投入标准不低于 2000 元/亩，现有林改培投入标准不低于 1000 元/亩，单个地块集中连片面积不低于 300 亩。

该项目的扶持对象包括林（农）业产业化龙头企业、农业合作社、国有林场（森工企业）等经营主体。投入规模为单个项目中央财政资金投入规模 200 万元以上（含 200 万元），地方财政资金投入

比例按照财政部的有关规定执行，地方财政资金投入比例较高的省份可适当降低中央财政资金投入规模，项目自筹资金不低于申请财政资金总额。财政资金采取补助方式，积极鼓励开展先建后补，探索开展 PPP 等其他扶持方式。

2017 年 9 月 29 日，国家林业局计财司和国家农业综合开发办公室编制了《农业综合开发木本油料及示范项目指引(2018~2020 年)》。该指引中提到应重点支持油茶、核桃、油橄榄、油用牡丹等木本油料标准化示范基地建设。

2017 年至 2019 年间，各级林草管理部门相继转发和落实《国家林业局农业综合开发项目指引(2017~2020 年)》和《农业综合开发木本油料及示范项目指引(2018~2020 年)》，并召开示范项目的审核推荐会，对经评选出符合扶持条件的企业、合作社和林场进行扶持。

(二)舆情态势分析

1. 舆情走势

"2019 年国家重点扶持的 4 个林业项目，补贴高达 200 万"热点事件的舆情走势如图 11 所示。

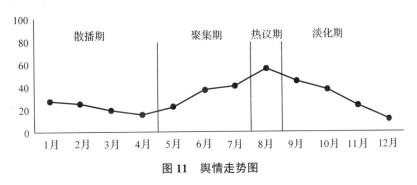

图 11　舆情走势图

2019 年 1 月，一篇名为《2019 年国家重点扶持的 4 个林业项目，补贴高达 200 万》的文章由@土地论坛发布后，引起网民对林业扶持项目和政策热烈讨论。该篇文章的阅读量高达 7735 人，在微信平台上迅速传播。2 月起，各省级林业局陆续在官方平台上公布 2019 年各地林业扶持项目和相关政策，使该消息在网络上进一步传播。

2019 年 6 月至 10 月，各地官方媒体陆续在微信和微博平台上报导参加林业扶持项目的人物事迹以及成果。网民纷纷对其发表意见。各地官媒报导事迹和成果集中在 8 月，该月达到传播最高峰。

2. 舆情来源

"2019 年国家重点扶持的 4 个林业项目，补贴高达 200 万"热点事件的各平台数据量如图 12 所示。

有关 2019 年林业扶持项目的舆情信息中，59% 的舆情信息来自论坛。在林业吧、黑龙江省林业和草原局吧等林业主流媒体上，有网民发帖询问关于 2019 年林业扶持项目以及政策，消息很快就引发了林业相关贴吧中网民的高度关注；官方回帖详尽告知 2019 年林业扶持项目及各地政策，迅速引起了网民的热议，使得消息在网络上进一步传播和扩散；"2019 年国家重点扶持的 4 个林业项目""项目补贴高达 200 万"等热议帖带动更大范围的阅读讨论，助推论坛平台信息量高涨。

其次，微信平台的信息量占比 19%，土地论坛、

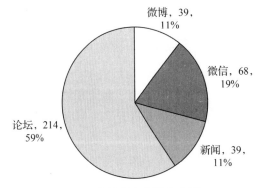

图 12　舆情信息来源分布图

中国林业网等林业主流媒体以及资金扶持网等政策解读媒体公众号纷纷报道了2019年国家林业重点扶持项目，并对其相关政策进行了解读。标题为《2019年国家重点扶持的4个林业项目，补贴高达200万》的文章在平台迅速传播，引发了网民的热烈讨论。

3. 舆情属性

"2019年国家重点扶持的4个林业项目，补贴高达200万"热点事件的舆情情感分析如图13所示。

从舆情属性分布可知，86%的网民通过"好政策""扶持林业""支持政府工作"等评论表达了对林业扶持政策的支持和认可，认为政府能够扶持林业发展，前景十分乐观。比如网民@second发表评论："支持！希望能更好的促进林业发展，从林业方面帮助贫困地区脱贫！"此外也有网友对林业扶贫的相关政策提出了自己的意见，如网民@看看说："要扶持，产业发展。"

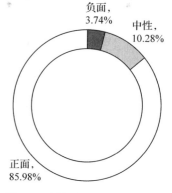

图13　舆情情感属性分布图

10%的信息属性呈中性，网民结合当地实际情况分析政策的利与弊，发表自己对于如何落实政策的想法，中性评论的网民大多是对林业扶贫项目的相关内容表示好奇，希望得到解答和科普。

另有4%的负面言论，"表面功夫""就是给有后台的人"等对政策报有怀疑和否定的内容在网络平台出现。网民的负面评论主要分为两个方面。一种是对政策持否定态度，认为其无法落到实处。例如，网民@余生很贵对林业扶贫项目发表看法"国家又要给管多种经营的局长及亲属送钱了"，还有网民@随缘说"就是给有后台的人"，这些评论体现出了该网民对国家政府工作人员的不信任，质疑是否存在贪污腐败以及走后门现象。另一类负面评论则主要是从政策本身出发，担心政策后续进展无法跟进，"竹篮打水一场空"。例如，网民@波丝猫提出了自己的看法"问题是建起来了，如果国家补助200万资金下不来，后续资金跟不上，那将会是竹篮打水一场空哦"，网民@Relax说到"200万？看似很多，够一年的抚育吗？其他的工人工资，林地租金就不说了，一家一户？形成不了规模，成本更高，哎，增绿容易，增效难啊"，此类观点对政策的实施表示担心，但是在一定程度上肯定了政策实施的意义。

政府应结合网民的各项意见，及时对网民的质疑作出相应的回复，以正确引导舆论走向，同时针对网民提出的一些建议，对政策进行相应完善，并不断跟进林业扶贫项目进展。

（三）媒体报道解读

（1）2019年初，官方媒体发布申报林业扶持项目通知。依据国家林草局发布的林业扶持项目指导文件，各省（自治区、直辖市）纷纷在林草局官方网站及官方媒体上发布申报林业扶持项目的具体细则，并鼓励满足扶持条件的企业、合作社和林场进行申报。

（2）2019年2月起，官方媒体陆续公布项目申报成功名单。各省（自治区、直辖市）林草局纷纷组织专家对提交申报申请的单位进行打分、经过综合计算评分后选拔出满足扶持条件的单位，并在官方媒体上公布名单进行公示。

（3）2019年6月起，地方媒体纷纷报导林业项目扶持的事迹和成果。@威海科技：把无人问津的"柴火树"变成"摇钱树"——记推动油茶产业扶贫的科技特派员王友国。

重庆市酉阳县的野生油茶树资源丰富，然而由于村民不懂种植技术，多年来只能闲置山间。如今，在重庆市级科技特派员王友国的帮扶下，解决了当地油茶种植的技术问题，还为企业实施了油茶产、加、销全产业链工程，使当地油茶产业发展上了新台阶。2019年挂果120万斤左右，收获80余万斤，1100余人靠油茶产业的土地入股分红。下一步，王友国还将技术探索科技帮扶产业发展新模式，带动彭水、巫山、南川等周边6个区县种植油茶60万亩以上，利用油茶花期长等优势开展乡村旅游，推动农村一、二、三产业融合发展，为乡村振兴做出新贡献。

@永州林业：道县新增油茶产业扶贫基地3600亩。

2019年以来，道县大力发展油茶产业，将其打造成重点扶贫项目，今年带动贫困户新增产业扶贫基地3600亩。县委、县政府将油茶作为精准扶贫特色产业大力扶持，并引导中联天地、湘浩茶油等企业牵头参与产业扶贫，带动建档立卡贫困户种植油茶，累计种植油茶林4.4万亩。通过采取"公司＋基地＋合作社＋贫困户"的模式，在马垒村、月岩村、白面下、蒋包等10余个省定贫困村，帮扶98户贫困户新建3606亩高产扶贫油茶基地。

@中国油用牡丹种植网：打造"山核桃＋油茶"产学研扶贫产业示范基地。

2019年浙江省杭州市富阳区对口帮扶锦屏东西部扶贫协作林业产业项目涵盖7个子项目6个建设基地，涉及油茶1800亩、山核桃860亩，总投入1700多万元，覆盖贫困户937户1723人，扶贫产业基地将于今年年底相继建成。倾力打造"山核桃＋油茶"产学研示范基地。

（四）热点舆情小结

从历年出台的政策中可以看出，有关部门对林业相关项目有很大的扶持力度。首先，政策的扶持主体是比较多元的，只要符合扶持条件，无论是国有林场、优秀企业，还是农民自发组织的合作社，都可以获得相关补助。其次，中央财政对于符合规定的林业项目投入资金都在200万元以上，这在很大程度上缓解了相关经营主体的资金压力。

对于一些自然环境更适合生产特色林产品的地方来说，借助国家的资金扶持就可以迅速地转变种植方式，充裕的资金也给林场、企业和农户的收益提供了更充分的保障，让大家尽量减轻转型过程中的阵痛。

扶持措施的到位，可以让真正适合发展林产品的地区找到新方向。林产品市场当中的产品也会更加丰富多元，低价竞争的问题也会在一定程度上得到缓解。

从更广的范围来看，关于林业产品的扶持措施也可以在牧业、渔业等领域推进。农林牧渔各个细分市场的共同成长，正是大农业健康发展的重要条件。

四、舆情小结和对策建议

总体来看，新闻舆情主要报道林业扶贫及脱贫攻坚相关政策，林下经济和经济林等林业扶贫方式也受到了较多关注，正面内容占主要部分；微信平台文章主要是对新闻内容的转发和评述，舆论情感也以正向居多；微博除了官方微博的博文发布以外，大部分网民自发对其感兴趣的相关内容进行评论，如生态扶贫、森林旅游及林下经济等相关内容评论较多，虽然正向情感舆情数量仍占绝大比例，但负面评论的数量却高于微信平台文章的负面评论数量，这与微信公众号留言不能得到官方积极回应和微博用户的发言环境更加自由有关。

社交网络舆情是多发性的、突然性的和爆炸性的，但其互动性和便捷性却是政府可以加以使用的。通过网络搜集社情民意，了解正面和反面相关舆情。对重大反面舆情要在第一时间掌握，并根据舆情的不同情况，研究确定相应的处置方案。要把握每个时期的工作重点，通过舆情信息，展示工作成果。由于网络舆情的迅速传播，对舆情的处理不能久拖不决、消极对待，而要及时跟进，政府要对于舆论中的质疑及群众普遍关心和好奇的内容及时做出回应和解答。如群众对林下经济和经济林内容关注较多时，可以以此为出发点。一方面向群众科普林下经济相关内容；另一方面联系国家扶贫相关政策和事件来推广林业扶贫，引发网民的讨论并收集群众意见，及时收集人们有关林业扶贫相关内容的舆情走向，从而为政府提供可靠的信息资源和决策依据。

总体来说，舆情信息是对舆情的一种描述和反映形式。通过对网络舆情信息的监测和分析，能够帮助有关政务部门更加及时、准确、全面地掌握林业扶贫方面的信息发展动态，了解民意、知悉基层所需，从而为政府提供可靠的信息资源和决策依据。

参考文献

[1]魏长晶，李江风，王振伟.我国森林旅游业发展综述[J].林业经济问题，2006(02)：48-51.

[2]张新波.加快森林旅游发展 做大绿色生态产业[C]//浙江省第二届林业科技周科技与林业产业论文集.杭州：浙江省第二届林业科技周，2005.

[3]王刚，陈建成，张玉静.林业从业人员就业质量的实证分析[J].中国林业经济，2010(3)：46-49.

草原舆情报告

马　宁　刘泽滢　刘东来　黄　钊*

摘要: 草原是我国面积最大的陆地生态系统, 具有重要的生态价值, 因此我国对于草原的建设也日渐加强, 公众对草原生态的关注也有所提升。本文收集了新闻、论坛、微博和微信等平台有关于草原舆情的数据, 并对各大平台的内容进行了分别的数据统计与聚类, 基于数据得到了草原舆情对应的数据走势图、找到了网民关注的重点内容, 最终对信息内容及评论做出了整理与分析, 并对发现的问题提出了若干建议。

关键词: 草原舆情　舆情分析　草原年度大事件　草原类型　草原生态与保护

一、草原基本情况概述

从草原草甸、草山草坡、荒漠草原、高寒草原到典型草原, 多样的草原类型在我国广泛分布。根据第一次全国草原资源调查结果显示, 我国拥有天然草原近 60 亿亩, 约占国土面积的 2/5。新中国成立 70 年来, 我国对草原的认识日益科学, 特别是党的十八大以来, 我国大力推进生态文明建设, 草原保护和利用进入了新阶段。

但与此同时, 我国草原保护管理依然存在着很多问题: 全国草原退化依然严重, 已经修复的草原也亟须巩固成果; 草原超载过牧问题突出, 实现草畜平衡的压力很大; 违法违规征占用草原、开垦草原、破坏草原植被的现象屡禁不止; 草原资源底数不清, 难以支撑草原精细化管理; 草原政策法规有待完善, 一些制度规定比较陈旧, 已不适应当前草原保护管理工作的需要; 草原监管能力十分薄弱, 多数地方乡镇草原监管机构和执法队伍仍是空白; 科技人才缺乏, 科技贡献率不足 30%, 远远低于草业发达国家。

为面对上述问题, 理解草原价值、了解当前保护草原的相关政策、知晓网民对草原问题的态度变得尤为重要, 下文将对此进行详细论述

(一)草原的生态价值

草原是生态保护的应急先锋。草原有"地球皮肤"之称。在我国, 草原主要分布在生态脆弱地区, 是干旱半干旱和高寒高海拔地区的主要植被, 是阻止北方风沙线上荒漠蔓延的天然屏障。草原还是重要的水源涵养区和生物基因库、储碳库, 具有保持水土、涵养水源、固碳释氧、维护生物多样性等多重功能。

草原是促进地区发展的绿色宝库。我国草原"四区"叠加, 既是生态屏障区和偏远边疆区, 也是少数民族聚居区和贫困人口集中分布区。我国少数民族人口的 70% 生活在草原地区, 草原边境线占全国陆地边境线的 60%, 268 个牧区和半牧区县很多是贫困县, 牧民 90% 的收入来自草原。因此, 保护好草原生态, 利用好草原资源, 实现草原地区绿水青山向金山银山的转化, 具有维护边疆及民族地区稳定繁荣的重要作用。

草原是中华文化艺术的重要源泉。蒙古包、酥油茶、马奶酒、那达慕、雪顿节……草原文化是

---

* 马宁: 北京林业大学经济管理学院副教授, 硕士生导师, 主要研究领域为林业舆情分析、复杂系统建模与仿真、物流与供应链管理; 刘泽滢、刘东来: 北京林业大学经济管理学院本科生; 黄钊: 北京林业大学经济管理学院研究生。

中华优秀传统文化的重要组成部分，崇尚敬畏自然、尊重自然、顺应自然，追求人与自然和谐共生。一望无际的草原是这些丰富的地域文化孕育、传承和发展的源泉和沃土。[1]

（二）草原保护措施总述

党的十八大以来，党中央、国务院全面加强草原保护管理，推动草原事业发展取得了新的成效。党的十九大报告指出，"建设生态文明是中华民族永续发展的千年大计"。习近平总书记强调，山水林田湖草是一个生命共同体。江西省出台的《国家生态文明试验区（江西）实施方案》，是一个很好的案例，江西省将打造山水林田湖草综合治理样板区作为建设国家生态文明试验区的战略定位之一，赋予江西省为全国统筹山水林田湖草系统治理发挥示范作用的新使命。生态是统一的自然系统，是各种自然要素相互依存而实现循环的自然链条，相互联结，缺一不可，因此生态山水林田湖草需全面发展，草原作为面积最大的陆地生态系统，具有重要的生态价值和地位，而我国对于草原的建设也不断增强，主要表现在：

（1）有关草原的制度法规不断健全。1985年颁布了《中华人民共和国草原法》，并相继出台《草原防火条例》《草原征占用审核审批管理办法》《草种管理办法》等法规规章，同时，草原承包经营制度全面落实，基本草原保护制度积极探索，草原禁牧休牧、草畜平衡制度有序推进，草原产权制度和保护管理制度逐步完善，构建了我国草原保护管理的基本制度框架。

（2）工程助力生态保护修复。2000年以来，草原投资明显增加，2013～2018年，中央累计安排草原生态建设项目投资400多亿元。2019年，启动退化草原人工种草生态保护修复试点。目前，已经形成以退牧还草、退耕还林还草、京津风沙源治理、石漠化治理等为主体，草原防火防灾、监测预警、草种基地建设等为支撑的草原工程体系，有力促进了草原生态保护修复。与非工程区相比，工程区草原植被盖度平均高10个百分点，鲜草年产量高50%以上。

（3）资源利用水平逐步提高。草原牧区通过推行以"草畜双承包"为内容的家庭承包经营责任制，对承包经营牧民给予政策扶持，有效引导了草原资源的合理利用。实施了草原生态保护补奖政策，激励牧民以草定畜，合理利用草原。同时，推行草原资源节约集约利用，广泛使用先进适用技术，积极改良天然草原，不断推进割草场建设，大力发展人工种草，缓解了天然草原的保护压力。

（4）支撑保障能力持续增强。草原基础建设得到改善，初步建立了包括各级草原管理、执法、防火、科技推广的机构队伍体系，管理、执法和服务能力水平逐步提升。2013～2018年，全国共查处各类草原违法案件9万余起，向司法机关移送涉嫌犯罪案件2700余起，有效遏制了草原违法行为上升的势头。持续加大对人工草地建设、草产品加工、草品种培育等方面的科技支持，大力加强草原和草业学科建设。目前，全国共有31所农林院校、研究机构或综合性大学设立草业科学本科专业，其中9所高校设有独立的草业与草原学院，例如北京林业大学、西北农林科技大学等，为草业建设方面的人才输送做出了贡献。[1]

为了解对于上述关于草原的问题及保护措施在网民中的关注程度及情感倾向，收集并分析了如下数据。

二、舆情概述

本次数据收集主要涉及了微信公众号文章及评论、微博发文及评论、百度贴吧、天涯论坛和新闻网（包括光明网、央视网、央广网及人民网）。其中微信平台重点报道草原热点事件（火灾、鼠疫）、草原知识科普、相关政策推行发布等；微博、论坛及评论的内容主要反映了广大网民对不同热点事件的舆情状况，并且更加关注草原旅游方面的信息；新闻网则侧重于发布有关草原牧民补贴、草原重大活动、草原相关会议召开等较为官方、信息准确性更高的信息。在各个平台根据后续数据分析可以看出，网民在各个平台的正面情绪均为大多数，且中性评价与负面评价基本持平，但相对来说微信的正面评价较少，占据总体数量的 60% 左右。

根据拟定的关键词，在 2019 年中搜索到的有关"草原"各类关键词分别在微信、微博、新闻网、论坛的数据总量达 78351 条，其中微信 7989 条，新闻 2017 条，论坛 51143 条，微博 15853 条，总体分布情况如图 1 所示。

根据舆情发生时间，2019 年草原舆情在新闻、微信、微博、论坛四大平台的数据量以及走势对比如图 2 至图 5 所示。

根据对比可知，无论是 2018 年还是 2019 年都未出现明显的整体趋势，并且 2019 年整体关于"草原"部分的报道较 2018 年明显增加，可以初步判断各大媒体对于草原问

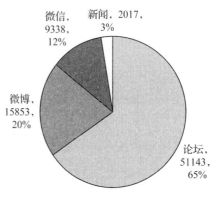

图 1　2019 年草原舆情来源总体分布情况

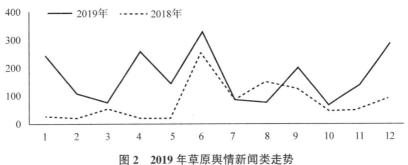

图 2　2019 年草原舆情新闻类走势

题的关注明显提升。在 2019 年过去的 12 个月中，1 月、4 月、6 月、12 月出现明显的峰值，通过时间追溯可以在新闻部分数据中得到，1 月的数据量较大主要由于 1 月有较多篇对 2018 年草原工作进行总结概括的报道，但并未有较多 2019 年本身的新闻内容；4 月时，由于清明节的到来，对于草原森林火灾的关注度明显提高，并有较多有关部门对扫墓的文明用火进行宣传工作，同时四川、山东、云南等地出现火灾情况，使得媒体对草原森林火灾的关注度显著提高；6 月中，第 48 个世界环境日在浙江杭州举办，今年的世界环境日以大气污染防治为主题，中文口号为"蓝天保卫战，我是行动者"。同时多个地方自发地开展了对自然灾害防范的教育工作，同时呼应世界环境日开展以"防治土地荒漠化 推动绿色发展"为中心的活动；12 月内，内蒙古乌拉特草原上万户农牧民遭受雪灾。雪灾发生后，巴彦淖尔市启动自然灾害应急预案，成立救灾专项工作组，深入灾区调查核实受灾情况，引起了较为广泛的关注。此外多地方在年末时举行了宣扬草原文化的节日庆典，也应得了媒体的关注，使得草原舆情数量有所提升。

与新闻类舆情走势图相似，2019 较 2018 年微信类数据量有明显的提升，表现出无论个人公众号还是官方公众号均对草原问题增加了关注度与曝光度。以下重点分析 2019 年微信类舆情，不难

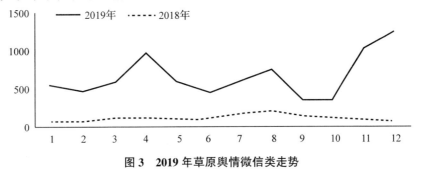

图 3　2019 年草原舆情微信类走势

发现2019年整体舆情数据量走势呈现低高交替的总体趋势，可以关注到4月、11月、12月的舆论数量较大，同理新闻类在微信文章部分进行时间追溯。4月时微信文章内容包括辽宁试点4万亩人工种草、"人造草坪"相关知识科普、国家林业和草原局办公室关于印发《贯彻落实〈国家林业和草原局关于促进林草产业高质量发展的指导意见〉任务分工方案》的通知、中办国办印发《关于统筹推进自然资源资产产权制度改革的指导意见》、看懂自然资源资产产权制度改革路线等内容；11月中，生态环保系列片《美丽中国》热播使得各大公众号争先发布视频及科普内容，并且网络民众惊呼我国自然多样景观的壮丽与鬼斧神工。此外，还有对政协提案推动中国实行草原生态保护奖励、2019年全国草原资源保护培训班在秦皇岛市举办、党的十九届四中全会决定等新的会议召开和新政策的发布进行了报道。通过与新闻对比，不难发现，微信对于我国政策和会议更加敏感，但对于发生的灾情事件涉及较少，具有正面性、科普性，但是缺乏及时性。

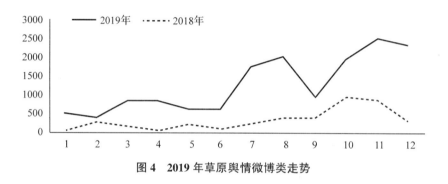

图4 2019年草原舆情微博类走势

2018年及2019年微博类舆情走势图整体呈现上升趋势，2018年舆情数据量走势图形全部位于2019年下方，可以看出在微博部分2019年对草原问题的关注度也有显著的提高。在2019年中，除去9月份，后半年草原信息数据量明显增多，根据此现象重点关注信息数据8月、10月、11月、12月舆情内容，追溯结果如下：8月为立秋时间，微博内容大部分与分享草原景色、旅游攻略为主，出现的地点名称最多的为"张家口""内蒙古"；10月比较有代表性的话题名称为"新中国峥嵘岁月：环境保护开始起步""为草原'疗伤'退化草地上诞生的'朝阳产业'""保护草原，让母亲河青春永驻"等，并未出现热点新闻事件，主要在于对草原保护相关主题的宣传；11月、12月两月数据内容相似，数据量虽然较大，但是内容方向发散，无法找到具有较强代表性的内容。综上，可以观察出微博部分信息内容与微博网民的生活感受与所见所闻相关性极高，并不完全受到新闻的左右，但可以更好地体现网民对于草原方面的真情实感，也因此我们在后续部分中对草原旅游做出了更详细的舆情研究，并采集了微博部分的数据量。

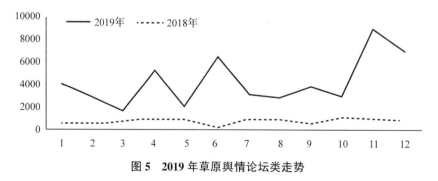

图5 2019年草原舆情论坛类走势

论坛类2018年数据量与其他平台相似，但到2019年时论坛成为有关草原方面数据量最多的平台。在2019年中，整体舆情走势图总体呈现上升趋势，但临近的月份之间数据量波动较大，可以观察出讨论热度较高的月份为 4 月、6 月、11 月。从不同关键词的数据量可以看出论坛部分对"牧民补贴(3409 条)""草原鼠疫(3038 条)""人工种草(2816 条)""草原放牧(2706 条)"较为关注。在时间线上与微博相似，讨论的话题与论坛网民所见所闻非常相关，可以反映出网民生活中遇到或发现的问题，但与此同时对政策的推出也具有相似比重的关注度，可以看出论坛网民对不同话题关注情况分散，对事件发生不敏感，但关注角度全面。故而后续有针对该部分的"草原鼠疫"作为热点事件进行了着重分析。

根据上述分析可以看出四类平台网民对草原相关事件的关注点各有不同、相辅相成，结合多部分数据可以得到全面的舆情情况，各部分内容也将在下文中进行更为详细地论述。

上述各平台中，根据不同类别的关键词采集数量分布见表 1。

表 1　草原舆情关键词选取及其类别

关键词大类	微　信	微　博	新　闻	论　坛
政府调控	2098	904	945	9432
防控措施	2032	1742	283	9788
普遍现存问题	667	3274	408	9728
地区特有问题	1766	2483	311	9467
其　他	9338	7450	70	12728

本次采集信息主要在有关草原的多个方面选取不同的关键词，并进行信息搜集。表 1 中提及的"关键词大类"中的具体关键词见表 2。

表 2　草原舆情不同类别下的关键词选取内容

关键词类别	具体关键词
政府调控 (16 个)	《河北省人民代表大会常务委员会关于加强张家口承德地区草原生态建设和保护的决定》《草原防火条例》《关于加强草原保护修复的意见》《国有草原资源有偿使用制度改革方案》《防沙治沙法》、退牧还草、草原禁牧、草原休牧、人工种草、补播、以草定畜、破坏草原惩罚力度、草原生态修复、人工草地、牧民补贴、草场确权
防控措施 (10 个)	草原防火、草原人工种草、草原生态保护、草原监管、人工草地建设、草业科学本科专业、牧民补贴、草种培育、飞播、草籽
普遍现存问题 (9 个)	草原石漠化、草原盐渍化、草原火灾、畜牧过冬、草原鼠疫、草原流感、草原沙化、草原退化、草原监管
地区特有问题 (15 个)	内蒙古草原生态退化、河北加大破坏草原惩罚力度、甘肃省草原退化、鄂尔多斯草原退化、锡林郭勒草原退化、那曲高寒草原退化、伊犁喀拉峻、黄陂木兰草原退化、张家口张北草原退化、呼伦贝尔大草原退化、藏羚羊产量减少、草原濒危植物、绵刺产量、濒危植物半日花、畜牧业饲料
其他: 草原利用、草原类型、有关生态 (16 个)	草原降雨量、草原湖泊、草原水系、草甸草原、荒漠草原、高寒草原、典型草原、高尔夫草原、风吹草低现牛羊、草原放牧、草原畜牧业发展、草原圈养、定点牧场、牲畜转场、草原旅游业、游客破坏草原

关键词的选取主要依据中"林业信息网""中国林业网"等官方网站近一年来的多篇报道，通过仔细阅读和筛选，并由领域专家补充最终敲定。为进一步分析草原舆情，接下来将对来自新闻网、微信、微博三个模块的信息进行分别的具体阐述。

三、内容分析

(一)新　闻

新闻部分的内容具有公开性、真实性、针对性、时效性等特点，对新闻内容进行分词处理并统计出关键词可以有效地找到媒体对本年度草原相关事件的报道重点内容，故利用词云展示了排名前50的关键词如图6、图7所示。

图6　2018年草原舆情新闻类文章关键词　　　　图7　2019年草原舆情新闻类文章关键词

根据2018、2019两年草原舆情新闻类文章关键词的汇总图可以看出，两年关键词的内容相差不大，主要变化的为关键词词频。在2018年与草原相关的新闻中，词频最高的几个词分别为"森林""防火""火灾""保护""乡村""自治区"等。相对于2018年而言，2019年"保护"一词取代了"森林"一词的位置，同时在2018年占比较小的"推进""治理""制度"等词明显得到了更广泛的关注，可以初步推断出新闻媒体从2018年主要报道有关"草原森林火灾""草原自治区""乡村牧民"等，转换到报道草原相关的最新政策，强调草原保护、推进草原治理工作、学习习近平总书记重要讲话等内容。回顾2019年，我国在草原治理与保护方面切实地做出了很多努力：推动出台《关于加强草原资源保护和生态修复的意见》，组织编制《全国草原生态保护修复规划》，筹备召开全国草原工作会议；加快理顺草原管理体制，健全管理机构，推进林业和草原融合发展；加强草原禁牧和草畜平衡监管，实施好退牧还草等工程项目，启动人工种草生态修复试点，加快退化草原恢复和治理；加强草原征占用管理和执法监督，依法查处非法开垦、非法占用草原等违法行为；完善草原管护机制，增加草原管护员，抓好草原防火和生物灾害防治；加强草原生态监测，开展草原保护重大问题和关键技术研究，推广先进实用技术，着力提高草原保护管理水平等。

通过两张词云的分析，还可以关注到很多有关草原的其他事宜，将在下文中结合其他平台的数据统计情况有针对性地进行阐述。

（二）微　信

相较于新闻部分，微信不仅可以关注到官方及个人公众号对草原工作或热点事件的发布情况，并且可以更加直观地关注到读者的情感状态。所以对于微信部分数据，首先为找到更具有影响力、代表性的微信文章，根据文章热度获取数据。文章热度依据阅读量、点赞量和评论量来计算，得到最终根据结果筛选得到以下微信文章（表3）。

表3　2019年草原舆情热点微信文章 TOP25

	公众号	文章标题	发布时间	阅读量	点赞数	评论数
1	青核桃	内蒙古大部将迎来降雨天气，呼市未来4天的天气是这样的	2019/5/3	92778	3	190
2	中国绿色时报副刊	巴音布鲁克草原：我国第一大亚高山高寒草原｜走进草原	2019/4/19	76575	0	142
3	金华消防	痛惜：北京平谷山火原因查明，90%森林草原火灾原因是它！	2019/6/28	72287	159	262

（续）

	公众号	文章标题	发布时间	阅读量	点赞数	评论数
4	陇草心语	规范聘任、严格管理我省草原管护员队伍逐步壮大	2019/10/29	57953	0	49
5	陇草心语	甘肃省草原工作会议在兰州召开	2019/10/28	57645	0	47
6	中图地信	完整版：林业专业知识	2019/8/12	56004	1	56
7	麻城森林防火	3·30四川木里县森林火灾	2019/11/13	52133	639	200
8	自驾游第一路况	藏地这种动物备受误解，是高原草原的"背锅侠"	2019/11/21	52067	509	87
9	巴林左旗新闻	"调研"旗长孟和达来调研全旗森林草原防火工作	2019/3/28	52521	0	117
10	多彩贵州网	贵州两家景区被取消3A等级，龙里大草原等被警告	2019/11/13	47900	205	54
11	瞭望	瞭望：森林防火，如何防患于未"燃"？	2019/4/5	47297	0	180
12	报价	重磅利好！2019年养殖补贴政策来了！	2019/9/22	46613	0	83
13	新疆林业和草原	我区召开秋冬季森林草原防灭火工作现场推进会 坚决防止重特大森林草原火灾发生	2019/11/6	45580	164	111
14	榆林林业	府谷县林业局召开森林草原防火林草管护封山禁牧工作暨护林员培训会	2019/11/21	42978	494	103
15	凉山政务	全省森林草原防火演练在冕宁举行	2019/11/13	42961	494	103
16	喀喇沁旗应急管理局	扎实开展森林草原防灭火实战演练 确保"十四冬"平安、顺利举办	2019/11/20	42958	494	103
17	美尚生态	美尚生态参加首届中国·呼伦贝尔草原生态产业大会	2019/7/9	39314	31	108
18	内蒙古日报蒙文报	草原生态修复国家创新联盟在呼和浩特成立~	2019/3/24	39309	31	108
19	多伦旅游	破坏草原？对不起，你违法了！	2019/7/25	39309	31	108
20	微观迭林	迭部生态建设局开展森林草原民宅防火宣传和火灾隐患排查联合整治行动（一）	2019/11/18	37355	116	34
21	武威市广播电视台	2019年，武威草原植被盖度达42.92%	2019/11/20	37460	1	79
22	蒙古文化周刊	牧民能识别苏尼特草原所有植物，还编写了专著！	2019/10/30	30692	3	0
23	寻味呼伦贝尔	"远嫁"呼伦贝尔草原，去实现一个美丽的梦想	2019/11/23	28605	69	86
24	康巴卫视新闻	阿坝州已进入森林草原防火期 防火小知识学起走	2019/11/13	28377	153	112
25	雨城雅安微生活	【文明祭扫】清明节森林草原防火倡议书	2019/4/5	26532	42	152

通过表3可以看出，最受关注的前25篇中有12个官方公众号，与个人公众号基本保持着1：1的关系，表示网民对于个人公众号和官方公众号的关注程度相近，总体看来没有较强的阅读选择倾向；从内容上看，有11篇关于草原火灾及草原防火，有7篇与新出台的政策相关，其余基本为草原有关知识的普及。表现出网民对草原火灾问题的重点关注，并且对相关政策采取积极自发了解的态度，同时对于草原知识也有较强的求知欲；从阅读、电子、评论数量可以看出，阅读文章的人习惯于点赞和评论的人数较少，相对而言不愿意在微信平台上发布自己的观点。

随后，又对上述25篇微信文章内容进行聚类LDA主题划分，提取了部分文本主题关键词，并抽象为6个主题，结果见表4。

表4 2019年微信文章TOP25主题划分

主题	关键词
草原防火	"基层防火：工作抓得紧短板仍然有""山西发生一起森林火灾""什么是林火爆燃？为什么消防员来不及脱离火场？""燃烧产生的直接危害：一是烧死大量地被植物；二是爆燃产生的大量高温有害气体""灭火过程""四川省共发生森林草原火灾55起""用火需谨慎"

（续）

主　题	关键词
生态保护	"野生保护植物具有重要经济、科学研究、文化价值的濒危、稀有植物""保卫绿色家园的道路上""可这些仅仅只是沧海一粟随手扔的塑料多久才会分解?""破坏草原植被""生态植被脆弱""希望草原上人与自然和谐相处""鼠兔的繁殖能力"
草原旅游	"游客缺乏生态保护意识""草场上碾压出条条痕迹""游客的点赞""游客服务中心配套设施缺失""乘车出行""车辆上路日益增多""游线设计不合理未形成环线""基层还普遍存在管护力量不足""去深挖这片草原最淳朴的民族文化""骑着草原千里马执勤的警察"
草原知识普及	"草场退化就是草场植被衰退、土地荒漠化""活立木蓄积量""高寒草原占据盆地四周海拔 2400~2600 米的山麓""藏羚羊、藏野驴、野牦牛""造林质量管理""疫区""人工造林""公益林"
相关政策	"内蒙古自治区基本草原保护条例""草原生态环境有效改善""支持退牧还草""建设人工饲草地""进一步规范草原承包""加大巡查、执法力度""中央投资农业绿色发展工程重点补助 5 个建设项目"

由 LDA 主题划分的结果可以看出，微信文章的主题关键词可以分为草原防火、生态保护、草原旅游、草原知识普及、相关政策类。在关键词中我们看出，网民对于火灾发生及生态破坏事件等破坏生态的问题较为关注；在日常生活方面对草原旅游比较关注，且在"草原旅游"方面还有较多需要改进的方面，如需要旅客提高保护生态的自觉性，而旅游景点及有关部门也需要对旅游草原有更好的规划和监管；同时微信网民还比较关注新政策的推出以及相关的草原知识普及，从动植物科普到草原方面专有名字的文章都得到了较高的阅读量。与此同时，从整体微信文章舆情部分可以看出多数文章内容是比较积极正面的，不仅如此，网民还会自发的关注新推出的政策内容，自主学习知识，并且关心生态环境以及草原险情。

为更好地评估微信网民对以 TOP25 中文章为代表的微信文章的态度，我们将 2019 年相关文章中评论部分的 3157 条评论进行了舆情分析，并经过统计得到结果见表 5、图 8。

表 5　微信评论文本情感分析

	平均值	总　值	总　量
微信正向情感值	9.659	18898.775	1975
微信中性情感值	0	0	625
微信负向情感值	-2.212	-1232.084	557

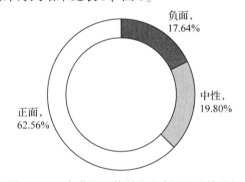

图 8　2019 年草原舆情微信文章评论舆情分析

根据统计结果可以看出，微信网民对文章发布的信息多数持正面态度，中性态度与负面态度数量基本相同。为进行进一步的分析，在此基础上又对微信文章评论内容进行了词频统计工作，选取词频较高的得到结果见表 6。

表 6　2019 年草原舆情微信文章评论关键词词频统计

序　号	关键词	词　频	序　号	关键词	词　频
1	防　火	900	11	新　疆	168
2	生　态	590	12	流　泪	162
3	森林草原	589	13	点　赞	150
4	保　护	284	14	美　丽	145
5	工　作	260	15	牧　民	141
6	火　灾	247	16	专　业	138
7	修　复	234	17	种　草	138
8	内蒙古	204	18	希　望	136
9	呼伦贝尔	191	19	鄂尔多斯	135
10	禁　牧	169	20	英　雄	133

由表6可以看出，高频关键词具有感情色彩的几乎全为正面词汇，如："点赞""美丽""希望"，而对于内容的关注与上述微信文章内容的分析相符，但结合关键词统计结果可以看出公众对于热点事件"草原火灾"的情感态度主要在于悼念救火消防员以及不幸丧生的人，相关的关键词有"流泪""英雄""点赞"等。此外，还可以看出微信网民对于新出台政策的关注，相关关键词有"防火""禁牧""修复""保护""牧民""种草"等，可以得出微信网民具有一定生态保护的意识，并积极主动地了解相关政策的内容。

(三)微 博

根据按照上述关键词搜集得到的微博的正文数据，对其进行词频统计，其中排名TOP20的高频词及词频展示见表7。

表7 2019年草原舆情微博正文舆情信息关键词词频统计 TOP20

序 号	关键词	词 频	序 号	关键词	词 频
1	荒 漠	766	11	攻 略	136
2	旅 游	564	12	牧 场	135
3	旅 行	265	13	生 态	132
4	呼伦贝尔	256	14	高 原	128
5	内蒙古	255	15	最 美	114
6	文 化	236	16	风 景	112
7	戈 壁	219	17	辽 阔	111
8	牧 民	175	18	美 景	110
9	新 疆	156	19	世 界	105
10	沙 漠	151	20	保 护	104

从上述微博正文关键词中可以看出，微博使用网民对与草原相关的其他生态十分关注，从"荒漠""戈壁""高原""沙漠"等词可以看出其对草原生态发展的关注。此外，相较于其他平台对于草原旅游的关注度明显较高，且乐于分享草原景色，并且通过"最美""美景""辽阔"等词可以看出微博网民对草原多数持积极态度。为更好的验证该想法，又在正文舆情关键词统计的基础上进行了对微博评论的文本进行了情感分析，分析结果见表8、图9。

表8 微博评论文本情感分析

	平均值	总 值	总 量
微博正向情感值	3.755	15431.2336	4109
微博中性情感值	0	0	155
微博负向情感值	-3.7392	-661.8471	177

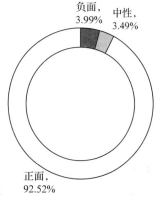

图9 2019年草原舆情微博评论舆情分析

通过图9可以看到在微博评论中有92.52%为正面评价，仅有3.99%为负面评价，3.49%为中性评价，证实了上述对微博内容关键词词频分析时的猜测。但根据舆情内容观察，搜集到的舆情依然认为草原旅游方面存在较多需要解决的问题，包括但不仅限于草原旅游景点开发不善、景区环境较差、游客素质有待提高。为更全面的分析关于草原旅游方面的问题，又对该部分数据进行了全面的分析。

(四)论　坛

根据按照上述关键词搜集得到的微博的正文数据,对其进行词频统计,其中排名 TOP20 的高频词及词频展示见表9。

表9　2019 年论坛正文舆情信息关键词词频统计 TOP20

序　号	关键词	词　频	序　号	关键词	词　频
1	保　护	348	11	鼠　疫	170
2	推　进	314	12	治　理	153
3	乡　村	259	13	火　灾	147
4	农　村	250	14	改　革	139
5	农　业	232	15	修　复	138
6	脱　贫	212	16	绿　化	134
7	扶　贫	182	17	政　策	130
8	牧　民	182	18	防　火	130
9	绿　色	179	19	资　源	114
10	体　系	172	20	服　务	111

从上述微博正文关键词中可以看出,论坛网民对乡村生活的关注度较高,着重关注关键词中涉及的"牧民补贴""草原鼠疫""草原火灾",并且支持草原的绿色发展,推进保护及治理措施,致力于修复草原等。根据上述关键词词频统计可以看出论坛发布的内容为积极正面的,因此为证实此结论又在正文舆情关键词统计的基础上进行了对论坛评论的文本进行了情感分析,分析结果见表 10、图 10。

表 10　草原舆情论坛评论文本情感分析

	平均值	总　值	总　量
微博正向情感值	161.4718	1116255.2167	6,913
微博中性情感值	0	0	237
微博负向情感值	-24.3173	-1945.3915	80

通过图 10 可以看到在论坛评论中有 95.62% 为正面评价,仅有 1.11% 为负面评价,3.27% 为中性评价,可以结合上述关键词词频看出论坛网民对草原方面"牧民补贴""草原鼠疫""草原火灾"等问题的高度关注,并积极应对问题,对有关部门做出的工作具有肯定态度。

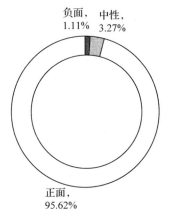

图 10　2019 年草原舆情论坛评论舆情分析

根据上述分析可以看出多数网民对于各项草原问题基本持正向积极态度,并且愿意主动关注相关新闻、新推行政策,其中新闻平台受到可发布权限的限制得到的数据量最小,论坛以靠庞大的网民使用量和网民参与程度较高得到了最大的数据量。而内容方面,微博网民明显着重关注于草原旅游方面的资讯,微信网民偏好阅读有关相关知识科普的文章内容。

四、热点事件——2019 年内蒙古草原鼠疫

摘要:根据上述对多个平台舆情的分析不难发现网民对于草原鼠疫较为关注,2019 年 11 月在北京市发现

两例由内蒙古医院转院过来的鼠疫病患，瞬间引起了网民对鼠疫的热烈讨论。以下为根据爬取数据以及网络舆情统计网站数据综合得到的分析结果。

关键词：草原鼠疫　舆情　瘟疫　内蒙古　北京

（一）事件概述

2019 年 11 月 12 日，北京市确诊两例由内蒙古输入的鼠疫患者后，北京市立即启动突发公共卫生应急机制，对两名确诊患者进行妥善救治。一名患者病情稳定，另一名患者病情危重，未进一步恶化。

2019 年 11 月 12 日确诊的 2 例病例的密切接触者医学观察均无发热等异常表现。

截至 2019 年 11 月 14 日，两名鼠疫确诊患者，一名病情稳定，另一名经专家会诊，病情仍然危重，略有好转，在进行对症治疗。

2019 年 11 月 14 日晚，北京市卫生健康委员会发布，网传在宣武医院和北京儿童医院发现鼠疫疑似病例，北京市组织专家力量对两名来自内蒙古鄂尔多斯市的就诊患者进行了综合判断，结合患者流行病学史、临床表现、病原检查，患者不符合鼠疫诊断标准，排除鼠疫，解除隔离观察。且黑龙江省政府驻京办流传的文件，称"宾馆有密切接触者，并已经隔离在宾馆客房。"经中央人民广播电视总台中国之声记者采访核实为虚假信息，并且黑龙江宾馆照常营业，宾馆大堂有旅客正常办理入住。

2019 年 11 月 16 日，一名危重患者出现反复、不稳定，病情加重，有关专家已进行会诊，正在进行对症治疗。病例的密切接触者中已有部分人员相继解除隔离医学观察，其余人员未出现发热等相关异常症状。

截至 2019 年 11 月 16 日，北京市无新增鼠疫病例。

2019 年 11 月 16 日，内蒙古锡林郭勒盟腺鼠疫患者已在乌兰察布市化德县医院隔离救治，相关防控措施已落实。密切接触者 28 名，已就地隔离医学观察，无发热等异常表现。此外，2019 年 11 月 12 日确诊的 2 例病例的密切接触者医学观察均无发热等异常表现。

2019 年 11 月 18 日，42 名与在北京确诊的 2 名肺鼠疫患者的锡林郭勒盟密切接触者，医学观察期满，无发热等异常表现，实验室 PCR 检测均为阴性，经专家会商研究，解除医学观察。还有 4 名密切接触者继续医学观察，无发热等异常表现。来自锡林郭勒盟镶黄旗的腺鼠疫患者仍在化德县医院隔离救治，该患者的密切接触者 28 人继续进行医学观察，目前无发热等异常表现，区内无新发病例。

2019 年 11 月 21 日 8 时，内蒙古锡林郭勒盟来京就医的两名肺鼠疫患者的所有密切接触者，已按照标准，全部解除隔离医学观察。

2019 年 11 月 23 日，化德县确诊腺鼠疫病例的 20 名密切接触者医学观察期满，无发热等异常表现，解除医学观察，至此该确诊病例的 28 名密切接触者全部解除医学观察。

截至 2019 年 12 月 4 日，内蒙古乌兰察布市四子王旗腺鼠疫患者全部 4 名密切接触者医学观察期满，无发热等异常，全部解除隔离医学观察。

（二）舆情走势

根据图 11 可以看出热点时间的热议期在事件发生后 2 天，并根据资料可知在热点事件淡化后依然具有持续的讨论，以下将对该热点事件的新闻内容及评论内容进行分析。

（三）媒体报道与网民观点解读

"鼠疫"从 19 世纪下半叶开始的第三次鼠疫大流行，从云南、孟买开始，最后汇聚于北满，惊

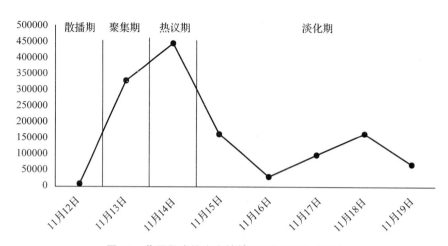

图 11　草原鼠疫热度舆情情况(来自 360 趋势)

天动地地爆发。其后有山西鼠疫、东北第二次鼠疫以及欧亚非其他地区的鼠疫,直到 20 世纪 30 年代以后才销声匿迹,全球先后死于鼠疫者达数千万。

时至今日,在科学防控的基础上,全球绝大多数地区鼠疫得到有效监测与控制。而 2017 年 8 月以来的一场鼠疫却正在印度洋岛国马达加斯加吞噬着越来越多的生命。截至 10 月 24 日,马达加斯加累计报告鼠疫疑似病例 1309 人,其中 93 人死亡,疫情没有得到遏制,传播风险由高升为极高。

我国也是深受鼠疫影响的国家之一。19 世纪末到新中国成立,我国发生过 6 次大流行,波及 20 多个省(自治区),发病人数约 115 万,死亡约 100 万人。新中国成立后,鼠疫得到有效控制,但由于我国目前多个省份仍然存在着不同类型的鼠疫自然疫源地,近些年一直有散发病例发生,因此,我国对鼠疫防控工作也一直没有放松。另据《全国鼠疫防治“十二五”规划(2010~2015)》,我国人间和动物间鼠疫疫情持续存在,大中城市和人群聚集地周边地区不断监测到动物鼠疫疫情,近年来,每年都发生 1~2 起人间鼠疫疫情,几十起动物鼠疫疫情。

2009~2018 年,全国法定传染病按类别统计,甲类传染病中鼠疫发病、死亡报告数据(来源:中国疾病预防控制中心网站、世界卫生组织网站、国家卫生健康委员会网站)[2]:

2018 年,发病数 0,死亡数 0;2017 年,发病数 1,死亡数 1;

2016 年,发病数 1,死亡数 0;2015 年,发病数 0,死亡数 0;

2014 年,发病数 3,死亡数 3;2013 年,发病数 0,死亡数 0;

2012 年,发病数 1,死亡数 1;2011 年,发病数 1,死亡数 1;

2010 年,发病数 7,死亡数 2;2009 年,发病数 12,死亡数 3。

故而“鼠疫”的发现无疑造成了民众的恐慌,根据网络数据监管,发现热议期主要集中在 11 月 13 日至 11 月 19 日一周内,该段时间对“鼠疫”一词有较高的持续关注,并且其关注度主要伴随概要部分叙述的事件的发展动向进行的,而其余时间段网络上对“鼠疫”的关注度很低。根据对于“草原鼠疫”微博及贴吧论坛部分进行文本分析,得到高频率关键词汇(表 11)。

根据上述数据结果可知,网络上多数人认为鼠疫的主要传播源来自老鼠、土拨鼠等草原动物,也明确知道鼠疫的另一别称为“黑死病”,而鼠疫作为瘟疫的一种,网民最关注的是其传播和致死情况。除去上述统计出来的高频评论词汇以

表 11　草原鼠疫评论高频词统计

关键词	词频
老　鼠	162
女　孩	131
土拨鼠	131
人　类	122
蒙　古	111
瘟　疫	99
蒙古人	97
动　物	83
死　亡	81
黑死病	79
流　行	69

外通过统计分析,在新闻中与"鼠疫"一词一同出现比例最高的如图12所示。

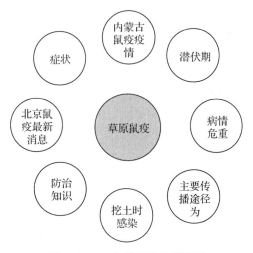

图12   2019年草原鼠疫高频词

在高频相关词汇图中不难看出,"内蒙古""最新消息""朝阳医院回应""北京""患者病情严重""内蒙古鼠疫疫情"等关键词都是基于本次事件的,表现网民对本次鼠疫事件的高度关注,而关键词"症状""防治知识""主要传播途径"等关键词则表明网民在得知出现病情后,采取了自发的、积极的防治措施,不少网民发布了有关鼠疫的基本知识和预防途径。为进一步分析对于整体事件的情感趋势,又对网民评论部分进行了情感分析(表12),结果如图13所示。

表12   草原鼠疫评论文本情感分析

	平均值	总值	总量
微博正向情感值	30.7038	7215.3930	235
微博中性情感值	0	0	55
微博负向情感值	-11.0660	-420.5080	38

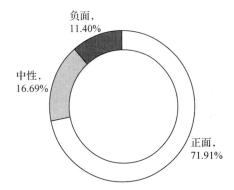

图13   2019年草原鼠疫多平台评论舆情分析

结合情感分析结果可知多数的网民对于"鼠疫"事件的情感是正面的,主要评论内容聚集在积极地分享预防被传染措施、密切关注事件真实情况、关注患者病情是否好转以及科普基本的鼠疫知识,包括但不仅限于:鼠疫的传染源、基本症状、治疗手段、历史事件。而负面评价主要在探讨对被鼠疫感染后果的描述等。

(四)热点事件小结

目前我国鼠疫防治工作始终坚持"预防为主、科学防控、政府负责、社会参与、强化监测、综合治理、快速反应、有效处置"的原则。结合我国鼠疫防止工作的基本原则及上述舆情调查结果做出以下建议:

1. 密切关注易发生鼠疫的地区

根据动物鼠疫流行判定标准,我国符合的地点:

(1)青藏高原喜马拉雅旱獭鼠疫自然疫源地;

(2)呼伦贝尔高原蒙古旱獭鼠疫自然疫源地;

(3)帕米尔高原长尾旱獭鼠疫自然疫源地;

（4）天山山地灰旱獭、长尾黄鼠鼠疫自然疫源地；

（5）松辽平原达乌尔黄鼠鼠疫自然疫源地；

（6）甘宁黄土高原阿拉善黄鼠鼠疫自然疫源地；

（7）内蒙古高原长爪沙鼠鼠疫自然疫源地；

（8）锡林郭勒高原布氏田鼠鼠疫自然疫源地；

（9）滇西北山地大绒鼠、齐氏姬鼠鼠疫自然疫源地；

（10）云南、东南沿海家鼠鼠疫自然疫源地。

不难发现，鼠疫的主要流行地点为我国草原地带，主要因为草原疫源地多属农耕区，虽风蚀沙化严重，但由于降水量相对偏高及近年来退耕还林还草工程的实施，休耕地、荒地面积逐渐扩大，从而为啮齿动物提供了充沛的食物来源。对此，有关部门在保护草原生态的同时也应当积极关注可能携带鼠疫病原的动物的数量增长趋势，适时调整鼠防工作的重点关注地点，调整疫源地工作。

2. 严格监视并有效遏制鼠疫感染人群

结合本次舆情负面评论不难发现，公众对于传染性疾病是十分畏惧的，为平复公众整体的不安情绪，应当及时隔离感染人群与外界接触。因此应当明确规定鼠疫等其他较严重的传染病被发现时，对应的医院应当第一时间将患者进行隔离，积极治疗，如果无法医治则以最快的速度进行安全转移，以保证患者可以被及时医治的同时也不会无意传染给其他公众，最终导致无法挽回的局面。

3. 按时宣传科普鼠疫预防的知识

根据舆论的监控可以看出，人们在出现鼠疫病例以外的时间段对鼠疫及其代表的传染病关注度很低，且根据搜索的相关词汇也可以推断公众对相关的知识不够充足。对此，有关部门应当在疫情未发生的时期对公众进行推广科普，包括但不仅限于：鼠疫的传播途径、可能携带病毒的动物类型和症状、感染病菌以后出现的临床反应、不同病症对应的紧急处理措施、预防传染的多种方式方法。以此来降低疫情出现以后，可能会造成的不良后果的程度。

4. 提高医学水平，提高存活率

首先我们应当明确，鼠疫是一种危害严重的烈性传染病，曾被称为"黑死病"。临床上表现为发热、严重毒血症症状淋巴结肿大、肺炎、出血倾向等。各型鼠疫患者如果不及时治疗均会引起死亡，尤其是肺鼠疫和败血型鼠疫，病死率几乎为100%。面对如此易传播、高死亡率的病症，应当重点发展该方面的医疗设备及知识储备，加大经费投入，增加国际交流，从而研制出可以减缓病症的医疗手段，延长感染者的存活时间，最终提高其存活概率。

五、草原旅游专题

（一）事件概述

在微信文章分析部分不难看出，网民对于草原旅游的关注度很高，并且草原旅游面临着很多待改进的问题比如较为突出的过度旅游开发和不文明旅游，由于草原旅游事件对草原的影响以及草原现存的问题是长期的，在此对体现草原旅游现存问题的舆情及一些热点事件进行总结分析，分析中可见网民及官方均注重草原的生态保护，面对不适宜的行为，官方多表示加强监管，对《中华人民共和国草原法》以及各地草原保护相关法律进行科普宣传，网民则多数表达对这些行为的谴责并对事件后续进行关注。

2019年微博草原旅游相关问题数据量走势如图14所示。

从图14整体来看，1~4月草原旅游数据量较为平稳且处于较低水平，5月有一个数据量的上升，6月有所下降，在7~8月数据量持续上升并达到峰值，在9月有所下降之后在10~12月持续上升。从各个月来看，1~4月多为官方对草原旅游的整治措施，2月，达茂旗人民法院对哈拉乌素嘎

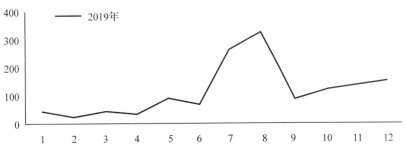

图 14　2019 年微博草原旅游相关问题数据量走势图

查布连河草原非法建造百余间蒙古包进行处罚。3 月,山西启动"绿卫 2019"森林草原执法专项行动,中央环保督察组发布《国家电投内蒙古开矿破坏草原,复垦抠门》。4 月,内蒙古生态环境厅通过官网发布《内蒙古自治区贯彻落实中央环境保护督察"回头看"及草原生态环境问题专项督察反馈意见整改方案》。5 月,由于五一假期旅游人数增加,发生相关事件,"格聂之眼"景点周围植被被车辆碾压,乌鲁木齐市草原监理部门对车辆碾压草原、倾倒排放废弃物等破坏草原的行为进行专项检查整治等,数据量小幅上升。6 月,国家林草局开展森林草原执法专项行动。7~8 月,草原夏季旅游热,7 月底发生北京游客自驾游碾压草场被牧民拦截、内蒙古锡林郭勒盟多伦县草原遭多辆越野车故意碾压热点事件,官方对事件进行处理,相关媒体更新事件信息,持续至 8 月,期间事件逐渐发酵,引起网民热议,绝大多数对破坏草原的行为表示谴责,数据量也在 8 月达到了峰值。9 月,河北省第十三届人大常委会第十一次会议表决通过了《河北省人民代表大会常务委员会关于加强张家口承德地区草原生态建设和保护的决定》,各大草原加强监督力度。10 月,党史网发布了头条文章《新中国峥嵘岁月:环境保护开始起步》。11~12 月,草原冬季旅游热来临,草原游客数量增加,数据量中网民对草原生态的担忧和不文明旅游行为的谴责以及评论中负面关键词的数据增加。

2019 年 5 月 2 日,格聂神山景区建设管理筹备组景区巡查人员在工作过程中发现景区"格聂之眼"景点周围植被被车辆碾压,破坏较严重。筹备组高度重视,立即召开会议,安排人员就此事开展调查。5 月 3 日晚,工作人员发现车队在微博发布的视频后,筹备组立即对进入景区的车辆和人员进行了比对,并联系到车队领队,要求领队立即返回理塘,就碾压植被一事做出说明,并接受调查。5 月 4 日,车队领队按要求返回理塘并发布致歉信。格聂神山景区建设管理筹备组、理塘县林草局鉴于当事人积极配合调查,认错态度诚恳的情况,就此事做出相应处理。

2019 年 7 月 5 日上午,正蓝旗自然资源局执法监察大队协同正蓝旗文化旅游局,对全旗草原旅游业违法占地建设永久性建筑物进行了清理整顿。本次清理整顿,依法拆除了上都镇黄旗嘎查 510 国道沿线南侧草原旅游点违法占地建设永久性建筑物 210 平方米。通过对草原旅游业违法占地建设永久性建筑物的拆除,进一步净化了草原旅游业健康发展环境,为全旗旅游业依法用地奠定了基础。

2019 年 7 月 20 日北京游客自驾游碾压草场被牧民拦截,双方发生争执,警察介入调解,事件发生后当地政府相关人员已第一时间赶赴现场调查。事后事件逐渐在网络上发酵。7 月 23 日,多伦县县长刘建军主持召开外宣工作第一次调度会,刘建军表示旅游部门要规划好旅游线路,做好车辆、游客引导,倡导文明出行,文明旅游。各执法部门要进一步加大执法监督力度,做好《中华人民共和国草原法》《内蒙古自治区基本草原保护条例》等法律法规的宣传,鼓励广大公众积极举报碾压破坏草原行为,严厉打击非法设卡收费、辗压草场等违法行为,针对发现问题要重拳出击,发现一起查处一起,绝不姑息,保护好多伦县的生态旅游环境。

2019 年 7 月 28 日,内蒙古锡林郭勒盟多伦县草原遭多辆越野车故意碾压,之后 4 名车主被处罚,另一名车主拒不道歉并发视频挑衅。针对此事,8 月 6 日,多伦县人民政府发布了《关于严肃处理碾压草原破坏生态环境的通告》，通告表示，今后对出现肆意碾压草原等行为，多伦县将依法一查到底，顶格处理。8月8日，内蒙古自治区林业和草原局通过内蒙古当地媒体向社会呼吁，文明旅游、共同保护草原，同时提醒，随意碾压草原属违法行为，可处三倍以上九倍以下罚款。

(二)舆情及内容分析

部分草原生态旅游由于过度旅游开发和无计划放牧，以及施工建设和不文明旅游行为，对草原的生态的保护与修复无疑起到了相反的作用，引起大家对于草原旅游的关注。

通过微博内容及评论的分析可以看出，草原景区生态系统环境薄弱，在旅游旺季，大量游客的来临使草原生态受到破坏的可能性加大，尤其是机动车的碾压。诸如"越野车恶意破坏草地""游客自驾游碾压草场"事件发生后，当地有关部门及时对事件依法进行处理。多数网民对此事件表示了反对与谴责的看法，同时引发对同类事件例如垃圾问题、草原践踏问题和火灾隐患等问题的讨论，网民认为目前游客破坏草原行为严重，应该加强相关事件的监管和加大处罚力度，维护草原生态。新闻、微信、微博等各大平台也发布新闻报道，提醒民众草原旅游要文明同时也普及了草原旅游需要注意的相关法律。可以看出"文明旅游"这一关键词近年一直被网络民众提及和重视，但也依然是亟须解决的草原旅游问题。因此，对上述数据进行了情感分析，结果见表13、图15。

表13　草原旅游问题相关微博评论文本情感分析

	平均值	总　值	总　量
微博正向情感值	7.866	1,518.273	193
微博中性情感值	0	0	6
微博负向情感值	-5.097	-1,753.541	344

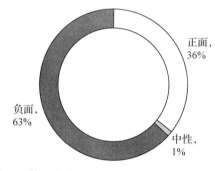

图15　草原旅游问题相关微博正中负面评论总数

与此同时，草原旅游的经济收益也导致许多景区忽视草原生态，过度旅游开发建设违章建筑，致使景区环境受到严重破坏。2019年"五一"假期期间有关草原旅游的网民评论中，对部分草原的评论中出现了许多的负面关键词。下面对出现最多的几个关键词进行列举。

1. 景区环境差

@d35＊＊＊418：小草原就是一片草坪，还有很多塑料瓶，我在的时候有一个老爷爷在捡瓶子，景区里边儿环境不好，到处挖的黑乎乎，骑马就更坑了。

@ff5＊＊＊0e4：环境差，不如小区环境，不值得。

2. 收费高，性价比差，宰客现象严重

@648＊＊＊572：项目太贵，恨不得使劲宰你，去一次就够了。

@5fb＊＊＊7a3：真的一点都没特色，草原也没得看，性价比差，不如看门外的野草原。

3. 草原生态破坏严重，草原商业开发、商业化严重

@b7c＊＊＊ab：草原沙化很厉害，绝对不是电视中看到的美景。而且当地人商业化很严重，不淳朴了。

@f41＊＊＊44c：草原退化破坏严重，商业开发有些过头了，只能看见零星的草，到处是裸露的沙土，蒙古包全是水泥的，已经见不到原始的毛毡蒙古包了，骑马320元，有些偏贵。

草原景区过度开发的做法不仅对草原生态造成了破坏，同时游客对于草原过度开发，商业化严重也表达了不满，评论内容中负面关键词除去上述所列外还包括"无趣""服务差""有马粪""体验差"等。

在网民发表的相关微博中,对草原旅游当前面临的问题大多表现为对草原生态的惋惜、对破坏者的劝告以及对恶劣行径的愤懑,如"去一趟大草原,唯一的感觉就是游客肆意的破坏践踏""游览美景之后,是否该带走自己的东西。丢在这里它不会孤单吗?草原是否只应该有草的绿色和天空的蓝色,其他颜色会不会破坏它的本色呢?""你们亲手用一文不值的金钱和欲望葬送了最原始神灵对人类的信任",不难看出网民希望草原生态和环境向好的方向发展、草原旅游中破坏草原生态的行为能够减少,同时对于草原本身的美景有着美好的期望,希望草原旅游业可以更好的可持续的发展。

(三)舆情小结

我国草原旅游价值巨大,但是这种价值的实现必须建立在草原旅游生态系统健康安全的基础上。据中国"人与生物圈国家委员会"对我国自然保护区发展旅游业的现状调查发现,44%的自然保护区内存在垃圾公害、12%的已出现水污染、11%存在噪音污染和3%存在空气污染,同时由于草原旅游的不良开发,2015年全国90%以上可利用的天然草原发生了草地退化,其中重度退化、中度退化和轻度退化的草地面积分别占到了12%、31%和57%,这些问题如不能得到重视和有效解决,最终将会导致"旅游摧毁旅游"的结局。

而开展可持续草原旅游的前提是草原生态的修复与建设,所以维护草原生态建设也是草原旅游的基本要求,在此结合上述调查结果提出以下建议。

(1)加强宣传科普相关知识,加强旅游者生态文明旅游意识。为了生态旅游的可持续,不仅牧民要保护草原,旅游者也有责任和义务参与其中。各级相关部门积极行动起来加强宣传引导,在旅游车辆较多的道路和区域设置路标、围栏、提示牌、警示标志等标识物,以免不熟悉路况的游客误入。在大力倡导生态文明的今天,草原生态知识是增强草原生态旅游吸引力和提升旅游质量的重要方面,也是草原可持续利用和牧区社会和谐发展的重要组成部分,急需改进和完善。

(2)旅游监管部门加强监管力度,加大处罚措施。根据舆情内容可以看出,许多景区存在高收费、非法建筑等情况,相关部门应该根据严格的旅游景区质量等级评定方法对景区进行监测和定期排查,多进行清理整治。依法规范景区及游客行为,对破坏草原生态以及违反规定的行为进行处罚。以发展可持续化的草原旅游产业,加强草原多功能建设,景区提高旅游管理水平和服务质量,吸收旅游管理人才。

(3)旅游景点合理规划旅游路线,控制景点内环境及物价。各草原景点的管控不应仅依靠有关部门的监督和管理,还应当自觉地对景点内部的各项事宜进行积极管控,力争在广大游客中树立口碑,使游客愿意多次光顾,避免"宰客""环境恶劣""与图不符"等问题的发生。同时也要承担起对游客保护环境的呼吁工作,需在宣传手册、景点内明显地方打出宣传标语,建立监管岗位,及时发现和制止游客对景点的破坏。此外还需要关注景点的长远发展问题,不宜只关注景点收益而过度使用资源等问题。

综上所述,游客对于草原的一些服务和管理措施有一些不满,草原旅游有着自己的特殊性,其需要维护较为脆弱的草原生态系统,因此景区需要吸纳人才对草原旅游的现状和特点进行分析总结,提出符合自身特点的管理方案和服务内容,建设草原特色景区管理制度以满足游客和景区自身的需要。

六、舆情小结与对策建议

习近平总书记多次强调,"用最严格制度最严密法治保护生态环境,加快制度创新,强化制度执行,让制度成为刚性的约束和不可触碰的高压线","在生态环境保护问题上,就是要不能越雷池一步,否则就应该受到惩罚"。在习近平中国特色社会主义思想的科学指导下,生态建设受到了更广泛的关注。

新中国成立以来,尤其是改革开放后,中国工业化、城镇化进程突飞猛进,但在具体实践中,不少地区因为没有处理好经济建设和生态保护之间的关系,一度走过"先污染、后治理""边污染、边治理"的弯路,经济增长方式过于粗放,能源资源消耗过快,资源支撑不住,环境容纳不下,社会承受不起,发展难以为继。而草原作为我国面积最大的生态系统应当及时做好保护与修复的工作。根据对新闻、微信、微博以及论坛的草原舆情的监测数据可以看出,草原舆情主要集中于政府相关政策的出台及成效、草原生态的退化修复情况以及草原消防情况这几个方面。在这几个热点方面,从各大平台的文章内容和网民评论来看,绝大多数舆论持正面态度,体现了社会公众对于草原保护与修复工作的高度肯定与支持,也表现了我国在改善草原生态状况方面的工作是正确、成效显著的。

在上述设置的关键词中,"草场确权"的数据量较少但也是2019年度需要关注的问题之一。草原确权的重大意义在于:更加有效地保障广大农牧民对承包草原占有、使用、收益等合法权益;进一步激发草原牧区发展活力;推动草原生态文明建设;建立繁荣稳定的新牧区。2019年12月,内蒙古自治区人民政府原副主席郝益东先生到北京林业大学分享了名为《草原管理决策的实践依据》的报告,重点介绍了内蒙古镶黄旗作为草原确权试点旗,为这项深化牧区改革发展的新任务提供的可借鉴、易推广的模式和经验。镶黄旗已依靠草原承包确权解决了多年遗留的草场纠纷问题,规范了承包关系,明确了各方的权利义务,锻炼了草原管理团队。并且郝益东先生在《关于完善草原确权巩固牧区改革成果的调研报告》中也介绍了草场确权工作的必要性与重要意义、镶黄旗试点工作的基本做法、主要工作经验、草原承包确权已显现的作用以及对应的启示和建议。对此,其他仍存在上述问题的草原应当借鉴内蒙古镶黄旗地区的成功经验,早日解决草原生态问题。[3]

回首往昔,新中国生态环境保护事业从无到有、从小到大、从弱到强,成就何其辉煌。展望未来,中国特色社会主义生态文明建设征程何等壮丽。我们坚信,中国的生态文明之路必定会越走越坚实,越走越宽广。但为了一幅绿水青山、鸟语花香的美丽中国新画卷的全面铺开,还需要在以下方面加强监管与建设。[4]

(1)加大宣传力度,提高思想认识。进行草原生态保护是当前国家治理草原环境的有效措施,人民公众起到关键作用。为避免草原灾情的发生,需要注意草原生态保护的不仅限于牧民、养殖户,草原的保护需要广大公众树立良好的保护意识。各地区有关部门应运用广播、电视、召开座谈会、举办培训班等形式,加大宣传力度,切实提高广大公众的思想认识,意识到草原保护的重要性,达成共识,给草原生态治理营造良好的环境。

(2)预防与及时扑救草原火灾。草原火灾发生的时间与环境条件有着极其密切的关系。如果掌握了这些规律,并采取各种有效措施和手段,就能做到防患于未然。草原防火工作,实行预防为主,防消结合的方针。在防火方面,需要建立健全草原防火组织,开展草原防火宣传教育,减少人为火灾。特别要宣传好《中华人民共和国草原法》和《草原防火条例》,增强防火意识和法制观念。同时,建立草原防火责任制是保护好草原资源不遭危害的保证。控制火源,并对不同性质的火源要采取不同方法加以控制。

在及时扑救方面,各地区草原相关部门应当建立好草原火灾的应急预案,责任落实到个人,并合理管理有关的消防工具,保证做到当险情发生时可以做出第一时间的抢救工作。并且建立草原区通讯网,主管草原防火的部门要设置专用电话、电台。各级草原防火指挥部门,防火站和瞭望台都应设置电话、电台,形成通讯网。

(3)发展人才培养和技术手段。人才是发展的必要因素,培养人才需要对当代年轻人积极引导,开设如草业科学等大学学科,推行鼓励政策,加大投资。从而使我国的草业科学理论达到世界先进水平，推动草原学向现代草业科学的转变。同时，也应关注相关人才培养后的去向问题，设立合适的岗位，引流人才，提供良好的科研环境，使人才有的放矢，推行更合理的政策，研发更高效的科技成果。作为林草科技工作者要突破草原退化机理、退化草原修复治理技术、草原生态服务价值评估等研究，加强草原学科建设，推动中国林科院在草原重点实验室、长期科研基地、定位观测站、工程技术研究中心、创新联盟等平台的建设。

（4）加强草原监督管理工作。草原监督管理工作的重点应该为：对草原规划、政府职责、资金保障以及草原建设、保护、利用、法律责任等方面进行规范。对此应当增强政府责任，关注草原监理执法；完善草原监理体制，加大执法力度；查处草原典型案件，推动监理执法工作；加大宣传力度，营造草原法制氛围等。

为达到以上目标，各地区应当依托相关草地治理项目，以及草原治理工程，通过禁牧、休牧、人工种草、补播改良等措施，不断恢复和提高天然草原生产能力。通过各项保护与建设政策与工程的实施，进一步调动农牧民保护草原生态的积极性和主动性，进一步巩固草原生态环境治理成效。

积极参与草原峰会，学习传达会议精神，促进交流合作和多方联动，认真分析草原保护管理新形势、新情况，必须以习近平新时代中国特色社会主义思想为指导，坚持生态优先、综合治理、科学利用，创新发展思路，完善政策措施，增强支撑保障能力，切实加强草原保护修复，着力改善草原生态状况，持续提升草原多种功能，为建设生态文明和美丽中国做出新的更大贡献。力争做到全面保护、科学治理、绿色惠民、全民参与、全球共治，共建美丽草原。

参考文献

[1]孙鹏.青青草原：壮阔生态画卷[N].中国绿色时报，2019-09-18.
[2]许雯.鼠疫是什么？七点你需要知道[N].新京报，2019-11-12.
[3]郝益东，郝斗林.关于完善草原确权巩固牧区改革成果的调研报告[J].北方经济，2018，12.
[4]巨力.生态文明的中国道路[J].求是，2019，21.

湿地生态舆情报告

樊 坤 张正宜 王君岩 王 甜 谭佳鑫 李 俊[*]

摘要：湿地生态系统是湿地植物、栖息于湿地的动物、微生物及其环境组成的统一整体。湿地具有多种功能：保护生物多样性、调节径流、改善水质、调节小气候以及提供食物及工业原料，提供旅游资源。本章以湿地生态系统为核心，对相关关键词进行舆情信息收集并进行分析。通过分析可得，网民在2019年对湿地相关内容讨论中，湿地公园旅游受到人们的大力追捧，从舆情传播特点看，网民对湿地旅游进展充满热情，媒体多角度介绍丰富了大众对湿地的了解。湿地生态新闻宣传还须进一步丰富报道内容和方式，让社会大众不仅从欣赏美景、生态旅游的角度看待湿地，更从湿地的保护和建设上关注湿地生态。

关键词：湿地生态 湿地公园 湿地旅游 湿地污染 地球之肾

一、舆情总体概况

湿地作为人类共同的财富，在维持区域和全球生态平衡及提供野生动植物生境方面具有重要的意义，发展中国家和地区(尤其是经济快速增长的地区)如何做到可持续地利用湿地资源也是一直以来各地政府的关注重点。[1]而湿地一直都是人们旅游的热门选项，加上2018年1月国家林业局印发了最新《国家湿地公园管理办法》，人们对湿地相关消息的关注热度居高不下。2019年，湿地生态话题舆情量与2018年相比，总量上有所减少，但其中，媒体关注度和网民关注度有所分化，媒体新闻报道量同比升高10.1%，而社交媒体帖文量同比降低5.3%，大众在2019年对湿地相关内容讨论中，湿地公园旅游收到人们的大力追捧，与此同时，湿地生态保护和建设的相关内容也同样收到关注。

(一)舆情数量分析

从舆情数量看，在微信、微博、论坛以及六大新闻网站中，2019年湿地生态舆情数据总量达10247条，其中微信2115条、微博2984条、论坛813条、新闻3537条，其各比例如图1所示。总体来看，新闻媒体对湿地生态相关内容的推广也起到了最为重要的作用，占比37%；微博网民对湿地生态相关内容的关注度其次，与新闻数量基本相近，占比32%；而微信公众号推送主要是对新闻报道内容的转发，在舆情总体数量中占比17%。

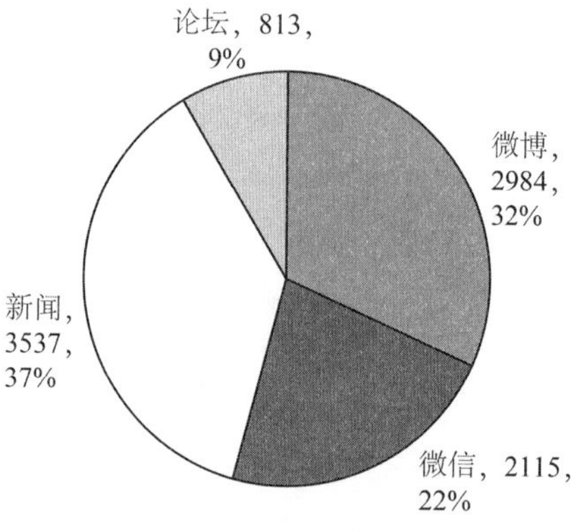

图1 各平台湿地生态舆情数量及占比

(二)舆情走势分析

1. 新 闻

新闻舆情数据主要来源于央视网、央广网、光明网、新华网、求是网及人民网。2018年湿地生态相关新闻总量为3212条，而2019年湿地生态相关新闻总量为3537条，数量略有上升。2018年与2019年每月湿地生态相关新闻数量走势如图2所示。

---

* 樊坤：北京林业大学经济管理学院教授，博士生导师，主要研究方向为管理信息系统、林业电子商务与大数据；张正宜、王君岩：北京林业大学经济管理学院硕士研究生；王甜、谭佳鑫、李俊：北京林业大学经济管理学院本科生。

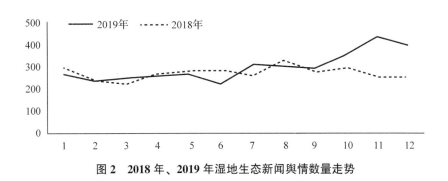

图2　2018年、2019年湿地生态新闻舆情数量走势

总体来看，对比2018年来说，2019年湿地生态相关新闻虽然在总数上略有上升，从其全年走势来看，2019年上半年新闻舆情数据走势较为平稳，而下半年湿地生态相关新闻舆情数据走势则有较大变化，数量呈上升态势。

首先，年初各地湿地相关内容持续进行报道，相关新闻数量较为稳定。在2019年6月26日由新华社报道，中共中央办公厅、国务院办公厅印发了《关于建立以国家公园为主体的自然保护地体系的指导意见》，以此报道为起点，由6月开始，直至8月人们对自然保护地体系中的湿地生态讨论热度逐渐升高，9月份相关的新闻报道数量稍有下降。10月到了湿地候鸟迁徙季节，出现大量对湿地候鸟迁徙以及湿地动植物的相关报道，使得2019年对湿地生态的报道数量达到顶峰，11月湿地生态相关的新闻报道共有429条。

2. 微　信

2019年湿地生态相关的微信公众号推送数据总量为2115条，其中湿地生态相关推送有465篇，其相关评论有1650条。2018年及2019年湿地生态微信舆情数量走势如图3所示。

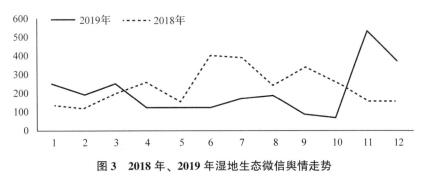

图3　2018年、2019年湿地生态微信舆情走势

2018年中段4月至10月，湿地生态相关的微信公众号推送数量虽有一定波动，但总体数据持续较高，年末推送数量下降，直至2019年2月持续下降，3月关于湿地公园的相关推送数量增多，使得舆情走势有小幅度上升，此后湿地生态相关微信公众号推送数量持续下降，从7月开始在此缓慢上升，并在年末产生较大波动，在8月及11月，湿地生态相关的微信公众号推送数量出现了峰值，其中与"湿地公园"的相关内容占绝大部分，主要因为8月开始为湿地公园的旅游旺季相关，这与2018年的走势趋势一致。总结来说，微信公众号推送紧跟湿地生态相关事件进行推送，且湿地公园的相关内容是公众号推送关注的主要内容。

3. 微　博

2019年湿地生态相关的微博数据总量为2984条，其中湿地生态相关的微博正文有334条，其相关评论有2650条。2018年及2019年湿地生态微博舆情数量走势如图4所示。

2018年与2019年湿地生态相关的微博讨论内容数量走势形状相似，其中2018年在8月份达到当年舆情数量顶峰，而2019年从8月开始微博对湿地生态的讨论热度开始上升，且讨论主要内容

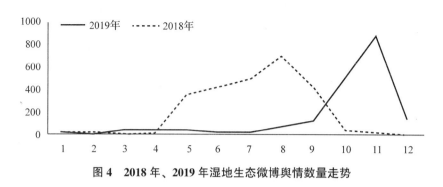

图4　2018年、2019年湿地生态微博舆情数量走势

均与"湿地公园""湿地候鸟"及"湿地旅游"等关键词相关较多,这与近几年生态旅游成为人们关注热点,湿地公园成为人们热门旅游地有着密切关系,可以看出微博上人们对与自身生活相关度较高的旅游等话题关注度较高。

综上,新闻媒体会对各省各地的相关政策及湿地生态相关事件进行全面的报道,并随着季节特点,会对湿地相关事件进行报道,而微信公众号推送多为湿地生态相关新闻的改版重述和推广,对热点事件也有一定的推广;而微博则主要关注与人们生活密切相关的内容。

三、舆情内容分析

(一)新　闻

分别对2018年和2019年湿地生态相关新闻数据进行关键词抽取,并用词云展示TOP50的关键词。词云结果如图5及图6所示。

图5　2019年湿地生态新闻类文章关键词

图6　2018年湿地生态新闻类文章关键词

关于2018年和2019年湿地生态相关新闻报道的关键词词频进行统计,其统计结果见表1及表2。

表1　2018年湿地生态舆情信息关键词词频统计TOP50

序　号	关键词	词　频	序　号	关键词	词　频
1	生　态	825	26	工　程	110
2	发　展	366	27	体　系	115
3	建　设	347	28	提　升	105
4	保　护	400	29	乡　村	141
5	国　家	167	30	社　会	86

（续）

序　号	关键词	词　频	序　号	关键词	词　频
6	旅　游	250	31	建　立	81
7	城　市	192	32	农　村	111
8	文　化	155	33	区　域	97
9	推　进	185	34	整　治	93
10	产　业	178	35	森　林	113
11	公　园	237	36	制　度	88
12	绿　色	194	37	修　复	137
13	农　业	146	38	加　快	82
14	实　施	138	39	景　区	91
15	企　业	104	40	污　染	119
16	经　济	92	41	自　然	87
17	管　理	113	42	机　制	87
18	环　境	136	43	规　划	99
19	治　理	174	44	精　准	111
20	扶　贫	250	45	记　者	86
21	项　目	106	46	特　色	100
22	资　源	116	47	改　革	83
23	推　动	105	48	打　造	87
24	创　新	112	49	面　积	83
25	重　点	100	50	群　众	82

表 2　2019 年湿地生态舆情信息关键词词频统计 TOP50

序　号	关键词	词　频	序　号	关键词	词　频
1	生　态	814	26	建　立	83
2	发　展	365	27	活　动	87
3	建　设	361	28	制　度	99
4	保　护	389	29	体　系	112
5	国　家	179	30	打　造	119
6	旅　游	264	31	黄　河	121
7	文　化	193	32	工　程	95
8	公　园	280	33	体　系	112
9	城　市	185	34	森　林	111
10	推　进	167	35	机　制	89
11	产　业	156	36	服　务	80
12	经　济	96	37	加　快	80
13	治　理	183	38	景　区	110
14	项　目	112	39	文　明	137
15	创　新	133	40	记　者	98
16	推　动	117	41	游　客	113
17	绿　色	165	42	长　江	86
18	环　境	122	43	乡　村	97
19	国　际	99	44	规　划	89
20	实　施	113	45	污　染	90
21	企　业	85	46	完　善	83
22	区　域	116	47	扶　贫	83
23	提　升	109	48	特　色	92
24	管　理	88	49	候　鸟	82
25	资　源	106	50	服　务	80

从 2018、2019 年湿地生态相关关键词抽取结果明显可以看出，两年中湿地生态相关新闻中，最多提到的都是相同的关键词，"发展""生态""建设""保护""公园""文化"等，即湿地生态与湿地保护在过去两年，得到的关注度一直很高。2020 年湿地相关的"发展""生态""保护"等内容应持续为各地湿地建设有关部门的关注重点，而"湿地公园""湿地文化"则应该是各地湿地建设发展的关键落脚点。

湿地是地球三大生态系统之一，被称为"地球之肾"，一般属于野生地貌。在抽取的关键词中，"公园"一词尤为特别，据调查，湿地公园不是一个新词语，早在 2017 年 12 月，国家林业局就印发了《国家湿地公园管理办法》，《办法》共二十三条，自 2018 年 1 月 1 日起实施。湿地公园这一概念也已经在多地区成功开展，如，杭州的西溪湿地公园就小有名气[2]，此外长治国家城市湿地公园的资源保护和景观环境开发也收到关注[3]。湿地公园动植物资源丰富，有着浓郁的人文气息，不同的节日活动吸引了各方游客，不仅增加了人们对湿地的了解，有助于传播湿地文化，同时通过湿地旅游带动了当地的经济发展。"湿地公园"的建立，有利于更系统地保护湿地生态环境，也说明了国家和政府对湿地及其生物多样性的关注。

根据 2018、2019 年新闻类数据，进行关键短语抽取。结果展示如图 7 及图 8 所示。

图 7　2019 年新闻类关键短语词云　　　图 8　2018 年新闻类关键短语词云

2018 年抽取出的主题包括"生态保护、湿地公园生态环境、绿色发展、文化旅游产业、中国城市"等。真正的文化旅游产业主要是由人文旅游资源所开发出来的旅游产业，是为满足人们的文化旅游消费需求而产生的一部分旅游产业，它的目的就是提高人们的旅游活动质量。文化旅游的核心是创意。文化旅游可以让游客认识区域优秀历史文化、体验文化魅力，丰富人民精神文化生活。[4]湿地生态也可以与"文化旅游产业"结合，通过湿地公园试点建设项目，创造以湿地保护为主导、湿地景观为吸引的开发模式。现在已经出现了很多以湿地为依托的旅游公司与试点项目。

2018 年湿地与文化旅游产业的结合受到各地相关部门的广泛关注，这与 2019 年稍有不同。2019 年，相关主题包括"保护湿地、旅游发展、生态规划、项目建设、国家公园、推进绿色"等。"国家公园"的概念源自美国，我国主要由国家政府部门在全国范围内统一管理"国家公园"，原国家林业局于 2017 年印发了《国家湿地公园管理办法》，而国家公园的相关建设是从 2008 年起步的。

2008 年 10 月 8 日，中国环境保护部和国家旅游局已批准建设中国第一个国家公园试点单位——黑龙江汤旺河国家公园。该公园地处小兴安岭南麓，范围包括汤旺河原始森林区和汤旺河石林区。政府决定开展国家公园试点，主要目的是为了在中国引入国家公园的理念和管理模式，同时也是为了完善中国的保护地体系，规范全国国家公园建设，有利于将来对现有的保护地体系进行系统整合，提高保护的有效性，切实实现保护与发展双赢。

相比 2008 年国家各类公园建设刚刚起步阶段，到 2017 年国家林业局就印发了《国家湿地公园管理办法》，再到 2019 年国家对湿地公园的建设和保护已趋近完善。2019 年 6 月 26 日，中共中央办公厅、国务院办公厅印发了《关于建立以国家公园为主体的自然保护地体系的指导意见》，《指导意见》明确了建成中国特色的以国家公园为主体的自然保护地体系的总体目标。同时提出三个阶段性目标：到2020年，构建统一的自然保护地分类分级管理体制；到2025年，初步建成以国家公园为主体的自然保护地体系；到2035年，自然保护地规模和管理达到世界先进水平，全面建成中国特色自然保护地体系。

总结来说，湿地生态方面与"绿色、生态"等内容关系紧密，2019年新出现的"国家公园"等关键短语，表明了湿地保护正在向常态化发展，也体现了保护和利用相互协调的治理和管理思路。2020年除了实现"然保护地分类分级管理体制"，"湿地文化""湿地旅游"及"湿地保护"这类在两年间均受到各地广泛关注的热点主题，国家应该给予相应的重视，结合实际情况，出台相关文件及政策。

（二）微 信

对微信公众号推送文章进行热点计算，得出了排名前25的推送文章如表3所示。

表3　2019年湿地生态热点微信文章TOP25

排名	热点事件	月份	首发媒体	舆情热度
1	设计师把市政项目炫成旅游景点，这在洨河湿地公园做到了	3	中国给水排水	35264.5
2	湿地公园建设如火如荼，"城市之肺"让城市更宜居	5	文科园林	2205.45
3	投资37亿，规划将定！邢台城西南将用3~5年建大湿地公园	6	安家邢台	1798.65
4	人气爆棚！游客素质亦是风景，文明旅游守护湿地"高颜值"	2	海珠湿地	1687.6
5	中国最美的六大湿地	11	地理知识精选	1098.9
6	给三门峡天鹅湖湿地公园的建议	1	好景旅游	846.4
7	中国石油援建孙口黄河生态湿地高效农业园区奠基仪式举行	11	台前将军渡	767.9
8	湿地保护要景观设计更要野花野草	5	中国林业网	729.75
9	开建！合肥最大的湿地公园来了！	4	合肥全攻略	723.25
10	科学水生态支撑的世界级滨水空间构建策略——昆明官渡区三个半岛湿地建设规划	4	同济规TJUPDI	571.15
11	要闻｜中国科学院东北地理与农业生态研究所 "湿地与现代农业科创中心"建设扬帆起航	2	长春北CCBH	552.95
12	【风景快讯】中规院喜获《通洲沙江心岛生态湿地总体规划国际方案征集》第一名	3	中规院风景院	439.95
13	水处理型人工湿地的景观设计原则探讨	1	中国给水排水	390.3
14	邵阳天子湖国家湿地公园景美如画宛如诗，是旅游观光休闲的好去处	11	湖南城市广播电视报邵阳广播电视	202.5
15	痛心！孟连湿地公园雕塑惨遭破坏！究竟何人所为？	8	IN孟连	133.35
16	【聚焦】宜城万洋洲国家湿地公园建设接受国家验收	11	云上宜城	127.9
17	保护修复｜基于循环经济的湿地利用模式——以华侨城湿地为例	11	湿地科学与管理	102.1
18	农业气象分析（2019.8.6~12）：超强台风带来充裕水量，总体利于农业生产！恢复生态湿地化解极端天气！	8	北京Farmer	81.9
19	浅谈城市湿地公园景观参与性设计	5	被动房网	60.9
20	国家林草局与中科院共建国家级湿地研究中心	2	中国林业网	52.7
21	【宋扇·云游】全球首批！今天起，请叫银川"国际湿地城市"！	11	宋扇	39.9
22	《中国给水排水》2019年4期目次——26篇文章和人工湿地专栏	2	中国给水排水	34.65

（续）

排名	热点事件	月份	首发媒体	舆情热度
23	特大喜讯！上饶又一景区闻名全国！荣登首批"国家湿地旅游示范基地"	11	上饶晚报	30.1
24	《北大方极-未来城市》第563期——洪湖湿地规划设计	2	未来城市	19.6
25	湿地规划设计，只愿身在此景中	7	慢城国际	18.9

从数据中可以看出，湿地公园是人们对湿地生态的关注重点。中国的湿地公园是依据《国务院办公厅关于加强湿地保护管理的通知》及其他湿地保护管理文件的精神指引下划建的公园类型，是中国国家湿地保护体系的重要组成部分。原国家林业局在《关于做好湿地公园发展建设工作的通知》中提到，发展建设湿地公园，既有利于调动社会力量参与湿地保护与可持续利用，又有利于充分发挥湿地多种功能效益，同时满足公众需求和社会经济发展的要求，通过社会的参与和科学的经营管理，达到保护湿地生态系统、维持湿地多种效益持续发挥的目标。对改善区域生态状况，促进经济社会可持续发展，实现人与自然和谐共处都具有十分重要的意义。

然后对微信2019年的文章内容进行LDA主题划分，提取文本主题关键词，并抽象为5个主题，结果见表4。由LDA主题划分的结果可以看出，湿地生态相关微信文章的主题关键词可以分为地球绿肺、候鸟迁徙、保护湿地、湿地作用及湿地公园四类。在每一类中公众号更关注的是热点事件，包括事件起因、经过和结果以及相关政策等诸多方面。

根据以上分析，对2019年湿地生态热点事件进行回溯。

2019年2月是第23个世界湿地日，主题为：湿地与气候变化。旨在认识湿地生态系统可防范、应对和抵御气候变化带来的消极影响，强调通过国际合作提高湿地参与应对气候变化的进程。2019年3月，九三学社中央拟提交全国政协十三届二次会议部分提案《关于全面加强黄河流域湿地保护管理的建议》，提案中指出，近年来，因自然环境变迁和人为因素影响，黄河流域湿地出现诸多问题，亟待加强全流域湿地保护制度顶层设计，实施全面分区分级分类保护管理。

表4　2019年湿地生态微信文章部分主题关键词表

主题	关键词
地球绿肺	湿地、隐匿于城市绿肺中的生态小镇、具有不可替代的生态功能、不忘初心、牢记使命、虽然覆盖地球表面仅有、是地球绿肺、在水一方、致力休闲农业八年、文化与生态湿地价值、守护美好家园、促进本土居民对湿地野生鸟类的了解和培养生态环境保护意识
候鸟迁徙	红河段、关于全面加强黄河流域湿地保护管理的提案、两会提案、不一样的人工湿地、调节径流、看候鸟震撼迁徙、这几天北大港湿地迎来候鸟迁徙高峰出现万鸟云集群雁归的壮观场面、地球之肾、提供食物及工业原料、创造更多可持续和高性能的漂浮湿地、湿地生态系统是湿地植物
保护湿地	湿地公约、把湿地利用作为理所当然、从保护湿地开始、湿地在地球上是怎样的一种存在、河流中的城市、反而使人们忽略了它的重要意义
湿地作用	基于循环经济的湿地利用模式、以华侨城湿地为例华侨城湿地湿地和气候变化、伴着露水出发、生态保护是我们共同的责任、世界湿地日、凸显了湿地应对气候变化的重要作用
湿地公园	湿地景观、这里就是世界上第一个位于都市中心的湿地公园、在伦敦市区西部泰晤士河、伦敦湿地公园、围绕着的一个半岛状地带、盐城海滨湿地景观格局变化与生态过程响应、我们每一个习以为常的举动中其实都在深刻地影响周遭环境、改变野生动物的命运、就是洱海的湿地生态公园、私享一方净土、湿地生态公园游洱海、如果我们能够清晰地意识到自己的行为可能带来的后果、地方及行业媒体的广泛关注、在行动前是否更该思量、世界环境日期间、尽力平衡

2019年4月，江苏省暨南京市"爱鸟周"宣传活动开幕式在南京市举行。本次活动以"关注候鸟迁徙，维护生命共同体"为主题，积极普及新修订的《中华人民共和国野生动物保护法》，广泛开展形式多样的生态文化宣传。

2019 年 6 月 26 日，6 月 26 日在瑞士格兰德举办的湿地公约常委会第 57 次会议上，审议通过了中国举办该公约第十四届缔约方大会的议题。缔约方大会将于 2021 年在我国湖北省武汉市举行，这是我国首次承办该国际会议。2019 年 7 月，中共中央办公厅、国务院办公厅印发了《关于建立以国家公园为主体的自然保护地体系的指导意见》，并发出通知，要求各地各部门结合实际认真贯彻落实。

2019 年 10 月，由中国自然资源学会湿地资源保护专业委员会主办的"全国湿地生态保护、恢复与管理 2019 年学术年会"在江苏盐城召开。会议的主题是新时代湿地生态保护、恢复与管理，旨在为湿地保护管理者和研究学者搭建一个全国性的学术交流平台，进而为湿地保护提供相关的理论支持。

2019 年 11 月，中国林业网发布了《关于全面加强黄河流域湿地保护管理的提案》复文，表示将进一步贯彻落实《湿地保护修复制度方案》，大力推动湿地保护立法，做好湿地保护制度的顶层设计，加大湿地保护投入，完善湿地生态补偿机制和湿地保护体系，恢复和扩大湿地面积。

抽取微信网民的评论数据进行情感分析，结果如图 9 所示。从总量上来看，对于湿地生态相关公众号推送文章持正面态度的约占 72.96%，而持负面评价的约占 24.68%，同时还有少部分 2.36% 网友持中性态度。可以看出，大部分公众号读者对于公众号发布的湿地生态相关内容的都抱有赞同的态度，但是依然存在部分读者持有反对态度。

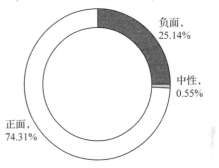

图 9 湿地生态微信评论情感分布环形图

在负面评论中，除了有网友发表与公众号推送内容无关的言论外，有网友评论"湿地政策真的能落到实处吗，我可从来没看见""每次都是雷声大雨点小"等评论表达了部分网友对政策实施效率及效果的质疑，同时也反映出网民对相关政策的进展较为关注，针对这类负面评论，政府应该引起重视，通过报道政策实施成果进展，或政策实施过程透明化等方式，让人们及时了解到相关湿地政策的实施进展。

（三）微　博

根据收集的微博正文数据，对其进行词频统计，其中排名 TOP5 的高频词及词频展示见表 6。从高频词可以看出关于湿地生态内容，微博网民的关注重点内容，整体来说，网民对"湿地生态"的相关内容关注度最高，此外，与湿地生态相关的内容同样也收到微博网民的关注，如"湿地公园"和"湿地旅游"的相关内容，随着我国旅游业发展，湿地公园、湿地旅游成为人们对于湿地相关内容的关注热点；以及与"湿地生态""湿地芦苇"相关的话题也是微博网民讨论的热点，可见网民对湿地的生态保护也是较为关心的。

表 6　2019 年湿地生态微博正文部分主题关键词表

关键词	词　频
湿　地	798
湿地公园	713
湿地生态	465
湿地旅游	260
湿地芦苇	234

抽取微博网民的评论进行情感分析，结果如图 10 所示。根据上述的分析结果，我们得出以下结论：

一方面，从总量上我们可以看到正面评论占 82.52%，而负面评论占 14.91%，同时有 2.57% 的网民发表的评论为中性。通过结果可以看出，尽管大部分微博用户对于"湿地生态"话题表现正向情感，但其中也有不少负面评论，说明在"湿地生态"这方面还存在许多需要改进的地方，比如用户反映的湿地公园的规划、污水处理湿地、湿地保护等问题。

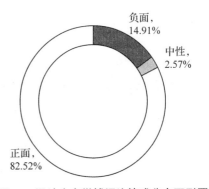

图 10 湿地生态微博评论情感分布环形图

另一方面，我们发现用户评论中基于正向的情感倾向大于基于负向的情感。整体来说持极端态度的网民较少，大多数都在理智探讨湿地生态相关政策和事件，并对其发展持有正向积极的态度；而对于少部分关于湿地生态提出的问题，如"在候鸟迁徙季节，如何提供一个良好的湿地环境""如何解决游客对湿地公园环境的破坏"等，国家及相关组织应及时对网民提出的相关问题进行合理分析，并提出的解决方案，从而对舆情发展起到良好的引导作用。

四　热点事件——运城盐湖天然调色盘

摘要：2019 年 6 月 27 日到七月初，@人民日报发布了一条《太美！山西运城盐湖夏日再现"调色盘"美景》的微博，"运城盐湖天然调色盘"的话题随即攀升至热搜第二位，引起网民讨论，大家都被大自然的鬼斧神工所震撼。近几年人们对湿地旅游高度关注，使得湿地旅游成为带动绿色产业发展的一个重要途径。通过对该热点事件的舆情内容分析，为政府在湿地旅游景点以及湿地公园、湿地生态的建设和管制政策方面提供了建议和参考。

关键词：运城盐湖　调色盘　湿地舆情

（一）事件概况

2019 年 6 月 13 日新华社发布新闻，随着气温持续升高，位于山西省南部的"中国死海"运城盐湖呈现出色彩斑斓的美景，从空中看犹如天然"调色盘"，成为夏日一道独特风景，让人们不由得惊叹大自然的鬼斧神工。对此，中国地质科学院盐湖中心盐湖与健康研究所所长丁红霞解释说，运城盐湖色彩的变化取决于多方面原因。盐池中养制的卤水浓度及成分不同、温度不同，盐池中特定生物比如水藻、卤虫在不同季节的繁殖速度、数量不同，色彩都会有别。

2019 年 6 月 24 日，央视《直播中国》栏目报道了高温下运城盐湖五彩斑斓的美景，迷人的"七彩调色盘"很快吸引了 500 多万人的眼球，再次颠覆了人们对大自然的认知。

2019 年 6 月 27 日，人民日报官方微博转发这条报道并附言——"运城盐湖天然调色盘真是太美了！"很快就有超过 8.5 万人阅读、超过 2.7 万人点赞，这条微博迅速蹿升至实时热点第二名。

2019 年 7 月 3 日，中国新闻网以"到'中国死海'体验漂浮，观天然调色盘美景"为题，进行了长达两个小时的直播。该网将此次直播链接在首页予以强力推荐，其官方微博发文后，吸引了全国范围内超过 30 万人阅读、超过 9.4 万人观看视频。

2019 年 7 月 23 日，央视新闻频道在新推出的大型直播特别报道《壮丽 70 年·奋斗新时代——共和国发展成就巡礼》中，以 1 分 38 秒的时长，向全国观众展示了运城盐湖的风采和魅力。

（二）舆情态势分析

1. 舆情走势

"运城盐湖天然调色盘"热点事件舆情走势如图 11 所示。

6 月 27 日下午，@人民日报发布了一条"太美！山西运城盐湖夏日再现'调色盘'美景"的微博，随后，@环球时报、@新京报以及不同的人文艺术博主与旅游博主也相继转发，传播高温下运城盐湖五彩斑斓的美景，迷人的"七彩调色盘"。6 月 28 日，话题量达到高峰期，引起广大网民热议并纷纷转发。随后 6 月 29 日网民对该话题的关注度逐渐下降，直至 7 月该话题的热度基本冷却。2019 年 7 月 3 日，中国新闻网以"到'中国死海'体验漂浮，观天然调色盘美景"为题，进行了长达两个小时的直播。这使得话题热度再度产生波动，但影响不是很大。

截至 2019 年 9 月 30 日，"运城盐湖天然调色盘"微博话题已经达到了 1.4 亿的阅读量和 1.8 万的讨论量。其中最热门的微博为@人民日报官方微博发布的一条关于运城盐湖景色的航拍视频及介

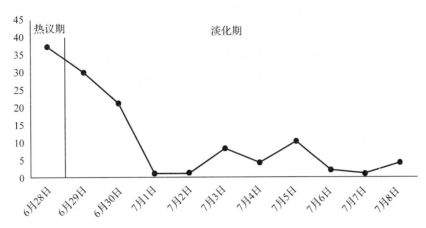

图11　"运城盐湖天然调色盘"事件舆情发展走势图

绍，该条微博转发数达到 7519 次，评论 3678 条，点赞 40382 次。

2. 舆情属性

"运城盐湖天然调色盘"热点事件舆情情感属性如图 12 所示。

从舆情属性分布可知，93.28%的网民的评论均为正向的，对于"运城盐湖天然调色盘"大家都持有感兴趣的态度，例如，网民@阿嘟嘟嘟发表评论"哇好好看"，以及网民@芸妮子_csy 说"好美啊，想去打卡"，这类评论表达自己的对"调色盘"的喜爱。这种属于独特地形的自然现象，各官媒与地方媒体也大力发布相关内容，来展现我国多元的自然文化。此外有运城网民对自己家乡有这样的美景也表示了骄傲，例如，网民@沐雨七七发表评论"咦，我们的大山西嘛"，还有网民@花式帅吐逗说"我大运城上热搜！"表现出大家对自己家乡有这样美景的自豪。

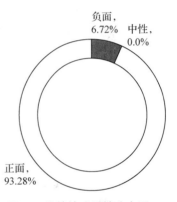

图12　舆情情感属性分布图

另有 6.72%的负面言论，比如说网民@三代对儿评论到"工业味太浓，说实话更像是化学污水坑，没有美感"等评论，这在评论区尤为突出，虽然属于少数，但同样得到了一些网民的赞同，说明有部分群众对这种神奇的美景的形成原因不了解，容易联想到其他内容，如工业污染。针对这类质疑，相关政府部门可以在报道相关事件的同时，对这类自然景象的形成原因进行一定的科普，从而拓宽人们对湿地生态的了解，引导更加积极的舆论环境。

3. 热点事件舆情小结

在我们稳步踏入全面小康的今天，人们日益增长的美好生活需求使得旅游成为人们的关注热点，湿地公园、湿地旅游自然也成了人们关注的热点，"运城盐湖天然调色盘"热点事件的相关谈论也验证了这一点。考虑到群众对湿地的格外关注，政府更应该注重湿地的保护，同时联系相关活动和热点，推广政府对湿地保护出台的相关政策，让人们在热议湿地旅游的同时，增强对湿地生态的保护意识，进而形成对良性循环。此外参考该热点事件中人们对该湿地美景的广泛关注，各地湿地公园、湿地旅游相关部门，可以以此在各自的湿地文化建设环节中参考，通过多样化湿地景观的建设吸引游客。

五、舆情小结和对策建议

总体来看，新闻舆情报道内容主要为湿地保护和修复的相关政策；微信平台的文章主要是关于各地湿地公园的建设情况；微博平台舆情信息大部分为网民对湿地旅游和湿地保护等湿地生态相关内容抒发情感并表达看法，以及一些官方微博的政策转发和解读博文。从情感分析结果来看，三个平台中网民正向情感的信息都占有绝大比例。这是因为目前国家已经出台了一些保护湿地资源的政策，并且取得了卓越的成绩。

大部分网民对目前已取得的成果给予充分肯定和赞扬，但舆情中已显示出的负向情感信息也不容忽视。一些网民对于对湿地的经济和生态价值缺乏正确的认识，对湿地保护意识薄弱，法制观念淡薄，无法意识到保护湿地能够带来长远利益。这一方面是由于湿地概念在中国引入较晚，我国湿地保护仍处于刚刚起步阶段，诸多理念尚不成熟。另一方面是由于当前对湿地保护的宣传与教育处于比较滞后的状态，普及的力度、广度和深度都不足够。

综上，要充分利用广播、网络、电视及报刊等传播媒体，利用各类公共场所及展览馆、博物馆进行图片、标本、实物陈列展览，对公民进行宣传教育，使每一个公民都懂得湿地保护是造福人类、功在当代、利在千秋的事业，从而增强公众保护湿地的自觉性，使其正确认识湿地的社会经济与生态价值。

参考文献

[1]殷康前，倪晋仁.湿地研究综述[J].生态学报，1998，18(5)：539-546.
[2]何洪杭，华晨，李忆冰.杭州西溪湿地的环境状况与生态保护对策研究[J].华中建筑，2004(06)：132-135.
[3]鲍梅则，BaoMeize.长治国家城市湿地公园生态旅游发展分析[J].长治学院学报，2014(4)：30-33.
[4]方亮.文化旅游消费行为与发展研究文献综述[J].华北理工大学学报(社会科学版)，2012，12(6)：48-50.

沙地生态舆情报告

瞿　华　王明天　郑文迪　刘　璐　易　幸　李佳书　许振颖*

摘要： 本章主要的研究内容为沙地生态舆情。沙地治理作为生态文明建设的重要一环，具有重要的研究意义。我们通过搜集、汇总来自新闻、微博、微信及贴吧论坛等网络平台的相关文本和评论数据，对 2019 年网民就沙地侵蚀、沙地保护、防风固沙功能区等相关话题的讨论度和情感倾向进行舆情分析。同时，结合当年热点新闻事件和国家政策提出了一些解决沙地生态现存问题的针对性建议。

关键词： 沙漠化　沙尘　固沙　治沙

一、沙地生态舆情概况

沙地生态的舆情分析主要围绕沙地侵蚀、沙地保护、沙地经济及防风固沙功能区等方面展开，共有概要关键词 7 个、目标关键词 34 个以及展开关键词若干。其中概要关键词分别为土地退化、沙尘、治沙、固沙、沙地产物、沙地比赛、沙地旅游。

舆情分析的相关数据及文本主要来源为新闻、微信、微博、贴吧和论坛，根据拟定关键词得到的 2019 年舆情数量分布（图 1）：新闻 650 条数据、微信 1310 条数据、微博 2233 条数据、贴吧 942 条数据、论坛 2322 条数据。本篇报告通过对获取的数据进行聚类和情感分析，较集中、客观地反映我国沙地生态的现状、网民的态度及国家相关政策手段。

根据情感分析，各平台用户对我国沙地生态的整体情感偏正向，特别是对沙地保护、沙地经济开发及防风固沙功能区的建设与维护等相关政策的提出与实施持肯定的态度。面对我国部分地区沙地侵蚀严重的现象，网民的关注度和讨论度较高，且普遍认为目前形势虽然严峻，但未来仍有希望改善。

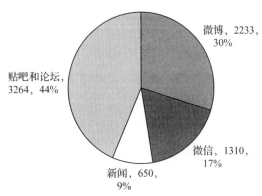

图 1　舆情数据来源饼图

二、内容分析

（一）新闻类网站

1. 舆情走势分析

抽取 2018 和 2019 年度新闻类数据，按月汇总绘制折线图（图 2）。

由图 2 可知，整体数量较为平缓。在 2018 年 8~9 月间数量受到库布齐沙漠治沙成果、丹霞地貌惨遭破坏热点的影响而出现高峰。而 2019 年 8~9 月间数量受到塔里木河、联合国防治荒漠化公约的影响而出现峰值。

* 瞿华：北京林业大学经济管理学院讲师，主要研究方向为企业信息系统、商务智能；王明天：北京林业大学经济管理学院讲师，主要研究方向为林业大数据、林业经济管理建模仿真；郑文迪、刘璐、易幸、李佳书、许振颖：北京林业大学经济管理学院本科生。

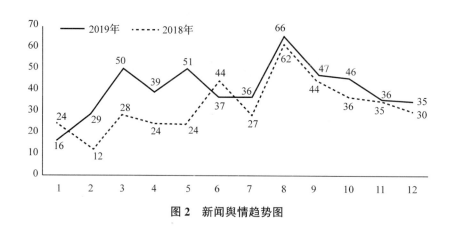

图2　新闻舆情趋势图

2. 舆情热点对比

分别对2018年下半年和2019年新闻数据进行关键词抽取，并用词云展示TOP50的关键词(图3、图4)。

图3　2018年沙地生态舆情词云图

图4　2019年沙地生态舆情词云图

根据关键词词云显示，我们发现2018年和2019年中治理、治沙、环境等话题出现的频率都很高，此外，对于推进政策、保护等行为也有讨论。

2018年中对于治沙、库布齐沙漠、造林等方面的新闻报道较多。2018年1月，国家发展改革委、国家林业局、财政部、水利部、农业部、国务院扶贫办发布《生态扶贫工作方案》，预计到2020年带动约1500万贫困人口增收。3月，中国森林恢复取得了举世瞩目的成就，人工林面积在世界居首，保存面积近7000万公顷。4月，塔克拉玛干沙漠边缘启动百万亩荒漠绿化工程，预计到2020年从根本上改变当地的生态环境。7月，陕西榆林治沙造林有效抵御毛乌素沙漠南移，林木覆盖率由0.9%升至33%。8月，央视对内蒙古库布其沙漠治理成果进行了报道。8月底，两位游客踩踏七彩丹霞岩体，使得6000年的原始地貌惨遭破坏。11月，六大林业工程中的三北防护林工程建设40周年召开，40年来，我国防风固沙林面积增加154%，森林覆盖率提高8.5个百分点，年平均沙尘暴日数从6.8天降至2.4天，科尔沁沙地、毛乌素沙地、呼伦贝尔沙地、河套平原等重点治理区域沙化土地治理成效显著；水土流失治理成效显著。11月、12月我国多地出现沙尘、雾霾天气，空气质量给居民生活带来严重影响。相关减排目标、污染治理等政策得到高度关注。

2019年的新闻主要关注于绿色治理、中国成果、全球治理等方面。2019年1月10日，全国林业和草原工作会议上发布，2018年我国营造林工作实现新突破，国土绿化均超额完成年度计划任务。全年完成造林1.06亿亩，森林抚育1.28亿亩，分别为年度任务的105%和106.5%，完成草原建设任务1.16亿亩。2月，美国国家航天局研究结果表明，全球从2000年到2017年新增的绿化面积中，约 1/4 来自中国，中国贡献比例居全球首位。3 月，甘肃省古浪县八步沙林场"六老汉"三代人治沙造林的事迹，引起热烈反响。6 月，迎来世界防治荒漠化和干旱日，全国沙化土地年平均减 1980 平方千米。全球荒漠化土地面积超过 3600 万平方千米，并且在持续扩张。8 月，塔里木河断流近 30 年，连续 20 年进行生态输水，使得断流近 30 年的塔里木河再现生机。9 月，联合国防治荒漠化公约第 14 次缔约方大会召开，库布其治沙带头人、亿利集团董事长王文彪在部长级会议上分享中国亿利库布其治沙经验。11 月，腾格里沙漠边缘再现大面积污染物。12 月，陕西榆林的光伏项目被指"推平草林地"引发关注。

3. 舆情关键短语分析

根据 2019 年新闻类数据，进行关键短语抽取。结果展示如图 5。

图 5　2019 年新闻类关键短语词云展示

相关主题包括库布齐治沙的显著成果、绿色经济、修复文明、习近平总书记等。可以看出，新闻官媒对于国家治理成果、国家生态治理新政策、新方向的关注度较高。

其中讨论度最高点为库布齐沙漠，通过国家、百姓在过去 30 年间的不懈努力，从沙漠到绿洲的巨变让网民震撼，为日后中国沙地生态的治理提供了信心。同时得到了国外对于中国生态治理成果的认可。其次为新疆脱贫，近年来，应习近平总书记"努力建设天蓝地绿水清的美丽新疆"的要求，加强生态环境保护，而环境的大大提升，使得新疆在旅游业飞速发展，多个贫困县因此成功"摘帽"，当地贫困人员走上富裕新路。这些关键短语表明新闻类网站对于治沙的成果，以及沙地治理与我国基本大政方针的结合的关注度较高。

（二）微　信

1. 微信文章

可以体现微信文章热度的数据包括阅读量、点赞量和评论量。根据项目的微信文章热度计算比例，调整它们之间的权重为 7∶9∶4，并将热度最高的文章热度值设置为 1，将数据进行归一化处理。计算后按照微信文章热度获取热度 top25 的文章信息见表 1。

表 1　沙地生态舆情相关网民号高热度文章表

排名	热点事件	月　份	首发媒体	舆情热度
1	阿拉伯土豪为什么烧钱搞绿化？	2019/5	地球知识局	1.000
2	世界防治荒漠化和干旱日！中建一局建造沙漠中的绿洲	2019/6	中建一局	0.512
3	破坏草原犯罪，严重的判刑！	2019/3	蒙古圈	0.474
4	雨雪！霜冻！沙尘！合肥最低 3℃！冷空气发威！	2019/11	江淮晨报	0.210

（续）

排名	热点事件	月　份	首发媒体	舆情热度
5	酸到马云的"MA沙棘"是什么东西？	2019/1	物种日历	0.186
6	人工智能"公地悲剧"：我们正在对高校"过度放牧"	2019/1	大数据文摘	0.163
7	京津风沙源地20年生态逆袭	2019/8	中国林业网	0.142
8	林业科技聚焦四大问题七大发展趋势	2019/4	生态话题	0.129
9	环保达人吴向荣：一次在心灵上植树治沙的公益之行	2019/8	比亚迪汽车	0.124
10	我国第一个沙漠化研究的博士30多年来解决了哪些问题？	2019/3	科学大院	0.109
11	调查·观察 ｜ 草原"失色"，三道"禁令"为何难治科右前旗私开滥垦	2019/10	新华每日电讯	0.106
12	【生姜植保】土壤酸化、盐渍化、出苗、浇水	2019/4	好农人生姜网	0.090
13	【最美林业故事】一家四代沙漠共组绿色拼图	2019/9	中国林业网	0.085
14	【解答】森林草原保护建设25问	2019/3	鄂托克前旗发布	0.084
15	全国空气动态地图首次发布，雾霾沙尘从此无处遁形	2019/1	蔚蓝地图	0.073
16	新闻·2019年国际沙棘协会(中国)沙棘企业联合会年会在牡丹江穆棱市胜利召开！	2019/9	Seabuckthorn沙棘	0.072
17	国家林业和草原局发文：建设300处国家森林康养基地	2019/3	大地风景	0.063
18	荒漠化防治国际研讨会：蒙草用"种质资源+大数据"探索精准荒漠化治理	2019/6	蒙草	0.062
19	天然林保护修复——中林联一直在路上！	2019/7	中林联林业智库	0.042
20	绿色经济时代，林业产业承载民族振兴新使命	2019/4	中盛茶社服务中心	0.040
21	毛乌素沙漠治理的"盐池"模式	2019/11	中国科学报	0.037
22	我国林业产业增速放缓 结构更趋合理	2019/6	中国林草产经资讯	0.032
23	机器人深入荒漠种植，每天绿化面积达150亩，效率是人工的30倍！	2019/5	创业英雄汇	0.031
24	马上杀到！雨雪！霜冻！沙尘！@六安最低气温将到……	2019/11	六安移动	0.031
25	重庆市天然林保护工程为长江经济带绿色发展提供生态支撑	2019/9	生态话题	0.030

　　由表1可见，2019年发表在微信网民号上的高热度文章，对沙地生态的相关讨论话题进行了全面覆盖。其中既有对沙地侵蚀的现状描述，也不乏对沙地保护及发展沙地经济工作的评价总结。沙地侵蚀讨论度较高的主要类型包括沙漠化、荒漠化、土地酸化、盐渍化等，而沙地保护最主要的手段是植树造林，进行深度绿化。

2. 舆情主题及关键词提取

表2　2019年沙地生态舆情微信文章主题关键词表

主　题	关键词
林业生态	天然林保护修复制度方案、绿水青山就是金山银山、共同推动天然林保护事业进入新的发展阶段、中国林业产业突出贡献奖、中国林业产业创新奖、国家林业和草原局规划、促进森林康养产业发展的意见、国家森林康养基地处
草原生态	草原法、建立草原类型国家公园、全国草原工作会议、加强草原生态系统完整性保护、中国绿色时报、监测等支撑保障能力、国有草原资源有偿使用制度改革方案、国家林草局积极协调落实草原生态保护补奖政策、草原超载过牧问题、改变被占用草原用途
土地退化	土地沙漠化、沙进人退、人进沙退、库布其沙漠重焕生机、从防沙治沙到科学利用并举、土地管理法、土壤酸化、土壤盐渍化、一带一路、新模式
沙棘种植	年均增长、日照丰富、种植良种化、大力推进布局区域化、国际沙棘协会、2019年国际沙棘协会年会

根据以上分析，对 2019 年沙地生态舆情热点事件进行回溯。

2019 年 3 月，以"互联网+全民义务植树"为主题的活动在全国积极展开。2019 年 6 月《中国自然生态百科数据库》动物界的鸟纲(1400 余种)和哺乳纲(400 余种)图文内容已经上线。

2019 年 4 月 19 日，国家林业和草原局天然林保护工程管理办公室有关工作人员在新闻通气会上透露：我国天然林资源连续保持恢复性增长，天然林蓄积已从 20 年前的 90.73 亿立方米增加到 136.71 亿立方米。

2019 年 6 月 17 日是第二十五个世界防治荒漠化和干旱日。今年我国宣传的主题是"防治土地荒漠化，推动绿色发展"，旨在贯彻习近平生态文明思想，践行绿色发展理念，凝聚社会共识，营造全社会参与防治荒漠化的浓厚氛围，共同建设美丽地球家园。

2019 年 8 月 25 日，全国林业草原宣传工作会议在甘肃省武威市召开。

2019 年 9 月 7~10 日，"互联网+全民义务植树"公益项目——"i 森林沙漠绿洲行动"在新世界百货北京大望路店、望京店成功推广。

2019 年 9 月 25~26 日，国际沙棘协会(中国)沙棘企业联合会 2019 年年会在八面通林业局有限公司成功召开。

从表 2 可以看出，微信用户对于沙地生态的关注点与新闻媒体相近又有区别。相对于国家宏观层面的信息，微信用户更关注在生活中能接触到的与沙地生态有关的信息。这与微信内容的作者、读者的受众特性有关。

3. 舆情情感分析

微信评论文本情感分析(表 3、图 6)

表 3　微信评论文本情感分析表

	平均值	总　值
微信正向情感值	11.808	18834.226
微信中性情感值	0	9
微信负向情感值	-4.551	-1929.682

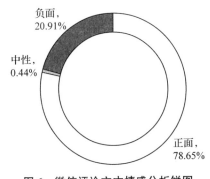

图 6　微信评论文本情感分析饼图

由表 3 分析可知，网民对沙地生态舆情的主要情感为正向情感，基本无持中立态度的。正负向情感均值比约为 3：1，总值比约为 10：1。即网民对沙地生态整体呈积极乐观的态度，对于沙地生态防治、开发等工作基本支持。

4. 舆情关键词词频分析

微信评论关键词词频展示见表 4。

表 4　2019 年沙地生态舆情信息微信评论关键词词频统计 TOP30

序　号	关键词	词　频	序　号	关键词	词　频
1	沙　棘	893	16	森　林	156
2	草　原	635	17	青海湖	156
3	沙　漠	551	18	绿水青山	153
4	新　疆	334	19	污　染	149
5	治　沙	320	20	美　丽	147

（续）

序　号	关键词	词　频	序　号	关键词	词　频
6	生　态	306	21	内蒙古	146
7	保　护	242	22	环　境	141
8	沙尘暴	223	23	银　山	134
9	点　赞	217	24	治　理	129
10	石河子	210	25	种　植	127
11	破　坏	197	26	保护环境	109
12	种　树	191	27	绿　化	107
13	发　展	182	28	金　山	106
14	青　海	176	29	建　设	101
15	绿　洲	166	30	林　业	101

表4显示，网民讨论较频繁的话题有沙棘、草原、沙漠、治沙和生态，且在所有收集的数据中占比均达50%以上，讨论热度高。其中带有情感色彩的高频词中，多数为正向情感，如希望、致敬、点赞、感谢、厉害等。除此之外，新疆、青海、内蒙古等地与沙地生态高度关联。这表明微信用户对于沙地生态的看法总体是乐观、充满希望的。

（三）微　博

1. 舆情关键词提取

对2019年微博数据进行关键词抽取，并用词云展示TOP50的关键词如图7和图8。

图7　微博舆情词云图1

图8　微博舆情词云图2

图7为2019年沙地生态舆情微博内容关键词词云展示，其展示的关键词中，沙漠、治沙、生态、治理、沙地等关键词出现频率最高，一方面表明现如今我国沙漠化、石漠化的形势严峻，另一方面反映出网民对沙漠和石漠化等问题、对相关防治技术、工程及沙地生态环境的走向与发展关注度较高。相比较其他地区，内蒙古、鄂尔多斯、宁夏、甘肃、腾格里沙漠等地沙漠化程度高，应加强沙漠化治理，全面推进植树造林。

图8为2019年沙地生态舆情微博关键短语词云展示，其中相关主题包括沙地景观、实施天然林、沙漠治沙、内蒙古旅游、生态修复、防风固沙、管护森林面积、生态保护、修复工程、沙化、土地治理、石漠化综合治理、造林等。抽取出地点名词包括内蒙古、浑善达克沙地等。其中内蒙古旅游成为微博的一个讨论热点。合理防治沙漠化，发展部分地区的旅游业为一个可行方向。

2. 舆情情感分析

对2019年微博文本进行情感分析，见表5。

表5 2019年沙地生态舆情关键词数据情感分析表

关键词大类	治沙	固沙	沙化	沙尘	沙地经济
微博正向情感均值	56.781	72.444	61.885	41.696	35.640
微博正向情感总值	23507.418	12460.513	16461.413	1125.784	14861.726
微博正向评论总量	414	172	266	27	417
微博中性情感均值	0.0	0.0	0.0	0.0	0.0
微博中性情感总值	0	0	0	0	0
微博中性评论总量	139	0	0	0	3
微博负向情感均值	-7.776	-5.773	-10.260	-6.219	-6.970
微博负向情感总值	-93.313	-34.640	-123.115	-24.877	104.543
微博负向评论总量	12	6	12	4	15

表6 2019年沙地生态舆情总数据情感分析表

微博正向评论总量	微博中性评论总量	微博负向评论总量
1296	142	49
87.16%	9.55%	3.30%

表6为微博情感正负向均值总值汇总表，对微博文本进行情感分析可知，微博正向情感的均值和总值均大于负向情感，且正向与负向讨论数的总比值约为30:1(图9)，因而得出结论：网民对沙化、沙尘、固沙、治沙、沙地经济多数持正向态度，即大多数人对于沙地治理、植树造林等均表示支持。

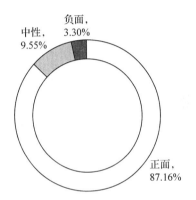

图9 2019年沙地生态舆情总数据情感分析图

3. 舆情关键词词频分析

表7 2019年沙地生态舆情信息关键词词频统计TOP30

序号	关键词	词频	序号	关键词	词频
1	治沙	1158	16	森林	197
2	沙漠	858	17	绿化	196
3	石漠化	724	18	天然林	194
4	沙地	659	19	沙尘	167
5	生态	623	20	防沙	160
6	治理	533	21	旅游	160
7	沙湾	350	22	林业	156
8	草原	334	23	沙漠化	155
9	库布其沙漠	334	24	景观	152
10	腾格里沙漠	309	25	沙棘	144
11	内蒙古	294	26	修复	143
12	造林	242	27	生态环境	137
13	绿色	232	28	榆林	129
14	荒漠化	217	29	植树	127
15	鄂尔多斯	203	30	植被	120

表7为微博关键词词频表，该表显示，网民讨论最频繁的话题是治沙、沙漠、石漠化、沙地和生态，且在所有收集的数据中占比均达50%以上，讨论热度高。除此之外，绿色、绿化、绿洲、森林、林业等高频关键词与治沙相关联，这也正是治沙的一条关键思路：绿化。说明对于微博用户，

绿化与治沙紧密关联的概念深入人心。

（四）贴吧和论坛

1. 舆情走势分析

抽取 2019 年度百度贴吧和天涯论坛的数据（表 8），按月汇总绘制折线图（图 10）。截至 2019 年 12 月 31 日，共爬取 3264 条数据，其中 7 月的舆情数量低于其他月份，其他月份的数据量稳定在一定水平。

表 8　贴吧热帖 TOP10 表

	贴吧名	帖子标题	年份	月份	评论数
1	治沙吧	说说沙漠治理梦	2019	3	316
2	治沙吧	我们的沙地恢复路	2019	6	255
3	治沙吧	建沙漠水库，引黄河水消灭沙漠	2019	12	194
4	治沙吧	【治沙英雄】内蒙古科尔沁沙地治沙英雄——万平	2019	9	226
5	治沙吧	治沙需治本	2019	7	238
6	治沙吧	本人用草方格防沙，有专业的团队和成熟的技术，期望为各位老总服务	2019	6	356
7	治沙吧	黄河水分配	2019	11	391
8	治沙吧	治理沙漠最好的办法是让沙漠产出滚滚财富	2019	2	565
9	治沙吧	《造林技术规程》一本，治沙理论学习开始！	2019	6	579
10	治沙吧	没有鸟是不行的，最好埋植假的树木作为鸟巢，真的大树一开始怕不	2019	10	733

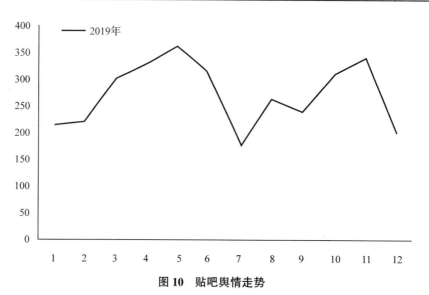

图 10　贴吧舆情走势

2. 舆情关键词分析

图 11 为 2019 年沙地生态舆情贴吧内容关键词词云展示，其展示的关键词中，土壤、沙漠、治理等关键词出现频率较高，反映出我国网民对于沙地生态的关注度很高。出现的草原、贵州、北京、新疆、草原、内蒙古等地名，说明这些区域沙地生态相关话题多，相比较其他地区，贵州、新疆、内蒙古等地沙漠化、荒漠化程度高，应加强沙地灾害的治理。另外，种植、绿化、植生袋、有机肥、农资、沙棘等反映出贴吧网民们对于土地沙漠化、石漠化防治的一些讨论热点，农资、农业、林业是沙地相关产业，

图 11　贴吧舆情词云图

沙漠化防治可以从保护沙地的同时发展农业、产业出发，充分调动当地居民和中小型企业的主观能动性。

根据贴吧舆情关键词表（表9），回溯2019年各个省份土地荒漠化现状。我国土地荒漠化现象多出现在新疆、内蒙古、西藏、甘肃、青海五个省份，由于各个省份的地理环境和气候不同，所以土地荒漠化类型有所不同，其中，新疆和内蒙古地处内陆，辖区内河流湖泊较少，荒漠化类型主要是风蚀荒漠化，甘肃地处黄土高原，为沙尘暴等沙地侵蚀活动提供沙源，加之黄河流过，泥石流、水土流失等灾害时有发生，土地荒漠化类型主要是风蚀和水蚀两种，西藏和青海海拔较高，喜马拉雅山常年冰雪覆盖，多出现风蚀荒漠化、盐渍荒漠化和冻融荒漠化。各地政府应当针对不同类型的荒漠化，采取相应的治理措施。

表9 贴吧舆情关键词表

主 题	关键词
沙地侵蚀	沙漠、土壤、草原、土传病害、沙地
沙地保护	固沙、抑尘车、农资、腐殖酸肥料、治理、农产品、菌肥、绿化
沙地经济	农业技术、林业农产品

由表9可以看出，沙地侵蚀方面网民的关注点在土壤、草原、沙化等，沙地保护方面有固沙、固沙、抑尘车、农资、腐殖酸肥料、治理、农产品、菌肥、绿化等，说明网民对于沙地保护必要性的认可度有所提高，而且出现了一系列保护沙地的先进技术，抑尘车、特殊肥料等进入了网民的生活。

对爬取的论坛数据进行关键词提取，得到贴吧舆情词云图。图12表示2019年天涯论坛沙地生态舆情的关键词，从图中可以观察到，专家、技术、治沙等是网民所关注的热点，沙地植被、千亩林场、绿化成本表明植被固沙是我国土地沙化治理的最普遍、广泛的方法，改革开放以来，不仅仅是我国的经济出现高速增长，我们国家的沙漠化治理能力也逐渐提高，沙漠化治理成效显著。

图12 贴吧舆情词云图

图12贴吧舆情词云图中荒漠化研究所、技术研究、土壤改造、中国科学院等关键词表示论坛网民重视荒漠化治理的科学研究，支持研究出更加科学、有效的土地沙化治理方法。

3. 舆情主题关键词提取

对贴吧数据进行主题关键词抽取，共五个主题，分别是沙地相关政策、治沙方法、治沙技术和治沙大事件（表10）。网民们关注的重要沙地相关政策有：关于实施乡村振兴战略的意见、耕地补助金发放和公益红柳林公益支援。

表10 贴吧舆情主题及关键词表

主 题	关键词
沙地相关政策	小麦吧 国务院关于实施乡村振兴战略的意见 浪淘沙北戴河吧 中央一号文件——实施乡村振兴战略的意见 火车迷吧 全国铁路沿线最大的天然林树种 天宝农业技术服务……吧 香葱连作障碍的综合防治措施 农业政策吧 142亿财政补助资金发放，只有这17个省份，3000万亩耕地能领 新沂城建吧 新沂市休闲观光农业蓬勃 沙漠农业合作社模式（沙漠经济） 绿化吧 公益红柳林公益支援各地有需要绿化种植红柳树苗的决定

（续）

主　题	关键词
治沙方法	植物爱好者吧　如何有效地解决土壤板结 穿越浑善达克沙地东线，看独特的沙地阔叶林，固化沙地疏林景观 植生袋吧　宜宾植生袋 人类战略研究所吧　搞好国土水土保持防止水土继续流失 环保吧　庄继良博士对地球水资源及分析 蚂蚁森林吧　蚂蚁森林合种樟子松，只需浇 2440g 能量
治沙技术	农林科技　优良的水土保持、固沙、改善环境树种——杠柳的栽培技术 农作物吧　土壤质量越来越差 南水北调吧　人云亦云大西线——源水北调 化石吧　有老师认识这是不是植物叶子的化石 回民在线吧　黄保国：沙漠深处的居民——走进蒙回(三) 遇见你是我这辈子……吧　全省林业会议在长春召开 西葫芦吧　土壤生病的原因
治沙技术	农林科技　优良的水土保持、固沙、改善环境树种——杠柳的栽培技术 农作物吧　土壤质量越来越差 南水北调吧　人云亦云大西线——源水北调 化石吧　有老师认识这是不是植物叶子的化石 回民在线吧　黄保国：沙漠深处的居民——走进蒙回(三) 遇见你是我这辈子……吧　全省林业会议在长春召开 西葫芦吧　土壤生病的原因
治沙大事件	为固沙下足工夫，60 年前就开始研究，方法至今都传用 宋桥林吧　农业科学院"东北黑土地保护"协同创新行动在哈尔滨启动 我国研发治沙神兽，1/5 沙化土地终于有救，1 天固沙 50 亩引多国抢购 财富植物乐园吧　樟子松，华山松 西红柿吧　防治土传病害的根本途径

4. 舆情信息关键词词频统计（表 11）

表 11　2019 年贴吧和论坛舆情信息关键词词频统计 TOP30

序　号	关键词	词　频	序　号	关键词	词　频
1	土　壤	604	16	微生物	129
2	生　态	387	17	植生袋	97
3	绿　化	188	18	农　业	97
4	根　系	178	19	盐渍化	83
5	沙　漠	137	20	板　结	83
6	作　物	136	21	绿　色	75
7	边　坡	136	22	植　被	75
8	微生物	129	23	滴　灌	73
9	施　肥	122	24	微生物	129
10	种　植	118	25	植生袋	97
11	有机肥	113	26	农　业	97
12	土　地	111	27	盐渍化	83
13	有机质	109	28	治　沙	67
14	森　林	108	29	病　害	65
15	植　物	106	30	菌　肥	36

5. 舆情情感分析

表 12　论坛和贴吧舆情情感分析表

	平均值	总　值
正向情感值	13.91	42786
中性情感值	0.00	132
负向情感值	-3.38	8792

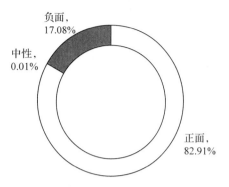

图 13　论坛和贴吧舆情情感分析图

负面，17.08%
中性，0.01%
正面，82.91%

由论坛舆情情感分析(表 12、图 13)可知，网民对沙地生态舆情的主要情感为正向情感，正负向情感均值比约为 4∶1，总值比约为 6∶1。即网民对沙地生态整体呈积极乐观的态度，对于沙漠化防治、开发等工作基本支持，但是对于负向舆情，各地政府也应当加强重视，积极回答网友网民的问题，收集网民的意见改善沙地治理状况。

三、热点事件一——世界防治荒漠化和干旱日

摘要：我国是世界上土地沙漠化危害严重的国家之一，通过坚持不懈地防沙治沙，实现了由"沙进人退"到"人进沙退"的转变，沙产业发展成效明显。但荒漠化和沙化严峻形势尚未得到根本扭转，仍威胁我国生态安全，制约经济社会可持续发展。防沙治沙和沙产业发展任重道远。2019 年 6 月 17 日是第 25 个世界防治荒漠化和干旱日，我国的宣传主题是"防治土地荒漠化，推动绿色发展"。土地荒漠化的防治不仅与国家政治发展方略相关，更与广大网民息息相关，世界防治荒漠化和干旱日的话题在新闻媒体、微博平台、微信网民平台引发了较为广泛的讨论，网民发表评论表示对落实防治荒漠化行动的认可，表达对防沙英雄的致敬和对防沙成果的点赞。通过舆情分析，判断话题热度、舆情走势和属性，可以判断出热点事件中的信息价值及舆情的未来走势。

关键词：地球之癌　荒漠化　治理　绿色

(一)事件概况

1994 年 12 月 19 日第 49 届联合国大会根据联大第二委员会的建议，从 1995 年起把每年的 6 月 17 日定为"世界防治荒漠化与干旱日"，旨在进一步提高世界各国人民对防治荒漠化重要性的认识，唤起人们防治荒漠化的责任心和紧迫感。

2019 年世界防治荒漠化与干旱日联合国确定的主题是"让我们一起种未来"，中国主题是"防治土地荒漠化，推动绿色发展"。我国宣传的主题旨在贯彻习近平生态文明思想，践行绿色发展理念，凝聚社会共识，营造全社会参与防治荒漠化的浓厚氛围，共同建设美丽地球家园。

2019 年 6 月 17 日上午，第 25 个世界防治荒漠化与干旱日纪念大会在内蒙古呼和浩特召开。

6 月 17 日 11 时前后，新华网发表《世界防治荒漠化和干旱日：这个日子，需要我们重视!》央视新闻发表《"地球之癌"，怎么治》引起舆论关注。

6 月 17 日 12 时至 22 时，网民在微博、微信等媒体平台发表观点，讨论内容集中于荒漠化的危害及近年来我国荒漠化治理成果与反思。

6 月 18 日，各新闻媒体、网民号对在内蒙古呼和浩特举行的第 25 个世界防治荒漠化与干旱日纪念大会，及防治荒漠化成果进行总结，并提出新的期望。

(二)舆情态势分析

6 月 17 日是世界防治荒漠化与干旱日,微博、新闻、微信等网民媒体对荒漠化的防治与成果有了较为广泛的报道,引发了集中讨论。从舆情走势(图 14)来看,舆情的第一个热点出现在官方媒体发出报道之后。6 月 17 日上午,央广网、新华网等官方媒体对于各省与重点地区的治沙成果进行了总结,并针对"世界防治荒漠化与干旱日"这一主题发表观点。旨在通过特殊的纪念日,提高网民对于沙漠化和干旱的认识,并号召网民将治沙行动落实于实际生活中。

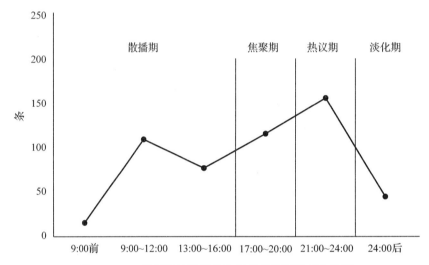

图 14   2019 世界防治荒漠化和干旱日舆情发展走势图

官方媒体发表看法起到了极大的引领作用。针对荒漠化与干旱等问题,网民的关注度较低,信息获取方式较为闭塞,认识较为简单,通常不会形成聚集性的讨论,官方媒体的报道起到了引领舆论的作用。一方面,新闻媒体的关注人数较多,事件与信息可以得到广泛传播,另一方面,官方媒体较为权威,其观点为网民所接受,网民认可度较高,因而可以产生有效的转发与扩散。

舆情的第二个高峰出现在 6 月 17 日晚 9 时左右,在网民的讨论下,一些不为人知的治沙故事被广泛传播。而此时的舆情讨论主要聚集在微博,微信网民号及短视频平台上,传播形式多样且丰富,小视频、图片、长篇文章等形式所能传播出的信息量更为丰富且生动,此时舆情走势达到一天中的峰值。此后,对于"世界防治沙漠化与干旱日"的话题热度逐渐降低。

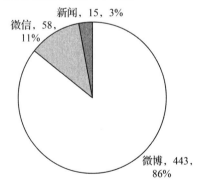

图 15   舆情信息来源分布图

有关"世界防治荒漠化和干旱日"的话题讨论中,85.9%的舆情来自微博平台(图 15),@ 人民日报主持话题"世界防治荒漠化和干旱日",@ 央视新闻发表观点性内容,国家林业和草原局、中国气象局以及各省生态环境官方微博发表相关内容,号召网民重视土地荒漠化,行动起来共同建设绿色家园。同时,这一消息在微信网民平台也引起讨论,各林业保护相关机构发表推文,介绍近年来荒漠化与干旱防治相关成果,引发网民点赞支持。

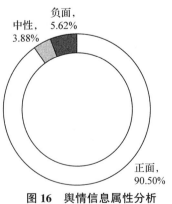

图 16   舆情信息属性分析

此外,2019 年世界防治沙漠化与干旱日纪念大会在我国内蒙古呼和浩特召开,多家媒体报道相关事件,并对世界范围内中国在荒漠化防治方面的贡献作出总结，主流新闻媒体光明网、央广网、新华网、新华社，对荒漠化防治具有突出贡献的省份治理事迹与成果加以报道。其中《我们一起种未来——写在世界防治荒漠化和干旱日》及《"地球之癌"，怎么治》两篇文章热度最高。

通过舆情分析发现（图16），网民对于荒漠化防治与干旱治理大多持积极态度，"从我做起""植树造林""点赞""保护环境"等正向评论，表达出网民对环保事业的重视与支持，但仍有小部分人，对于荒漠化治理缺乏认识，观点中立，认为荒漠化的出现与任何人无关，对于坚守沙漠植树造林的英雄事迹存在鄙夷。

通过关键词云展示可以发现，热点话题围绕"世界防治荒漠化"展开，在舆情评论中，人们普遍关心"荒漠化"与"生态"之间的关系，以及当前的"治理"成果与"土地"荒漠化情况。同时可发现"贵州""北京"出现频率最高，可以说明该地区荒漠化治理成果显著，或荒漠化形势严峻。此外围绕"产业""企业""农业""社会"等话题展开了讨论，土地荒漠化与各行各界息息相关。而"规划""推动""政策""建设"等关键词语，则大多体现为网民针对于荒漠化提出的建议与期望。

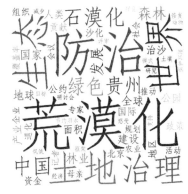

图17 关键词词云展示

（三）媒体报道解读

1. 关注世界荒漠化防治中的中国成绩

2019年6月17日是第25个"世界防治沙漠化干旱日"。近年来关于荒漠化治理引发了国家和人民的高度关注。2019年的世界防治沙漠化和干旱日，央广网、新华网、光明网、央视新闻等主流新闻媒体对目前我国荒漠化防治成果，以及各地各省份荒漠化防治情况进行了报道。

河北省张家口市原为沙漠重灾区，依靠三北防护林、京津风沙源治理等重点工程，沙漠化治理取得重大进展。内蒙古伊金霍洛旗的毛乌素沙地、库布齐沙漠治理卓有成效。山东、陕西、广东、西安、辽宁的荒漠化治理成绩均被主流新闻媒体予以报道。

2. 主流媒体号召网民关注"地球之癌"，引导舆论展开对治沙行动讨论

6月17日上午10时，央视新闻媒体在微博平台、微信网民号以及新闻网站发表文章《"地球之癌"，怎么治?》号召防治沙漠化"从我做起"，文章以图片、漫画和文字相结合的形式，从荒漠化和干旱产生的自然因素、人为因素、荒漠化治理、日常行动四个方面讲述，引发了最为广泛的讨论。新华社发表文章《我们一起种未来——写在世界防治荒漠化和干旱日》，从沙尘天气缩减、精准治沙、治沙脱贫三个方面讲述了我国治沙奋斗史与成绩，号召传承"愚公移山"的治沙精神。

@人民日报在微博发起"世界防治荒漠化和干旱日"，话题产生8291.4万次阅读，4.6万次讨论，网民对治沙行动纷纷发表自己的看法。

3. 新媒体平台将舆论热点转向对治沙英雄的讨论

6月17日晚10点，头条新闻在微博平台转发《六老汉三代人变沙漠为绿洲》的短视频，将舆论引向高峰，视频讲述了甘肃省古浪县八步沙林场六位老人传承三代治理沙漠的事迹，2016年六老汉之一郭朝明的孙子郭玺走进八步沙林场，成为第三代治沙人。他说："南方的大海我没有见过，但是我能在沙漠里看到花海。"事迹感动了微博网民，引发了大量的评论与点赞。

科学治沙的探路人，王有德，几十年来带领大家，在毛乌素沙漠的西南边缘，铸造起已到东西长47千米、南北宽38千米的绿色屏障，控制了沙漠向西行进的脚步。而这道绿色屏障仍在不断扩大中，将沙漠逼退了20多千米，将沙进人退的局面改造成了人进沙退，成为世界治沙史上的奇迹。在媒体舆论的引导下，治沙故事广受关注。

治沙英雄石光银、殷玉珍、李守林、牛玉琴、白春兰等数十年坚守沙漠，凭借坚持不懈、为美

好家园不断奋斗的事迹受到网民的广泛关注。这些英雄被网民们称为"当代愚公",对于他们的英雄事迹,网民们纷纷感慨"治沙前线的英雄们,你们辛苦啦"。

(四)网民观点分析

1. 建议通过每个人的实际行动治理荒漠

@阿龍:今日是世界防止沙漠化和"干旱日"虽然我们所处的身边生活还没有那么严重,但为人们一切所知道却不停随意留下"地球之癌"隐患,为数年后我们生活、我们子孙所担忧啊!保护地球,人人有责。从我做起,从生活点滴做起!

@婷TINA2019:一个美好的家园是我们留给后辈最好的财富。从身边小事做起:少用塑料袋、废纸再利用、光盘行动⋯⋯

2. 赞扬治沙成绩,为治沙英雄、治沙成果点赞

@动物关于那些事儿:三十八年治荒漠,六位老汉功劳大。当代愚公不挖山,植树造林八步沙。

@百万森林:奇迹的背后,是中国几代治沙人的付出,几十年如一日的坚守和"愚公移山"精神的承传。[心][心][心]

3. 正确认识到荒漠化的危害和荒漠化治理的急切性

@临沧政法:荒漠化会让绿水青山消退,会让人类的未来枯竭。我们大多数身处在衣食无忧的环境中,无法感受到干旱、饥饿的苦难。

@中国气象局:也许我们未曾切身感受到干旱、饥饿所带来的困苦,但与我们生活最贴近的沙尘、水土流失等都是源于荒漠化与干旱。

4. 对于治沙政策有所期待,期待良好的荒漠化治理环境

@Nover:希望出台政策治理塑料袋并向全国推广,现在塑料袋在中国的滥用程度难以想象并习以为常,大多数人不会为自己用多一个塑料袋而感到不舒服!亟须一项政策来"拔"一下全民心中环保的苗子!

@K1ssik1tt:外卖包装真的非常不环保[悲伤],可是现在这个时代的人很难避开点外卖,如果能够循环利用或者用比较环保的包装盒多好。

(五)热点事件舆情总结

从对于事件的关注方向来看,网民对人物事迹、英雄故事类信息接受度较高,对于科普类新闻关注度较低。从事件的载体性质来看,网民对于图片、视频、漫画等传播方式的兴趣高于长篇新闻和总结性议论。从事件讨论方向来看,网民对于贴近生活、能有切实感知的事件讨论多于对整体治沙成果的讨论。

整体数据分析可发现,网民对于我国当前的自然形势认识不足,对于热点事件的讨论度仍然较少。此外,通过网民评论可以发现,关于参与绿色活动,缺乏良好的社会环境,比如一次性餐盒的使用难以避免,塑料垃圾的回收缺乏途径。建立有利于荒漠化防治的社会环境,需要政府和相关部门引起重视。

因而,对于治沙的舆情引导当从最贴近网民生活的方面着手,如引导网民通过网络参与治沙活动,在微博或微信平台推广像"蚂蚁森林"等参与感较高的治沙活动。以图片、短视频等方式引导网民对于荒漠化与干旱防治的关注度。

但是荒漠化与干旱的防治不是一日之事、不能一蹴而就。就当前热点数据分析来看,主流媒体对于荒漠化的报道依然较少;对于荒漠化治理的过程与结果缺乏持续的追踪。新闻媒体作为官方传播渠道,应加大对荒漠化防治进展与治沙英雄故事的报道。通过官方播报带动微博大V,短视频博

主，新媒体从业者关注治沙防沙的相关新闻。形成官方媒体带动网络红人，网络红人带动网民的连锁效应。让更加生动和丰富的治沙舆情信息走进网民生活，让网民的讨论与热议带动绿色事业、治沙事业的发展。

荒漠化和干旱的治理不能单单停留在舆情讨论中，正如舆情分析显示，每个人都需要在日常生活中参与到荒漠化和干旱的防治行动中，荒漠化治理是功在当代，利在千秋之事。当前形势需要担当重任的治沙英雄，同时也需要更多普通民众的参与和重视。

荒漠治理需要全社会的关注和理解，需要全社会的支持。网络数据显示，网民对治沙事迹的正面评价为 90.5%，网民对于治沙的认可度普遍较高，通过网络媒体的宣传，一方面可以有效调动社会力量。让更多的人参与荒漠化与沙地的防治事业中；另一方面可以引导社会对治沙的支持理解，特别是尊重对沙漠治理有重大贡献的英雄人物，用英雄事迹影响网民，用网民的理解鼓励支持治沙英雄。

四、热点事件二——华能光伏项目推平沙漠林草地事件

摘要：陕西省榆林市靖边县伊当湾村，地处毛乌素沙漠南部，过去是漫无边际的沙漠。在当地居民的努力下，风沙治理成效显著。2019 年 5 月，村民发现有人在距离村子两公里外的林地大肆砍伐树木，糟蹋林草地。据悉，此次伐林，是为推进中国华能集团的光伏项目。此事在网络上引发热议，网民希望相关部门能给出严厉和公正的判决，让光伏项目不要钻了法规政策的空子，让治沙人不要失去了与沙漠斗争的勇气，让绿色生态的意识深入人心。

关键词：毛乌素沙漠　光伏项目　伐木　追责　生态恢复

（一）事件概况

2019 年 5 月 5 日，陕西省榆林市靖边县伊当湾村村民发现有人在距离村子两公里外的林地大肆砍伐树木，糟蹋林草地。第二天，继续有大约 50 人在砍伐、掩埋、焚烧林草，毁林上千亩。他们前去阻止，却遭到不明身份的人恐吓，并被夺走手机，删除拍摄的视频。

2019 年 12 月 20 日，财经杂志一篇标题为《华能陕北光伏项目施工，推平毛乌素沙漠千亩林草地》的文章，在朋友圈与微博引发大量关注与讨论。该篇文章以新闻纪实的方式，图片与采访结合，从毛乌素沙漠现今来的治沙成就出发，以牛玉琴等治沙英雄为主线，对华能光伏项目毁坏林草地谋求经济利益的行为发出诘问。

2019 年 12 月 21 日，华能官网做出官方回应《关于靖边光伏项目有关报道的说明》，宣布采取三方面的措施。

2019 年 12 月 22 日，光伏项目毁坏林草地的社会事件热度居高不下，引起了当地政府的广泛重视，澎湃新闻发表标题为《华能光伏项目被指推平沙漠林草地　官方：暂停施工》的新闻，新闻表示，靖边县高度重视，迅速召开专题会议，成立了由县委县政府主要领导任组长、有关部门和乡镇负责人为成员的联合调查组。目前，调查工作全面展开。县自然资源局已责令项目实施单位华能陕西靖边电力有限公司，暂停东坑伊当湾 100 兆瓦光伏项目施工。待调查结束后，该县将及时公布调查结果。

2019 年 12 月 23 至 25 日，多家地方性、财经类新闻媒体及新华社针对于华能光伏项目进行持续性报道，网民情绪集中于对华能企业不满的宣泄，强烈要求彻查此事。此外，毛乌素沙漠近年来的治沙成果得到重视，治沙英雄的事迹更加加剧了网民的不满情绪。

2019 年 12 月 27 日，人民日报发表标题为《毁林建电站，用彻查给治沙人一个交代》的评论性文章，表达出官方媒体的态度，安抚了网民的情绪，网民的注意力转向对事件具体情节与土地性质、

林地性质的讨论。光明网、新华网对于该事件也进行了深入报道。

2019年12月28日，陕西传媒网发表新闻《榆林市对靖边县"光伏项目施工推平林草地"问题有了初步调查结果》，新闻指出华能光伏项目存在项目违规的情况，但光伏项目毁林十万棵的报道不实，项目用地认定为未利用用地。网民对于初步调查结果不能完全接受，部分网民不满情绪加剧。但调查结果显示，项目建成后的生态恢复有所保障，榆林市政府表示将全面贯彻落实生态文明思想，榆林市政府的决心安抚了部分网民的情绪，事件热度降低，但对于事件后续结论仍有所期待。

(二)舆情态势分析

由图18可见，12月20日起，财经杂志一篇标题为《华能陕北光伏项目施工，推平毛乌素沙漠的千亩林草地》的文章，引发网民的广泛关注。华能光伏项目破坏靖边3000多亩林草地的事件，在财经网、光伏咨询等相关媒体的报道下，引起了网民的高度关注。

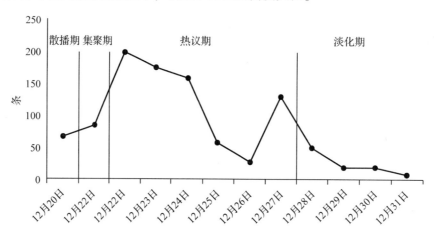

图18　2019华能光伏项目推平沙漠林草地舆情发展走势图

12月20日21至25号由于缺少官方媒体的权威报道，对事件具体情况了解较少，网民在网络平台表达了强烈的不满与痛心。网民对于华能企业与靖边政府发出了强烈问责，毛乌素沙漠的千亩林地，是在当地村民几代人的努力下累积的自然财富，也正是在这片土地上诞生了许许多多的治沙英雄，这样大面积的毁坏生态脆弱地区最为宝贵的林地资源，引发了网民的愤怒，并为治沙英雄们和力图为沙地治理做贡献的自己感到痛心。网民纷纷表示，在日常生活中他们十分注意对土地荒漠化的防治，经常参加"蚂蚁森林"或者植树造林的活动，对于这样的事情发生，表示难以接受。舆论继续发酵，华能事件关注度不断上升。

面对网民的诘问与职责，榆林市政府、靖边县政府及华能集团，迅速做出反应，安抚群众，华能集团迅速发表声明，声明华益与华能系统毫无关联，并责令靖边光伏项目施工单位停止施工配合调查，重新复查项目选择用地的文件与手续，并表示长期坚持"绝不以牺牲环境为代价去换取一时的经济增长"。对于这份看似公正的声明，网民并不买账，官方媒体也发出三问。要求政府介入，探寻事情真相。

27号，人民日报发表文章《毁林建电站，用彻查给治沙人一个交代》，人民日报作为我国最为权威的新闻媒体，对于光伏项目推平千亩林草地的事情表达出了坚决且公正的态度。这极大安抚了网民的情绪，负面评论减少，网民开始等待事情的真相。

此后，榆林市公布初步调查结果，表明该项目手续确实存在缺失的问题，但对其毁林十万棵、违规开工等报道也存在不实现象。此事件背后反映的问题是关于土地使用权的界定问题，国土资源部对于土地的性质界定与当地村民对于土地的界定存在偏颇。

有关"华能陕北项目推平千亩林草地"的话题讨论中（图 19），53%的舆情来自微博平台，@凤凰网财经主持话题"华能陕北项目推平千亩林草地"，@凤凰网财经发表观点性内容，新浪财经、新浪陕西发表相关内容，及时通报事件的相关进展，呼吁相关部门彻查华能毁林事件。同时，这一消息在微信网民平台也引起讨论，各媒体网民号发表推文，介绍近年来在陕西绿色事业做出的相关成果，并分析此光伏项目带来的严重影响，引发网民对此事件的严重不满。

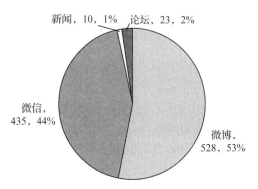

图 19　舆情信息来源分布图

事件后期，相关部门发布该事件的初步调查结果，多家媒体加以报道，并对事件具体情节与土地性质、林地性质进行深度分析。其中《毁林建电站，用彻查给治沙人一个交代》及《榆林市对靖边县"光伏项目施工推平林草地"问题有了初步调查结果》两篇文章热度最高。

通过舆情分析发现（图 20），网民对于华能光伏电站事件大多持消极态度，事件初期，多为"可恶""造孽""严惩不贷""无言以对"等负向评论，呼吁相关部门追查到底，严肃处理相关企业。待事件调查初步结果出来后，网民对于结果不能完全接受，部分网民不满情绪加剧，且对土地性质、林地性质等进行深入讨论。同时有部分人称赞牛玉琴等治沙英

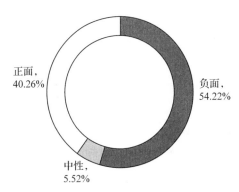

图 20　舆情信息属性分析

雄，带领群众在陕西省榆林市靖边县种树，经多代努力，使当年的不毛之地变成了现在的人造绿洲。网民对此类治沙行动持积极肯定态度。

词云展示的结果中，治沙与种树、草地林地与沙漠、破坏与恢复、政府与村民、经济与生态等相对应的几组关键词出现频率极高，这也是本热点事件讨论度最高的话题和最主要的几个矛盾点。就此事件，网民主要针对"毁林谋求经济利益的做法是否正确或是否合法"这一话题展开热烈讨论。显然，根据展示的词云分析，多数网民认为追求一时的经济利益而破坏长期治沙成果这一行为并不可取，特别是在沙漠地区，二者孰利孰弊有待商榷。同时村民和网民希望当地政府和相关部门能够对此事予以重视，认真权衡并严查、严惩一切不合理、不合法的行为。

图 21　关键词词云展示

（三）媒体报道解读

1. 通过村民反映表达对企业毁坏林地的行为表达不满

在伊当湾村的周边沙地上，经过该村和附近村的村民多年努力，种植了十多万亩林草，昔日的"荒沙梁"正逐渐变成绿洲，有关治沙防沙成就受到各方肯定。

但是，随着华能靖边公司光伏项目的到来，据不完全统计，这里 3000 余亩林草地被推平，重又裸露的荒沙与周边林草地形成极大反差，成为这片绿洲上一道刺眼的疤痕，在当地民众中引发不满，有关项目审批和土地使用规范争议逐渐浮出水面。

靖边县林政稽查大队一位负责人告诉《财经》记者，2019 年 6 月中旬，项目施工方办理过一份《木材砍伐证》，获得 2400 多株砍伐指标。而办理砍伐证时，已是在村民第一次报警之后，砍伐指标也与村民口中的实际砍伐林木数量相差悬殊。

媒体报道用对比的方式展现了在光伏项目推动前后，原本治沙成果显著的沙漠重新变成了荒漠。

2. 关于光伏项目用地是否合法的问题

光伏项目用地是否涉嫌违法？据《财经》杂志，林业局对该光伏项目用地情况的说明函件显示，该项目拟用地面积 219.7056 公顷，其中临时铺设光伏板拟用地面积 219.0786 公顷（约 3280 亩）。根据靖边县林地保护利用规划（2010~2020）数据库查询显示地类为牧草地。

有专家提醒，如果项目用地属于牧草地，依据《中华人民共和国草原法》，以及 2006 年 3 月 1 日起施行的《草原征占用审核审批管理办法》规定，矿藏开采和工程建设确需征用或使用草原的，征用、使用草原超过 70 公顷的，由农业部审核，而伊当湾光伏项目占地显然已超过了 70 公顷。在当地村民看来，依据相关的政策和法律，伊当湾光伏项目施工已构成了违法用地行为。

对此，靖边县自然资源和规划局耕保股负责人表示，该县没有给光伏板阵用地审批过任何用地，是否构成违法并不清楚。

3. 关于陕西榆林的治沙问题

20 世纪初，陕西榆林是全世界沙害和水土流失最严重的地区，没有之一。9 月 2 日，榆林市市长李春临汇报了榆林市 70 年来经济社会发展取得的"四个历史性转变"，其中就有"实现了由生态环境恶化向人与自然和谐共生的历史性转变"。榆林林木覆盖率由新中国成立初的 0.9% 提高到现在的 33%。国家林业和草原局原局长张建龙曾评价榆林，"中国的防沙治沙是从榆林走出来的，榆林成功的防沙治沙经验，正在引领着中国乃至世界防沙治沙工作的走向。"而在 9 月 19 日，全国绿化委员会还授予靖边"全国绿化模范单位"——这是全国造林绿化工作评比表彰中的最高奖。

（四）网民观点分析

1. 对当地政府的斥责

@一次呼吸一感觉：本来一直对政府信任的，这种事要给个说法才能服众。

@老乡_ 开开门：政府呢！自己派调查组有屁用？这是不查，以后就别吹嘘中国造林了。

@英勇的赞歌：当地政府事先不知道，可能吗？现在调查有什么用，全毁了。直接处罚涉事企业恢复植被。

2. 对华能光伏企业的谴责

@流浪孤行0533：华能太威武了，自己查自己了？相关的监管部门呢？别的新闻说这是沙漠防护林，种起来不容易！

@我心依旧4325：华能是国企吧。依法依规该处理就处理。花的钱也是国家的，或者说是全民的。谁造成的浪费就处理谁。全体百姓拭目以待。

@汉唐飞扬 V："保护环境，就是保护生产力"，华能集团的光伏项目，违背因地制宜原则。公权力给资本鸣锣开道！

3. 对几代人辛苦造树被推平的惋惜

@粤东水滴 sttq：几代人辛苦所植的树木草地，就这样被毁于一旦，人神共愤。现在不少的地方为了加快发展经济，不惜破坏环境作为发展的代价，这种发展理念和思路仍然相当突出。作为投资建设集团，理应先行科学评估，开发项目的地理环境是否可行？但是为了利益，也就背道而驰了。应当责任追究，以儆效尤。

@墨瀚宇：这可是我们多少年的心血啊——得加钱。我们这修高速公路征地，原来毛都不长一根的山地一夜之间长满了经济作物，说到底还是补贴没到位！光伏是重型资产，作为一种投资回报期很长的资产，是严格要求审批手续合法合规的。而且项目建设破坏植被，但之后必须恢复，否则环评都过不了。

@吾澄壹夷：半夜看到觉得好难过，这件事必须彻查清楚！几十年来付出无数人力物力为之努力的事情，一朝被这样破坏真的无法理解。

（五）热点事件舆情总结

该事件的舆论走向较为复杂，事件发生初期，舆情集中于对于企业和相关负责人的问责，而报道"光伏项目推平 3000 亩沙漠林草地"的新闻媒体存在着一定的夸大现象没有进行具体细致调查。在舆论沸腾的整个过程中，人民网标题为《毁林建电站，用彻查给治沙人一个交代》的文章对网民情绪的安抚效果最为明显。通过新闻媒体在热议期的新闻内容分析可以发现，网民对于此类事件更加在意政府的态度，胜过事情的完整过程。因此对于此类负面事件的发生，主流媒体要注意表达出明确的态度，增加政府公信力，提升网民对于新闻媒体的信心。

从事件的结果分析，华能光伏项目存在毁坏林草的行为确为事实，但由于土地使用权为未占用土地，所以项目的批复不存在问题。这一事件的背后，体现除了关于沙漠治理与土地性质转变方面法律的缺失，由于国土局和当地政府对于治理后的林草地判定存在着不统一的情况，造成了当地村民与企业的矛盾激化，引发了事件的热烈讨论。同时，随着新能源的不断发展，越来越多的自然资源被利用起来，但这种能源利用与自然环境之间仍存在很大的矛盾，如何解决其中的矛盾需要明确的法律支持。

在这场舆论中，官媒作为最具公信力的新闻媒体，对舆论的引导有着积极的效果，面对负面报道官方媒体要积极反应，明确态度，深入跟踪，稳定网民的情绪同时还原事件一个真相，帮助解决问题，这才是舆论的正确作用。

林业局应当加强对于治理后林草地的调研与土地性质变更管理，沙漠变林地不应该成为空喊的口号，而应该是落在实处、公开透明，受民众监督的生态行动。如果对于已经改善的沙漠林地没有正当的保护，那势必会让当地村民、广大网民丧失治理沙地与荒漠化的决心和热情，治沙活动将再难开展。

五、总　结

通过来自新闻、微博、微信和贴吧的数据来看，2019 年公众对于关于沙地问题的关注点集中在沙地治理方面。公众对于互联网治沙行动的参与更为积极，对于国家当前的治沙成果更加关注，同时沙地旅游产业也正在逐步发展，吸引着越来越多的游客。此外，通过舆情分析可以发现，沙地与荒漠化治理的讨论与植树造林、林业、草原等词语紧密相关，森林是治理荒漠化的重要资源。据新闻显示，我国天然林资源连续保持恢复性增长，截至 2019 年 4 月，天然林蓄积已经从 20 年前的 90.73 亿立方米增加到 136.71 亿立方米。我国的森林面积呈现稳步增长的趋势，沙地治理成果显著。

由当前舆论情感状况分析来看，网民对于目前的沙地治理持正向情感，对于治沙行动能够积极落实，同时为沙地治理献言献策。但仍存在部分公众对于沙地治理的认识不到位，对于治沙政策存在不满和疑虑。

根据舆情分析针对沙地生态治理提出如下几点建议：

从舆情分析来看，公众对于植树防沙，建造防护林的治沙方法认可度较高，应继续推进林进沙退的治沙大方向，加大政策支持，建立更多的防护林。

通过互联网的方式，鼓励更多的公众参与治沙活动中，像"蚂蚁森林"等活动，可以通过互联网与舆论的支持产生很好的影响。

推行和普及更多的治沙方法，公众对于治沙的认识较少，通过具有创意性和特色的网络宣传方式，帮助更多的人了解防治荒漠化和沙化的方法，让更多人参与到沙地治理中，持续推进沙地比赛、沙地旅游。广阔的沙漠、神奇的丹霞地貌既是自然景观也是旅游资源，以鸣沙湾和西南地区丹霞地貌为样本，推进沙地旅游资源的开发与利用，建设具有特色的休闲度假村，发挥沙地景观的财富价值，合理利用沙地产物。通过舆情分析发现，公众对于沙地产物的了解有限，沙地产物在生活中的应用较少。很多沙地产物是重要的中药材，对于身体调养有着重要的功效，系统合理地推广利用沙地产物具有重要意义。

参考文献

[1]王涛.中国沙漠化研究[C].//中国治沙暨沙业学会.西部大开发，建设绿色家园学术研讨会论文集.北京：西部大开发，建设绿色家园学术研讨会，2001：334-341.

第二篇

生态功能区生态舆情报告

水源涵养生态功能区舆情报告

樊　坤　王君岩　张正宜　谭佳鑫　王　甜　李　俊*

摘要： 全国共有水源涵养生态功能三级区 50 个，面积 237.90 万平方公里，占全国国土面积的 24.78%。其中对国家生态安全具有重要作用的水源涵养生态功能区主要包括大兴安岭、秦巴山地、大别山、淮河源、南岭山地、东江源、珠江源、海南省中部山区、岷山、若尔盖、三江源、甘南、祁连山、天山以及丹江口水库库区等。本文通过搜索各水源涵养生态功能区的相关数据，对水源涵养相关舆情进行分析，并给出意见。总体来说，水源涵养新闻宣传还需进一步丰富报道内容和方式，多角度、全方位让群众了解国家有关水源的相关政策和事件。

关键词： 水源涵养　水土流失　水土保持　河长　流域治理

一、舆情总体概况

水源一直以来作为生态环境中人们关注的热点，对于水源涵养的讨论热度在 2019 年也持续升高。2019 年，水源涵养话题舆情量与 2018 年相比，总量上大幅增多，同比增长 53.48%，这是由媒体关注度和网民关注度均持续增长引起的。媒体新闻报道量同比增加 14.61%，而社交媒体帖文量同比增长 73.64%，民众在 2019 年对水源涵养的关注热度大幅度提升。

水源地旅游受到人们大量追捧，水质标准、河长制等国家政策也受到了人们的极大关注。水源涵养生态功能区的主要生态问题：人类活动干扰强度大；生态系统结构单一，生态功能衰退；森林资源过度开发、天然草原过度放牧等导致植被破坏、土地沙化、土壤侵蚀、水土流失严重；湿地萎缩、面积减少；冰川后退，雪线上升。通过对爬取的数据进行分析发现，人们普遍对水源涵养生态功能区的水土流失问题以及水土保持的相关项目及政策关注较多。

从舆情数量看，在微信、微博、论坛以及六大新闻网站中，其各占比例如图 1 所示。

从舆情数量看，根据拟定的关键词，在微信、微博、论坛以及六大新闻网站中，2019 年水源涵养舆情数据总量达 12534 条，其中微信 3026 条、微博 4955 条、论坛 1221 条、新闻 4915 条。总体来看，新闻媒体和微博对水源涵养相关内容的推广起到了最为重要的作用，占比均为 35%；微信公众号推送主要是对新闻报道内容的转发，在舆情总体数量中占比 21%。

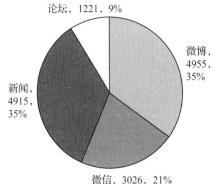

图 1　各平台舆情数量及占比

*　樊坤：北京林业大学经济管理学院教授，博士生导师，主要研究方向为管理信息系统、林业电子商务与大数据；王君岩、张正宜：北京林业大学经济管理学院硕士研究生；谭佳鑫、王甜、李俊：北京林业大学经济管理学院本科生。

二、舆情走势分析

（一）新闻舆情走势分析

　　新闻舆情数据主要来源于央视网、央广网、光明网、新华网、求是网及人民网。2018 年水源涵养相关新闻总量为 2916 条，而 2019 年水源涵养相关新闻总量为 4915 条，数量有明显上升。2018年与 2019 年每月水源涵养相关新闻数量走势如图 2 所示。

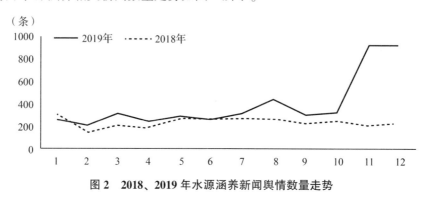

图 2　2018、2019 年水源涵养新闻舆情数量走势

　　总体来看，对比 2018 年来说，2019 年水源涵养相关新闻虽然在总数上略有上升，从其全年走势来看，2019 年上半年新闻舆情数据走势较为平稳，而下半年水源涵养相关新闻舆情数据走势则有较大变化，数量呈上升态势。

　　2019 年 8 月 14 日，张家口《首都"两区"建设规划》正式启动，国家发改委和河北省政府正式印发了《张家口首都水源涵养功能区和生态环境支撑区建设规划（2019~2035 年）》要求到 2035 年，将把张家口建成首都水源涵养功能区和生态环境支撑区。使其成为天蓝地绿水清、生态宜居宜业的首都"后花园"。使得水源涵养相关的新闻报道数量增多，该规划项目的热度持续至年末，仍有多家新闻媒体对此政策进行了相关的报道。

　　11 月，央广网一篇关于共青城市组织开展贯彻新《中华人民共和国水土保持法》施行八周年宣传活动，其他新闻网站也有相关报道，而实际上，该宣传活动从 3 月 22 日第二十七届"世界水日"，3 月 22~28 日是第三十二届"中国水周"开始，但是前期并没有产生很高热度，11 月该活动达到尾声时，则有多家新闻媒体对其进行了报道，这体现出了某些事件上，新闻报道的滞后性。

（二）微信舆情走势分析

　　2019 年水源涵养相关的微信公众号推送数据总量为 3206 条，其中水源涵养相关推送有 881 篇，其相关评论有 2325 条。2018 年及 2019 年水源涵养微信舆情数量走势如图 3 所示。

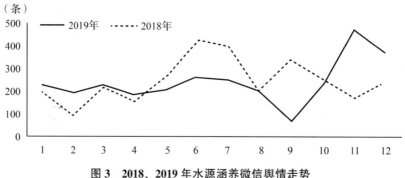

图 3　2018、2019 年水源涵养微信舆情走势

与 2018 年相比，2019 年水源涵养相关微信公众号推送文章数量略有下降，但与 2018 年全年舆情走势波动较大相比，2019 年水源涵养相关微信文章的舆情走势要平缓很多，仅在第四季度出现较大波动。8 月末开始，关于张家口首都"两区"建设规划正式印发的相关新闻公众号文章推送明显增多，这与新闻的舆情热点相吻合。

9 月 18 日，习近平总书记在黄河流域生态保护和高质量发展座谈会上发表讲话，使得 9 月末至 10 月份，开始出现大量相关新闻报道，同时使得相关微信文章数量增多，使得在 11 月水源涵养相关微信文章数量及评论总数达到 2019 年峰值。

此后在 11 月，较多微信公众号推送了关于水质、水污染等相关内容等批评性文章，如"浩泽净水家"公众号于 2019 年 11 月 22 日发布了一篇公众号推送文章题为《引发赤潮，污染水源，这个危险的日用品你可能曾经用过》，其中向人们科普了人们经常使用等日用品中会污染水源，对水源涵养产生消极影响对物品。此外，另有关于批评在水源保护区地内的水源区随意游泳的不文明行为，如"爱我兴国"公众号于 2019 年 11 月 23 日发布了一篇题目为《在长冈水库水源保护区游泳？自私！无耻！》的公众号推送文章，批判了数名游客在长冈水库水源保护区随意游泳的行为，从而引起了人们的广泛关注和讨论，使得该文章有较高的阅读量和评论数。

总结来说，微信公众号推送紧跟水源涵养相关事件进行推送，且是人们持续关注的热点。微信公众号较为热点的推送内容主要是各地区水源涵养功能区建设相关的新闻类推送、水源涵养及水源保护相关的科普类推送以及批评某些破坏水源涵养地环境以及污染水源行为的推送文章。

（三）微博舆情走势分析

2019 年水源涵养相关的微博数据总量为 4955 条，其中水源涵养相关的微博正文有 3205 条，其相关评论有 1750 条。2018 年及 2019 年水源涵养微博舆情数量走势如图 4 所示。

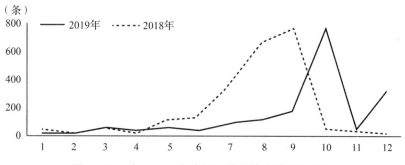

图 4　2018 年、2019 年水源涵养微博舆情数量走势

2018 年及 2019 年水源涵养微博舆情数量走势如图 4 所示。2018 年与 2019 年水源涵养相关的微博讨论内容数量走势形状相似，其中 2018 年在 8 月份达到当年舆情数量顶峰，而 2019 年从 8 月开始微博对水源涵养的讨论热度开始呈现上升趋势，且讨论主要内容均与"流域治理""水源保护"及"水源污染"等关键词相关较多，具体内容上，与各水源涵养生态功能区的功能、现状以及介绍相关，水源与人们的生活密切相关，因而水源保护的各类相关内容也持续是人们讨论的热点。

但是与新闻和微信热度有所不同的是，微博网民对与首都"两区"建设规划正式印发并没有太多关注，通过数据分析，我们发现，对于此事进行发声的官方微博媒体很少，仅有几篇相关的博文介绍也是在 10 月之后发布的，发布时间存在滞后，使得人们对过去的信息没有很高的关注热情。

综上，新闻媒体会对各省各地的相关政策及水源涵养相关事件进行全面的报道，而微信公众号推送多为水源涵养相关新闻及热点事件的推广，也有部分微信公众号推送发布了相关政策和热点事件的科普、跟进和评价；而微博则主要关注与人们生活密切相关的内容。

三、舆情内容分析

(一)新　闻

分别对 2018 年和 2019 年水源涵养相关新闻数据进行关键词抽取,并用词云展示 TOP50 的关键词。词云结果如图 5 及图 6 所示。

图 5　2019 年水源涵养新闻类文章关键词　　　图 6　2018 年水源涵养新闻类文章关键词

关于 2018 年和 2019 年水源涵养相关新闻报道的关键词词频进行统计,其统计结果见表 1、表 2。

表 1　2018 年水源涵养舆情信息关键词词频统计 TOP30

序　号	关键词	词　频	序　号	关键词	词　频
1	生　态	706	16	工　程	141
2	建　设	362	17	保　护	139
3	发　展	348	18	产　业	137
4	保　护	245	19	长　江	134
5	治　理	234	20	改　革	128
6	推　进	230	21	推　动	124
7	环　境	195	22	企　业	124
8	污　染	181	23	国　家	123
9	水　质	169	24	污　水	117
10	整　治	166	25	创　新	116
11	实　施	158	26	项　目	114
12	绿　色	157	27	重　点	111
13	农　村	150	28	旅　游	110
14	乡　村	149	29	加　快	104
15	城　市	146	30	体　系	103

表 2　2019 年水源涵养舆情信息关键词词频统计 TOP30

序　号	关键词	词　频	序　号	关键词	词　频
1	生　态	618	16	工　程	117
2	发　展	370	17	企　业	114
3	建　设	329	18	实　施	110

（续）

序　号	关键词	词　频	序　号	关键词	词　频
4	治理	217	19	项目	108
5	保护	209	20	长江	108
6	推进	188	21	污染	105
7	环境	178	22	群众	101
8	文化	150	23	农村	100
9	绿色	147	24	提升	99
10	国家	143	25	经济	99
11	产业	140	26	记者	95
12	创新	136	27	旅游	92
13	环境	129	28	制度	90
14	水质	123	29	重点	84
15	推动	121	30	社会	84

　　2019 年水源涵养相关关键词抽取结果如上所示，明显可以看出，水源涵养功能区相关新闻中，最多提到的还是"生态""发展""建设""治理""保护""推进""环境"及"文化"等关键词。相比 2018 年、"污染""水质"等关键词受到各方新闻媒体报道，2019 年水源涵养相关新闻报道的正向内容更多了，"环境""文化"及"绿色"进入新闻较热关键词的 TOP10。

　　水污染作为水源整治的关键问题，在十三届全国人大常委会第十二次会议上，在对水污染治理情况的报告中，肯定了水污染防治实施取得的积极效果，但是总体上看水源的治理仍然是任重而道远，为此，国务院出台了《城镇污水处理提质增效三年行动方案（2019~2021）》，明确了三年的工作目标。

　　2019 年 12 月 14 日生态环境部发布："2019 年水源地环境问题整治完成率超过 99%"，由此也可以知道由于前几年的治理和修复，水源环境已经改善，"整治""污染"等关键词的新闻内容已经下降，现在更多的是关于"生态""发展""建设"关键词。

　　根据 2018 年、2019 年新闻类数据，进行关键短语抽取。结果展示如图 7 及图 8 所示。2018 年抽取出的主题包括"生态文明建设、生态保护修复、推动生态环境保护"等。2012 年 11 月，党的十八大从新的历史起点出发，做出"大力推进生态文明建设"的战略决策，从 10 个方面绘出生态文明建设的宏伟蓝图。十八大报告不仅在第一、第二、第三部分分别论述了生态文明建设的重大成就、重要地位、重要目标，而且在第八部分用整整一部分的宏大篇幅，全面深刻论述了生态文明建设的各方面内容，从而完整描绘了今后相当长一个时期我国生态文明建设的宏伟蓝图。从此水源涵养以重"修复"、重"建设"为基础，相关部门逐步完善各地政策。

图 7　2019 年新闻类关键短语词云

图 8　2018 年新闻类关键短语词云

2018 年 6 月 16 日，审计署发布《长江经济带生态环境保护审计结果》，阐述现在水源存在的严重问题，出了保护向纵向推进的对策，值得我们注意的是既肯定了之前治理工作和修复工作的作用，又提出了城市建设和高质量发展的问题。

综合来说，2018 年水源涵养功能区的相关新闻内容，主要以"治理修复""生态保护"为主，这与 2019 年稍有不同。2019 年，相关主题包括"生态文明、高质量发展、生态保护、保护制度、开展治理"等。相比 2018 年，2019 年水源涵养功能区建设方面虽然同样注重"生态保护"，但是"高质量发展"随着习近平总书记在 9 月的黄河流域生态保护和高质量发展座谈会上也再次强调了其重要性，开始受到各地水源涵养功能区相关部门的关注，并结合习总书记的创新发展的要求，各地相继出台了水源涵养功能区整治、建设和发展的相关政策及规划。

实际上，水源涵养功能区建设从各功能区划分以来，就受到各地各方的广泛关注。例如，京津水源涵养功能区建设在 2016 年提出时，受到过广泛的关注和讨论。北京和天津是我国经济建设的重点区域，但受到自然环境等方面的影响，随着人口的不断增加，京津地区的水资源压力越来越大，水资源短缺已经成为制约京津地区发展的重要因素。为实现京津地区的持续发展，应加大对水源涵养功能区建设的重视程度，结合京津地区实际情况，合理优化水源涵养区功能，在提升区域人民节水意识的同时，缓解区域水资源使用压力。[1] 除此之外，2014 年清河水源涵养生态功能区保护[2]、2015 年祁连山南坡水源涵养功能区建设[3] 等均受到各方关注，并有相关学者对此进行研究，从学者的视角对水源涵养生态功能区的保护和建设提出了相对应的意见。

2019 年 10 月 11 日，人民网发布《保护水源齐发力 涓涓清流润民心》文章，展示水源治理的作用和好处。深圳生态环境局也在 10 月 25 日发布治水的新闻。可以看出对于生态文明、高质量发展、生态保护从国家战略到地方政策，都十分重视。2019 年 12 月 14 日青岛市在三民活动上，肯定之前水源工作，并指出水源发展的新态势

综合来看，高质量发展和流域治理生态保护是 2019 年各新闻媒体的报道热点，侧面反映出高质量发展和流域治理生态保护也是各地水源涵养功能区在 2019 年的工作重点，而关键词中水源整治、质量改善等新闻内容提及的高频词也证明在 2019 年政府在水源涵养功能区建设及治理方面的工作卓有成效。

2020 年各地水源涵养功能区应继续相应政府要求，结合生态可持续发展的要求，注重高质量发展，不断进行流域治理和水源涵养的生态保护工作。研究不同植被针对不同气候地区的水源涵养功能区，选择相应适合的植被，逐步完善各地的水源涵养功能区建设，实现水源涵养功能区的高质量发展和相关地区的流域治理及水源涵养地生态保护是非常重要，而政府针对此类社会性相关的政策出台以及学术界对不同地区适用的水源涵养植被的相关讨论尚有不足，因而大众对水源涵养功能区植被的相关知识缺乏了解，对相关的水源涵养功能区生态建设项目的了解更是匮乏。建议政府提高对水源涵养功能区相关内容、项目及政策的报道和科普，从而增强人们对此方面事件和知识的了解，进一步提高人们对水源水质、水源涵养功能区等的保护意识。

（二）微　信

对微信公众号推送文章进行热点计算，得出了排名前 25 的推送文章见表 3。

表3　2019年水源涵养热点微信文章TOP25

排名	公众号	标题	发布时间	阅读量	点赞量	评论量
1	中国房地产报	深度：水源地违建五证齐全 12 亿元赔偿款政府买单　石家庄滹沱河违建别墅深陷处置僵局	2019/1/13	26468	55	49
2	新闻纵横	山西临猗县某小区水质严重超标，反映问题后数据却遭删除	2019/4/22	12963	23	11
3	新京报评论	"敦煌西湖"300 年后重现，生态修复事在人为	2019/10/28	11545	74	22
4	蔚蓝地图	逾百个水源 2018 年以来监测发布均超标，水源整治需警惕污染反弹	2019/7/11	11102	50	32
5	城事特搜	触目惊心！清远一景区遭垃圾"围堵"，旁边还是水源保护地	2019/4/8	9575	31	28
6	新京报评论	新京报快评：一级水源区偷建活人墓，不能有"法不责众"式纵容	2019/3/30	8119	19	27
7	泰州发布	保护母亲河，我们这样做……"健康长江泰州行动"今天启动	2019/2/14	7928	36	10
8	意景生态	渭北旱腰带：旱从何来，如何进行生态修复与重建	2019/8/21	7201	26	3
9	连江微新闻	水源保护治出小沧湖清水秀之美　基础建设筑牢"凤凰故乡"振兴之基	2019/8/26	6114	60	30
10	中国科学报	曹文宣：长江上游水电开发的生态修复刻不容缓	2019/5/21	5380	43	11
11	合肥供水	水质安全关乎你我	2019/6/14	5062	18	6
12	浩泽净水家	引发赤潮，污染水源，这个危险的日用品你可能曾经用过	2019/11/22	4381	13	23
13	长江日	为了保护母亲河，今天，我们发起了这个行动	2019/3/5	3574	47	49
14	岑溪同城生活	岑溪大隆中学百余名学生相继拉肚子、发烧，疾控中心：初步判断为水源污染所致	2019/9/12	3409	14	25
15	中国文明网	保护母亲河是事关中华民族伟大复兴和永续发展的千秋大计	2019/11/18	3373	26	14
16	潮阳广播电视台	禁止在饮用水水源保护区内游泳　防止水污染	2019/11/23	3039	8	5
17	东莞生态环境	东莞市将驻点石马河 4 镇，决战水质达标	2019/11/22	2823	12	0
18	智慧泰兴	深夜，泰兴、高港、常州三地水政执法人员齐聚长江……	2019/11/24	2675	28	2
19	密云信息港	为保护密云水库，京冀 21 项措施治理周边小流域，补贴提高至 2000 元	2019/11/21	2591	21	8
20	中国黔西南	黔西南州开展 2019 年"保护母亲河·河长大巡河"活动	2019/6/18	2597	4	4
21	爱罗浮	罗浮镇东江水系罗浮河水质保护综合整治工程项	2019/11/22	2579	18	1
22	广东新闻频道社会纵横	三十余亩山林被毁，水源保护区内建墓园？（上）	2019/4/3	2338	15	8
23	爱我兴国	在长冈水库水源保护区游泳？自私！无耻！	2019/11/23	2350	6	5
24	宝安日报	盾构机来了！宝安建全国首条隧洞"护城河"，破解水源保护难题	2019/5/31	2193	5	1
25	给水排水	水业导航：水质监测预警技术创新与能力建设	2019/10/31	2156	16	0

　　从数据中可以看出，水源污染受到网民的高度关注。而水源地违建是网民关注水源污染的重点。中共中央、国务院在《关于全面加强生态环境保护 坚决打好污染防治攻坚战的意见》中指出，要打好水源地保护攻坚战。生态环境部联合水利部根据《意见》制定了《全国集中式饮用水水源地环境保护专项行动方案》，要求地方各级人民政府组织做好本辖区饮用水水源地环境违法问题排查整治工作，确保饮用水源安全。同时，数据中也显示出网民对于保护黄河的行动十分关注。

　　然后对微信 2019 年的文章内容进行 LDA 主题划分，提取文本主题关键词，并抽象为 4 个主题，结果如表 4 所示。由 LDA 主题划分的结果可以看出，水源涵养相关微信文章的主题关键词主要分为水源污染、水源生态、水质管理及水土保持四类。在每一类中公众号更关注的是热点事件，如对事件起因、经过和结果以及相关政策的讨论和解读。

表4 2019年水源涵养微信文章部分主题关键词表

主 题	关键词
水源污染	张家口首都水源涵养功能区和生态环境支撑区建设规划、部分支流水环境质量仍然较差、城镇生活污水处理设施负荷率偏低、工业污染尚未得到全面有效控制、是黄河流域水环境的主要问题、水资源开发利用不合理
水源生态	黄河流域的保护和发展历来是安民兴邦的大事、生态功能突出、抓好黄河流域生态保护和高质量发展是我们义不容辞的重大责任和历史使命、陕西处于黄河中游、黄河是中华民族的母亲河、同时也配合我市全面推行河长制、为加强做好两岸及水环境保护工作、服务保障长江经济带发展典型案例
水质管理	不忘初心、牢记使命、中国环境管理、更好地保护水资源、修复生态平衡、水是生命之源、提升人居环境质量、里畈水库、是临安区的城市饮用水源地
水土保持	保护母亲河、河长办、绿水青山就是金山银山、河长制、劣类水质的断面占13、在2011年我国十大水系干流的469个国控断面中、城市河流严重、水土保持之点滴

根据以上分析，对2019年水源涵养热点事件进行回溯。

2019年1月，水利部太湖流域管理局召开2019年工作会议，按照2019年全国水利工作会议部署，总结2018年流域水利工作，分析当前流域水利工作形势，研究谋划今后一个时期流域水利改革发展思路，安排部署2019年重点工作。2019年2月，河北省人民政府新闻办公室发布消息称，河北省委办公厅、省政府办公厅已印发通知，要求认真开展侵占生态红线违法违规房地产项目排查整治。

2019年5月，铁岗-石岩水库水质保障工程（二期）项目举行首台盾构机"铁石1号"始发仪式。该工程是深圳市重点工程项目，也是水源保护区规划调整的基础性工程。目前一期、二期工程已启动。其中，二期工程总投资16.85亿元，主要包含应人石河口生态库、九围河口生态库、应人石河口-九围河口生态库连通管（涵）工程、铁岗排出隧洞工程、水源保护区覆绿工程等5个子项，将建设两段长度共8公里的隧洞以及两个调蓄库容共406万立方米的生态库。2019年6月，黔西南州开展2019年"保护母亲河·河长大巡河"活动。进一步落实了河（库、湖）长制工作，加大推进兴仁市南冲河保护、治理力度。

抽取微信网友的评论数据进行情感分析，结果如图9所示。

从总量上来看，对于水源涵养相关公众号推送文章持正面态度的约占69.67%，而持负面评价的约占26.65%，还有少部分3.78%的网友评论情感为中性的。大部分公众号网民对于公众号发布的水源涵养相关内容的都抱有赞同的态度，但是依然存在部分持有反对态度。

在负面评论中，除了有部分与公众号推送文章内容无关的负面发言以外，有网友评论"这种政策要怎么实施，具体做

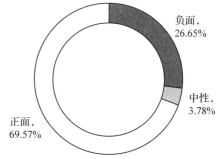

图9 水源涵养微信评论情感分布环形图

法都没有，且不说涵养水源的效果，连能不能完成都说不定呢"，这类评论主要是质疑政策的实施过程；此外有网友评论"能不能先从节约用水整啊，光涵养不节约有什么用啊"，这条评论则质疑保护水源的措施选择。

从对网友的负面评论内容分析中可以看出，大部分负面评论均与事件、政策的介绍不详细以及后续跟进不及时使得人们对水源涵养相关政策的推广提出了质疑，并表达了否定态度。政府应针对这几类质疑评价进行回复和解答，如有必要，相关微信公众号应该推送事件和政策的相关科普文章，并及时跟进事件和政策的发展和实施状况，以回复网民的质疑。

(三)微 博

根据收集的微博正文数据进行词频统计，其中排名TOP6的高频词及词频展示见表6。

从高频词可以看出关于水源涵养内容，微博网民的关注重点内容，整体来说，水源涵养相关的各个方面的关注热度较为平均，其中政策相关的水源涵养相关内容，即"水利""河长"等内容受到人们较多关注。此外，与水源保护相关的内容同样也受到微博网民的关注，如与"流域治理""水源污染"和"水土保持"的相关内容，与大众生活相关的主题受到人们较多的关注。总体来看，网民对水源相关事件和政策都较为关心，一方面与水源对人们生活的重要性有关系，另一方面也与政府政策宣传力度密不可分。

抽取微博网民的评论进行情感分析，结果如图10所示，据此得出以下结论：

一方面，从总量上我们可以看到正面评论占92.31%，而负面评论占6.15%，还有极少部分网民评论为中性，这类网民仅占1.54%，尽管大部分微博用户对于"水源涵养"话题表现正向情感，但其中也有不少负面评论，说明"水源涵养"这一方面还面临着许多问题，比如网民反映的一些水源污染、水源短缺以及浪费等问题。

另一方面，我们发现网民评论中基于正向的情感倾向大于基于负向的情感。整体来说持极端态度的网友较少，大多数网民都在理智探讨水源涵养的相关政策和事件，并对其发展持有正向积极的态度；而少部分网民也提出关于湿地生态存在的问题，国家及相关组织应及时对问题进行合理分析，并提出解决方案从而对舆情发展起到良好引导作用。

表6 2019年水源涵养微博正文部分主题关键词表

关键词	词 频
水 利	260
河 长	256
水源保护	224
流域治理	175
水源污染	164
水土保持	146

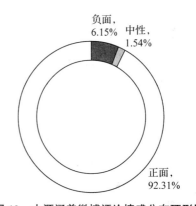

图10 水源涵养微博评论情感分布环形图

四、热点事件——数百亩荷花被野蛮采摘

摘要：2019年7月1日至7月5日期间，"数百亩荷花被野蛮采摘"经红星新闻发出后在微博上引发热烈讨论，大都是讨论野蛮采摘的人和对这种破坏环境的行为表示谴责，也有对工作人员的安慰，同时也有人针对这类事件的解决办法提出了自己见解。该事件引起广泛关注，最热门的相关微博点赞数高达21962次。荷花作为水源地一种重要涵养水源植物，应该受到保护，但由于其观赏性极佳，被破坏和滥摘在所难免，通过分析该热点事件的舆情内容，对政府如何防止或惩治对水源涵养功能区植被进行破坏的行为提供参考。

关键词：荷花 采摘 水源舆情

(一)事件概况

2019年3月25日，四川泸县起龙桥生态园景区因园区类河道联通工程施工，造成观光车道终端当日起暂停营业。

2019年6月份，景区周围铁丝网屡遭破坏，园内惨遭荷花被采摘。景区建设受到破坏，工作人员想要阻止，却无可奈何，景区两次报警。2019年6月20日左右，景区为了确保游客安全，增加工作人员，加强园区巡逻值守。2019年6月30日上午，红星新闻记者采访园区，依然能看见采摘荷花的游客。园区内到处都能看见别人采摘留下的枝干。

2019 年 7 月 1 日下午 1 点,红星新闻发布标题为《四川泸县几百亩荷花被野蛮采摘 游客强行进入景区两次报警》新闻,引发热议。2019 年 7 月 1 日下午 1 点后,中国经济网、人民网微博等媒体报道四川泸县几百亩荷花被野蛮采摘事件。

(二)舆情概况

1. 舆情走势

"数百亩荷花被野蛮采摘"热点事件舆情走势如图 11 所示。

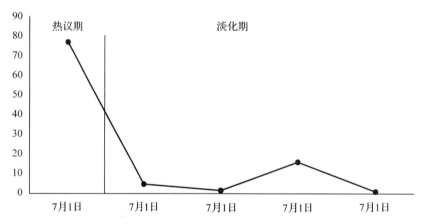

图 11 "数百亩荷花被野蛮采摘"热点事件舆情走势图

7 月 1 日下午,红星新闻发布新闻《数百亩荷花被野蛮采摘》后,在微博上经过各方新闻平台编辑转发后,引发热议。微博话题"数百亩荷花被野蛮采摘"的阅读量达到 328.5 万,讨论度达到 1584,舆情态势达到顶峰。7 月 2 日之后人们对该事件的讨论热度和关注度急剧下降,这与微博媒体信息更新速度快的特点有关。

截至 12 月 29 日,数百亩荷花被野蛮采摘事件已讨论度达到 2865,微博阅读高达 4138.5 万。其中最热门的微博为@ Vista 看天下官微根据红星新闻发布的新闻相关事件撰写的微博,该条微博在该事件被新闻报道之后,第一时间转发在微博发布,而后其他官微博主相继发布该事件的相关内容,从而引发网友的热烈讨论。而最初发布者@ Vista 看天下官微的该事件相关微博已被转发 431 次,评论 1358 条,并点赞 21962 次。

2. 舆情属性

"数百亩荷花被野蛮采摘"热点事件舆情情感属性分布如图 12 所示。

3.07%的信息属性呈中性,但该类评论从工作人员的角度考虑,也是变相否定了这些游客的做法。如网友@ 橘子辉煌 i 发表评论"前几天,在一名游客强行破坏围栏的时候,工作人员出面阻止却被推搡,'我们哪敢还手,现在自媒体那么发达'该工作人员直言,我们一还手,就变成了'景区打人',所以只有报警。该工作人员说,今年以来,他们曾报过两次警",支持这位网民观点的人很多,可以看出工作人员的辛苦,以及人们对游客行为的批评。

除了对滥摘荷花游客的批评以外,还有网友对如何处理野蛮偷采荷花的行为提出了意见,如网友@ Feed-My-Monkey-Banana 评论到"罚款啊,一花一万,不接受欠条",也有网友另辟蹊径,如网友

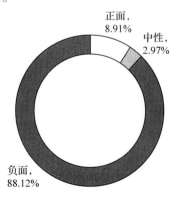

图 12 舆情情感属性分布图

@张晓雷说"挂一个牌子，景区特产，一支五百块，几个大汉就在路口收费就好了"，诸如此类的评论为当地部门解决破坏水源涵养植物的问题提出了解决方案和建议。

从舆情属性分布可知，88.6%的负面言论，通过"丢人""素质极低"等评论表达网民对"数百亩荷花被野蛮采摘"这个事件表示谴责侧重说明这种行为极其让人不舒服。另有8.91%的网民的评价为积极的，侧重点认为这个事件是部分人的行为，但也表达了对被野蛮采摘的荷花遭到破坏的惋惜。

总体来看，大部分网民对这个事件表示愤恨，对这些人表示强烈谴责，并且认为这些人素质极低。从数据中分析，我国居民大都是讲素质、保护环境的人，仅仅有小部分不具备高素质。这说明我国居民对于保护水源地的生态环境的理念已逐渐深入人心。

3. 热点舆情小结

荷花作为水源地的一种常见植物，对水源的净化和涵养有一定的作用，当荷花遭到野蛮采摘，人们的强烈态度，不仅体现了人们环保意识的增强，也体现出了人们对水源相关事件关注。政府应该积极利用这类热点事件，联系相关水源涵养生态功能区的保护政策，向群众宣传水源保护知识，并针对此类水源地破坏的相关事件，跟进了解事件进展，及时向群众进行表态。政府也应通过类似的水源地保护热点事件，完善水源涵养生态功能区的相关保护政策，或对已有的政策及规定进行推广、科普和宣传。

同时，在评论中，很多网民对于野蛮采摘水源涵养植物的问题提出了自己的意见和解决办法，主要有罚款和加强监管两种方法，政府相关部门可以结合相关法律法规以及当地实际情况，考虑网民意见的可行性。

五、舆情小结和对策建议

通过分析结果来看，新闻舆情主要报道水源保护和水源涵养生态功能区的相关政策和事件，正面内容以及相关政策报道占主要部分。微博舆情大部分为网民对其感兴趣内容的自发评论和官方微博的博文发布，舆情情感也以正向居多。微信平台文章的内容大多是关于水源地违建和水源污染的整治行动，虽然正向情感舆情数量仍占绝大比例，但负面评论的数量明显高于微博平台和新闻网站的负面评论数量。

水污染不仅是网民热议的话题，水源涵养关系到每一个人的生活，因而控制水污染也是政府水源保护的重点关注问题，水源涵养功能区建设的重要性不言而喻。

在建设和整治水源涵养功能区的过程中，对治理进展以及相关的水源地违建整治项目的实时跟进并向网民公布进展是非常重要的。通过舆情内容的分析结果来看，政府需要加强对水源涵养功能区的保护和管理，严格保护具有重要水源涵养功能的自然植被，限制或禁止各种不利于保护生态系统水源涵养功能的经济社会活动和生产方式，尤其对于乱采乱摘、乱砍滥伐行为要提出解决办法。还要继续加强生态恢复与生态建设，治理土壤侵蚀和水土流失问题，提高生态系统的水源涵养功能。

此外对于一些关于水源涵养的重点政策和事件，政府应在新闻、微信及微博等各个平台上及时发布和宣传。一方面保证网民对时事能够充分了解；另一方面若事件发布滞后，容易消磨人们对该事件的讨论热情，使得舆情信息较少，从而影响政府对该事件舆情的决策判断。

考虑到人们对水源涵养功能区相关内容的不了解，政府应该利用官方媒体、微信公众号、官方微博等途径，向人们科普宣传水源涵养功能区植被、水源保护区治理等相关政策、项目，在人们对水源涵养功能区有足够了解之后，才能在有相关正面政策或负面事件发生时，引发人们对水源涵养功能区的讨论，从而对政府在水源涵养功能区政策出台及事件处理方式等提供参考和意见。

参考文献

[1]詹浩苳，于自新，柴健. 关于京津水源涵养功能区建设的优化策略分析[J]. 农村经济与科技，2016，27(16)：67

-67.

[2]张珂歆.清河水源涵养生态功能区的现状及保护措施[J].环境与生活,2014(22):467-467.

[3]赵海亮.基于MODIS-NDVI的祁连山南坡水源涵养功能区植被动态监测及其气候相关性研究[D].西宁:青海师范大学,2015.

生物多样性保护生态功能区舆情报告

王明天　瞿　华　郑文迪　刘　璐　易　幸　李佳书　许振颖*

摘要：生物多样性是人类赖以生存的条件，是经济社会可持续发展的基础，是生态安全和粮食安全的保障。自我国建立生态保护区以来，我国的生态环境正在不断改善，一些生态保护区对于生物多样性的保护起到重要作用。我们通过搜集、汇总来自新闻、微博、微信及贴吧论坛等网络平台的相关文本和评论数据，对2019年网民就珍稀动植物、自然保护区、物种入侵等相关话题的讨论度和情感倾向进行舆情分析。同时，结合当年热点新闻事件和国家政策提出了一些针对生物多样性保护的建议和措施。

关键词：生物多样性　野生动物　野生植物保护　濒临灭绝

一、生物多样性功能区舆情概况

根据拟定关键词得到的2019年舆情数量分布（图1）：新闻490条数据，贴吧3735条数据、微信964条数据，微博2635条数据。

生物多样性保护的舆情内容主要围绕生态功能区对栖息地和稀有物种保护作用和珍贵野生物种的保护措施、物种入侵、物种资源研究等方面，研究分析生态保护区在生物多样性保护方面的重要作用，集中反映我国在相关政策、行动上的成果。其中各平台舆情以正向积极的态度为多，整体表现为对物种保护政策、物种保护新技术、生物多样性保护成果的支持与认可。其中微信、微博类中存在部分负向舆情，主要是对于非法走私、破坏物种多样性、破坏环境等行为的批评及对相关监管问题的指出。

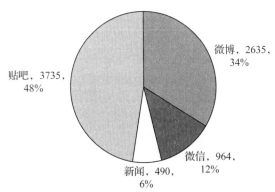

图1　2019年生物多样性保护舆情数据来源饼图

二、舆情内容分析

（一）新闻类网站

1. 舆情走势分析

抽取2018年度和2019年度新闻类数据，按月汇总绘制折线图如图2。

由趋势图可知，2018年新闻整体数量波动较平稳，2019年新闻整体数量波动较大。2019年3~4月中，我国大力推进各级地方政府及相关部门开展打击非法走私活动，对于野生动植物制品的走私案件及相关部门的打击行为有较多报道，中国在象牙等濒危物种缉私方面展现的担当受到国际广泛认可，故2019年3~4月出现峰值。

---

* 王明天：北京林业大学经济管理学院讲师，主要研究方向为林业大数据、林业经济管理建模仿真；瞿华：北京林业大学经济管理学院讲师，主要研究方向为企业信息系统、商务智能；郑文迪、刘璐、易幸、李佳书、许振颖：北京林业大学经济管理学院本科生。

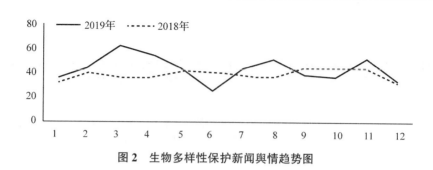

图 2　生物多样性保护新闻舆情趋势图

2. 舆情热点对比

对 2019 年新闻数据进行关键词抽取,并用词云展示 TOP50 的关键词(图 3)。

根据关键词词云显示,2019 年新闻网民对环境、野生动物等方面的关注度较高,对于物种、大熊猫、象牙、生物、濒危等生物物种有所讨论,另外资源、保护区、公园、草原、自然保护区、地区等关键词的词频也比较高,而这些关键词与生态环境、物种保护密切相关,反映出新闻媒体对于生物多样性保护的密切关注。

2019 年,资源保护、象牙走私、穿山甲走私、物种研究等话题关注度较高。1 月,媒体对多起象牙、穿山甲等走私案件及违法后果进行报道,呼吁百姓不要买卖野生制品。

图 3　2019 年生物多样性保护功能区词云图

2 月,陕西出台《秦岭生态环境保护行动方案》,持之以恒地有效保护秦岭这一国家重要生态安全屏障。4 月,国家公安机关与海关缉私部门联手开展打击整治象牙、穿山甲等濒危物种及其制品走私活动。6 月 8 日是第十一个世界海洋日,"珍惜海洋资源,保护海洋生物多样性"的话题引起大家的呼吁与讨论。9 月,有观点称地球目前正在经历第六次物种大灭绝,由于人类活动和气候变化,世界上有 100 万种物种濒临灭绝,其速度令人担忧。10 ~ 11 月,多地发现珍贵动植物。12 月,杭州海关与公安部门查获一起特大穿山甲鳞片走私案,已查明的涉案穿山甲鳞片共 23.21 吨。同年 12 月,我国海关打击洋垃圾走私"蓝天 2019"专项第三轮集中行动打响,对濒危物种和制品、洋垃圾走私"零容忍"相关行动引起媒体密切关注。

3. 舆情关键短语分析

根据 2019 年新闻类数据,进行关键短语抽取。结果展示如图 4。

相关主题包括生物多样性保护、保护区野生动物、草原湿地等方面。可以看出,新闻媒体对于物种保护、濒危动植物等话题高度关注。且由于近年来不断发生的野生动物制品走私案件,公众和媒体对于这些方面极为关心,不断提出呼吁。其中讨论度较高的地点为青海主体功能区、三江源生态功能区及西藏生态功能保护区等。

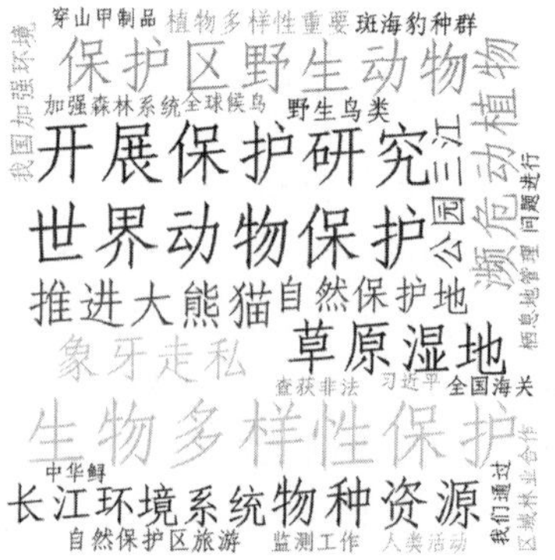

青海主体功能区规划已将全省 90% 的区域列为禁止和限制开发区,自然保护区总面积已达 21.77 万平方公里、占全国自然保护区总面积的 15.4%;全省 85% 以上的野生动植物、30% 以上的森林、70% 的高原重要湿地已被纳入保护范

图 4　2019 年新闻类关键短语词云展示

围;为维护国家生态屏障重要功能、保护生物多样性、保障经济社会可持续发展发挥着极为重要的作用。作为全国生态文明建设重点地区,青海的生态环境保护工作任重道远。

其中青海主体功能区的限制开发区为三江源生态功能区。三江源是长江、黄河、澜沧江的发源地,拥有世界高海拔地区独一无二的大面积湿地生态系统,是我国影响范围最大的生态功能区。2005年以来,国家启动三江源生态保护和建设一期、二期工程,全面实施沙化治理、禁牧封育、移民搬迁等项目。经过10余年努力,三江源水资源量增加近80亿立方米。其中三江源国家公园就是中国第一个国家公园体制试点。中国实行国家公园体制,目的是以国家公园的形式保持自然生态系统的原真性和完整性、保护生物多样性,是中国推进自然生态保护、建设美丽中国、促进人与自然和谐共生的一项重要举措。

西藏独特的地理位置、多样的生态系统和丰富的生物资源,使其成为亚洲乃至北半球气候变化的调节器,是维系高原生态系统及周边地区生态平衡的重要屏障。目前,西藏生物多样性持续恢复,全区森林覆盖率逐渐提高,且近年来通过实施西藏重点生态功能区规划、防沙治沙、重点流域生态公益林建设、退耕还林等林业生态建设工程,区域内沙化土地面积总体上呈现逐年减少的趋势。相关媒体对此加以报道并对此成果进行积极肯定,同时相关媒体也提出,由于受全球气候变化影响和特殊自然地理条件的限制,一些区域的生态环境依然很脆弱。因此,西藏必须在落实主体功能区划的基础上,严格落实生态保护红线管控要求,严守国家生态屏障。

(二)微 信

1. 微信文章

可以体现微信文章热度的指标包括阅读量、点赞量和评论量。根据项目的微信文章热度计算比例,调整它们之间的权重为7:9:4,并将热度最高的文章热度值设置为1,将数据进行归一化处理。计算后按照微信文章热度获取热度TOP25的文章信息(表1)。

表1 2019年生物多样性保护功能区舆情微信文章主题关键词表

排名	热点事件	月 份	首发媒体	舆情热度
1	大熊猫国家公园,长什么样?	2019/9	星球研究所	1.000
2	四川大熊猫那么火,陕西大熊猫为什么默默无闻?	2019/11	网易公开课	0.815
3	"非典"真的是吃野味吃出来的吗?	2019/8	物种日历	0.738
4	水塘中粉红色的"葡萄",竟是臭名昭著的入侵物种!	2019/1	物种日历	0.738
5	小龙虾被吃到濒危?!对不起,14亿中国吃货都解决不了物种入侵	2019/6	青年文摘	0.634
6	自然保护区的问题绝没有那么简单	2019/8	生命的探讨	0.341
7	大熊猫能活到现在,真的是奇迹了	2019/5	国家地理中文网	0.290
8	当初随意圈画的自然保护区,如今官民都尴尬!	2019/8	新华每日电讯	0.193
9	【视频】景德镇黄泥头水域惊现大片外来入侵物种,密集恐惧症慎入!	2019/8	瓷都晚报	0.143
10	没有地球,谈什么时尚?GEOX呵护大熊猫	2019/11	卢曦采访手记	0.128
11	【饶毅讲课】生物多样性:免疫球蛋白	2019/6	赛先生	0.124
12	外来物种入侵?珠江"白草鱼"成群来袭,钓鱼人爆钓	2019/5	怎么钓鱼	0.113
13	春天最美的景色,被这些野生动植物承包了!	2019/4	央视焦点访谈	0.103
14	人类近亲金丝猴到底有多"社会"?	2019/9	中国国家地理BOOK	0.063
15	激动!第三年,我们要守护圆滚滚的大熊猫	2019/7	三草两木	0.062
16	【视频】震惊!外来物种入侵我县,究竟是什么呢?	2019/5	仪陇县广播电视台	0.061
17	世界上栖息海拔高度最高的灵长类动物-滇金丝猴	2019/8	动物世界	0.055
18	熊出没请注意!原来大熊猫最爱在这里出现!	2019/5	iPanda熊猫频道	0.037
19	外来物种入侵,明年请看好您的青贮窖!	2019/11	乳业资讯网	0.036

（续）

排名	热点事件	月　份	首发媒体	舆情热度
20	高危外来物种入侵兰溪！一有发现一定要及时防治！	2019/5	微视兰溪	0.032
21	自然保护区里违规建工业园区谁担责？	2019/1	土地观察	0.030
22	【云龙关注】滇金丝猴栖息地修复和廊道建设助力脱贫攻坚	2019/8	云龙关注	0.030
23	南方烂泥里的野味，曾是古代人的主食，如今8元一斤，全靠手工挖	2019/11	三农时刻	0.029
24	莱州人爱吃的这种美味上榜物种入侵名录！坐不住了……	2019/5	花开莱州	0.027
25	来聊聊可怕的外来物种入侵……	2019/3	灵龟之家论坛官方平台	0.026

从这些高热度的微信公众号文章分析来看，微信网民对于生物多样性功能区保护这一话题讨论最多的主题分别是珍稀动植物、自然保护区和物种入侵。其中珍稀动植物这一主题中，网民普遍对大熊猫、金丝猴等相对熟悉的生物给予更高的关注。同时，在谈到珍稀动植物时，往往会与其相应的自然保护区联系在一起。而对于物种入侵这一主题，网民更多关注的是其造成的危害、相应的防治措施和解决办法。

2. 舆情主题及关键词提取

对微信平台数据进行主题聚类，得到2019年生物多样性功能区舆情微信文章主题关键词表（表2）。

表2　2019年生物多样性保护功能区舆情微信文章主题关键词表

主　题	关键词
栖息地保护	景观遗传学、秦岭植物物种资源调查表、金沙江鱼类保护栖息地、三江并流、基于景观遗传学的滇金丝猴栖息地连接度分析、四川大熊猫栖息地、栖息地资源
自然保护区	大熊猫、国家重点生态系统类型自然保护区建设、江西省赣江源国家级自然保护区黄竹岭、关注聚焦楚雄州自然保护区建设的民进声音、云南白马雪山保护区、保护区宣传与基金建设项目
珍稀野生动物	大熊猫友好型认证、世界自然保护联盟、鲃优1号、大熊猫、朱鹮、川金丝猴、滇金丝猴、棘胸蛙、华南虎、丹顶鹤、大青猴
非法猎捕、偷伐	中华人民共和国刑法、世界动物保护协会、护林员故事、防盗伐树木工作、巡护近亩林地、集体林权制度、偷猎、林下经济、非法猎捕、穿山甲、野味
物种入侵	自然生态系统破坏、物种入侵中国、物种入侵危害大、小龙虾入侵滇池重要的入湖河道、罗非鱼是我国最成功的入侵物种、云南省外来入侵物种名录、中国第二批外来入侵物种名单、美国亚洲鲤鱼泛滥、巴西龟、加拿大一枝黄花

根据以上分析，对2019年生物多样性功能区热点事件进行回溯。

2019年3月29日，打击野生动植物非法贸易部际联席会议第二次会议召开。2019年，联席会议确定开展4个方面24项重点工作，包括调整发布《国家重点保护野生动物名录》《国家重点保护野生植物名录》，组织野生动植物保护力量进行清网、清套、清夹专项行动，在全国范围内开展一次打击非法猎杀和利用野生动植物及其制品违法犯罪活动的专项行动。2019年4月22日是第50个世界地球日，国际组织"地球日网络"为今年选定的主题是"保护我们的物种"。2019年10月28日，中国野生植物保护协会联合中国科学院生物多样性委员会、世界自然保护联盟（IUCN）、国际植物园保护联盟（BGCI）、全球植物保护伙伴（GPPC）和阿拉善SEE基金会、中国林学会、四川省林业和草原局等单位，在四川省都江堰市举办了"2019全球植物保护战略（GSPC）国际研讨会"。

通过分析2019年生物多样性功能区舆情微信文章主题关键词表可知，微信用户对江西省赣江源国家级自然保护区、楚雄州自然保护区及云南白马雪山保护区这三个自然保护区的讨论热度较高。如下是对云南白马雪山保护区的简单介绍。

云南白马雪山国家级自然保护区位于云南省西北部迪庆藏族自治州德钦和维西县境内，保护区地势北高南低，处在青藏高原向云贵高原过渡接触地带，其主要保护对象为高山针叶林、山地植被垂直带自然景观和滇金丝猴。保护区内有国家重点保护珍稀植物 24 种，其中一级保护植物 4 种、二级保护植物 9 种、三级保护植物 11 种。保护区动物属东洋界、西南区、三江纵谷亚区（横断山亚区），共录得哺乳类 9 目 23 科 70 属 100 种，占中国哺乳类总种数的 16.8%，云南省哺乳类总种数的 33.3%；鸟类 246 种，隶属 17 目 43 科另 4 亚科，种数约占云南省记录鸟类种数的 30.7%。该自然保护区是目前中国面积最大的滇金丝猴国家级自然保护区。随着生态环境不断改善、保护工作有效推进，保护区内的滇金丝猴数量不断增多，从 2000 年的 1000 只上升到全境总数超 3000 只。

2019 年 12 月 21 日，云南白马雪山国家级自然保护区管护局生态研究所人员在保护区南部萨玛阁一带的红外相机中发现水鹿影像，这是保护区南部首次拍摄到水鹿。水鹿属国家二级保护动物，被列入《世界自然保护联盟（IUCN）2008 年濒危物种红色名录 ver3.1》——易危（VU）。过去一度认为水鹿在白马雪山保护区内已灭绝，直到 2017 年在保护区北部的奔子栏境内拍摄到了该物种，证实水鹿在白马雪山保护区内还存在。这次在南部也拍摄到了水鹿，说明水鹿在白马雪山保护区内分布比较广泛，这一发现对于该物种的保护是一个积极信号。

近年来，白马雪山保护区加大资源保护和管理力度，为珍稀野生动物提供了一个安全的生存环境。为加强野生动物活动监测，保护区采用红外线相机监控技术，不断捕捉到珍稀物种金钱豹、水鹿以及众多珍禽活动的资料。布控于保护区南部萨玛阁一带的红外相机是"2018 年迪庆藏族自治州科技计划——学科带头人项目"的工作内容，主要是监测保护区南部猴群的动态。经过近一年的布控，红外相机不仅拍摄到滇金丝猴猴群活动，还拍摄到了狼、黑熊、豹猫、赤狐等食肉性动物活动，说明保护区南部的生态系统处于良好状态，有力展示了保护区资源保护成效。

3. 舆情情感分析

对 2019 年微信平台评论数据进行情感分析，得到表 3 和图 5 的分析结果。

表 3　2019 年生物多样性保护功能区微信评论
文本情感分析表

	平均值	总　值
微信正向情感值	11.459	16660.692
微信中性情感值	0	16
微信负向情感值	-3.979	-2017.529

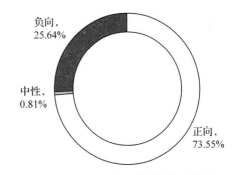

图 5　2019 年生物多样性保护功能区
微信评论文本情感分析饼图

以"微信正向情感值"计算为例，根据情感词汇表为每个表示正向情感的词语赋以特定分值，统计各词语的词频，对应分值与次数的乘积和即为微信正向情感值总值。总值除以所有正向情感词出现的总次数即均值。由表 3 分析可知，网民对生物多样性保护的主要情感为正向情感，基本无持中立态度的。正负向情感均值比约为 3∶1，正向情感总值比约为 8∶1。数据显示，网民对生物多样性保护整体呈积极乐观的态度，且对动物保护、植物保护、栖息地保护等工作持基本支持的态度。

4. 舆情关键词词频分析

对 2019 年微信评论舆情数据进行关键词提取，提取后的结果见表 4。

表4 **2019年生物多样性保护功能区微信评论关键词词频统计 TOP30**

序　号	关键词	词　频	序　号	关键词	词　频
1	大熊猫	719	16	破坏	151
2	物种	683	17	发展	149
3	保护	579	18	滚滚	145
4	梵净山	550	19	动物园	141
5	熊猫	377	20	致敬	140
6	贵州	330	21	绿孔雀	140
7	放生	330	22	感谢	132
8	环保	270	23	栖息地	126
9	入侵	251	24	野生	125
10	小龙虾	238	25	罗非鱼	123
11	金丝猴	232	26	自然保护区	120
12	福寿螺	217	27	绿水青山	119
13	喜欢	175	28	濒危	114
14	牛蛙	165	29	保护环境	113
15	保护区	158	30	灭绝	107

表4显示,网民讨论较频繁的话题有物种、保护、环保、生态和大自然,但也存在一些负面高频讨论词,如入侵、破坏、濒危、灭绝等。微信评论中,网友使用较广的表情符有:捂脸、偷笑、可爱、致敬等,多数呈正向情感的表达。大熊猫、小龙虾、金丝猴、绿孔雀等动物关键词的出现,表明网民对保护动物更加关注,关键词"大熊猫"的词频排在首位说明了这个现象。网民对保护植物的关注度与保护动物相比较弱,这可能是对保护植物识别需要专业知识、媒体对特定植物保护报道甚少、植物不如动物吸引眼球等方面的原因导致。动物与植物都与生物多样性高度关联,数据显示网民对于生物多样性还是相当关切,期望生物多样性能保持在好的水平。

(三)微　博

1. 舆情关键词提取

对2018年和2019年微博数据进行关键词抽取,得出2018年生态多样性保护舆情词云图和2019年生态多样性保护舆情词云图,词云图分别展示TOP50的关键词(图6、图7)。

图6　2018年生态多样性保护舆情词云图　　图7　2019年生态多样性保护舆情词云图

图 6 为 2018 年生态多样性保护舆情词云图,其展示的关键词中,野生动物、保护、物种、大熊猫、中国、猎捕、濒危等关键词的词频最高,这些高频词可分为正向情感和负向情感的两类,正向关键词如保护、公益、自然保护区等,表明公众对生物多样性的保护愈加重视;负向关键词如捕猎、濒危、破坏、入侵等,表明对生物多样性的破坏仍然存在且十分严重,应加大对生物多样性的保护以及破坏其的惩罚力度。

图 7 为 2019 年生态多样性保护舆情词云图,关键短语词云展示的相关主题包括国家一级保护鸟类、保护濒危动植物、保护动物大熊猫、濒临灭绝物种、非法猎捕、栖息地破坏等,同样分为正向情感和负向情感的两类。这表明我国对生物多样性的保护特别是珍稀野生动物的保护力度高,但仍面临栖息地破坏、非法猎捕、物种减少、珍稀野生动物濒临灭绝等问题。进一步提高生物多样性的重视程度和保护力度,实施更完备的保护措施义不容辞。

2. 舆情情感分析

对 2019 年微博文本进行情感分析,得出 2019 年生物多样性保护生态功能区舆情关键词数据情感分析结果,见表 5。

表 5　2019 年生物多样性保护生态功能区舆情关键词数据情感分析表

关键词大类	动物保护	植物保护	栖息地保护
微博正向情感均值	40.874	41.234	32.735
微博正向情感总值	63886.271	11421.825	13585.211
微博正向情感总量	1563	277	415
微博中性情感均值	0.0	0.0	0.0
微博中性情感总值	0	0	0
微博中性评论总量	96	23	34
微博负向情感均值	-6.732	-5.707	-10.037
微博负向情感总值	-619.429	-79.894	-1053.872
微博负向评论总量	92	14	105

表 6　2019 年生物多样性保护生态功能区舆情总数据情感分析表

微博正向评论总量	微博中性评论总量	微博负向评论总量
2255	153	211
86.10%	5.84%	8.06%

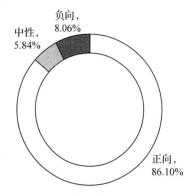

图 8　2019 年生物多样性保护生态功能区舆情情总数据情感分析图

表 6 为微博情感正负向均值总值汇总表,对微博文本进行情感分析可知(图 8),微博正向情感的均值和总值均大于负向情感,且正向与负向讨论数的总比值约为 10:1,因而得出结论:公众对动物保护、植物保护、栖息地保护多数持正向态度,即大多数人对动物保护、植物保护、栖息地保护等均表示支持,对破坏植物、掠杀珍稀动物和毁坏栖息地的行为表示强烈的反对。

4. 舆情关键词词频分析

对 2019 年微博生物多样性保护相关话题的数据进行关键词词频分析,得到关键词及词频见表 7。

表7 2019年生物多样性保护生态功能区舆情信息关键词词频统计 TOP30

序 号	关键词	词 频	序 号	关键词	词 频
1	野生动物	949	16	胡 杨	206
2	大熊猫	590	17	鸟 类	205
3	猎 捕	572	18	破 坏	204
4	非 法	567	19	黑颈鹤	202
5	朱 鹮	503	20	湿 地	188
6	动 物	432	21	可可西里	186
7	自然保护区	419	22	雪 豹	182
8	藏羚羊	335	23	种 群	170
9	栖息地	328	24	秦 岭	168
10	濒 危	300	25	褐马鸡	161
11	生 态	295	26	白唇鹿	141
12	金丝猴	293	27	重点保护	124
13	濒临灭绝	269	28	外 来	122
14	入 侵	237	29	犀 牛	114
15	森 林	230	30	珍 稀	111

表7为微博关键词词频表,该表显示,公众讨论最频繁的话题多为野生动物,如朱鹮、大熊猫、藏羚羊、金丝猴、黑颈鹤、雪豹、褐马鸡、白唇鹿、犀牛、华南虎等珍稀动物讨论热度较高。除此之外,也有一些负面的关键词热度比较高,如非法猎捕、濒危、濒临灭绝、物种入侵、破坏等,例如@人民日报的相关微博:"痛心!保护动物大鵟鸟放归后被毒死,山坡发现上百处投毒点——2019年11月初,沈阳猛禽救助中心救助的国家二级保护动物大鵟(读音同'狂')被野放,不料这只大鵟近日疑似被毒死。民警在其死亡点附近发现多处投放的含毒谷物。附近一村民因非法猎捕、杀害国家重点保护的珍贵、濒危野生动物被刑拘。"揭示了非法捕猎的恶劣行为,并表明了当事人也一定会受到惩罚的后果。

分析2019年生物多样性保护生态功能区舆情信息关键词词频统计 TOP30,秦岭、栖息地、自然保护区等关键词词频较高,表明微博网友对秦岭自然保护区的讨论热度较高。

(四)贴 吧

1. 舆情走势分析

抽取2019年度百度贴吧数据,按月汇总绘制折线图如图9,截至数据爬取日,每个月的数据量基本持平,说明贴吧网民2019年每月对于生物多样性保护的讨论热度基本持平。

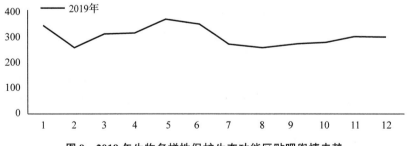

图9 2019年生物多样性保护生态功能区贴吧舆情走势

2. 贴吧热帖分析

对百度贴吧的与生物多样性保护相关的数据按照评论数排序,得到贴吧热帖 TOP15表(表8)。

表8 2019年生物多样性保护生态功能区贴吧热帖 TOP15 表

	贴吧名	帖子标题	月 份	评论数
1	云南发展吧	红河州县域经济发展考评再创佳绩	3	175
2	刚珊吧	中国生态之变：濒危野生动物猛增"死亡之海"不在	4	186
3	真动物迷吧	野生梅花鹿种群在老爷岭保护区正	12	194
4	刚珊吧	我省查获特大贩卖野生动物窝点 7000 余只动物堆积如山	4	200
5	刚珊吧	即将灭绝的野生动物——牦牛	7	219
6	刚珊吧	我们与野生动物的距离！	9	226
7	猫头鹰吧	关于国家保护动物的刑法条文，猫头鹰是国家保护动物	7	238
8	雀鹰吧	关于买卖国家保护动物的相关刑法	9	244
9	刚珊吧	国家林业和草原局：坚决遏制非法猎杀野生动物犯罪行为	6	356
10	中国绿发会吧	市民举报厦门市槟榔小学门口有人当街卖穿山甲！呼吁警方关注	11	391
11	拍卖吧	象牙犀角类文物 未经许可不得拍卖	5	544
12	哲学吧	北部白犀牛濒临灭绝绝对是人祸！试管胚胎能否拯救它们吗	2	565
13	香吧	富森红土沉香，顾名思义就是埋在红土壤里形成的沉香，已濒临灭绝	6	579
14	下司猎犬吧	东北满卢猎犬繁育第一人	9	639
15	植物吧	野生植物求鉴别，是个啥玩意？	10	733

3. 舆情关键词分析

对百度贴吧2019年生物多样性保护舆情数据进行关键词提取，得到2019年贴吧舆情词云表（表9），对表中关键词进行整理，形成贴吧舆情关键词表，表中出现了沉香、生物、物种等生物物种相关名词，说明贴吧网民对于生物多样性保护关注较多的物种有沉香等，另外出现了保护区、自然保护区等关键词，表明我们国家建立生态保护区对于生物多样性保护有重要作用。

图10 2019年生物多样性保护
生态功能区贴吧舆情词云图

表9 2019年生物多样性保护生态功能区贴吧舆情关键词表

类 别	关键词
动物保护	生态、保护、野生动物、动物、物种、植物
植物保护	森林、沉香、资源
栖息地保护	栖息地、保护区、自然保护区

图10 贴吧舆情词云表中，生态、保护、野生动物、保护区、生物、物种等关键词表明我国生物多样性保护功能区的主要作用，保护生态环境，既是要保护濒危动物、濒危植物也是要促进人类活动与大自然生物的一致性，生物多样性是人类赖以生存的条件，是经济社会可持续发展的基础，是生态安全和粮食安全的保障。

从贴吧舆情词云表中观察到有保护区、地方、生态、公园、栖息地等与生态保护区相关的关键词，这表明我国建立生态保护区对于生物多样性保护的重要作用，生态保护区可以维持物种基本的生命系统和基本生态过程，为自然进化、物种生存提供场所，保护物种完整的生态结构，更重要的一点是，生态保护区可以保护未知的物种[1]。贴吧频频出现在生态保护区发现某些濒危动物等高热度帖子，据此对于2019年的热点事件进行回溯。

2019年12月31日，由牧民组成的三江源生态保护区黄河源园区曲麻莱管理处绿色江源雪豹监测队队员，拍摄到大量白唇鹿、野狼、盘羊、藏原羚等野生动物，或孤独眺望，或灵动嬉戏。位于青藏高原腹地的三江源地区，是世界高海拔地区生物多样性特点最显著地区，其中，雪豹、藏羚、野牦牛、藏野驴、藏原羚、棕熊、岩羊等为青藏高原特有种，有许多已被列入全球珍稀濒危物种。

2019年12月30日，秦岭生态保护区"四宝"(大熊猫、金丝猴、朱鹮、羚牛)种群和栖息地面积呈现双增长，秦岭野生动植物的物种和遗传基因多样性丰富，在我国乃至东亚地区具有重要的典型性和代表性，被誉为中国的"生物基因库"。近日记者从陕西省林业局获悉，目前，秦岭已建成各类保护区33处，总面积850万亩，占陕西秦岭总面积1/10，形成初具规模、集中连片的自然保护区群。

2019年11月12日，气温骤降，多只火烈鸟飞到新疆克拉玛依市某湿地自然保护区。

2019年10月，在云南省的13个生态保护区接连发现多个新的生物种群，高黎贡比氏鼯鼠、滇南秋海棠、先导板蟹蛛、勐海西番莲、腾冲齿突蟾、宽足锐眼蚌虫、后臀鳅等。这些新物种的发现再次证明云南是地球上生物多样性较高的地区之一，物种的独特性具有较高的保护研究价值。

2019年7月，在湄公河附近再次发现了一只新生的伊河豚，这是今年所发现的第11头伊河幼豚。

秦岭地区现有陆生野生动物587种，其中哺乳类112种、鸟类418种、爬行类39种、两栖类18种。国家一级重点保护动物12种，国家二级重点保护动物63种，省级重点保护动物45种，有重要生态、科学、社会价值的陆生野生动物359种；秦岭有种子植物3800多种，列入国家和陕西省重点保护的野生珍稀濒危植物有176种，其中国家一级重点保护植物4种，有国家二级重点保护植物18种，有陕西省地方重点保护植物154种。秦岭"四宝"的种群和栖息地面积呈现双增长。朱鹮种群由1981年的7只发展到目前的3500余只，其中野外种群达3100余只，栖息地面积达2100多万亩，被国际保护组织誉为"世界拯救濒危物种的成功典范"；大熊猫种群达371只，与"第三次调查"相比，野外种群由273只增为345只，野外遇见率、数量增幅和密度居全国之首，栖息地面积达540多万亩，秦岭被称为"世界大熊猫保护旗帜地"；羚牛、金丝猴种群分别达4000、5000只。

4. 舆情情感分析

对2019年百度贴吧帖子正文和评论进行情感分析，得到贴吧舆情情感分析表(表10)和贴吧舆情情感分析饼图(图11)。

表10　2019年生物多样性保护生态功能区
贴吧舆情情感分析表

	平均值	总　值
正向情感值	175.44	3828
中性情感值	0.00	145
负向情感值	−17.78	537

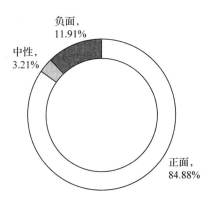

图11　2019年生物多样性保护
生态功能区贴吧舆情情感分析

由表10、图11可知，贴吧网民对生物多样性保护的主要情感为正向情感，正负向情感均值比约为10:1，总值比约为7:1。即公众对生物多样性保护整体呈积极乐观的态度，且对动物保护、植物保护、栖息地保护等工作基本支持，贴吧生物多样性功能区舆情的正向情感比其他数据来源的要多，说明贴吧的网民们对于生物多样性保护工作支持和理解更多一些。

5. 贴吧舆情信息关键词词频统计

对于2019年百度贴吧生物多样性保护相关数据进行关键词提取，关键词及词频见表11。

表 11 2019 年贴吧和论坛舆情信息关键词词频统计 TOP30 表

序　号	关键词	词　频	序　号	关键词	词　频
1	保护	256	16	种群	64
2	生态	232	17	放生	62
3	野生动物	210	18	大熊猫	62
4	动物	152	19	华南虎	55
5	沉香	146	20	自然保护区	54
6	野生	138	21	资源	53
7	文冠果	114	22	生态环境	51
8	栖息地	88	23	珍贵	50
9	生物	83	24	地区	50
10	濒危	82	25	哺乳期	50
11	野生	138	26	资源	53
12	湿地	81	27	黄花梨	47
13	环境	80	28	猎捕	43
14	保护区	76	29	灭绝	46
15	自然	75	30	雪豹	40

　　生物多样性保护分四种：一是就地保护，大多是建自然保护区，如卧龙大熊猫自然保护区等；二是迁地保护，大多转移到动物园或植物园，如水杉种子带到南京的中山陵植物园种植等；三是开展生物多样性保护的科学研究，制定生物多样性保护的法律和政策；四是开展生物多样性保护方面的宣传和教育。其中最重要的是就地保护，可以免去人力、物力和财力，对人和自然都有好处。就地保护利用原生态的环境使被保护的生物能够更好的生存，不用再花时间去适应环境，能够保证动物和植物原有的特性。从关键词词频表中的湿地、生态、保护区、保护、栖息地、环境、自然等表明贴吧网民讨论最多的生物多样性保护措施就是建立生态保护区，其中湿地自然保护区的生物多样性保护功能更强。

三、舆情小结和对策建议

1. 2019 年生物多样性保护生态舆情不同媒体的比较

　　新闻的生物多样性保护舆情能够即时的反映国家采取相关生物多样性保护政策，比如国家在 2019 年 3、4 月份大力打击非法走私活动，新闻网民对于打击非法走私的讨论热度较高，说明各个新闻平台已经成为国家推行相关政策、普及相关法律法规的重要途径，启发国家相关政府部门通过新闻平台控制生物多样性保护生态舆情。对新闻平台生物多样性保护相关舆情进行关键词提取，显示生物多样性保护与生态功能区有很高的相关性，尤其是青海主体功能区、三江源生态功能区及西藏生态功能保护区，新闻网民认为这三个生态功能区对于生物多样性保护有促进作用。

　　微信平台生物多样性保护舆情主要围绕生态保护区中的珍稀动植物、物种入侵和栖息地保护，微信网民对于珍贵动植物的讨论热度较高，比如大熊猫、金丝猴、朱鹮、川金丝猴、滇金丝猴、棘胸蛙、华南虎、丹顶鹤、大青猴、沉香、楠木等。为更好地保护生物多样性，政府可通过引导网民从保护珍贵动植物出发，保护生态功能区、保护生物栖息地就是保护珍贵动植物。引导网民们约束自身可能对珍贵物种造成危害的行为，参与保护生物多样性的活动。

　　微博生物多样性保护舆情数量较多，体现出微博网民对于生物多样性保护和生态环境保护讨论较多，微博网民对于生物多样性保护相关话题讨论较多的是野生动物、保护、物种、大熊猫、非法猎捕、濒危、栖息地保护，栖息地保护是微博网民认为保护生物多样性保护较为普遍和直接的方法。与其他媒体不同的是，微博网民对于濒危物种、非法猎捕、栖息地破坏和物种入侵等讨论较多，说明微博网民对于生物多样性保护更有危机感，从生物多样性保护目前存在的问题出发，探讨更好地保护生物多样性的方法。

贴吧网民对于打击非法猎捕活动讨论较多，尤其是大型非法猎捕珍贵动物和偷伐珍贵植物的话题讨论较多，比如贴吧高热度帖子："我省查获特大贩卖野生动物窝点7000余只动物堆积如山""市民举报厦门市槟榔小学门口有人当街卖穿山甲！呼吁警方关注""象牙犀角类文物，未经许可不得拍卖"，贴吧网民的关注点侧重于揭发和报道相关非法猎捕和偷猎活动，约束人类破坏生物多样性保护的行为。另外贴吧生物多样性功能区舆情的正向情感比其他数据来源的要多，说明贴吧的网民们对于生物多样性保护工作支持和理解更多一些。

2. 2019年生物多样性保护功能区舆情主题，重大成果和待解决的问题

2019年在生物多样性保护方面，公众讨论较频繁的话题有野生动物、物种、保护、环保、生态和大自然、保护区等，可以看出，公众和新闻媒体对于物种保护、濒危动植物具有很高的关注度。且由于近年来不断发生的野生动物制品走私案件，公众和媒体对于这些方面极为关心，不断提出呼吁。公众对生物多样性的高度关注是一个好的趋向，这也为生物多样性的保护工作鸣响警钟。生物多样性功能区舆情主题主要是保护濒危物种、野生动植物、生物资源等。

2019年，我国调整发布了《国家重点保护野生动物名录》《国家重点保护野生植物名录》，组织力量进行清网、清套、清夹专项行动，在全国范围内开展一次打击非法猎杀和经营利用野生动植物及其制品违法犯罪活动的专项行动，表明对濒危物种走私"零容忍"的态度，在各部门的共同努力下，我国野生动植物保护事业正呈现出良好的发展局面。除此之外，至今，中国已建立了67处大熊猫自然保护区，形成大熊猫栖息地保护网络体系，53.8%的大熊猫栖息地和66.8%的野生大熊猫种群纳入自然保护区的有效保护中；为拯救称为鸟中"东方宝石"的朱鹮这一濒危物种，朱鹮保护工作者开展了朱鹮环志标识、种群谱系、人工繁育、代孵代养、野化放飞等工作；现在，中国境内的金丝猴包括川金丝猴、滇金丝猴和黔金丝猴等，四川、甘肃、陕西、湖北等地的金丝猴种群数量已经增加到2万多只。而且2019年在多地发现珍贵动植物，随着我国对生态环境保护力度的不断加大，人们对保护环境的意识不断加强，大家对于物种的保护更为关注。

但也存在一些负面高频讨论词，如入侵、破坏、濒危、灭绝等。有观点称地球目前正在经历第六次物种大灭绝，由于人类活动和气候变化，世界上有100万种物种濒临灭绝，其速度令人担忧，这是现如今亟待解决的问题。

我国生态保护区对于生物多样性的保护有着不可忽视的作用，甚至一些物种的保护直接依赖于某个生态保护区，例如，羚羊的物种保护和可可西里生态保护区密切联系，吉林白山原麝自然保护区和林麝的保护。蒋明康、王燕通过调查研究得出："自然保护区建设对我国生物多样性保护极为重要。自然植被方面，自然保护区内分布的自然植被类型约占我国自然植被类型总数的90.2%，其中有效保护的自然植被有58种，占我国自然植被类型总数的10.0%；脊椎动物方面，23.5%的脊椎动物得到有效保护，较好保护、一般保护、较少保护的脊椎动物分别占脊椎动物总数的8.6%、14.9%和47.7%。未受保护和保护状况不明的脊椎动物分别占总数的0.3%和0.9%，另有4.1%的物种未予评估。从国家重点保护野生动植物的保护状况来看，国家重点保护野生植物中约有89.8%在自然保护区内有不同程度的分布，国家重点保护野生动物中约有89.7%在自然保护区内有不同程度分布"[2]。从我国生态保护区和生物多样性的关系论证了其相关性。

3. 根据生物多样性保护生态舆情分析提出建议

对于如何更好地保护生物多样性，主要有以下四种方法：就地保护、迁地保护、建立基因库、构建法律体系。就地保护强调把包含保护对象在内的一定面积的陆地或水体划分出来，进行保护和管理。迁地保护是在生物多样性分布的异地，通过建立动物园、植物园、树木园、野生动物园、种子库、基因库、水族馆等不同形式的保护设施，对珍贵物种、具有观赏价值的物种或其基因实施由人工辅助的保护。建立基因库则基于实现保存物种的愿望。同时运用法律手段，完善相关法律制度，来保护生物多样性。

云南大学罗辉指出："自然保护区周边社区因为自然保护区建立牺牲了本有的经济发展权力，并且长期是自然保护区看护的主力军，理所当然就成为了生态功能服务的重要提供者和保护者，自然应该对其经济发展造成的机会成本给予相应的生态补偿。通过生态补偿正的经济激励机制，也可充分调动当地居民生态保护的积极性"[3]。促进当地居民和自然保护区的协调关系是保护自然保护区和生物多样性的重要方向。

由于我国已经大力开展打击非法猎杀和经营利用野生动植物及其制品违法犯罪活动的专项行动，且野生动植物保护事业已呈现出良好的发展局面，加大相关法律法规的监管力度，严查违法行为。许多走私、贩卖野生动物及其制品的事件背后是有一整个利益团伙的参与，故相关部门应彻查此类事件，查出背后的犯罪团伙及其交易链，彻底打击此类行为。在此方面应该继续保持现在的打击力度或者加大力度，并提出以下生物多样性保护措施，以求对野生动植物及其栖息地进行更好的保护。

充分调动当地居民的舆论监督职能，很多濒危动植物栖息或生长于某些经济不发达地区，这些地区的文化教育水平较低，大家不懂法、不知法，尽管国家已经出台了相关动植物保护法，但是当地居民不了解，当地政府应当组织学习会向居民普及动植物保护相关知识，鼓励举报非法猎捕保护动物、偷盗保护植物等行为。

制定更具区域性及针对性的生物多样性保护法律法规。不同地区的政府及相关部门在国家已然出台的相关动植物保护法基础上，结合本区域的动植物保护现状进行更详细、具体的法律法规修改和制定，对具有区域特色的珍稀动植物加大保护力度。

参考文献

[1]杨绣坤.自然保护区对保护生物多样性的意义[J].农业与技术，2018，38(06)：253.

[2]蒋明康，王燕.我国自然保护区保护成效评价与分析[J].世界环境，2016(S1)：70-73.

[3]罗辉.自然保护区周边社区经济可持续发展路径研究[D].昆明：云南大学，2015.

防风固沙生态功能区生态舆情报告

王武魁　孔　硕　耿韵惠　李丹一　张靖然*

摘要： 荒漠化是全球普遍关注的热点问题，也是我国最为严重的生态问题。中国是世界上荒漠化面积最大、受风沙危害严重的国家。经过长期不懈努力，中国荒漠化防治事业取得了举世瞩目的成就。黄河上游重要水源补给区、京津风沙源区、鄂尔多斯高原、塔里木河流域等生态功能区治沙效果显著。同时，荒漠化防治应坚持维护生态平衡与提高经济效益相结合，实现生态修复、扶贫利民的共赢道路。

关键词： 防风固沙　生态保护　治沙

一、舆情概况

基于新闻、微博、微信三大平台，根据确定的 132 个防风固沙关键词爬取所需舆情数据。其中新闻类数据涵盖新华网、人民网、央视网、央广网、求是网和光明网等主流媒体。微博、微信类数据主要来源于林业官方微博、林业官方公众号以及与林业相关的权威机构等。2019 年防风固沙舆情数据共 6166 条，其中新闻类 488 条，微博类 3104 条，微信类 2574 条。以下基于三个平台数据对舆情数量、走势和内容进行分析。

1. 新闻类舆情数据近两年趋势相似，舆情高峰均出现在 8 月

抽取 2018 和 2019 年度防风固沙生态功能区新闻类数据，按月汇总绘制折线图（图 1）。截至数据爬取日，2018 年防风固沙生态功能区新闻类数据总量为 390 条，2019 年防风固沙生态功能区新闻类数据总量为 488 条。对比 2018 年和 2019 年每个月的新闻数量，新闻数量变化的整体趋势相似，峰值一般出现在 3 月、5~6 月和 8 月，2 月、4 月、7 月和 12 月则为新闻数量的低谷期。

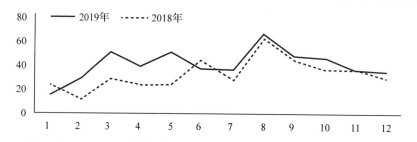

图 1　2018、2019 年防风固沙生态功能区新闻类舆情数据发文数量比较

分别对 2018 年和 2019 年防风固沙生态功能区新闻类数据进行关键词抽取，并用词云展示 TOP50 的关键词（图 2、3）。在 2018 和 2019 年中，"生态""沙漠""绿色""经济""森林""治沙"等，一直是词频较大的词。"绿色""生态"和"经济"三个关键词的出现表明我国的绿色生态与经济息息相关，林业即绿色生态的代表，承担着生态发展重任的同时，林业产业推动我国经济发展，林业是我国发展生态保护和经济发展的基础。"沙漠""森林""治沙"等关键词体现了"防风固沙"生态建设活动的重要性，表明我国致力于沙漠防治，控制和改善沙害环境，从而改善生态。对比 2018 年与 2019 年防风固沙生态功能区新闻类关键词，除"治沙""防治""保护"、"草原"等关键词外，"北京"

---

* 王武魁：北京林业大学经济管理学院教授，博士生导师，主要研究方向为信息系统、林业信息化和大数据；孔硕、耿韵惠、李丹一：北京林业大学经济管理学院硕士研究生；张靖然：北京林业大学经济管理学院博士研究生。

"内蒙古""新疆"等这些表示地理位置的名词也逐渐成为热点词。可以注意到除森林之外，草原在防风固沙中发挥的作用也逐渐引起重视。防风固沙生态功能区包括呼伦贝尔草原、科尔沁沙地、阴山北部、鄂尔多斯高原、黑河中下游、塔里木河流域，以及环京津风沙源区，与本文抽取的地理位置关键词较为一致。

图 2 2018 年防风固沙新闻类舆情关键词   图 3 2019 年防风固沙新闻类舆情关键词

根据训练模型计算与人工指定关键词距离最接近的其他词，扩展关键词数量，我们发现 2018、2019 年防风固沙生态功能区新闻类舆情数据对三北防护林工程、联合国防治荒漠化公约等话题有所提及。1978 年，与改革开放同步的三北防护林体系工程开始建设，被称为"绿色长城"的三北工程，是我国实施的第一个重大生态建设项目，为生态文明建设树立了成功典范。1988 年，邓小平同志为三北工程题词"绿色长城"[1]。改革开放以来，我国的森林覆盖率从 12% 扩大到 21.66%，几乎翻了一番，绿色发展理念不断深化创新，从"植树造林绿化祖国"到"绿水青山就是金山银山"，建设美丽中国成为共识[2]。其中治理库布其沙漠，是三北防护林工程的重要组成部分。库布其沙漠是中国第七大沙漠，总面积达 1.86 万平方公里。通过 30 年的整体治理，目前库布其总体绿化面积已达 6000 多平方公里，植被覆盖率由 30 年前的 3% 提高到了 53%，生物的多样性得到明显恢复。2019 年 9 月，中国在《联合国防治荒漠化公约》第十四次缔约方大会上分享了库布其治沙经验，为全球生态治理贡献了"中国方案"[3]。

2. 微博类舆情评论数据反映网民关注点

本文在微博平台共爬取 2019 年防风固沙生态功能区舆情数据 3104 条，共涉及以下七个生态功能区：科尔沁沙地、呼伦贝尔沙地、阴山北麓-浑善达克沙地、毛乌素沙地、黑河中下游、塔里木河流域以及环京津风沙源区。本文对已爬取的数据进行词频统计，结果见表 1。由表 1 可知，在防风固沙生态功能区微博类舆情部分，网民讨论的热点话题有沙漠化治理、石漠化治理、生态保护、绿化造林等。

表 1 2019 年防风固沙微博类舆情数据关键词词频统计 TOP20

序　号	关键词	词　频	序　号	关键词	词　频
1	沙　漠	700	11	莫高窟	216
2	治沙	681	12	草　原	210
3	丹霞地貌	674	13	甘　肃	159
4	月牙泉	560	14	腾格里沙漠	158
5	沙　湾	487	15	保　护	158
6	敦　煌	482	16	荒漠化	145
7	石漠化	365	17	沙　地	143
8	生　态	352	18	造　林	140
9	治　理	292	19	地质公园	137
10	旅　游	290	20	绿　化	120

　　本文根据防风固沙生态功能区微博类舆情数据中微博正文的"转评赞"数量,对每一条正文数据进行了加权计分(总分=转发×7+评论×9+赞×4),结果见表2。从表中数据可知,在防风固沙生态功能区舆情中,网民发布的热点文章主题包括各地政府防风固沙措施及成效、沙漠地区旅游业发展、生态保护区能源利用等。

表2　2019年防风固沙舆情数据热点微博正文TOP20

TOP	内容主题	转发	评论	点赞	得分
1	库布齐沙漠银肯响沙湾,是中国"响沙之王"	56701	11808	120833	986511
2	几代人心血被毁!华能"光伏项目推平千亩沙漠林草地"［怒］	17299	2858	78133	459347
3	哇,拥抱沙漠	3067	2953	4484	65982
4	大西北旅游攻略 一生必去看祖国的大好河山	72	80	7490	31184
5	生态环境部公布"11月空气质量排名" 舟山居首 京津冀改善明显	781	1344	3324	30859
6	华能陕北项目推平千亩林草地	360	256	2756	15848
7	敦煌	36	417	2838	15357
8	中国最美乡村	173	79	3275	15022
9	你相信这里20年前还是茫茫一片大沙漠嘛	593	453	1155	12848
10	毛乌素沙漠要被灭了!中国居然把沙漠治理成了绿洲!这就是中国奇迹	117	86	1665	8253
11	津冀鲁豫晋陕鄂连片污染北京空气质量随之恶化	182	384	474	6626
12	以后想再看见图一这样的黄土高坡不太容易了,陕北几乎都绿了	183	104	709	5053
13	华能光伏项目致沙漠10万棵树被砍!治沙劳模:树像孩子,很心疼	113	84	780	4667
14	为了个光伏项目,几天毁了毛乌素沙漠三千亩林地,砍伐万株林木,还以黑社会手段恐吓威胁当地辛苦几十年辛苦治沙种树的村民	113	84	780	4667
15	点赞新宁夏	215	233	258	4634
16	华能陕北项目推平千亩林草地	96	125	578	4109
17	参观三明市秦宁县的大金湖国家地质森林公园	30	114	698	4028
18	一年一个深圳,这是中国向沙漠收复失地的速度	222	70	407	3812
19	敦煌旅游攻略青海攻略	21	19	812	3566
20	毛乌素沙漠里的产业开发	154	130	225	3148

　　接下来本文对防风固沙生态功能区微博类舆情数据进行了情感分析,情感分析结果见表3,正负中性情感值分布如图4所示。根据分析结果可知,在防风固沙生态功能区生态舆情部分,网民评论的正负中性情感比例为92%、8%和0%,正向评论明显高于负向评论,舆论走势较为积极。整体来说,网民在防风固沙生态功能区部分的舆情较为积极,大部分评论都是对国家近年来防风固沙取得成就的认可和称赞。

　　其中,一部分是来自官方微博的报道,例如:@中国林业在2019年3月26日发布《"石山王国"绿色逆袭》数据显示,5年间贵州石漠化面积减少830.55万亩,森林覆盖率达到57%。国家相关部门对于贵州的成绩做出了一字评价——"优"。而优异成绩背后,是一部贵州石漠化治理、生态保护与农村脱贫发展齐头并进的"石山王国"逆袭记,当中饱含了贵州人的智慧与人生百味,也彰显着"贵州精神"；@中国绿色时报发布《广西：大石山区铺展生态画卷》最新发布的全国岩溶地区第三次石漠化监测结果显示，与2011年第二次石漠化监测结果相比，广西壮族自治区石漠化土地净减39.3万公顷，减少率20.4%，净减面积超过1/5，治理成效继续居全国第一。

另一部分是来自网民的声音。例如：@疼痛一把抓评论："再现大国重器！我国造出全球首台治沙车，效率惊人"；@sfszh评论："说到防风固沙植树造林，中国的技术还是世界领先的。草方格现在可以机械化铺设。沙地植树技术经过几代的更迭在成本效率、水利用率方面都有了极大的提高。但是防风固沙任重道远，在继续提高技术水平的同时，找到好的商业模式也是十分重要的。期待西北方的经济振兴。"同时，也有一些网友对沙漠化治理提出自己的担忧和建议。例如：@住在城头的农民评论："植被变好，生态系统服务功能提升，但同时可燃物质也大幅增加，森林、草原的防火形势异常严峻，很多沙化，石漠化，水土流失治理区应适时调整政策，种树与防火都不容忽视。"还有一些网民对防风固沙治理提出自己的希冀。例如：网民@上善若水1任方圆评论："植树造林，防止荒漠化，巴丹吉林沙漠，腾格里沙漠，库布齐沙漠，毛乌素沙地，都要绿起来。"

负向舆论主要有以下几点，一是有网民指出在沙漠化治理过程中，政府应该同时关注西北沙漠化地区人民的生活质量，改善当地的生活条件，提升人民的幸福感。例如：@民记老王评论："在这个靠天喝水、重度石漠化的深度贫困村里，你才会领悟'绿水青山就是金山银山'的美妙内涵。今年雨水偏少，背水的大妈说，新宅的水窖空了，只好去旧居的水窖里背。自来水管进村入户，那只是参观检查专用的形式主义杰作。没有源头，哪来活水？期待一场暴风雨的盛大莅临！"二是有网民批判工业化带来了更加严重的沙漠化。例如：@醒醒默默评论："回家了，只是工业化之后，家已非家。要在沙地上晒太阳了"；三是有网民批判过度放牧对环境沙漠化的加剧。例如：@TuneZou评论："第一次到祖国北疆。当年风吹草低见牛羊的阴山已经不复存在，取而代之的是荒芜，裸露的阴山，由于过度放牧，基本上已经没有草了。"

从防风固沙生态功能区微博类舆情数据中，我们不难看出，大多数网民对我国防风固沙工程取得的成就较为满意，认为我国沙漠化治理卓有成效。同时，也有小部分网民提出自己在防风固沙治理方面的意见及建议，即加强在治理过程中的能源利用、造林防火等问题。此外政府需提高西部沙漠化地区人民的生活水平，平衡工业化建设、草原放牧与沙漠化治理间的关系。

表3　2019年防风固沙生态功能区微博类舆情数据情感值

	情感均值	情感总值	正文总量
微博正向情感	39.627	113531.765	2865
微博负向情感	−7.385	−1765.112	239
微博中性评论	0	0	0

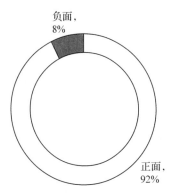

图4　2019年防风固沙生态功能区
舆情数据微博正文情感分布图

3. 微信类舆情数据治沙主题突出

微信平台共爬取2018、2019年防风固沙功能区生态舆情正文数据407条，评论数据2647条。为了直观地展现两年舆情数据变化趋势，我们按月汇总并绘制了2018、2019年防风固沙功能区微信类舆情数据时间分布折线图（图5）。由图5可以看出，2019年微信平台每月发文数量基本在10~30条之间波动；2018年全年数据趋势平稳，数据量在10条上下波动。值得注意的是2019年11月份、12 月份微信文章舆情数量较其他月份有明显不同，均超过 40 条。我们选取 2019 年防风固沙功能区微信类舆情数据进行报道方式和传播内容的具体分析。可以体现微信文章热度的指标包括阅读量、点赞量和评论量，我们将阅读量记为 M_1，点赞量记为 M_2，评论量记为 M_3。根据项目的微信文章热度计算比例，调整它们之间的权重为 7∶9∶4。微信文章热度计算公式如下：

$$M = 7/20M_1 + 9/20M_2 + 4/20M_3$$

表 4　2019 年防风固沙功能区舆情数据热点微信文章 TOP40

TOP	公众号	标　题	发布时间	阅读	点赞	评论
1	地球知识局	阿拉伯土豪为什么烧钱搞绿化？	2019/5/8	100001	1015	804
2	中建一局	世界防治荒漠化和干旱日！中建一局建造沙漠中的绿洲	2019/6/17	52102	29	7
3	蒙古圈	破坏草原犯罪，严重的判刑！	2019/3/14	47900	205	54
4	中国林业网	京津风沙源地 20 年生态逆袭	2019/8/28	14423	0	14
5	生态话题	林业科技聚焦四大问题七大发展趋势	2019/4/24	13137	0	6
6	比亚迪汽车	环保达人吴向荣：一次在心灵上植树治沙的公益之行	2019/8/12	12449	81	51
7	科学大院	我国第一个沙漠化研究的博士 30 多年来解决了哪些问题？	2019/3/16	10930	140	33
8	新华每日电讯	调查·观察：草原"失色"，三道"禁令"为何难治科右前旗私开滥垦	2019/10/28	10599	104	39
9	中国林业网	【最美林业故事】一家四代沙漠共组绿色拼图	2019/9/30	8601	0	7
10	中国林业网	中国林业产业："两山论"的生动实践	2019/9/25	8601	0	7
11	鄂托克前旗	【解答】森林草原保护建设 25 问	2019/3/18	8555	28	6
12	蒙　草	荒漠化防治国际研讨会：蒙草用"种质资源+大数据"探索精准荒漠化治理	2019/6/18	6323	14	7
13	中国科学报	毛乌素沙漠治理的"盐池"模式	2019/11/21	3666	23	80
14	中国科学报	沙漠中的"全科大夫"李新荣：给风沙以赤诚	2019/3/29	3666	23	80
15	创业英雄汇	机器人深入荒漠种植，每天绿化面积达 150 亩，效率是人工的 30 倍！	2019/5/1	3085	35	16
16	中国文明网	荒漠化防治是关系人类永续发展的伟大事业	2019/10/31	2370	27	10
17	全球博弈	中国发明"固沙"神器走红国外，一天固沙 50 亩，获联合国点赞！	2019/8/19	2266	51	4
18	生态环境部	【美丽中国先锋榜(18)】内蒙古杭锦旗库布其沙漠治理创新实践	2019/9/10	2315	6	2
19	国家大气污染防治攻关联合中心	强冷空气携沙尘过境，北方多地现短时 PM10 重污染	2019/11/18	2167	8	3
20	中国环境新闻	【美丽中国先锋榜】库布其沙漠治理走出经济和生态融合发展之路	2019/9/15	1429	0	1
21	武威日报	国家林草局局长张建龙在武威调研林业和草原生态建设工作	2019/8/26	1388	11	0
22	中国环境新闻	美丽中国之声：哭泣的草原多想回到从前	2019/1/11	1331	14	10
23	亿利集团	《联合国防治荒漠化公约》缔约方大会瞩目"中国方案"	2019/9/12	1219	18	1
24	中国林业网	各地林草头条：青海荒漠化治理助力三江源保护	2019/11/20	1100	9	3
25	中国林业网	防治土地荒漠化　推动绿色发展	2019/6/17	1100	9	3

（续）

TOP	公众号	标 题	发布时间	阅读	点赞	评论
26	中国林业网	北京：从沙漠化边缘城市到"花园城市"	2019/4/28	1100	9	3
27	中国绿色时报副刊	为了草原的明天更美好	2019/3/15	1046	0	2
28	阿克苏市零距离	阿克苏荒漠绿化工程再吹冲锋号！	2019/3/28	1006	10	0
29	今日左中	科左中旗召开全旗林业生态建设现场会	2019/11/12	944	9	0
30	草堂心语	【草堂论剑】刘加文：科学推进草原生态修复	2019/3/30	804	8	0
31	欧亚资讯社	探访鄂尔多斯沙漠绿洲"恩格贝"沙漠治理模式的"根据地"	2019/7/19	728	1	0
32	中国草原	滦河主干被"掐脖" 草原湿地陷生态危机	2019/11/20	675	7	0
33	中国草原	内蒙古的绿色"涅槃"之路：内蒙古荒漠化防治成效综述	2019/8/6	675	7	2
34	中国草原	【中国智慧】荒漠化防治（视频）	2019/2/3	675	7	2
35	中国草原	两会将至 回顾委员们为草原生态提出的"金点子"	2019/1/16	675	7	2
36	木木不哭网	IG 宝蓝兑现 S8 时期公益诺言，携手粉丝为沙漠绿化送出 8888 颗树苗	2019/4/19	635	0	2
37	中科院西北生态环境资源研究院	CERN 三十周年：中国科学院奈曼沙漠化研究站	2019/11/21	507	7	1
38	杞都精河零距离	新疆乌兰旦达盖沙漠：沙海变桑田 固沙又脱贫	2019/4/18	432	6	0
39	中国产经新闻	中国防治荒漠化：把千年沙漠变成"绿洲"	2019/6/15	337	4	2
40	非常历史	世界荒漠化日：防治土地荒漠化 助力脱贫攻坚战	2019/6/17	238	4	1

针对 2019 年防风固沙功能区微信类舆情数据，根据热度计算公式，选取热度在 TOP85 的发文信息（表 4 仅展示了 TOP40 的发文信息）。我们首先对选取的热度事件按月进行数量汇总（图 5），发现 2019 年度热度事件主要出现在 1 月、3 月、8 月、11 月和 12 月，其中 12 月热度事件总量高于其他月份。2019 年 11 月份微信舆情发文数量出现明显峰值，对可能的原因进行探讨，我们发现 11 月份发文主题以"库布其沙漠光伏治沙新模式"居多，库布其沙漠推出的新模式既可治沙又可发电，实现科学利用并举，舆情热度上升，网民关注度提高。

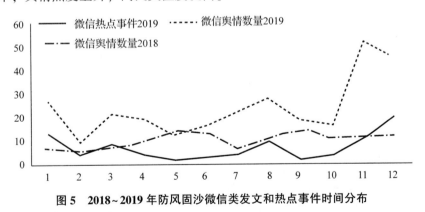

图 5　2018～2019 年防风固沙微信类发文和热点事件时间分布

从来源公众号角度，对 2019 年防风固沙功能区微信类舆情数据进行分析（图 6），发现热度事件主要来源于中国林业网、中国草原、中国科学报、中林联林业智库等公众号，但关于防风固沙主题的发文中，其他地方、企业级公众号占比也很大，可见防风固沙工程受到社会各界的广泛关注。

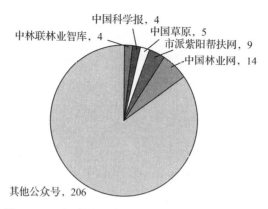

图6 2019年防风固沙热度事件来源公众号分布图

二、热点舆情回顾

1. 天然林保护修复进一步加强，相关法治更加严密

天然林是森林资源的主体和精华，是自然界中群落最稳定、生物多样性最丰富的陆地生态系统。全面保护天然林，对于建设生态文明和美丽中国、实现中华民族永续发展具有重大意义[4]。天然林资源保护工程（以下简称为天保工程）起始于1998年，到2019年已经有21年，中央财政共投入4200多亿[5]。天然林资源保护工程分为四个阶段，随着天保工程的逐步推行，天然林保护范围逐渐扩大，从2016年起开始扩大到全国，现处于第四阶段，全国都在实施天保工程，森林面积、森林蓄积、森林覆盖率在全国大幅提升。

21年来，森林资源面积和蓄积实现双增长，森林覆盖率从16.55%提升到22.96%，我国很多省份的森林覆盖率已经接近或者超过60%，例如，福建森林覆盖率达到66.8%，广西、江西森林覆盖率均在60%以上。天然林的面积增加了4.28亿亩，天然林的蓄积提高了37.75亿立方米。除此之外，水土流失的现象被遏制，固土保水效果非常显著。监测黄河数据显示，2016年监测结果与2020年对比，泥沙量减少90%，长江干流断面水质优良比例接近80%[5]，这都是天然林资源保护工程的成果。

2019年是天然林保护工作具有里程碑意义的一年。2019年7月23日，中共中央办公厅、国务院办公厅印发了《天然林保护修复制度方案》，完善天然林保护制度的重大决策部署，用最严格制度、最严密法治保护修复天然林。天然林保护修复制度方案是习近平生态文明思想的重要产物，是党中央、国务院对天然林保护修复工作的最新部署，是开展天然林保护修复的奠基性文件和纲领性文件，也是党的十九届三中全会以后，党中央发出的"加强生态文明建设"号召之后建立的重要制度之一。对于建设生态文明和美丽中国，实现中华民族永续发展具有重大的意义[5]。《天然林保护修复制度方案》印发之后，全国各地积极推进天然林保护工作，在陕西省黄龙山、江西省湖口县、云南省普洱市等地均展开天然林保护调研工作。10月17日，四川天然林保护工程入选"新中国成立70周年·影响四川十大工程"。四川是天然林资源保护工程发源地，截至2018年，四川累计建设公益林8642万亩，全省林地面积达到3.7亿亩，森林由1.76亿亩增加到2.83亿亩，森林覆盖率由24.23%提高到38.83%。四川省天然林资源保护工程区涵养水源量566亿立方米、减少土壤侵蚀量1.1亿吨、固定碳量4991万吨、释放氧气10586万吨，年生态服务价值1.16万亿元。工程的实施，保出了绿水青山，护牢了生态根基，为长江上游生态屏障建设做出了巨大贡献[6]。12月28日，中华人民共和国主席令第39号公布的《中华人民共和国森林法》，其中有很多条文对天然林保护进行了规定，特别是第32条明确规定："国家实行天然林全面保护制度"，应该说把天然林保护从法律上、政策上都进行了顶层设计[5]。

2. 库布其沙漠——治理绿化世界奇迹

库布其沙漠是中国第七大沙漠,地处内蒙古自治区鄂尔多斯市,总面积达 1.86 万平方公里,曾是京津冀地区重要的风沙源,被称为"悬在首都上空的一盆沙"[7]。通过 30 年的整体治理,实现了由"沙逼人退"到"人进沙退"的历史性转变,目前库布其总体绿化面积已达 6000 多平方公里,植被覆盖率由 30 年前的 3% 提高到了 53%,生物的多样性得到明显恢复。库布其沙漠的治理在防治荒漠化和土地退化方面积累了经验和技术,在治理土地沙化的同时带动了几千万沙区人口脱贫,"库布其模式"成功治沙的经验为世界治沙难题做出了巨大贡献,于 2019 年 9 月的《联合国防治荒漠化公约》第十四次缔约方大会上为全球生态治理贡献了"中国方案"[8]。如今库布其沙漠被联合国环境规划署确定为"全球沙漠生态经济示范区",被巴黎气候大会标举为"中国样本"。

2019 年 3 月,亿利沙漠研究院通过控制无人机在库布其沙漠上进行飞播造林。这是国内首次通过无人机弹射种植的方式进行沙漠飞播造林,和传统的水平播撒相比,新技术投放更准、用时更短。亿利沙漠研究院将具有耐寒、耐旱、耐盐碱功能的种子进行加工,通过与无人机植树技术相结合,重点解决了在广袤沙漠和沼泽地人难进、树难种、种树贵的难题。2019 年 7 月,第七届库布其国际沙漠论坛在鄂尔多斯库布其沙漠七星湖召开,该论坛主要对绿色"一带一路"与人类命运共同体、绿色金融与可持续的生态修复等生态问题进行讨论,并对中国荒漠化防治实用技术与经验进行分享。

库布其沙漠在生态治理模式上继续创新探索,提出了"光伏+治沙"的治理新模式。库布其沙漠是拥有丰富的太阳能资源,年均日照时数超过 3180 个小时,发展光伏产业得天独厚。在我国大力发展新能源的背景下,2017 年由国家能源局批准在库布其沙漠建设达拉特光伏发电应用领跑基地。该基地总规模 200 万千瓦,分三期完成,建成后年发电量将达 40 亿度,年减排二氧化碳 320 万吨。同时,这里还是中国荒漠化治理的试验场,探索出"光伏治沙"新模式,可有效治沙 20 万亩。该光伏治沙基地全部采用双面光伏板和跟踪式支架,同时吸收太阳直射光和地面反射光,实时跟踪太阳位置自动调整方向,可提高发电量约 20%。截至 2019 年 11 月,基地一期项目的发电量已超 9 亿度,实现产值约 3 亿元。现一期项目已完成生态绿化工程 2 万余亩,光伏板间隙种满了黄芩、黄芪等中草药,一些区域还种植着红枣等经济林木。一方面,基桩能固沙,光伏板能遮阴,为植物生长明显改善环境条件,治沙效果事半功倍;另一方面,绿化治沙能减少风沙侵袭,降低光伏项目的管护成本。从"沙进人退"到"人进沙退",从防沙治沙到科学利用并举,库布其沙漠从沙漠到绿洲的转变堪称世界奇迹,走出了一条光伏发电、生态修复、扶贫利民的共赢道路。

3. 新疆——"绿水青山就是金山银山"的鲜活例证

新疆是我国沙尘暴的主要发源地之一,荒漠化面积占全区国土总面积 64.31%[9],是影响西北、华北地区沙尘天气的路径区域。40 年来,新疆以三北防护林工程建设为重点,以农田防护林、大型防风固沙基干林带和天然荒漠林为主体,在"以水定林"的前提下,不断推动人工林的建设和天然荒漠林的保护修复,绿洲面积持续扩大。截至目前,新疆人工绿洲面积已有 6.2 万平方公里,比新中国成立之初增长了将近 5 倍,森林覆盖率由 1.03% 提高到 4.87%,增加了 3.84 个百分点[10]。

新疆柯柯牙,曾经沙漠占地区总面积的 31%,是新疆重点风沙策源地。1986 年,阿克苏地区在城市上风口的柯柯牙开始了生态建设工程,三北防护林工程在阿克苏大地上一点点蔓延开来。30 年来,阿克苏实施柯柯牙荒漠绿化工程,党政军警兵民一心,千军万马植树造林,书写了柯柯牙"黄"与"绿"的断代史。时至今日,共完成造林面积 115.3 万亩,全地区人工林面积达 522 万亩[11],创造直接效益 30 亿元,构筑了一道宽 47 公里、长 50 公里,集生态林、经济林于一体的"绿色长城",

促进了全地区生态、经济、社会的全面和谐发展[12]。30 多年来的励精图治，把风沙黄、天空灰变成了森林绿、苹果红。如今的阿克苏已成为新疆核桃、红枣、苹果等优质特色果品的主产区。

"柯柯牙精神"代代传承，2019 年春季，新疆各地纷纷开展义务种植活动。3 月，阿克苏职业技术学院领导、教职工、学生共 3100 余人次在约 440 余亩土地参加了 2019 年"阿克苏荒漠绿化工程大会战"柯柯牙义务绿化植树劳动；4 月，巴音郭楞蒙古自治州若羌县县城 65 个单位的 1800 余干部职工参加春季植树造林活动，造林总面积 2050 亩，栽植胡杨、沙枣等苗木 51 万株；同 4 月，新疆生产建设兵团第八师 150 团先后组织了 400 余人的植树大军，在沙漠边缘栽植梭梭树，截至 4 月 8 日，全疆造林已完成 87.6 万亩，比去年同期增加 8 万亩[13]；4 月 20 日，近万人参与的新疆第十一届全民植树节在乌鲁木齐县乌板公路 2019 年春季绿化场地举行，共植树 1.5 万棵。

新疆不断推进荒漠治理，2019 年 3 月 27 日，新疆巴音郭楞蒙古自治州和静县启动 2 万亩"三北"防护林退化修复项目，退化修复的树苗主要有白杨树、新疆杨、胡杨、葡萄、杏、黑核桃及小叶白蜡等[14]。7 月，新疆维吾尔自治区林业草原发展"十四五"规划前期调研总结会在乌鲁木齐召开，国家林业和草原局经济发展研究中心与自治区林业和草原局达成共识，签订了《新疆林草发展"十四五"规划战略研究合作框架协议》，标志新疆维吾尔自治区林业草原发展"十四五"规划战略研究项目正式启动[15]。10 月，乌鲁木齐市启动秋季绿化工作，计划新增绿化面积 10040 亩，将继续提高彩叶树种、观花树种和景观树种比例，同时强化科技攻关[16]。除此之外，新疆昌吉回族自治州阜康市梧桐沟国家级公益林区装配北斗卫星导航系统，护林员配备北斗导航巡护手持终端设备进行巡护，昌吉公益林管护已实现北斗卫星导航终端设备全覆盖。昌吉还引进、试验、推广了无纺布容器育苗、智能温室育苗、沙障网格造林、管件治沙造林等一批先进实用技术，打造智慧林业。

4. 陕西华能光伏项目毁林事件引舆论高潮

近年来，由于陕北地区特殊的日照条件，成为众多光伏企业的必争之地。2017 年 7 月 14 日，榆林市发改委同意伊当湾光伏项目备案，总投资 7.8 亿元，其建设单位为华能陕西靖边电力有限公司。光伏项目所在地位于伊当湾村的东北部，毛乌素沙漠南部边缘。毛乌素沙漠被称为中国四大沙地之一，位于陕西省榆林市和内蒙古自治区鄂尔多斯市之间，新中国成立后，人们开始改造这片沙漠的巨大工程。到了 21 世纪初，已经有 600 多万亩沙地被治理，止沙生绿。

但是，随着华能靖边公司光伏项目的到来，据不完全统计，这里 3000 余亩牧草地被推平，重又裸露的荒沙与周边林草地形成极大反差，成为这片绿洲上一道刺眼的疤痕，在当地民众中引发不满，有关项目审批和土地使用规范争议逐渐浮出水面。2019 年 5 月 4 日，伊当湾光伏项目施工方负责人带领 100 多人砍伐集体林木。9 月 10 日，伊当湾村二组组长殷文成再次发现有人砍伐林木，阻止过程中遭到对方恐吓，并将手机内视频强行删除。据村民们估计，两次砍伐的林木近 10 万株。受靖边县林业局委托，北京中林国际林业工程咨询有限责任公司于 2019 年 11 月 25 日对华能陕西靖边东坑伊当湾村光伏项目的现场进行勘验鉴定，得出结论：鉴定区域地表植被已被完全破坏，鉴定面积为 2764.11 亩。搜狐网、人民网、凤凰网、新浪网等主流媒体纷纷对相关事件进行了报道，引起网民的广泛关注。

应该承认，光伏发电是国家大力扶持的清洁能源利用方式，靖边县通过招商引资引来中国华能集团光伏项目本是一件好事，不料却造成了现在的"双输"局面。为防治荒漠化，中国人民付出了艰苦卓绝的努力，现在我国荒漠化土地每年减少 2424 平方公里，沙化土地每年减少 1980 平方公里，真正实现了荒漠化土地零增长。绿水青山就是金山银山，现如今环保理念越发深入人心，却有人大肆毁坏林木。荒沙变绿洲，浸透了治沙人几十年的血汗辛苦，数千亩林木被毁，怎能不让人气愤？华能光伏项目毁林一事，目前仍在调查中，需要进一步等待调查结论。陕西省自然资源厅、林草局工作组已抵达靖边展开调查。国家林业和草原局西安专员办工作组也前往项目现场实地察看并展开调查，榆林市也成立多部门联合调查组。但无论结果如何，林木的毁损已然造成，事件带来的教训不可谓不深刻。沙漠边缘植树造林不易，贸然砍树毁林，对居民生活和当地生态环境都会产生影响。

三、舆情小结和展望

防风固沙生态功能区包括呼伦贝尔草原、科尔沁沙地、阴山北部、鄂尔多斯高原、黑河中下游、塔里木河流域，以及环京津风沙源区。从采集的防风固沙生态舆情数据量及趋势来看，数据量不是很多，但呈增长趋势，说明网民对防风固沙生态功能区关注度正逐渐提升。通过对防风固沙生态舆情数据内容分析，网民方面，在防风固沙生态功能区部分的舆情较为积极，大部分言论都是夸赞国家近年来防风固沙取得的成就；媒体方面，发布的大多数都是有关防沙治沙积极正面的消息——我国防沙治沙积累了丰富的经验与技术，取得显著成果，频频获得世界赞誉，但目前我国依然毫无松懈地在主要防风固沙生态功能区实施重点工程推进治沙项目，加大沙区生态保护和治理力度，生态、经济共同发展。

土地沙化形势依然严峻，防治荒漠化任重而道远，既要学习"库布其模式"成功经验，又要因地制宜、分类施策。加强防风固沙生态功能区的建设和管理，抓好重点工程建设，加大生态恢复力度，加强防沙治沙科学研究和技术推广，积极研发、推行治沙新模式，严格依法治沙。

参考文献

[1] 光明日报. 40 年，筑起北疆绿色长城[EB/OL]. (2018-11-30) http：//economy. gmw. cn/2018/11/30/content _ 32078486. htm.

[2] 新华网. 绿色的奇迹——改革开放 40 年变迁系列述评生态篇[EB/OL]. (2018-12-07) http：// www. xinhuanet. com/politics/2018-12/07/c_ 1123821900. htm.

[3] 新华网.《联合国防治荒漠化公约》缔约方大会瞩目"中国方案"[EB/OL]. (2019-09-11) http：//www. xinhua-net. com/world/2019-09/11/c_ 1124988087. htm.

[4] 新华网. 中共中央办公厅 国务院办公厅印发《天然林保护修复制度方案》[EB/OL]. (2019-07-23) http：// www. gov. cn/zhengce/2019-07/23/content_ 5413850. htm.

[5] 中国林业网. 贯彻落实《天然林保护修复制度方案》推进天然林保护事业再上新台阶[EB/OL]. (2020-01-13) http：//www. forestry. gov. cn/sites/main/main/zxft/zaixianfangtantext. jsp? ColumnID = main _ 5901&FID = 20200116114014613534468.

[6] 四川省林业和草原局. 四川天然林保护工程入选"新中国成立 70 周年·影响四川十大工程"[EB/OL]. (2019-10-24) http：//www. forestry. gov. cn/main/425/20191024/162929505339839. html.

[7] 贺鹏飞. 库布其沙漠生态修复的"亿利模式"[J]. 中国土地, 2019（10）：42-45.

[8] 新华网.《联合国防治荒漠化公约》缔约方大会瞩目"中国方案"[EB/OL]. (2019-09-11) http：// www. xinhuanet. com/world/2019-09/11/c_ 1124988087. htm.

[9] 央广网. 新疆推进荒漠治理 筑牢生态绿色屏障[EB/OL]. (2019-12-12) http：//china. cnr. cn/news/20191212/t20191212_ 524894265. shtml.

[10] 新疆日报. 新疆三北防护林工程建设纪实（上）[EB/OL]. (2019-01-02) http：//www. forestry. gov. cn/main/392/20190102/160921041472993. html.

[11] 新疆日报. 新疆三北防护林工程建设纪实（下）[EB/OL]. (2019-01-03) http：//www. forestry. gov. cn/main/72/20190102/163809842242199. html.

[12] 中国绿色时报. 中国治沙：从"沙进人退"到"绿进沙退"[EB/OL]. (2019-10-08) http：//www. forestry. gov. cn/main/72/20191008/143941378928780. html.

[13] 天山网. 新疆植树造林挺进绿洲外围[EB/OL]. (2019-04-15) http：//news. ts. cn/system/2019/04/15/

035645486. shtml.

[14]巴音郭楞日报. 和静县启动2万亩"三北"防护林退化修复项目[EB/OL]. (2019-04-04)http://news. ts. cn/system/2019/04/04/035628227. shtml.

[15]天山网. 新疆林草发展"十四五"规划战略研究项目正式启动[EB/OL]. (2019-07-13)http://news. ts. cn/system/2019/07/13/035780839. shtml.

[16]天山网. 乌鲁木齐市秋季绿化将启动,计划播绿逾万亩[EB/OL]. (2019-10-10)http://news. ts. cn/system/2019/10/10/035920997. shtml.

洪水调蓄生态功能区生态舆情报告

马 宁 王 琳 许贺艳 黄 钊*

摘要： 洪水调蓄生态功能区，是能够调蓄江河洪水的地理区域，包括通江湖泊、沼泽等湿地。对国家和区域生态安全具有重要作用的洪水调蓄生态功能区主要包括淮河中下游湖泊湿地、江汉平原湖泊湿地、长江中下游洞庭湖、鄱阳湖、皖江湖泊湿地等。森林资源是洪水调蓄生态功能区的重要组成部分，本文对以上洪水调蓄生态功能区进行舆情分析，分析了新闻、论坛、微信以及微博四个平台有关洪水调蓄生态区林业建设的数据，并对数据进行了分析处理，基于数据找到了各地政府和网民关注的重点内容以及舆情走向。

关键词： 生态林业 森林发展 洪水调蓄

一、舆情概况

1. 洪水调蓄生态功能区介绍

全国共划分洪水调蓄生态功能区 8 个，面积共计 4.9 万平方公里，占全国国土面积的 0.5%。其中，对国家和区域生态安全具有重要作用的洪水调蓄生态功能区主要包括淮河中下游湖泊湿地、江汉平原湖泊湿地、长江中下游洞庭湖、鄱阳湖、皖江湖泊湿地等。长江沿岸的洞庭湖、鄱阳湖等都是重要的洪水调蓄生态区。洪水调蓄生态功能区在保持流域生态平衡，减轻自然灾害，确保国家和地区生态环境安全方面具有重要作用。洪水调蓄能力还与流域内植被、土壤、气候和地形等因素密切相关。

而林业的生态建设对洪水调蓄起到了很大的作用，森林庞大的地上和地下部分构成了一个保护层通过它的涵蓄、滞洪和理水作用，可以在相当大程度上消除洪水灾害的因素防止水土流失。森林的价值是巨大的，从特定环境和条件出发，用森林涵养水源、防风固土、固碳释氧、净化大气等四大功能价值评估，可明晰森林在洪水调蓄生态区区域性生态平衡，生态农业和经济建设中的重要作用[1]。

2. 舆情概况

从舆情数量看（图 1），在微信、微博、新闻以及论坛有关洪水调蓄生态功能区生态舆情的数据总量达 40564 条，其中微博 24820 条，微信 10482 条，新闻类媒体（包括人民网、央视网、央广网、光明网、新华网）559 条，论坛 4703 条。对洪水调蓄生态舆情进行分析，主要考虑森林建设、湖泊、沼泽等生态系统具有滞纳洪水、调节洪峰的能力与作用。对淮河中下游湖泊湿地、长江中下游洞庭湖、鄱阳湖进行洪水调蓄林业生态舆情分析。

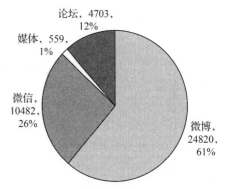

图 1 数据来源比例分布图

---

* 马宁：北京林业大学经济管理学院副教授，硕士生导师，主要研究领域为林业舆情分析、复杂系统建模与仿真、物流与供应链管理；王琳：北京林业大学经济管理学院本科生；许贺艳：北方工业大学经济管理学院本科生；黄钊：北京林业大学经济管理学院研究生。

3. 舆情走势

从舆情分布看，61%的有关洪水调蓄功能区林业生态舆情来源于微博，其次是微信，而新闻和论坛数据量相对较少，新闻平台由于没有评论数据所以数据量最少，仅有1%。微博是传播洪水调蓄生态功能区舆情的主力，各个地方相关信息都会从微博平台上报道，为大众提供实时信息，引导话题舆论走向。微信也是话题的主要传播途径之一，引导受众的舆论导向。

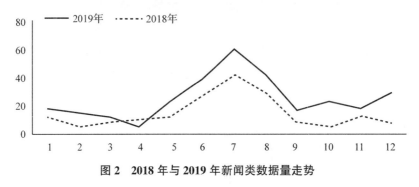

图2　2018年与2019年新闻类数据量走势

抽取2018年和2019年新闻类数据，按月汇总绘制折线图(图2)，2018年和2019年全年舆情走势均波动较大。2018年2月至4月舆情走势呈上升趋势，而2019年则在2月份呈下降趋势；4月份之后，2019年舆论增长迅速，相关新闻报道在7月份达到了峰值61条，与2018年相比同样在4月份之后舆论增长速度较为缓慢。此外，我们还发现2019年的数据量相比于2018年有所增多，追溯原因后发现新闻平台围绕长江防护林工程、长江经济带、1号洪水等话题展开的报道增多，洪水调蓄生态区的绿化造林区域建成基本连续完整、结构稳定、功能完备的森林生态系统，显著改善了长江森林生态功能。

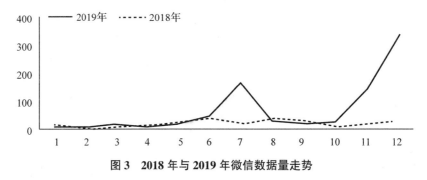

图3　2018年与2019年微信数据量走势

2019年和2018年微信平台数据量走势(图3)，在1月至5月有关洪水调蓄生态区林业建设的数据相对较少，基本少于50条。2019年由于7月份的"长江1号洪水"，导致相关文章报道增多。8月数据量剧烈减少，10月份以后，数量开始增加，"鄱阳湖区水位创新低"有关鄱阳湖湿地的相关

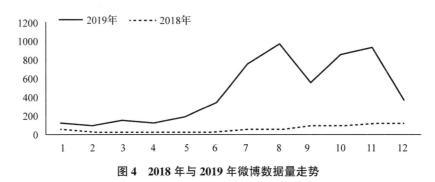

图4　2018年与2019年微博数据量走势

报道偏多。11 月，"中国森林旅游美景推广计划·走进鄱阳湖"全媒体采访行动启程，森林旅游这时变得火热，在 12 月份，鄱阳湖迎来了"国际观鸟周"，鄱阳湖区的森林旅游业受到各大媒体的广泛关注。2018 年数据量一直相对较低，微信平台相关洪水调蓄生态区林业、湿地建设报道不多。

2019 年、2018 年微博平台数据量走势(图 4)。2019 年从 5 月份开始，微博平台数据量增加，6 月、7 月、8 月数据逐渐增多，是森林旅游、森林防洪防汛的热季，10 月、11 月数据量又开始增加，"鄱阳湖区水位创新低"相关报道偏多，2018 年微博有关洪水调蓄生态功能区林业生态建设的文章相对较少。

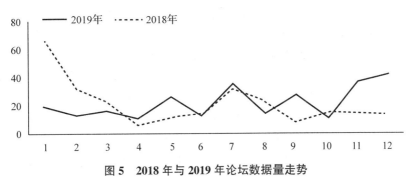

图 5　2018 年与 2019 年论坛数据量走势

抽取 2018 年和 2019 年论坛数据，按月汇总绘制折线图(图 5)。通过观察数据量走势图可知，论坛数据受季节变化的影响较小，数据量都在一定范围内上下波动。2018 年 1 月至 4 月舆情走势呈明显下降趋势，而 2019 年在 1 月至 4 月呈小幅的波动状态；4 月份之后，2018 年舆论数量有所上涨，在 7 月份达到了峰值 32 条，而 2019 年舆论依然处于上下波动的状态。

4. 洪水调蓄生态功能区关键词分析

表 1　正文按关键词类别分类(不含评论)

关键词大类	微信	微博	新闻	论坛
生态区动物	39	3467	31	157
灾害预警	518	5692	208	199
湖区湿地灾害预防	436	2115	320	491

表 2　大类下的关键词细分

关键词大类	关键词细分
生态区动物	林区动物、湖区动物、大闸蟹+水质污染、湖区养殖、湖水养殖、洞庭湖+小白额雁、洞庭湖+黑鹳、洞庭湖+小天鹅、洞庭湖+江豚、洞庭湖+麋鹿、洞庭湖+银鱼、鄱阳湖+白鹤、鄱阳湖+天鹅、鄱阳湖+东方白鹳、鄱阳湖+丹顶鹤、鄱阳湖+黑鹳、鄱阳湖+大鸨、鄱阳湖+白头鹤、鄱阳湖+灰雁、鄱阳湖+白琵鹭、鄱阳湖+红胸黑雁
自然灾害预警	森林火灾、湿地萎缩、湖泊萎缩、泥沙淤积、围湖造田、干涸、涝灾、洪水超警、水位超警、水位预警、洪水预警、水库水位、堤坝决堤、洞庭湖涝灾、超警洪水、超警戒水位、2019 年第 1 号洪水、鄱阳湖水位创新低、鄱阳湖干旱
湖区湿地灾害预防	森林防汛、平垸行洪、退田还湖、三峡工程、三峡蓄水、堤坝抗洪、移民建镇、加固干堤、疏浚河道、南水北调、洪水调蓄、拦蓄工程、蓄滞洪区、调蓄能力、调蓄量、蓄水防洪、防洪减灾、水源涵养、湖泊调蓄、湿地调蓄、蓄滞洪区、防洪减灾

从表 1、表 2 中可以分析出在不同平台传播途径中不同类别的关键词分布比较均匀。

湿地兼有水、陆特征是自然界中最富生物多样性生态景观和人类社会赖以生存发展的环境之一具有特殊的生态功能和宝贵的自然资源价值。在多雨或涨水的季节，过量的水将被湿地储存起来，直接减少了下游的洪水压力。然后，在数天、数周甚至数月里，再慢慢地释放出来，补充给河流或下渗补充地下水，有效地缓解枯水期河流缺水或断流的问题。水流经过湿地，湿地植物能有效地吸收有毒、有害和矿化物质,对水体起净化作用。湿地的特殊环境,还为野生动植物提供了丰富的食物来源和营造避敌的良好条件,是大量珍稀濒危鸟类、两栖类、爬行类、鱼类、哺乳类和高、低等植物生长和栖息的好场所。野生动物对生态环境很敏感,其中不少是当地生态质量的指示物种,种类和种群规模是区域生态环境最直接的反映。野生动物的回归说明林业生态涵养功能在持续恢复。

在洪水调蓄生态区中,保护和培育森林,不仅能有效调节和涵养降水,减少地表径流和表土腐蚀,而且可以减缓径流速率,相应消减洪峰流量和流速,失去森林植被,必然带来湖区淤塞、河床升高、湖泊缩小、水源断流的恶果。江河湖泊水位的变化与上游森林植被的状况密切相关。

我国是一个人口众多、山多林少、水资源严重短缺的发展中国家,从这个基本国情、林情、水情出发,我们应当把保护森林资源、根治水患与实现水资源的可持续利用看成是一个相互依存、不可分割的整体。建坝蓄水、筑堤防洪等水利工程措施固然十分重要;然而治山兴林、蓄水于山等生态工程措施同样不可忽视。前者是因害设防,化害为利;后者是防患未然,重在治本。两者相辅相成,不可偏废。在淮河中下游湖泊湿地、江汉平原湖泊湿地、长江中下游洞庭湖、鄱阳湖、皖江湖泊湿地等洪水调蓄生态功能区中林业生态环境建设工程与兴修水利工程应放在同等重要的位置,实行"林水结合、标本兼治",这才是顺应自然规律,从根本上治理水患,安民兴邦。洪水调蓄生态区森林建设的发展对改善城市空气质量、调节气候、净化水质、涵养水源、保护与修复湖区生态环境等方面,正持续发挥着重要作用[2]。

二、内容分析

(一)新　闻

分别对 2019 年和 2018 年的新闻数据进行关键词抽取,并利用词云展示了排名 TOP50 的关键词,根据关键词可以比较两年聚焦热点异同,结果如图 6 和图 7 所示。

图 6　2019 年洪水调蓄新闻类文章关键词　　　图 7　2018 年洪水调蓄新闻类文章关键词

从图 6、图 7 中可以看出,2019 年和 2018 年洪水调蓄生态功能区在新闻平台报道的关键词相似,其中"长江""生态""江西""发展""保护"等关键词出现频率相对较高,由此可见,近两年来,新闻媒体一直在报道生态保护、建设长江经济带等工作的稳步推进。

对 2019 年词云中的关键词语义进行扩展,发现长江生态建设、防汛抗旱、工程安全、洞庭湖保护等话题出现频率高,修复工作、建设污水绿色发展等话题也有所讨论。以长江生态建设为例,湖北省大力推进长江生态环境保护和修复工作,以秦巴山、武陵山、大别山、幕阜山等生态功能特征明显的山系为主,加快荒山造林,特别是加快推进长江两岸造林绿化,不断提高生态环境承载能力,推动全省生态环境质量持续改善。同时启动了长江两岸造林绿化三年行动,计划在 2020 年年底前完成造林绿化任务 74.8 万亩。湖北省林业局局长刘新池表示,推进长江两岸造林绿化是以增加森林面积、提高森林质量为主攻方向，以增强森林水源涵养功能、防治水土流失为重点，突出修复森林生态功能，加快构建长江流域结构稳定、功能完备的生态系统，确保长江一河清水永续利用。

同样对2018年词云中的关键词语义进行扩展，发现生态问题、江豚、湿地保护、环境红线、污染整治等关键词的讨论较多。以湿地保护为例，国家统计局发布报告指出，改革开放以来，国家逐步加快造林绿化步伐，加强对自然保护区保护力度，推进水土流失治理，重视建设和保护森林生态系统、保护和恢复湿地生态系统、治理和改善荒漠生态系统，全面加强生态保护和建设，国家生态安全屏障的框架基本形成。《全国生态保护与建设规划纲要（2013~2020年）》提出到2020年，全国生态环境得到改善，增强国家重点生态功能区生态服务功能，生态系统稳定性加强，构筑"两屏三带一区多点"的国家生态安全屏障。随着生态保护和监管强化，生态安全屏障逐步构建，我国自然生态系统有所改善，自然保护区数量增加，森林覆盖率逐步提高，湿地保护面积增加，水土流失治理、沙化和荒漠化治理取得初步成效。我国已初步建立了以湿地自然保护区为主体，湿地公园和自然保护小区并存，其他保护形式为补充的湿地保护体系。

新闻媒体主要对各区域政策进行解读，以及对进展结果进行相关的报道。

（二）微 信

微信是网民交流和提出观点的主要工具，分析热点的微信文章可以统计出网民热衷于讨论的话题，并针对这些热点事件进行分析，试图找出有关洪水调蓄生态功能区的林业生态舆情走向。首先进行了微信文章的热点计算，得出了排名前25的文章见表3。

表3　2019年洪水调蓄生态功能区热点微信文章TOP25

	公众号	标　题	发布时间	阅读量	点赞量	评论量
1	重读历史轶事	鄱阳湖区水位创新低：天鹅、大雁都不来了	2019/11/16	28707	59	19
2	生态中国网	生态头条：死亡江豚尾鳍被绑砖头，谁干的？专家：全世界只剩1千头	2019/11/14	5644	0	18
3	都昌组工微讯	【主题教育进行时】芗溪乡：开展保护鄱阳湖"一湖清水"环保志愿活动践行主题教育	2019/11/22	5027	0	22
4	庐山微视	【鄱湖水位】鄱阳湖水位持续偏低　干旱还将持续	2019/10/14	4725	106	4
5	手机江西台	赣云早报：江西260.5万人受灾 长江江西段、鄱阳湖水位仍在上涨；2019产学研用国际合作会议在南昌召开……	2019/6/13	4304	14	13
6	微观峰峰	湿地生态如何修复？珍礼区长这样说	2019/03/5	3976	26	2
7	航宇说	社会实践：走近鄱阳湖：水到之处——鄱阳湖水患调查	2019/7/25	2677	4	0
8	中国林业网	动植物保护：大批候鸟飞抵鄱阳湖越冬	2019/11/21	2023	14	2
9	洞庭湖江豚协巡队	东洞庭湖集中整治违禁捕捞高发水域	2019/6/14	1986	0	8
10	江苏生态环境	江苏打造最美"长江岸线"	2019/11/6	1421	19	0
11	DDON笛东	中国首个退耕还林并经生态修复国家级森林公园——合肥滨湖国家级湿地森林公园	2019/8/30	935	3	0
12	潮南在线	我区部署全区安全生产和森林防火暨防汛抗旱工作	2019/4/1	737	0	0
13	果眼看家	绿茵长廊，潺潺流水，森林氧吧，这就是国家湿地公园	2019/8/5	630	15	0
14	平果微报	激动！平果人，在家门口就能进国家湿地公园咯	2019/12/30	487	7	1
15	联合国粮农组织	重现鄱阳湖落霞群鹜秋水长天的美景	2019/12/3	412	13	0
16	河津新闻传媒	森林防火和防汛抗旱形势严峻	2019/3/29	307	2	0
17	资兴电视台	森林氧吧——湖南东江湖国家湿地公园	2019/04/13	283	0	0

(续)

	公众号	标 题	发布时间	阅读量	点赞量	评论量
18	科小院	中国区域发展战略及长江经济带发展	2019/11/14	191	1	0
19	环保 GIS 技术与应用	日渐消瘦的鄱阳湖，到底怎么了？	2019/11/29	179	2	0
20	湖南生态环境	洞庭湖生态经济区建设：实现生态保护与经济发展"两全其美"	2019/05/20	172	25	0
21	中国林业网	各地林草头条：鄱阳湖湿地成候鸟天堂	2019/12/27	73	2	1
22	湿地科学与管理	保护修复：湿地生态恢复	2019/09/23	65	0	0
23	益阳市河长制	努力推动洞庭湖生态面貌持续改善	2019/11/28	53	1	0
24	湖北河湖长	我省长江流域保护区禁捕加紧推进	2019/12/30	47	0	0
25	水利水电快报	世行 1.5 亿美元贷款助力中国长江上游森林生态恢复	2019/12/24	43	0	0

对微信 2019 年的文章内容进行 LDA 主题划分，提取有关洪水调蓄生态功能区文本主题关键词，并抽象为 3 个主题，结果见表 4。

表 4 2019 年微信文章主题分类

主 题	关键词
生态灾害	长江防护林，长江告急双肾衰竭，鄱阳湖区水位创新低，鄱阳湖水位超警戒，鄱阳湖干旱，鄱阳湖水位接近 98 年水平，枯水期鄱阳湖，鄱阳湖长江泥沙沉积，鄱阳湖河床干涸开裂，长江 1 号洪水，大闸蟹造成水质污染
森林防护	更新造林，森林抚育，退化林修复，森工林业局检查督导确保汛期水质管理，林业草原局汛期生产检查，林业局生产检查活动，告别采砂船洞庭湖焕然一新，长江中游荆江江汉洞庭地区防洪减灾策略，长江和湘赣两省做好防御工作，保护鄱阳湖一湖清水，县林业局扎实汛期生产工作，漂流河道疏浚，依法治水严管河道采砂，中国湿地保护全面推进
生态治理	全国森林经营规划，长江治理中江湖关系，乡镇生产工作动态，基础设施融资新规，鄱阳湖巡护员守护候鸟保护生态环境，推动绿色发展，整治外湖湖水生态修复，洞庭湖施工治理，治水方略调整方向探讨，整治洞庭湖，利用南水北调优质水资源打造万亩生态景观水面，乡镇生产工作动态，我国淡水湖鄱阳湖实施十年禁捕期

根据以上分析，对近几年洪水调蓄生态功能区热点事件进行回溯。

2019 年 3 月 28 日上午，全国森林草原防灭火和防汛抗旱工作电视电话会议召开，青岛在市级机关会议中心设分会场收听收看。全国会议结束后，全市森林防灭火和防汛抗旱工作电视会议召开。市委副书记、市长孟凡利出席会议并讲话。他强调，各级各部门各单位要深入学习贯彻习近平新时代中国特色社会主义思想和党的十九大精神，牢记以人民为中心的理念，恪尽职守履职尽责，切实抓好森林防火和防汛抗旱各项工作，确保全市安全稳定，让人民群众放心满意。

2019 年 11 月，江苏生态环境有关部门提到，近年来江苏省委省政府清醒地认识到"长江病了，且病得不轻"，始终坚持问题导向，狠抓长江环境治理。2019 年相关部门正持续开展保护区水生生物资源本底和生物多样性调查，加强保护区内长江江豚等生物资源监测和水域生态监控。通过开展增殖放流、修复水生植被、建设人工鱼巢、生态浮岛等生态修复措施和禁渔期执法管理，保护区内渔业资源逐渐稳定，水域生态环境明显改善。坚持生态优先，铁黄沙从根本上改变发展战略，从建设物流基地转变为打造长江生态岛。铁黄沙发展定位这一调整，不仅意味着先期投入的数十亿元不能达到预期效果，更让常熟失去了一个助力经济增长的重要项目。但常熟市决策层认为，为了保护长江，一定要这么做！这是常熟坚定新时代生态自觉的根本要求。

2019 年 11 月 14 日上午 8 点，鄱阳湖康山站水位为 11.96 米，是该站建站 67 年以来历史最低水位,严重影响了湖区候鸟和水生动物的食物资源和栖息环境。在江西省上饶市鄱阳县莲湖乡龙口村,这里以往是候鸟的主要聚居地。如今开裂的土地上,只有寥寥数只麋鹿和野鸭经过,候鸟难觅踪影。

抽取微信网友的评论数据进行情感分析,结果见表 5 和图 8。从总量上来看,微信网友评论持正向态度的约占 43.87%,持中性评价的占 1.86%,而持负向评价的占 54.27%。这一现象说明网友对于"整治外湖湖水生态修复""保护鄱阳湖""长江防护林"等相关微信正文的内容相对来说比较认同,评价积极,在"汛期生产检查""洪水预警"等事件中网友持中性评价较多。负面情感的评价占 54.27% 过半,这部分集中的话题以及背后的成因分析不能忽略,"鄱阳湖区水位创新低"这件事曾是网民热点讨论的话题,网民积极的评论例如"既要金山银山也要绿水青山""保护环境,从我做起"等鼓励大家加强保护环境的意识,同时大部分是负向评论,一些网民表示对于环境问题堪忧,对其他自然保护区的森林建设发展抱有担心的态度,2019 年多地出现干旱现象,同时也令网民对未来的环境持有担心态度,如"我们这边水库都快干了""江西已经很久很久没有下过雨了""广州珠江也快没水了,今年严峻啊"等负面评论颇多,这些现象影响了当地湿地、林业的发展,对森林旅游也带来了负面影响。

表 5　微信情感分析统计值

	平均值	总　值	评论总量
微信正向情感值	17.84904095	64952.66	3639
微信中性情感值	0	0	154
微信负向情感值	−6.170550866	−27779.82	4502

根据微信的评论数据,对其进行词频统计,其中排名 TOP20 的高频词及词频展示见表 6。

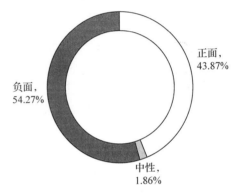

图 8　微信文章正负向评论总数环形图

表 6　2019 年微信评论舆情信息关键词词频统计 TOP20

序　号	关键词	词　频	序　号	关键词	词　频
1	点赞	446	11	防汛	106
2	辛苦	274	12	洞庭湖	102
3	感谢	219	13	抗洪	101
4	希望	215	14	国家	101
5	鄱阳湖	202	15	长江	97
6	致敬	196	16	鼓掌	96
7	加油	196	17	南水北调	91
8	洪水	189	18	挺住	90
9	三峡	182	19	母亲河	88
10	保护	129	20	生态	87

从微信平台有关洪水调蓄生态功能区的舆情分析的评论的关键词可以看出,"点赞""感谢""希望""致敬""加油"等祝福类祈祷类感谢类的评论是高频关键词,说明了网民对有关洪水调蓄生态功能区林业建设有关事件的报道颇为关注。"鄱阳湖""三峡""洞庭湖""南水北调""长江""生态"表明了各个相关公众号的报道的聚焦主题,也是各地区百姓关注的话题,同时也表明了网民关注的方向以及舆论的走向。

(三)微　博

根据官方媒体发布微博的正文数据,对其进行词频统计,其中排名TOP20的高频词及词频展示见表7。

表7　2019年微博正文舆情信息关键词词频统计TOP20

序　号	关键词	词　频	序　号	关键词	词　频
1	水　位	598	11	防　洪	204
2	洪　水	527	12	蓄　水	202
3	防　汛	440	13	应　急	199
4	水　库	407	14	强降雨	190
5	预　警	330	15	长　江	188
6	南水北调	323	16	河　道	179
7	工　程	273	17	警戒水位	175
8	超　警	247	18	湿　地	171
9	生　态	247	19	三峡工程	164
10	江　豚	227	20	鄱阳湖	146

从表7可以看出微博对洪水调蓄生态功能区关注的重点内容,其中关键词"水位""洪水""防汛"出现的频率较高,表明洪涝灾害是媒体和网民关注的焦点。同时,"工程""生态""湿地"等高频词也表明了微博报道的聚焦主题,2019年是中国实施退耕还林还草工程20周年,中国累计实施退耕还林还草5.08亿亩,占我国重点工程造林总面积的40%,成林面积近4亿亩,超过全国人工林保存面积的三分之一。"承德27个山水林田湖草生态保护修复试点项目完工""通川区生态环境局深入贯彻水污染防治法切实守护绿水青山""吉林湿地由抢救性保护转向全面保护新阶段""非法养殖污染国家湿地公园,监督!"等微博正文内容报道了各地为保护生态、保护湿地所做出的努力与成果。

抽取微博网友的评论数据进行情感分析,结果见表8。从总量上来看,微博网民评论持正向态度的约占31.81%,持中性评价的占1.95%,而持负向评价的占66.24%(图9)。这一现象说明网友对于微博正文内容的认同度不高,针对某些事件的发生持消极的态度,表明相关部门还有需要改进的地方,例如:保证湖泊湿地的洪水调蓄生态功能的发挥、加强对湖水污染的防治等。因此政府部门应该关注网友评论并及时采取解决措施,从而积极引导舆论走向。

表8　微博评论文本情感分析

	平均值	总　值	评论总量
微博正向情感值	12.71	53504.10	4210
微博中性情感值	0	0	258
微博负向情感值	-4.10	-35955.58	8766

(四)论　坛

针对百度贴吧和天涯论坛中涉及洪水调蓄生态功能区的舆情进行统计,对其正文进行词频统计,其中排名TOP20的高频词及词频展示见表9。

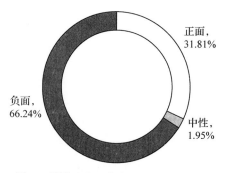

图9　微博正文正负向评论总数环形图

表 9　2019 年论坛正文舆情信息关键词词频统计 TOP20

序　号	关键词	词　频	序　号	关键词	词　频
1	江　豚	623	11	中　国	150
2	长　江	386	12	麋　鹿	137
3	鄱阳湖	343	13	筑　坝	128
4	保　护	247	14	南水北调	126
5	水　位	238	15	洪　水	121
6	水　库	221	16	保护区	113
7	生　态	215	17	候　鸟	106
8	湿　地	199	18	白　鹤	103
9	洞庭湖	171	19	种　群	98
10	工　程	168	20	防　汛	84

从高频词可以看出论坛网民关注的重点内容，如与江豚相关的主题以及与麋鹿、白鹤等保护动物相关的话题仍然是讨论的热点。同时，"洞庭湖""鄱阳湖""湿地"等高频词也表明了论坛网民的聚焦主题，如"长江之肾——洞庭湖今非昔比""第 23 届世界湿地日""从 47 到 0！采砂致鄱阳湖保护区江豚不可逆的伤害"等。其中，江西省为推进生态鄱阳湖流域建设提出了实施意见，践行"绿水青山就是金山银山"的理念，落实"节水优先、空间均衡、系统治理、两手发力"的新时代水利工作方针，打造鄱阳湖流域山水林田湖草生命共同体，构建生态文化、生态经济、生态目标责任、生态文明制度、生态安全等五大生态文明体系。到 2020 年，基本建立鄱阳湖流域山水林田湖草系统保护与综合治理制度体系，生态保护红线面积占比达到 28.06%；到 2035 年，鄱阳湖流域山水林田湖草系统保护与综合治理制度体系全面构建，国家重要江河湖泊水功能区水质全面达标，水资源利用效率持续提高，生物多样性更加丰富，产业结构明显优化，生态和人居环境显著改善，流域内生态效益、经济效益、社会效益全面提升，基本实现流域生态治理体系和治理能力现代化，人民群众对流域生态文明实现程度有较为普遍的获得感、幸福感[6]。

抽取论坛网民的评论数据进行情感分析，结果见表 10。从总量上来看，论坛网民评论持正向态度的约占 29.72%，持中性评价的占 1.76%，而持负向评价的占 68.52%（图 10）。这一现象说明网民对于洪水调蓄生态功能区相关事件的讨论多数持消极态度，如有的网民评论：这可不是什么好事，鄱阳湖越来越萎缩了；以后改名为洞庭河吧，也有的网民提出了自己的希望：希望江豚能保护好，不要再像白鳍豚那样；微笑天使加油。

表 10　论坛评论文本情感分析

	平均值	总　值	评论总量
论坛正向情感值	24.93200334	29868.54	1198
论坛中性情感值	0	0	71
论坛负向情感值	-9.148823316	-25269.05	2762

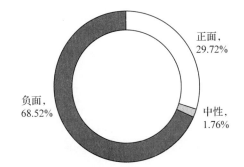

图 10　论坛正文正负向评论总数环形图

正面，29.72%
中性，1.76%
负面，68.52%

三、热点事件——长江第 1 号洪水热点事件

摘要：2019 年 7 月 12 日形成的长江第 1 号洪水引发了网民和媒体的广泛关注，体现了网民对洪水引发灾害的担忧。本文从微博、微信、新闻网站等媒体信息源共采集 165 条数据，通过舆情走势、舆情数据来源分

析、媒体报道解读等方面探究该事件产生的舆论观点与态度。最后针对长江流域防汛工作以及长江防护林建设做了总结并提出了一些意见和建议。

关键词：森林建设　调蓄　1号洪水　长江流域

(一)事件概况

2019年7月12日，水利部向长江中下游地区的上海、江苏、安徽、江西、湖北、湖南等省(直辖市)的水利部门和长江水利委员会发出通知，对监测预报预警、堤防巡查防守、水工程科学调度等工作提出明确要求，并增派2个工作组分赴安徽、浙江两省协助指导。长江水利委员会调度三峡水库逐渐减小水库流量，减轻洞庭湖区和长江中下游干流防洪压力。

2019年7月13日，受强降雨及洞庭湖、鄱阳湖来水影响，长江中游干流九江江段、鄱阳湖发生超警洪水，7月13日5时，长江中游干流九江站水位达到警戒水位20.00米，根据《全国主要江河洪水编号规定》达到洪水编号标准，"长江2019年第1号洪水"在长江中下游形成。

2019年7月15日至20日，长江上游有持续降雨，主雨区位于金沙江下游、上游干流及乌江，累积雨量80~140毫米。长江中下游干流各站水位将陆续转退，洞庭湖出口七里山站15日前后将最高涨至32.3米左右，低于警戒水位；鄱阳湖出口控制站湖口站、长江干流九江站本次洪水过程最高水位超警幅度将在1米左右。

2019年7月24日18时，随着鄱阳湖湖口水文站水位(江西湖口)退至警戒水位以下，长江中下游干流全线退至警戒水位以下，长江2019年第1号洪水顺利入海。

(二)舆情态势分析

1. 舆情走势

2019年的洪水形成的因素是多方面的。其中既有气候异常和地质地貌等自然因素的影响，又有人为因素的作用。在人为因素中，有工程技术的问题，也有生态环境破坏的后果。2019年长江1号洪水数据舆情趋势图如图11。

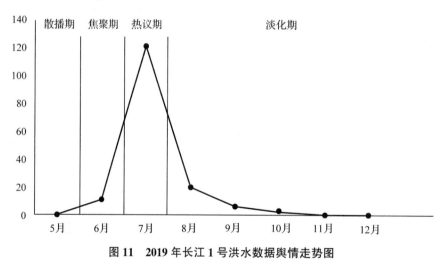

图11　2019年长江1号洪水数据舆情走势图

2019年3月12日，水利部部长鄂竟平在全国两会第四场"部长通道"接受采访，提出水利部预测长江今年有可能发较大的洪水，特别是中下游区域，表示今年要超前备汛，宁可十防九空，绝不一次放松。

2019年4月30日，长江防汛抗旱总指挥部对2019年长江水旱灾害防御工作进行部署。根据中长期水文气象分析预测，今年长江中下游可能发生较严重的洪涝灾害，上游北部区域可能出现一定程度的干旱，防汛抗旱形势不容乐观。

2019年7月12日，长江委相关负责人介绍，长江中下游地区近期遭遇多轮强降雨，目前两湖水系(洞庭湖和鄱阳湖)主要支流来水消退，但长江中下游干流及湖区水位持续上涨。中下游汉口站12日7时首次突破25米的设防水位，并保持继续上涨态势；中下游九江、湖口站12日8时水位分别涨至19.71米和19.42米，直逼20.0米和19.5米的警戒水位线。长江水利委员会称，2019年长江1号洪水将于13日凌晨在中下游形成。

2019年7月13日，受强降雨及洞庭湖、鄱阳湖来水影响，长江中游干流九江江段、鄱阳湖发生超警洪水。7月13日5时，长江中游干流九江站水位20.00米，达到警戒水位，标志着长江2019年第1号洪水在中下游形成。

2019年7月14日，水利部长江水利委员会进一步部署流域洪水防御工作。经会商，长江流域仍有持续降雨过程。

2019年7月22日，水利部长江水利委员会发布消息称，长江中下游干流及两湖水位逐渐消退。洞庭湖湖区已全部退出警戒，鄱阳湖湖区及长江中下游干流江段正在缓慢消退。预计九江站和湖口站将于24日前后退出警戒水位，降雨落区将向长江上游移动。

2019年7月22至25日，据气象水文预测，长江上游仍有持续降雨，强度为中雨、局地大雨或暴雨，降雨落区主要在金沙江中下游、嘉岷流域、长江上游干流区间。受天气系统控制，长江流域降雨已由中下游转移到长江上游，且长江中下游干流超警时间偏长。经报请水利部同意，长江委连续下发五道调度令，精细调度三峡水库和金沙江梯级水库群拦蓄洪水，在保障上游防洪安全的同时，充分考虑长江中下游防洪需求，为长江中下游干流和鄱阳湖区水位尽快退出警戒创造了良好的条件。

2019年7月25日，随着鄱阳湖湖口水文站水位(江西湖口)24日18时退至警戒水位以下，长江中下游干流全线退至警戒水位以下，长江2019年第1号洪水顺利入海。

2. 舆情数据来源分析

根据数据采集发现，自2019年3月12日至10月28日，有关长江1号洪水的舆情总量为165条(图12)。其中，57%的舆情来自于微信平台，28%的舆情来自于微博平台，15%的舆情来自于新闻媒体(包括人民网、央视网、央广网、光明网、新华网)。其中舆情初始阶段6月的数据共有11条，占比6.67%，7月份的数据占比最高，共122条，占比73.94%，到8月讨论热度稍降，共有21条，占比12.73%。

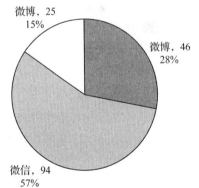

图12 2019年长江1号洪水数据来源分布图

(三)媒体报道解读

据水利部提供的数据显示，长江中游干流九江水文站(江西九江)7月13日6时水位开始超警，17日17时洪峰水位20.79米，超警0.79米，相应流量45800立方米/秒，23日23时退至警戒水位以下，超警历时11天；下游控制站大通水文站(安徽池州)7月16日14时水位开始超警，17日17时洪峰水位14.52米，超警0.12米，相应流量67700立方米/秒，20日7时退至警戒水位以下，超警历时5天；洞庭湖城陵矶水文站(湖南岳阳)7月17日0时水位开始超警，17日23时20分洪峰水位32.65米，超警0.15米，相应流量29600立方米/秒，19日10时退至警戒水位以下，超警历时3天；鄱阳湖湖口水文站(江西湖口)7月12日13时水位超警，17日20时洪峰水位20.45米，超警0.95米，相应流量23200立方米/秒，24日18时退至警戒水位以下，超警历时13天。

针对长江2019年第1号洪水，水利部启动水旱灾害防御Ⅲ级应急响应，先后派出了8个工作组和3个专家组赴湖南、江西、湖北、安徽等地指导暴雨洪水防御和抗洪抢险工作。水利部长江委启动防御洪水Ⅲ级应急响应，并统筹考虑上下游防洪形势，先后7次发出调度令，科学调度三峡水库，减轻长江中下游干流和洞庭湖、鄱阳湖区防洪压力。湖北、湖南、江西、安徽、江苏等沿江各省及时启动应急响应，强化堤防巡查防守和水库调度，长江干堤和洞庭湖、鄱阳湖堤防未出现大的险情，保证了长江1号洪水于7月25日顺利入海。

我国几乎每年都会发生洪水灾害事件。洪水灾害的爆发，常常给我们带来损失和伤害，导致农田被淹没，家园被摧毁，人甚至被冲走。而洪水过后造成的生态环境改变、粮食作物绝收、瘟疫的爆发等更是让人猝不及防。因此，如何有效地减少洪水灾害的发生是非常重要的。首先，政府相关部门必须不断提高预测洪水灾害的准确度，以便提前做好防汛措施；其次，当洪水来临，政府应及时采取应对措施；最后，加强市民对洪水灾害的认识，积极广泛的宣传洪水灾害防范方法、洪涝灾害的自救方法等。

（四）舆情小结

造成长江洪水的因素有很多：环境脆弱，气候异常是洪水形成的自然因素，由于厄尔尼诺的现象影响，长江流域出现持续大范围强降雨；盲目围垦，违章建设，分洪蓄洪区难以启用，由于人口的增长和经济的发展，分洪区内开垦种植，修建建筑、企业工程设施；不合理的土地利用，助长了洪水肆虐，人口的压力，经济的增长，加上长期以来片面地强调以粮为纲，进一步加剧了盲目的毁林开荒，坡地耕作，围湖造田，湿地退化，草场超载，不合理的土地利用造成了土地覆被格局的变化，造成了严重的后果。

长江流域森林的建设发展成了重中之重，长江防护林建设工程是我国最早组织开展的、针对大江大河生态保护的国家重点生态工程之一。这项工程于1989年开始启动实施，截至目前，近30年的时间，工程取得重大进展，为保护长江流域生态环境，发挥了重要作用。长江流域的森林带有效提升流域水源涵养和水土保持能力，为长江经济带绿色、可持续发展提供更为优良的生态条件，切实改善长江流域生态环境，维护了长江流域的生态安全。

长江流域从地理学、经济学、生态学、水文学上看，是一个不可分割的整体，应该从整体上进行规划、开发、建设。然而，长江虽然流域横贯我国东中西部，牵涉十多个省份，但其管理部门缺乏协调流经省份之间利益的能力。因此统一制定流域的规划和管理条例，依法保护、开发和治理长江是当务之急。除此之外，要加强对长江防护林建设的监督与管理，使其防御自然灾害、维护基础设施、保护生产、改善环境和维持生态平衡等作用效果最大化。

四、舆情分析结论

森林建设、湖泊湿地调蓄在洪水调蓄生态区的防洪中具有不可替代的作用。森林可以有效地起到蓄积降水、并通过渗透作用对降水进行重新分配，使无效水变成有效水，从而达到消洪和增加平枯期水量的作用。但由于一些泥沙淤积、围垦种植湖面干旱，一些洪水调蓄生态功能区对洪水的调蓄作用逐步降低。各级水行政主管部门和规划编制部门，需加强对洪水调蓄生态功能区包括淮河中下游湖泊湿地、江汉平原湖泊湿地、长江中下游洞庭湖、鄱阳湖、皖江湖泊湿地等调蓄作用变化特性及其影响研究。

森林、湿地作为地球极其重要和特殊的生态系统，与人类的生存、发展和繁衍息息相关。当前洪水调蓄生态区的森林湿地生态发展建设依然存在较大的提升空间，依旧存在漫长的发展道路，同时由于经济发展建设，森林资源遭受一定程度的破坏。森林资源总量不足、质量不高、功能不强的问题是我国现代化林业建设的短板。所以"扩大森林面积，提高森林质量，增强生态功能，为建设美丽中国创造更好的生态条件"是森林发展的目标。对于洪水调蓄功能区的林业建设有如下建议：

（1）加快推进林业法治建设，充分发挥法治引领、规范、保障作用，切实保护林业资源。有效应对林业灾害、切实维护森林资源安全，筹整合优化资源，理顺管理体制，妥善解决历史问题。

（2）加快推进以国家公园为形式的自然保护地体系建设，着力提升生态保护修复专业化水平，提高森林、湿地生态系统的质量和稳定性，蓄宝于林，藏富于民。

（3）加强林业基础设施建设，改善林场道路、管道、污染治理等基本公共服务设施，提高林业装备现代化水平。

（4）增强生态监测、森林防火、林业有害生物防治和自然灾害应急能力。

（5）加强林业服务体系建设，引进高水平专业人才，提升队伍整体素质。

（6）建立区域经济互补政策。由于各森林地区自然资源与环境差异对经济发展带来的不同影响，为了保护、恢复和合理消费诸如森林资源、水资源在内的各种自然资源，各洪水调蓄生态功能区之间应负有共同的但又有差别的责任，江河上游森林对水的储存与净化，水利行业对水体的运输与管理，对中下游地区的经济产业带来有益的影响。为此，可由国家政府协调运作，互相补给，共同发展。

总而言之，培育品质优良、总量充足、结构合理、功能齐全的森林资源，是洪水调蓄生态区减小洪水灾害的重要措施，也是洪水调蓄生态区满足人类生存与经济发展基本需求。

参考文献

[1]赵巍，盛世杰，张红柳．浅谈林业在生态区建设中的作用[J]．吉林市昌邑区林业站，1998．

[2]江泽慧．保护森林资源，建设绿色生态屏障[J]．1998．

[3]人民日报社．长江发生今年第一号洪水[J/OL]．https：//baijiahao.baidu.com/s？id＝1638975414610447025&wfr＝spider&for＝pc，2019-07-14．

[4]仲志余，余启辉．洞庭湖和鄱阳湖水量优化调控工程研究[J]．人民长江，2015，46(19)：52-57．

[5]彭凯．刍议当前非法采砂存在问题及对策[N]．黄河报，2019-12-03(002)．

[6]国家防汛抗旱总指挥部．印发地方各级人民政府行政首长防汛抗旱工作职责[J]．安全与健康，2019(07)：20．

[7]中国江苏网．建设绿色家园实现美丽梦想，长江发生今年第一号洪水[J/OL]．2019-12-1807：24：00．

大都市群生态功能区舆情报告

尤薇佳　马　昭　孟　菲　王佳欣[*]

摘要： 大都市群是指我国人口高度集中的城市群，主要包括：京津冀大都市群、珠三角大都市群和长三角大都市群生态功能区。对大都市群生态舆情进行分析，主要从生态系统生产或提供产品的供给功能、调节人类生态环境的调节功能、人们从生态系统中获得非物质利益的文化功能、保证其他所有生态系统服务功能的支持功能出发，密切关注包括大都市群的水库水质、城市森林、人工林、彩叶、古树、热岛效应、世园会、城市强降雨、生态教育、穿山甲、雾霾等热点的舆情。

关键词： 京津冀大都市群　长三角大都市群　珠三角大城市群　生态功能

一、舆情概况

大都市群的舆情分析主要以京津冀大都市群、长三角大都市群和珠三角大都市群为研究对象，基于新闻、微博、微信、论坛四大平台，根据生态功能区四大功能确定的 25 个关键词收集舆情数据。其中，新闻类数据涵盖新华网、人民网、央视网、央广网和光明网等主流媒体。从各平台舆情数量看，大都市群舆情数据共 21812 条，其中微信类 7188 条，新闻类 4173 条，微博类 9364 条，论坛类 1087 条，各平台数据量占比如图 1 所示。总体看来，微博为大都市群相关舆情的主要传播途径，占比 43%；其次微信公众号推送对大都市群相关话题也关注度也较高，占比 33%。由于部分网民在论坛发言时不会刻意提及地点，无法从中精确提取大都市群的有效数据开展分析，故在本分析中舍弃了论坛数据。

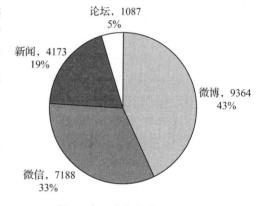

图1　各平台数据量占比图

近三年，京津冀大都市群，在微信、微博、新闻网的舆情数据总量达 8504 条，其中微信 2938 条，新闻 2024 条，微博 3542 条；长三角大都市群，在微信、微博、新闻网的舆情数据总量达 3488 条，其中微信 1164 条，新闻 857 条，微博 1467 条；珠三角大都市群，在微信、微博、新闻网的舆情数据总量达 9820 条，其中微信 3086 条，新闻 1292 条，微博 4355 条，论坛 1087 条。

二、舆情内容分析

（一）京津冀大都市群

1. 新闻类

2018 年京津冀大都市群新闻类数据总量为 353 条，总体走势较为平稳，在 9 至 12 月雾霾频发

---

* 尤薇佳：北京林业大学经济管理学院副教授，硕士生导师，主要研究方向为电子商务、数据挖掘；马昭：北京林业大学经济管理学院硕士研究生；孟菲、王佳欣：北京林业大学经济管理学院本科生。

的秋冬季达到小高峰；2019 年京津冀大都市群新闻类数据总量为 1552 条，较 2018 年增长 339.66%。2019 年 4 月 28 日，中国北京世界园艺博览会在北京开幕，迅速成为新闻媒体关注的焦点。各类媒体在世园会开幕初期纷纷对这一盛事进行报道，因此在 3 至 6 月北京世园会期间新闻类数据达到高峰。在北方 10 月初，随着温度的骤降，就进入了金黄的银杏季，新闻媒体对各地银杏的美景进行展示，新闻类数据在 10 月银杏红叶观赏期达到小高峰。2018 年及 2019 年京津冀大都市群新闻类舆情数量走势如图 2 所示。

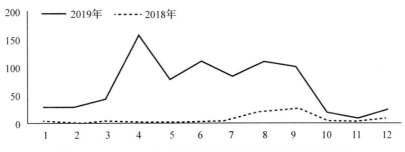

图 2　2018、2019 年京津冀大都市群新闻类数据量走势图

分别对 2018 年和 2019 年京津冀新闻类数据进行关键词抽取，并用词云展示 TOP50 的关键词如图 3、图 4 所示。在 2018 和 2019 年中，"北京""发展""生态""建设""植物"一直是词频较大的词，"世园""园艺""绿色"逐渐成为热点词。对比 2018 年与 2019 年关键词，"延庆""美丽""特色""旅游"的词频逐渐变大，新闻媒体对 2019 北京世界园艺博览会、美丽中国建设、特色旅游的关注度越来越高；同时，"北京""生态""发展"在两年中词频数量稳定，可以看出新闻媒体密切关注北京生态的现状与发展。2018 年中的"空气质量""污染"等关键词没有出现在 2019 年中，说明雾霾等空气污染的治理取得了一定的成效。

图 3　2018 年京津冀大都市群新闻类文章关键词　　　图 4　2019 年京津冀大都市群新闻类文章关键词

对京津冀大都市群新闻类舆情数据按主题进行词频统计，结果见表 1。可以看出，新闻媒体对京津冀大都市群雾霾、水库水质、人工林、绿水青山就是金山银山、北京银杏、北京世园会等方面的关注度较高。同时，在京津冀大都市群雾霾的讨论中，污染、北京、京津冀、发展、企业、空气质量、治理、协同、供热等话题出现频率高，新闻媒体对于北京的空气污染和京津冀协同治理雾霾等方面较为关注；水库水质的讨论中，工程、水库水质、北京、密云水库、天津、水源等话题出现频率高，究其原因，或许是由于在城市发展的过程中，京津冀区域内在人口迁移增长、城市规模扩张、产业碎片化布局、经济发展方式、经济结构调整整体链上，仍缺乏用水管理的有为政策，导致区域用水需求难以得到有效抑制，对供水安全保障形成了巨大压力[1]。新闻媒体作为官方报道的主要发布者，对于这一生态问题保持着密切关注；在人工林的讨论中，森林、林场、绿色、造林、绿

化等话题出现频率高；在"绿水青山就是金山银山"的讨论中，发展、生态、建设、北京世园会等话题出现频率高；伴随现代化建设取得巨大成就而出现的环境污染问题，成为中国的发展之痛。目前"生态文明"是宝贵的"软实力"，而培养广大人民群众树立绿色理念及绿色的生活方式，则成为新时代下城市"绿色发展"的必然要求。从分析结果不难看出，新闻媒体正是承担了培养广大公众梳理绿色理念的重要角色，通过各大新闻媒体对绿生态文明建设的科普与推广，绿色发展理念才能深入人心。在北京银杏的讨论中，公园、植树、红叶、古树等话题出现频率高，如人民网新闻《北京三里屯银杏金黄引客来》、中国网新闻中心新闻《北京：银杏迎来最佳观赏季 吸引游客拍照留念》都报道了秋天银杏季北京美丽的风景；在北京世园会的讨论中，园艺、园区、植物、国际等话题出现频率高。

表1　京津冀大都市群新闻类舆情数据按主题的词频统计

所属主题	相关高频词	词频	所属主题	相关高频词	词频
北京世园会	园艺	430	人工林	绿色	88
北京世园会	园区	377	雾霾	企业	84
北京世园会	植物	366	水库水质	工程	71
北京世园会	国际	354	雾霾	空气质量	69
绿水青山就是金山银山	发展	201	雾霾	治理	66
绿水青山就是金山银山	生态	172	水库水质	水库水质	63
雾霾	污染	159	雾霾	协同	60
雾霾	北京	157	人工林	造林	57
绿水青山就是金山银山	建设	150	雾霾	供热	55
绿水青山就是金山银山	北京世园会	136	人工林	绿化	50
雾霾	京津冀	128	北京银杏	红叶	43
雾霾	发展	126	北京银杏	古树	40
北京银杏	公园	103	水库水质	北京	36
人工林	森林	102	水库水质	密云水库	31
人工林	林场	98	水库水质	天津	28
北京银杏	植树	94	水库水质	水源	26

2. 微信类

在2019年京津冀大都市群微信类舆情数据中，以阅读量、点赞量和评论量来标识微信文章的热度，将阅读量记为M_1，点赞量记为M_2，评论量记为M_3。根据微信文章热度计算比例，设置三者的权重为7:9:4 微信文章热度计算公式：$M = 7/20M_1 + 9/20M_2 + 4/20M_3$。京津冀大都市群热点微信文章TOP30 见表2。

表2　京津冀热点微信文章TOP30

	公众号	标题	发布时间	阅读	点赞	评论
1	人民日报	北京世园会今天开幕，这份游园攻略请收好	2019/4/28	10w+	7864	18
2	阿滋楠	打卡网红世园会，园区太大！怎么玩？私一份攻略秘籍给你收藏	2019/5/12	10w+	4058	118
3	钟家地理	北京世园会 慎入	2019/5/2	10w+	3540	0
4	三联生活周刊	为什么北京春天的飞絮治不好	2019/5/5	10w+	3212	615
5	Vista看天下	为什么女人一过40，就酷爱到处挖野菜	2019/4/7	10w+	1014	59
6	瞭望智库	让中国人焦虑的杨絮背后，曾"拯救"北京800万人	2019/5/6	10w+	951	296
7	头条君	世园会来啦，顶级保电黑科技亮相	2019/5/10	10w+	799	0
8	北京晚报	手真欠！世园会里几十只"金色小鸟"被掰走	2019/5/13	10w+	637	171
9	新华网	这就是北京世园会	2019/4/29	10w+	595	156

（续）

	公众号	标题	发布时间	阅读	点赞	评论
10	阿滋大人	打卡网红世园会，园区太大！怎么玩？私一份攻略秘籍给你收藏	2019/5/12	10w+	405	24
11	侠客岛	【解局】雾霾围城，环保部长和北京代市长说了实话	2017/1/7	10w+	0	898
12	差评	1500万人能把雾霾吹出北京，吓得我赶紧＿＿＿	2017/12/2	10w+	0	673
13	人民日报	【提醒】雾霾又要来了！北京、天津等10省市将遭重度霾	2017/1/14	10w+	0	325
14	北京大学第三医院	雾霾天的自我防护｜来，听听呼吸内科专家的5点建议……	2018/3/28	10w+	0	28
15	杨毅侃球	雾霾里，一个北京孩子来看我	2017/1/6	10w+	1	15
16	小登明堂	雾霾灾害与北京风水三大败笔	2017/1/2	72442	2	106
17	健康时报	雄安新区来了！现在就让你看看，未来这个地方有多适合生活	2017/4/2	71897	0	71
18	最爱大北京	意外的惊喜！北京市区还有这样公园！精彩不输园会	2019/5/26	59502	167	49
19	北京日报	世园会让全世界认识这两个中国字：妫汭	2019/5/13	51301	200	34
20	什么值得吃	沙尘暴过后，这10家店让你重新爱上北京	2017/5/5	49718	0	37
21	创业见闻	千亿地产大亨死前竟付不起药费，北京风沙真相的背后，令任志强悲恸、潘石屹唏嘘	2017/5/14	39908	0	65
22	青春北京	世园会才刚刚开幕，就已经美到不行	2019/5/15	39728	207	54
23	凰家智囊团	来了，白洋淀DC！这真不是愚人节玩笑	2017/4/1	39794	0	43
24	北京交通广播	快回家！今晚北京将迎雷电大风+冰雹+强降雨	2019/8/15	37800	38	53
25	汽车预言家	一个来自世界雾霾核心区域的邯郸人真实自白——"赎罪"雾霾	2017/1/4	34561	0	6
26	北京交通广播	紧急通知！强降雨来袭，下班晚高峰尤其要注意	2018/7/11	33404	0	42
27	北京日报	世园会今晚盛大开幕！最全游览路线来了	2019/5/14	31978	135	33
28	环球人物	连世园会都不敢揭开的秘密，就问你服不服！当植物耍起小心机，人类简直弱爆了……	2019/5/2	31226	232	23
29	澎湃新闻	世园会百余只"金鸟"仅剩17只，有些被硬生生掰下来	2019/5/13	29882	1	13
30	天津生活通	雾霾消散时间定了！明日阵风7级！传说中的降雪……也有戏了	2019/12/10	27472	29	5

从公众号来源角度对京津冀大都市群微信类舆情数据进行分析，发现热点文章主要来源于人民日报、新华网、北京日报、北京晚报、青春北京等公众号，其他机构、自媒体公众号发文也占一定的比重。从内容角度对京津冀大都市群微信类舆情数据进行分析，发现网民对北京的世园会、雾霾沙尘、挖野菜、降水天气等话题关注度较高，对雄安新区和白洋淀等也有一定关注。2020年1月3日，北京发布消息称，2019年，北京市优良天数为240天，占比65.8%，其中一级优天数为85天，二级良天数为155天。虽然秋冬季污染仍然较重，PM2.5平均浓度较其他时段高出33.3%，2019年的4天重污染全部发生在秋冬季；但是2019年，北京大气环境中细颗粒物PM2.5年平均浓度为42微克/立方米，创有监测记录以来新低。网民对雾霾问题的舆论有正负两个方面，正面舆情主要表达了对科普类文章的喜爱，负面舆情主要表达了民众对雾霾沙尘天气的不满及担忧，也对相关部门"一刀切"的治理措施提出质疑。

3. 微博类

对京津冀大都市群微博类舆情数据进行词频统计，结果见表3。从表3结果可知，在京津冀大都市群舆情中，网民讨论的热点话题有北京、红叶、城市、八达岭、森林、世园、观赏、生态、建设、公园、绿色、森林公园、体验、防护林、保护等。从这一结果可以看出，公众不仅关注个人生活环境，同时也时刻关注生活区域周边生态环境。进一步，本文对京津冀大都市群舆情数据中微博评论进行了情感分析，情感分析结果如图5所示。根据分析结果可知，在京津冀大都市群部分，网民微博评论的分布为32.66%正面情绪，1.48%中性情绪，65.85%负面情绪，舆论以负面为主。在评论中，主要的负面观点有以下几方面：

（1）对雾霾的担忧。如网民@摇曳DD评论："阴天的样子，雾霾超严重，我需要阳光。"@了不起的Kaylee评论："首都的雾霾真拿得出手，要不是感受到轮子在地上的摩擦我以为我还翱翔在祖国的天空。"

（2）对不文明行为的谴责。如网民@远行的walker评论"有人破坏城市公共绿地啦！有人管吗？"

从这些负面观点可以看出，雾霾问题在2019年仍然困扰着大都市群中的公众，这一问题值得我们深入分析。

表3　2019年京津冀大都市群微博类舆情数据关键词词频统计TOP15

序　号	关键词	词　频	序　号	关键词	词　频
1	北　京	3542	9	建　设	654
2	红　叶	1845	10	公　园	516
3	城　市	1240	11	绿　色	462
4	八达岭	1190	12	森林公园	387
5	森　林	1132	13	体　验	339
6	世　园	805	14	防护林	334
7	观　赏	804	15	保　护	309
8	生　态	667			

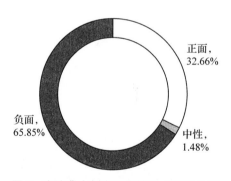

图5　京津冀大都市群微博文本情感分析

（二）长三角大都市群舆情

1. 新闻类

2018年长三角大都市群新闻类数据总量为162条，在8月台风高发期达到高峰，在11月雾霾高发期达到小高峰，1月至7月、10月为低谷期。2019年长三角大都市群新闻类数据总量为548条，较2018年增长238.27%，在7月降雨集中期达到高峰。2018年及2019年长三角大都市群新闻类舆情数量走势如图6所示。对比两年走势，7至8月强降水集中期均为热点高峰时间段，说明新闻媒体对台风等强降水天气较为关注；而2019年11月没有出现舆情高峰，侧面证明雾霾等空气污染的治理取到了效果。

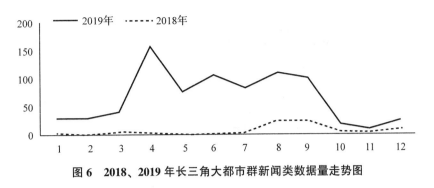

图6　2018、2019年长三角大都市群新闻类数据量走势图

分别对2018年和2019年长三角新闻类数据进行关键词抽取，并用词云展示TOP50的关键词（图7、8）。在2018和2019年中，"发展""生态""建设""绿色""文化"一直是词频较大的词。对比2018年与2019年关键词，"浙江"代替"上海"成为词频较大的城市，可以看出2019年新闻媒体更加关注浙江的生态发展与建设。新闻对2018年上海《家具制造业大气污染物排放标准》和《恶臭（异味）污染物排放标准》两项地方标准、《浙江省金义都市区森林城市群建设规划（2018~2027）》《安徽省安庆市林长制实施规划（2018~2020）》《合肥市通风廊道研究与规划编制》等和2019年《长江三角洲区域一体化发展规划纲要》中关于生态的部分、《长三角生态绿色一体化发展示范区总体方案》《浙江（丽水）生态产品价值实现机制试点方案》、浙江生态环境保护督察工作等的报道表明新闻媒体对长三角生态发展和建设的关注。

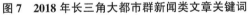

图7　2018年长三角大都市群新闻类文章关键词

图8　2019年长三角大都市群新闻类文章关键词

对长三角大都市群新闻类舆情数据按主题进行词频统计，结果见表4。可以看出，新闻媒体对长三角大都市群雾霾、绿水青山就是金山银山、强降雨、生态教育等方面的关注度较高。同时，在长三角大都市群雾霾的讨论中，大气、天气、污染、企业、江苏、上海、大雾、口罩、预警、合肥、空气质量、安徽等话题出现频率高；长三角地区高于其他地区的工业制造能力是这个地区的显著特点，上海、江苏作为经济发展较好的城市，工业类企业多，煤炭消耗量大，这就造成了大气污染，甚至造成雾霾天气。在"绿水青山就是金山银山"讨论中，发展、生态、建设、经济、绿色等话题出现频率高；在强降雨的讨论中，天气、防汛、暴雨、应急、台风、救援、浙江、预警、灾害等话题出现频率高；今年8月10日"利奇马"在浙江温岭沿海登陆，这是今年来登陆我国最强的台风，受到该台风的影响，长三角地区出现了暴雨天气，新闻媒体不仅需要对这一天气情况进行预警，还需要进行进一步的跟踪报道。在生态教育的讨论中，教育、推进、保护、社会等话题出现频率高。如人民网新闻《加强生态教育 助力美丽中国》指出建设美丽中国，让天更蓝、山更绿、水更清，需要全社会的共同参与。加强生态文明教育，关键是要充分发挥学校教育的基础性作用。生态教育需要融入学校的教育中。

表4 长三角大都市群新闻类舆情数据按主题的词频统计

所属主题	相关高频词	词频	所属主题	相关高频词	词频
绿水青山就是金山银山	发展	387	雾霾	天气	74
强降雨	天气	349	雾霾	污染	73
强降雨	防汛	264	生态教育	教育	72
强降雨	暴雨	242	雾霾	企业	45
绿水青山就是金山银山	生态	240	雾霾	江苏	41
强降雨	应急	211	雾霾	上海	35
强降雨	台风	209	雾霾	大雾	34
绿水青山就是金山银山	建设	201	雾霾	口罩	32
强降雨	救援	165	雾霾	预警	32
强降雨	浙江	150	雾霾	合肥	30
强降雨	预警	148	雾霾	空气质量	29
强降雨	灾害	143	雾霾	安徽	26
绿水青山就是金山银山	经济	128	生态教育	推进	18
雾霾	大气	86	生态教育	保护	12
绿水青山就是金山银山	绿色	85	生态教育	社会	10

2. 微信类

长三角大都市群热点微信文章TOP30见表5。从公众号来源角度，对长三角大都市群微信类舆情数据进行分析，发现热点事件主要来源于上海发布、扬州晚报、上观新闻等公众号，其他地方、自媒体公众号发文也占一定的比重。

表5 长三角热点微信文章TOP30

	公众号	标题	发布时间	阅读	点赞	评论
1	国网浙江电力	空调吹久会缺氧？PM2.5会上升？真相在这里	2019/1/10	10w+	6167	87
2	上海发布	守沪千年的上海第1号-第9号古树，你知道分别在哪里吗	2017/10/22	10w+	1	352
3	上海发布	银杏叶变黄啦！上海这些马路已成"金光大道"，快看现场美图	2018/11/28	10w+	1	270
4	FM93交通之声	下周起浙江多地下雪？杭州连下8天？雾霾+低温的模式开启……	2018/1/18	10w+	0	141
5	上海发布	申城行道树正在"卸妆"！冬季为啥一定要修剪？原因在此……	2018/12/14	99495	1	226
6	上海发布	【便民】闵行、金山将各添一处公园绿地！看看它们在哪	2017/4/6	93755	0	101
7	苏州微生活	等了一整年！2000年的东山银杏王终于黄了！今天开始惊艳全苏州	2017/12/2	66963	0	7
8	马蜂窝旅游	上海又出打卡新地标！颜值逼格满分，目测马上要火	2019/3/4	63031	201	48
9	上海去哪吃	一条地铁线打卡20家神级小吃，15个热门地标，3条美食街，1个绝美古镇	2018/10/7	62840	1	50
10	上海头条播报	魔都落叶季来了，千年古树、黄金城道……带你一秒坠入童话世界	2019/11/12	53393	230	81
11	苏州公安微警务	气温疯涨十多度！雾霾还没走，然而2018苏州第二场雪要来了	2018/1/17	45575	0	41

（续）

	公众号	标 题	发布时间	阅 读	点 赞	评 论
12	微上海	逛园林不必去苏州，上海人身边就有这么多座园林……	2019/4/6	45132	40	33
13	上海发布	【探索】沪新增44株树木为"二级保护古树"！你家附近有吗	2018/12/3	42453	0	86
14	这里是上海	全上海352座城市公园，看看哪个在你家门口	2019/12/23	37940	272	16
15	上海发布	【规划】@ 虹口人，这六座公园绿地将新建或改建	2018/4/20	38005	0	48
16	南京潮生活	那些年，莫奈和狄更斯一起追的雾霾	2018/11/27	36430	0	13
17	上海发布	【最新】上海将新建这些大型公园绿地，让城市绿化更多"彩"	2018/3/29	36093	0	51
18	扬州晚报	-5℃！雾霾来了，冷空气来了！扬州人挺住……还有4个糟心的消息	2019/1/14	34041	98	5
19	杭州潮人	杭州市中心藏着一个带瀑布的1700m² 屋顶花园！繁花绿植间做发型和SPA，躺着可以眺望城市山景……	2017/1/1	32678	1	501
20	上海发布	【记忆】16岁公园和1200岁古树的故事（附上海1~9号古树清单）	2018/3/17	32678	0	48
21	上海发布	【提示】申城"飞絮"飘洒扰人，为啥行道树多为悬铃木	2017/4/13	31463	0	129
22	上观新闻	浦东是什么？	2018/9/14	30395	3	36
23	上海发布	【记忆】申城光影婆娑的行道树，前世今生原来是这样的	2017/7/29	29951	0	46
24	上海发布	【注意】申城行道树今起"卸装"！路过时请注意安全哦	2017/12/15	28371	0	71
25	科研圈	雾霾显著增加自闭症风险：华人学者对上海7城区调研结果登上知名期刊	2018/11/13	26073	0	45
26	跟俞菱逛马路	上海最美的秋日11条马路，我慢慢走遍……	2019/11/16	24165	248	28
27	钱江晚报	雾霾又来了！杭州今天中度污染！你以为就这么热下去了，恐怖的在后头	2017/1/2	23368	0	8
28	地产铿锵说	三大战略，绿地一部布局"大上海"	2018/7/18	21408	0	2
29	扬州晚报	冷空气又要来啦！扬州将直接降至0℃，雾霾什么时候走	2018/11/29	21181	0	1
30	上海有腔调	绝美上海：沪上街头"落叶不扫"，阿姨跟小囡都去打卡拍照啦	2019/11/20	20968	52	18

从内容角度对长三角大都市群微信类舆情数据进行分析，发现网民对PM2.5和雾霾等空气质量问题、上海古树、上海银杏树、上海行道树等话题关注度较高，对雨雪天气、城市公园绿化等也有一定关注。对于雾霾话题，国网浙江电力、科研圈等公众号为公众科普相关知识，FM93交通之声、苏州公安微警务、扬州晚报等公众号在雾霾天气情况进行了相关预报和报道。对于上海古树和银杏树话题，网民普遍持正面态度并评论表示"古树下留有我太多的童年记忆！""银杏树，长寿树""见证申城前世今生变迁的古银杏树""银杏树真是活化石的代表""美哉！""景色秀丽，好美"等。对于上海行道树话题，部分网民持正面态度并表示"喜法国梧桐，夏天浓荫遮蔽，即凉爽又美观""香樟树挺好，驱蚊草""很喜欢这个行道树"等，部分网民持反面态度并评论表示"这个果毛真的吃不消""作为过敏人我的噩梦要开始了""悬铃木'飞絮'飘洒扰人"等，还有部分网民持中性态度并评论表示"每到秋冬都辛苦环卫工了，鞠躬""终于明白为啥申城多为悬铃木的道理"等。

3. 微博类

对长三角大都市群微博类舆情数据进行词频统计，结果见表6。从表6可知，在长三角大都市群舆情部分，网民讨论的热点话题有上海、古树、行道树、城市、公园、绿化、生态、绿色、建设、水库、保护、森林、绿地、水质、南京等。对长三角大都市群舆情数据中微博评论进行了情感分析,情感分析结果如图9所示。根据分析结果可知,在长三角大都市群部分,网民评论的正负面比例为36.49%正面情绪,1.54%中性情绪,61.97%负面情绪,舆论以负面为主。在评论中,主要的负面观点有以下几方面:

(1)对雾霾的担忧。如网民@小邓子anan评论:"想要吐槽上海的天气和雾霾了,跑去632米的中心大厦上面能见度太低。"网民@脊梁in上海-印济良评论:"这雨吧……还是不能停啊 一停下来雾霾就起来了。"

(2)对城市热岛效应的担忧。如网民@梦想成真的颜色评论:"我们这还行,每晚下雨,温度没过34。其实,城市大了,热岛效应都会增加很多度。"网民@低调又低调的杨懿评论:"苏州夏天也很热的,因为有热岛效应,市中心和烤箱似的,地表温度五六十度也是常态。"

(3)对行道树选择的不满。如网民@无昵称的地球人评论:"掉落的银杏果实在是臭不可闻,每次经过都得屏住呼吸。"网民@Jenniferhucn评论:"树实在太高大,估计住三层以下的住户会被挡住阳光。"

(4)对政策的不理解。如网民@s希望sss评论:"突击花预算!不然明年的预算就会缩水。"网民@矛盾雞棚与志忐先生评论:"正常,到处都这样,几十年的老树说砍就砍,砍老树种小树。"

表6　2019年长三角大都市群微博类舆情数据关键词词频统计TOP15

序　号	关键词	词　频	序　号	关键词	词　频
1	上　海	1240	9	建　设	211
2	古　树	565	10	水　库	193
3	行道树	464	11	保　护	184
4	城　市	450	12	森　林	174
5	公　园	299	13	绿　地	116
6	绿　化	276	14	水　质	113
7	生　态	272	15	南　京	110
8	绿　色	214			

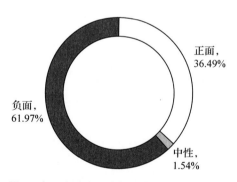

正面,36.49%

中性,1.54%

负面,61.97%

图9　长三角大都市群博评论文本情感分析

(三)珠三角大都市群

1. 新闻类

2018年珠三角大都市群新闻类数据总量为89条,在8~9月达到高峰,1~7月、10~12月为低谷期。2019年珠三角大都市群新闻类数据总量为788条,较2018年增长785.39%,在4月濒危物种走私案期间达到高峰,在6月穿山甲被宣布功能性灭绝时、8~9月动物制品走私案高发期达到小高峰,1~3月、10~12月为低谷期。2018年及2019年珠三角大都市群新闻类舆情数量走势如图10

所示。2019年4月15日，海关总署对外公布近年来打击象牙等濒危物种及其制品走私的十大典型案例。其中，2019年3月广州黄埔海关破获的一起特大象牙走私案是近年来我国海关自主查办的最大宗象牙走私案，查获象牙2748根，合计7.48吨。2019年6月8日，中国生物多样性保护与绿色发展基金会宣布：中华穿山甲在中国大陆地区已"功能性灭绝"，引起热议。2019年8月25日，深圳海关称，今年1~7月，深圳海关打击濒危物种及其制品走私刑事立案52宗，查扣涉案抹香鲸牙齿、鹦鹉蛋、犀牛角、鳄鱼皮等2607件，穿山甲鳞片、玳瑁壳、象牙及其制品等386千克。2019年9月28日，广东启动"2019护飞行动"，严打乱捕滥猎候鸟，此外，广东将对象牙、穿山甲、虎、犀牛角等珍贵、濒危野生动物及其制品走私的情报线索深入挖掘，打击非法加工、黑市交易等违法犯罪行为。

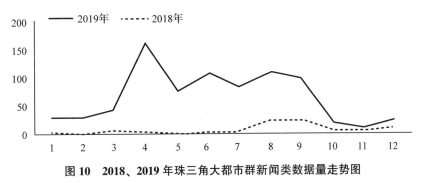

图10 2018、2019年珠三角大都市群新闻类数据量走势图

分别对2018年和2019年珠三角新闻类数据进行关键词抽取，并用词云展示TOP50的关键词如图11、图12所示。在2018和2019年中，"发展""建设""生态""旅游""天气"一直是词频较大的词，"产业""创新""文化"逐渐成为热点词。对比2018年与2019年关键词，"高温""森林""旅游""城市绿道"的词频逐渐减小，"走私""象牙""穿山甲"的词频逐渐变大，可看出新闻对穿山甲等动物的走私和保护较为关注，新华社、人民日报等主流媒体也对"中越海关联合查获走私8.25吨穿山甲鳞片大案""深圳海关穿山甲鳞片走私案"等事件进行了详细报道。

图11 2018年珠三角大都市群新闻类文章关键词　　图12 2019年珠三角大都市群新闻类文章关键词

对珠三角大都市群新闻类舆情数据按主题进行词频统计，结果见表7。新闻媒体对珠三角大都市群穿山甲、绿水青山就是金山银山、强降雨等方面的关注度也较高。同时，在珠三角大都市群穿山甲的讨论中，走私、濒危、海关、查获、保护、打击犯罪、公益、缉私局等话题出现频率高。中国新闻网新闻《中越海关联合查获8.25吨走私穿山甲鳞片》中提到今年中越海关联合查获一起穿山甲鳞片走私案件，涉案穿山甲鳞片达8.25吨。该案为近年来中国海关与越南海关联合查获的最大一起走私穿山甲鳞片案。各大新闻媒体紧跟该热点事件，对穿山甲走私先关资讯进行报道。"绿水青山就是金山银山"的讨论中，发展、建设、生态、经济、推进、绿色、创新、改革、环境保护等

话题出现频率高。在强降雨的讨论中，天气、台风、暴雨、高温、广东、应急、防汛、预警、救援等话题出现频率高。

表7 珠三角大都市群新闻类舆情数据按主题的词频统计

所属主题	相关高频词	词频	所属主题	相关高频词	词频
绿水青山就是金山银山	发展	830	绿水青山就是金山银山	改革	179
绿水青山就是金山银山	建设	458	强降雨	高温	174
绿水青山就是金山银山	生态	448	绿水青山就是金山银山	环境保护	173
穿山甲	走私	411	强降雨	广东	172
穿山甲	濒危	325	强降雨	应急	171
绿水青山就是金山银山	经济	299	穿山甲	查获	151
穿山甲	海关	279	穿山甲	保护	136
强降雨	天气	254	穿山甲	打击犯罪	133
绿水青山就是金山银山	推进	215	强降雨	防汛	124
强降雨	台风	201	强降雨	预警	115
绿水青山就是金山银山	绿色	194	强降雨	救援	110
强降雨	暴雨	194	穿山甲	公益	73
绿水青山就是金山银山	创新	182	穿山甲	缉私局	69

2. 微信类

珠三角大都市群热点微信文章TOP30见表8。从公众号来源角度，对珠三角大都市群微信类舆情数据进行分析，发现热点事件主要来源于腾讯公益、新京报、观察者网、澎湃新闻等公众号，其他机构、自媒体公众号发文也占一定的比重。

表8 珠三角热点微信文章TOP30

	公众号	标题	发布时间	阅读	点赞	评论
1	腾讯公益	穿山甲功能性灭绝？争议是真的，形势严峻也是真的	2019/6/21	10w+	351	664
2	华南农业大学	三生三世十里紫荆花 广州最美花海在华农	2017/3/1	10w+	3	315
3	深圳客	"深圳蓝"沦陷，我们再也无法安心晒蓝天 雾霾中国无人幸免	2017/1/5	10w+	0	138
4	木棉雅韵	今晚降温5℃！雾霾天结束，广东又要进入湿冷状态了，珠三角可能降到6度……	2018/1/24	10w+	0	22
5	佛山教育	紧急通知！佛山四区发布大气重污染Ⅱ级预警，中小学校、托幼机构停止户外体育运动	2017/1/5	92078	0	28
6	烧伤超人阿宝	快死绝的穿山甲，和吃不够的中国人	2019/2/17	79277	1344	107
7	Livin广州	强降雨模式下广州，我们该如何自救	2018/5/12	65391	0	16
8	深圳大件事	骤降10℃！冷空气明晚杀到，"速冻+阴雨"双暴击！雾霾将撤离深圳	2019/1/14	59033	42	53
9	奇偶工作室	二手平台要逼死小黄网？售卖穿山甲、提供情色服务，无法无天	2019/3/15	53987	51	104
10	深圳微时光	冷空气来了，雾霾散了，深圳这个地方要火了	2019/1/14	52162	136	68
11	深圳达人说	在这，我看到了深圳四百年的历史浮沉……	2019/12/9	51836	32	22
12	吃喝玩乐IN广州	好消息！周末冷空气南下，雾霾再见！再现广州蓝	2017/1/7	51648	0	17
13	物种日历	中华穿山甲有没有灭绝，到底谁说了算	2019/6/25	48826	894	170

（续）

	公众号	标　题	发布时间	阅　读	点　赞	评　论
14	新京报	130 只走私穿山甲被查获后，寄养在人工繁育机构全部"因救护失败死亡"	2019/2/18	46913	208	247
15	深圳大件事	台风后深圳万树倒伏遭质疑，伤不起的城市绿化"后遗症"，谁该反思	2018/9/26	43788	0	98
16	深圳大件事	深圳 120 年古树凭空消失，一年后才找出"凶手"，处罚结果引来争议	2018/10/10	42101	0	46
17	素　食	悲愤想哭！无辜的中华穿山甲终将功能性灭绝	2019/6/22	37740	333	186
18	广东公共 DV 现场	肇庆高速 8 车连环相撞，都是雾霾惹的祸	2017/1/5	37260	0	8
19	观察者网	唉，因为盗墓剧，穿山甲又多了个死法……	2019/2/26	34018	122	115
20	澎湃新闻	160 只穿山甲活体冻体被查获，触目惊心	2019/5/29	33993	41	75
21	深圳大件事	今年第二波雾霾来袭！深圳变成了这样……冷空气正在路上！天气又变脸	2018/1/22	33152	0	45
22	深圳潮生活	深圳藏了个 1961 年的废弃游乐场！冷门拍照出大片，却没人知道……	2019/1/23	31866	48	58
23	狗先生	穿山甲到底犯了什么错？要遭受如此灭顶之灾	2018/8/30	30010	6	232
24	佛山发布	佛山城市中轴线北门户大变样！超 20 万 ㎡ 公园绿地，打造滨河景观带	2018/9/27	30025	0	50
25	物种日历	转发这条鲮鲤！亲手照顾穿山甲宝宝，是怎样的体验	2019/2/16	29291	314	100
26	深圳大件事	7 米长树枝突然坠落！深圳闹市路上一骑车男子头部被砸伤	2019/9/22	28657	44	48
27	深圳大件事	"山竹"致深圳万树倒伏，超广州 4000 株！6 年前已有专家指出问题	2018/9/20	27398	1	144
28	新周刊	没有熊猫可爱，其他珍稀动物就活该灭绝	2018/11/13	26743	1	119
29	深圳圈子	深圳人挺住！接下来深圳持续暴雨+闪电+雾霾，更可怕的是……	2018/8/24	26672	0	15
30	蕨经	穿山甲的灭绝总能换来国人猛醒了吧？呵呵、洗洗睡吧	2019/2/2	24602	625	131

从内容角度对珠三角大都市群微信类舆情数据进行分析，发现网民对穿山甲、雾霾等话题关注度较高，对强降雨、花草树木等也有一定关注。对于穿山甲话题，公众号对穿山甲的食用性、走私贩卖、功能性灭绝等方面发文，部分网民评论表示对食用穿山甲表示谴责，如"真不明白哪些吃野味的人，能不能嘴下留情""真不知道吃野生动物的这些人都想什么呢"，部分网民评论发表对穿山甲功能性灭绝原因的看法，如"穿山甲能灭绝，最大的功臣是中医，它说穿山甲的鳞甲能治病，所以穿山甲的鳞甲能卖钱""穿山甲灭绝最根本的原因，是因为人为地去破坏自然环境的生态平衡……"，部分网民评论对穿山甲的保护表示谨慎和怀疑或支持，如"功能性灭绝这话不是能随便说的，因为意味着是否还建设自然保护区，是否还投入人力物力财力保护""为什么等到要灭绝了才想起？"或"应该好好关注一下，保护起来。"对于雾霾话题，国网浙江电力、科研圈等公众号发文为公众科普相关知识，FM93 交通之声、苏州公安微警务、扬州晚报等公众号发文对雾霾天气情况进行了相关预报和报道，部分网民结合深圳的治霾经验评论表示："虽然深圳提供了经验，但是从大尺度来看，我国还无法将相应的人口结构与素质较好地匹配深圳一样的产业结构，发展经济时也要发展教育。撸起袖子加油干！中国人口不能总是素质不好，经济结构不能总是不调整，环境警告决定了不能不作为。"

3．微博类

对珠三角大都市群微博类舆情数据进行词频统计，结果见表9。从表9可知，在珠三角大都市群舆情部分，网民讨论的热点话题有穿山甲、深圳、保护、广州、行道树、灭绝、古树、动物、走私、濒危物种、鳞片、海关、江豚、野生动物、查获等。对珠三角大都市群舆情数据中微博评论进行了情感分析，情感分析结果如图13所示。根据分析结果可知，在珠三角大都市群部分，网民评论中32.84%正面情绪，0.93%中性情绪，66.23%负面情绪，舆情以负面为主。在评论中，主要的负面观点有以下几方面：

（1）对拔光广州中药材科普基地艾草的谴责。如网民@禅理禅趣评论："我们在网络上高举素质大旗，却在日常点滴里变成了最没素质的人。成年人，请为自己的素质兜底。"

（2）对古树生存现状的担忧。如网民@信达雅翻译WingSing努力工作评论："旧村改造古树不能毁，请广州留住笔村这片古树林！"网民@低调又低调的杨懿评论："很多古树还没有被挂牌与认可，目前面临砍伐搞开发的危险！基层与地方政府对古树的保护仍然举棋不定，保护范围与数量、方式与群众要求大相径庭！请保留这片古树林，古荔枝林，是老祖宗留下来的宝贵遗产！"

（3）对行道树管理的不满。如网民@肖秀明评论："长期疏于管理，落叶枯枝直接落于人行道上，造成很大的安全隐患。这事归政府哪个部门管理呢？"网民@小屁孩的爹伤不起评论："臭树开花，神憎鬼厌！市园林局的决策层脑洞要开到多大才会决定用这种花带有强烈刺激性气味且花期漫长的树种作为行道树啊？"网民@预言家·慧评论："这个大瓜是啥？深圳的行道树。话说树冠都遮住绿道了，不怕台风季坠瓜砸人？瓜瓜长得跟超市里的白萝卜那么大。"

（4）对走私和食用穿山甲的愤怒。如网民@大头梨啊评论："就说吃了穿山甲磨得粉什么皮肤好啥啥啥的，别说了，我气到爆炸。脑子都没有养什么的生。"网民@lakoubei评论："条件太好吃饱撑的没奶，饿几顿母性激发出来就有奶了，吃这甲他们不担心娃长鳞片。"

从微博负面观点可以发现，2019年公众对于走私和食用穿山甲抱有负面的态度，存在一段时期的持续关注。

表9　2019年珠三角大都市群微博类舆情数据关键词词频统计 TOP15

序　号	关键词	词　频	序　号	关键词	词　频
1	穿山甲	4355	9	走　私	626
2	深　圳	2031	10	濒危物种	517
3	保　护	1756	11	鳞　片	496
4	广　州	1187	12	海　关	487
5	行道树	1127	13	江　豚	479
6	灭　绝	996	14	野生动物	435
7	古　树	918	15	查　获	433
8	动　物	665			

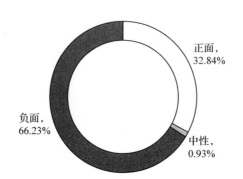

正面，32.84%

中性，0.93%

负面，66.23%

图13　珠三角大都市群博评论文本情感分析

三、热点事件一——穿山甲热点事件

摘要: 由于人类活动对其栖息地的破坏和不法分子追逐利益对其进行非法捕猎,近些年穿山甲的数量急剧下降,穿山甲成为了比大熊猫更为濒危的物种。2019 年接连曝出的广东、广西、上海等地海关破获穿山甲非法走私案,引发网民持续关注,6 月份微博话题"中华穿山甲功能性灭绝"更是引起全面议论热潮,本文将对 2019 年穿山甲引发的舆情事件,利用舆情走势分析、舆情来源分析、情感分析等方法进行深度分析,并利用主题关键词提取等方法探究了网民对于该事件的态度和主要观点,最后提出一些拯救穿山甲的可行性建议。

关键词: 穿山甲   非法走私   中华穿山甲功能性灭绝

(一)事件概况

2019 年 2 月 16 日世界穿山甲日,微博上发起的话题"2019 世界穿山甲日"引起了网民的普遍讨论。微信端也发布文章《世界穿山甲日:一起保护我们的穿山甲》呼吁人们一同保护穿山甲。

2019 年 4 月,全国各地海关加紧了对非法走私珍稀动物的打击活动,先后在广州、合肥、济南、青岛、昆明等地查获不同数量的活体穿山甲、穿山甲鳞片,微博上曝光了热点事件"广东江门破获穿山甲走私案 打掉走私团伙 4 个"等事件。同一时间海外发生了"新加坡查获近 13 吨穿山甲鳞片"也引起了国际上的广泛关注。

2019 年 6 月 8 日,中国生物多样性保护与绿色发展基金会发布话题:"中华穿山甲在中国大陆地区已'功能性灭绝'",话题一出现便在微博端引起了空前的反响,当日阅读量为 1.9 亿,讨论量达到千万,微信端关于穿山甲功能性灭绝的文章也涌现出很多,文章内容在阐述事实的同时引发人们对动物保护的深度思考。

2019 年 11 月,防城港市森林公安局成功侦破一起重大非法运输珍贵、濒危野生动物案,涉案金额巨大,影响恶劣,微信端发表文章《从边境走私穿山甲到防城港分销! 129 人被捉!》对这一事件进行了报道。除此以外微博端还发出了"拒绝非法野生动物贸易"话题,引发了网民的热烈讨论与转发。

(二)舆情态势分析

1. 舆情走势

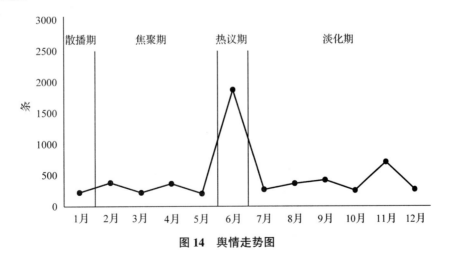

图 14   舆情走势图

2019 年 4 月份,关于"中国海关破获特大象牙走私案""震惊! 新加坡查获近 12.9 吨走私穿山甲鳞片""广东江门破获穿山甲走私案 打掉走私团伙 4 个"等热点事件在人民网、新华网、微博、微信等平台上曝光,事件发生后在众多平台上得到了网民的广泛关注,并引发许多网民的讨论,人民日报于微博客户端发布的《救救穿山甲!》为标题的文章得到了1907条评论,6648次的点赞(其中共61369次转发)。

2019年6月份,"中华穿山甲功能性灭绝"话题在微博端引起了网民的广泛关注,6月8日,中国生物多样性保护与绿色发展基金会宣布:中华穿山甲在中国大陆地区已"功能性灭绝"。人民日报、头条新闻,光明日报、纷纷在微博客户端转载微博,当日的评论数达到2838条,点赞数为22023次(其中转发量为8513次)。

2019年11月份,微博端发起"穿山甲抢救行动"等热门话题引起网民的广泛讨论,"防城港市森林公安局摧毁一非法运输珍贵濒危野生动物犯罪团伙"等事件在微博上引起了广泛关注,微信文章《边境走私穿山甲到防城港分销!129人被捉!》也对这一事件进行了详细的报道,引起了众多网民的点赞和阅读,同样引起微信上热烈反响的还有原创文章《以案释法:走私穿山甲鳞片领刑13年!》等等。

2. 舆情来源

在关于穿山甲事件的舆情事件中,41%的舆情信息来源于微博平台(图15),@人民日报、@央视新闻等主流媒体对"全国海关缉私部门立案侦办濒危物种及其制品走私犯罪案件""广西、广东多地海关联合打掉多个涉嫌走私穿山甲犯罪团伙,查扣走私穿山甲155只"等事件进行了报道,并发起了"救救穿山甲!""救救它们!没有买卖就没有杀害!""中华穿山甲功能性灭绝"等热门话题,引起了网民的普遍关注和热议。

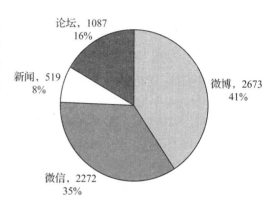

图15　舆情来源平台分布图

其次,微信平台的信息量占比达到35%,一些热门的文章,如国家地理中文网发布的《穿山甲真的要被我们吃灭绝了吗?》、物种日历发布的《中华穿山甲有没有灭绝,到底谁说了算?》、中国绿发会发布的《2018年广西东兴海关共查获走私穿山甲活体90只 | 穿山甲盘点》观察者网发布的《唉,因为盗墓剧,穿山甲又多了个死法……》等文章运用通俗易懂的语言结合官方实例与数据,让网民以更"亲民"的方式了解到穿山甲真实情况,并呼吁人们加入保护穿山甲的行列。

3. 舆情属性

我们对整体6551条数据进行情感分析,得到图16所示的舆情信息属性分布图,从图上看出,负向评论占到数据总量的60.12%,大致有3930条,占比最多,其次是正向评论,占到数据总量的38.49%,大致有2522条,最后是中性评论占比1.39%,大致有99条。数据量的分布表现出大部分微博用户对非法捕猎穿山甲和使用穿山甲制品抱有批判、指责的态度,微博负向情感的平均值为-6.789,正向情感的平均值为44.189,可以由此判断出微博用户的正面情感强于负面的情感,说明大部分网民希望可以改善穿山甲的生存状况,希

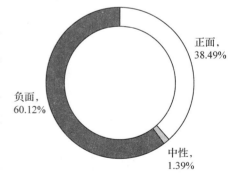

图16　舆情信息属性分布图

望有关部门加大打击非法走私穿山甲的不法分子,但也有较多数的网民认为拯救穿山甲的形势严峻,对拯救穿山甲行动持负面消极态度。

(三)媒体报道解读

采用 TF-IDF 算法和 TextRank 算法分别对穿山甲事件的微博正文部分和新闻内容部分进行关键词提取,得到分析结果见表10、表11。

表 10　TOP10 关键词提取结果-基于 TextRank 算法

序　号	关键词	词　频	序　号	关键词	词　频
1	穿山甲	1.000	8	物　种	0.317
2	走　私	0.556	9	查　获	0.210
3	象　牙	0.521	10	野生动物	0.191
4	制　品	0.414	11	动　物	0.188
5	保　护	0.378	12	灭　绝	0.161
6	濒　危	0.356	13	打　击	0.147
7	海　关	0.350	14	中　国	0.142

表 11　TOP10 关键词提取结果-基于 TF-IDF 算法

序　号	关键词	词　频	序　号	关键词	词　频
1	穿山甲	1.000	8	物　种	0.317
2	走　私	0.556	9	查　获	0.211
3	象　牙	0.521	10	野生动物	0.191
4	制　品	0.414	11	动　物	0.188
5	保　护	0.378	12	灭　绝	0.161
6	濒　危	0.356	13	打　击	0.147
7	海　关	0.350	14	中　国	0.142

为了更加直观展示穿山甲的关键词,我们采用词云的方式对关键词进行可视化。图 18 是基于 TF-IDF 算法提取的穿山甲事件关键词云,图 17 是基于 TextRank 算法提取的穿山甲关键词云。从图中可以看出,穿山甲再结合微博内容和新闻内容分析后的关键词中:"走私""濒危""保护"等字眼出现的频率较高,这与 2019 年我国破获多起穿山甲、象牙制品的走私案件事实相符合,也反映出公众呼吁保护穿山甲,拯救濒危动物的积极态度。

图 17　基于 TextRank 算法生成的词云　　**图 18　基于 TF-IDF 算法生成的词云**

为了进一步分析网络报道关于穿山甲事件的内容,采用 LDA 模型对微博内容、新闻数据进行主题划分,提取文本主题关键词,将主题词大致划分为四个部分,具体内容见表12。

表 12　穿山甲热点事件微博内容部分主题关键词表

主　题	关键词
非法走私案件	上海海关近日在进口入境木材的集装箱内查获了 3.1 吨穿山甲鳞片、南宁海关部署开展"守护者"打击珍贵动物及其制品走私专项行动、马来西亚海关破获史上最大规模穿山甲走私案、广西南宁海关破获特大濒危物种走私案、中越海关联合查获走私 8.25 吨穿山甲鳞片大案、深圳海关破获穿山甲鳞片走私案
功能性灭绝	中国绿发会宣布中华穿山甲在中国大陆地区已"功能性灭绝"
名人呼吁抵制穿山甲制品	Angelababy 担任野生救援公益大使,为保护穿山甲发声、公益大使成龙拍摄了"保护穿山甲一招制敌"公益广告、爱奇艺热播剧《我的莫格利男孩》和中国环境科学学会发起"保护穿山甲手写宣言"的活动
加大保护力度	中山市对两名利用无牌快艇非法走私穿山甲鳞片的船员进行审判、广西壮族自治区南宁市中级人民法院开庭审理全国首例因穿山甲死亡引起的公益诉讼案件、广东省野生动物救护中心成功挽救了 3 只幸存的走私穿山甲、安徽省皖南国家野生动物救护中心在牯牛降国家级自然保护区放生了近期救助收容的 1 只中华穿山甲、中华环境保护基金会发起了"极危穿山甲抢救行动"、微博端发起"穿山甲抢救行动""世界穿山甲日"的话题讨论

再结合多篇热门微信文章进行内容解读,最终将报道内容大致分为四个部分。

1. 中国海关破获多起穿山甲非法走私案件,引发公众普遍关注

2019 年,关于中国海关破获穿山甲非法走私的报道层出不穷,先后在广西海关、深圳海关、上海海关、杭州海关破获多起穿山甲非法走私案。新华社、人民日报、中国新闻网、广州日报、新京报、光明日报等主流媒体对"广西南宁海关破获特大濒危物种走私案""中越海关联合查获走私 8.25 吨穿山甲鳞片大案""深圳海关穿山甲鳞片走私案"等事件进行了详细报道。微博端关于"上海海关查获 3.1 吨进口穿山甲鳞片:至少来自 5 千只穿山甲""中越海关联合查获最大的走私穿山甲鳞片案""马来西亚海关破获史上最大规模穿山甲走私案"等话题引起网民的普遍关注和讨论。

分析认为,引发国内不间断的非法走私案件的主要原因是国内存在对于穿山甲药用和食用方面的大量需求,以及售卖穿山甲可以带来巨额的利润。数据表明:中国是世界上穿山甲消费数量最多的国家,由于中药行业对穿山甲的特殊要求,以及民间关于食用穿山甲特殊的说法:"吃穿山甲的肉可以大补""穿山甲的甲片入药有奇效""穿山甲的指甲有避邪功能",使得人们抱着猎奇的心理去尝试,或者以食用穿山甲来标榜身价。近些年国内对穿山甲的需求猛涨,使得很多不法分子为了赚取高昂的利润铤而走险,国内获取穿山甲成本太高,于是他们转眼将目光投向获取穿山甲成本较低的东南亚、非洲等国外市场,这才引起了近些年层出不穷的穿山甲非法走私案。微信热门文章《"孩子,保护不了你,妈只能杀了你":人越冷漠,世界越坏》《穿山甲真的要被我们吃灭绝了吗?》中揭示了:"中国旅客泰国越南旅游,只为专程品尝穿山甲""非洲地区商人用流利的中文向中国旅客贩卖穿山甲制品"等现象。

2. 中华穿山甲在中国大陆地区已"功能性灭绝"引发舆论高潮

2019 年 6 月 8 日,中国生物多样性保护与绿色发展基金会宣布:中华穿山甲在中国大陆地区已"功能性灭绝"。事件一经报道便引发网民们的普遍关注和热烈讨论,微博当日的转发量达到 8513 条、评论和点赞数分别是 2838 条和 22023 条,微信端与人民网、新华网也对这一事件进了详细报道,很多网民纷纷留言到:"没有买卖就没有杀害""心疼穿山甲""停止对穿山甲的伤害"。专业人士分析,导致穿山甲功能性灭绝的主要原因来自人为因素,除对其栖息环境的干扰与破坏外,对中华穿山甲鳞片药用、食疗等方面的需求而引发的人为捕杀,也是中华穿山甲数量锐减的另一重要原因。对于网民对"功能性灭绝"这一概念的疑问,专家也给出了相应的权威解释:一方面是已经不能满足其生态系统中承担的重要功能,另一方面该物种的种群数量难以在自然状态下维持繁衍。

3. 众多名人呼吁杜绝使用穿山甲制品,政府与国际组织举办活动带来影响力

公益大使成龙拍摄了"保护穿山甲一招制敌"公益广告,并于 8 月 22 日在北京召开该公益广告的新闻发布会，成龙作为主演也出席了新闻发布会，不仅分享了自己多年参与保护野生动物的心得，更现场传授保护穿山甲的"一招制敌"功夫。Angelababy 发起——"我承诺不用穿山甲通乳"的公益活动，宣传当天在微博端就获得了 2500 万+的点击量。与此同时她还担任野生救援大使，利用自己的力量为保护穿山甲发声；爱奇艺热播剧《我的莫格利男孩》和中国环境科学学会在微博端发起了一场"保护穿山甲手写宣言"的活动，呼吁加大对穿山甲的保护力度。剧中演员们纷纷手写宣言表达了对濒危穿山甲的关注。林心如、王凯、林志玲等演员也在微博上转发该倡议。该话题在微博上的讨论数已经超过 36 万。正如网民@思想聚焦所说，"在这个刻薄的年代，行动永远是稀缺品，莫格利和凌熙正因为有这样勇气和坚持的存在，我们的世界才不至于真的崩塌。"

除了明星效应持续发力，政府与国际生物保护协会也举办各类活动，号召公众摒弃穿山甲用品，例如 11 月 30 日国际野生物贸易研究组织在苏州举办了"关注濒危野生动植物，弘扬绿色雕刻与收藏"为主题的雕刻师沙龙。活动倡导雕刻师行业秉持绿色收藏理念和利用可持续材质传承中国传统雕刻工艺，摒弃对犀牛角和穿山甲甲片等濒危物种制品的雕刻，旨在希望雕刻师们能以身作则影响更多的从业者参与到生物多样性保护的行动中，每个人、每个行业的改变都能影响着我们赖以生存的自然环境。

4. 众多方法齐上阵，共同营造保护穿山甲的良好氛围

（1）加强法律方面的宣传和立法保护，对非法贩卖野生动物的商贩严惩不贷。在众多非法贩卖案件发生后，微博端联合新闻端发起法律科普活动，为公众普及穿山甲保护的法律知识，让公众了解到非法捕猎、非法收购、运输、出售国家重点保护动物等行为的所要接受的严厉处罚。

除此之外，2019 年国家也加强了对于非法贩卖、伤害穿山甲的惩处力度。2019 年 1 月 5 日，中山市对两名利用无牌快艇非法走私穿山甲鳞片的船员进行审判，对冯某文一审判刑 8 年。2019 年 5 月 6 日，广西壮族自治区南宁市中级人民法院组成"3 名审判员+4 名陪审员"的 7 人大合议庭开庭审理原告中国生物多样性保护与绿色发展基金会诉被告广西壮族自治区陆生野生动物救护研究与疫源疫病监测中心、第三人广西壮族自治区林业局公益诉讼案。该案是全国首例因穿山甲死亡引起的公益诉讼案件，也是该院受理的首例环境民事公益诉讼案件。深圳市政府颁布了《深圳经济特区禁止食用野生动物若干规定》，其中也明确规定食用和组织食用野生动物的行为都将受到行政处罚，构成犯罪的将依法追究刑事责任，并呼吁网民利用电话举报和微博@深圳市政府等方式对发现的任何伤害或食用野生动物的行为进行举报！

与此同时，国家医疗保障局、人力资源和社会保障部也发出声明：含有穿山甲鳞片的传统药物将不再纳入国家保险基金的支付范围，同时将玳瑁、海马、珊瑚、赛加羚羊角等野生动物制品从政府资助的医保报销药品目录中删除。

（2）公众献爱心，专业救援机构挽救走私幸存穿山甲。2019 年 5 月 3 日，微博端对"广东省野生动物救护中心成功挽救了 3 只幸存的走私穿山甲"这一事件进行了报道，这批穿山甲是 3 月 25 日广东省海关缴获的 21 只走私穿山甲中幸存的三只穿山甲，它们在被走私的过程中遭遇肺炎感染等状况，经过救护中心的极力挽救后仅剩 3 只，目前 3 只穿山甲健康状况已趋于好转。类似的报道还有：微博端发布了《好消息！皖南地区 1 只中华穿山甲重返自然》为标题的文章，新闻报道了安徽省皖南国家野生动物救护中心在牯牛降国家级自然保护区放生了近期救助收容的 1 只中华穿山甲、3 只白鹇和 1 只环颈雉，据中心主任胡均介绍，这只中华穿山甲是近日黄山市汤口镇居民李某在公路上发现，经由公安机关转送至救护中心。经观察，该个体体重正常，无外伤，由于其食性特殊，在补充水分和葡萄糖后，中心工作人员将其带至历史分布区进行野外放生。

野生穿山甲功能性灭绝的消息一出，中华环境保护基金会发起了"极危穿山甲抢救行动"，微博端也在平台上发起"穿山甲抢救行动"的话题讨论，话题标题内容：希望在大大的世界里，付出一点点温暖。我在"极危穿山甲抢救行动"项目开通月捐！@中华环境保护基金会极危穿山甲抢救行动，呼吁人们为穿山甲保护贡献出自己的一点力量。

（3）设立世界穿山甲日，话题讨论帮助公众清醒认识穿山甲的食用价值。微信公众号文章《比大熊猫濒危，它快被人类吃到灭绝》《穿山甲真的要被我们吃灭绝了吗?》等公众号对穿山甲贩卖和销售的具体方式进行了揭露，并指出了许多不法商贩为了运输方便、增加利润，给穿山甲注射各种镇静剂、兴奋剂及重金属等有害物质，食用者食用此类穿山甲受到肝肾受损等威胁。国际爱护动物基金会(IFAW)发起的"世界穿山甲日"定于每年二月的第三个星期六，旨在让我们意识到穿山甲所处的困境，同时采取措施停止世界范围内对穿山甲的捕杀。"世界穿山甲日"当天微博发起的话题"世界穿山甲日"引起网民们的普遍讨论，话题内容让网民清楚地了解到穿山甲在我国的现实生存状况，话题还介绍了穿山甲在控制森林的害虫数量、维持生态平衡方面的卓越能力，公众在了解了穿山甲的现存情况和真实的食用价值后，对穿山甲消费有了更加理性的认识。

（四）网民观点分析

采用 TF-IDF 算法和 TextRank 算法分别对穿山甲事件的微博一层评论部分、微信评论内容部分、百度贴吧讨论部分进行关键词提取，得到分析结果见表 13、表 14、表 15。

表 13　TOP14 微博一层评论关键词提取结果——基于 TF-IDF 算法

序　号	关键词	词　频	序　号	关键词	词　频
1	穿山甲	1.000	8	野生动物	0.105
2	保护	0.394	9	法律	0.103
3	动物	0.299	10	物种	0.100
4	灭绝	0.170	11	濒危	0.088
5	中国	0.124	12	国家	0.079
6	人类	0.121	13	希望	0.067
7	鳞片	0.115	14	功能性	0.065

表 14　TOP14 微信评论关键词提取结果——基于 TF-IDF 算法

序　号	关键词	词　频	序　号	关键词	词　频
1	穿山甲	1.000	8	物种	0.168
2	动物	0.480	9	中国	0.154
3	保护	0.475	10	买卖	0.124
4	人类	0.449	11	流泪	0.121
5	灭绝	0.312	12	生命	0.111
6	野生动物	0.235	13	国家	0.106
7	希望	0.194	14	杀害	0.104

表 15　TOP14 百度贴吧评论关键词提取结果——基于 TF-IDF 算法

序　号	关键词	词　频	序　号	关键词	词　频
1	穿山甲	1.000	8	输出	0.064
2	保护	0.104	9	武器	0.059
3	鳞片	0.097	10	绿会	0.055
4	技能	0.096	11	中国	0.052
5	动物	0.080	12	研究	0.047
6	宠物	0.079	13	人类	0.047
7	属性	0.068	14	防御	0.046

为了更加直观展示穿山甲的关键词，我们采用词云的方式对关键词进行可视化。从图 19 至图 21 中可以看出，"保护""灭绝""人类"等关键词出现了较高的频率，反映出了网民呼吁保护穿山甲的强烈愿望以及对穿山甲即将灭绝处境的担忧，同时也反映出网民对人类伤害穿山甲行为的反思。

图 20　基于 TextRank 算法生成的微信评论词云

图 19　基于 TextRank 算法生成的微博评论词云

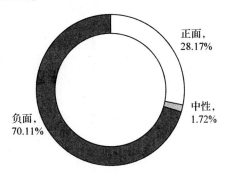

图 21　基于 TextRank 算法生成的百度贴吧评论词云

为了更进一步探究网民对于穿山甲事件的态度，利用情感分析方法来分析网民对于穿山甲时间的情感态度。

对微博一层评论进行情感分析，结果如图 22 所示，微博一层评论正面情感占 28.17%，负面情感占比 70.11%，微博网民情感以负面为主。

对微信评论进行情感分析，结果如图 23 所示，微信评论正面情感占比 26.46%，负面情感占比 71.92%，微信网民情感以负面为主。

正面，
28.17%

中性，
1.72%

负面，
70.11%

图 22　微博一层评论情感分析图

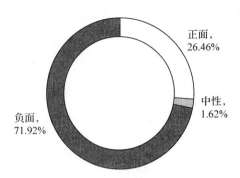

图 23　微信评论情感分析图

　　可以得到微博一层评论与微信评论所得情感分析结果比较一致，可得结论在网民评论中，消极情绪所占的比例普遍较高，反映出大多数网民在了解到穿山甲非法走私、穿山甲功能性灭绝等事件后批判、反思的态度，积极情绪所占的比例较低，也反映出少部分网民对及时拯救穿山甲积极乐观的态度。中性情绪也占有小部分比例。

　　为了更进一步归结出网民的主要观点，对微博一、二层评论和微信评论进行 LDA 划分主题，提取文本主题关键词，可以将网民的态度大致分为四个部分(表 16)。

表 16　穿山甲热点事件网民态度部分主题关键词表

主　题	关键词
呼吁保护穿山甲	一定要保护穿山甲、保护穿山甲，人人有责、希望人人爱护野生动物、要保护好这种物种、悲剧不要再发生、从我做起、好心疼、没有买卖没有伤害、这么残忍，怎么下的去手、愿人类与动物和平共处、不食用野生动物、不使用野生动物制品
对穿山甲药用价值提出质疑	只有严重的乳痛才开到、穿山甲和人的指甲的性质一样、让中医药管理局宣布所有野生动物制品没有任何医药功效、我承诺不使用动物性中药材
呼吁人工繁殖	繁殖量就比较少、物种十分脆弱、人工养殖化还是会在一定程度上的减少野生偷猎的次数、严厉打击捕杀行为! 同时结合穿山甲人工繁殖繁育。用大熊猫以前的方式! 首先要保住种群
严惩走私行为	解决问题，要执法部门重视起来，严惩不法分子是首要、为什么没有刑事处罚、走私穿山甲的人该枪毙、还是监管不到位，定性不到位，追查到底，刻不容缓! 虐杀保护动物就是犯罪

　　再结合网民具体的评论内容，可以将网民的态度进行如下归类:

　　(1)呼吁保护穿山甲，抵制非法买卖，与穿山甲和谐共生。在中国绿发会发布中华穿山甲功能性灭绝的消息时，很多网民发出了惋惜和反思性质的评论，例如有网民评论到:"无论是不是功能性灭绝都让人觉得背后发寒。人好像必须是失去以后才懂得珍惜""人类太残忍，又太可耻。对待动物，手下留情吧。滥杀动物，丧心病狂应受惩罚。""动物的杀戮只为填饱肚子，人类却为了一己私欲""一定要保护穿山甲，留住这个濒危(极危)物种，我们已经失去了白鳍豚、失去了中国犀牛、失去了华南虎、失去了白鱀，又快失去了淡水斑鳖，还有多少正在悄悄失去，这些和那些美丽的物种正等着我们保护，它们和它们需要我们保护……""不是还有少量剩余就不是功能性灭绝……"

　　(2)针对传统中医药对穿山甲药用价值提出质疑。针对中医药提出的——穿山甲可以通乳、增强体质等说法，网民大致成两类态度:第一，否定这种功能:科学研究表明，穿山甲甲片的主要成分是蛋白质和一些微量元素，还由于穿山甲长期生活在野外的缘故，甲片会含有大量的细菌和微生物，有网民还将食用穿山甲的甲片戏称为"吃自己头发指甲"。第二，承认中医这种说法的合理性，有的医学专业知识的网民指出:中医在辨证论治中用到穿山甲只有严重的乳痛才开到，一剂药只有几克，即使开足 7 天的药也不足 100g，其用量不会致使穿山甲大规模灭绝。有的网民还提出可行性的建议，如应该分析穿山甲药物原理，找出替代品或者进行人工繁殖、中医也要与时俱进，剔除所谓的"穿山甲""熊胆"等不科学的动物药材。

（3）呼吁人工繁育，但人工繁育困难重重。对于穿山甲数量急剧下降的现象，有的网民提出了人工繁育的建议，但因为穿山甲这种物种对于生存环境和饮食的独特要求，使得人工养殖十分困难，迄今为止世界上成功养育过穿山甲的养殖者也仅仅只有三位；穿山甲这种物种从进化以来几乎没有什么天敌，所以自然繁育速度极慢，每胎只能孕育一胎，生长年龄最多持续一代，这也使得穿山甲成为比大熊猫更濒危的野生动物。如何解决穿山甲濒危的现状，还需要我们进行不断探索，不过人工繁育也有出现曙光的时刻：中国台湾台北动物园已经成功实现了一次人工养殖实例，这也给人工繁殖带来了希望。

（4）呼吁法律对不法分子非法走私穿山甲的行为严惩不贷。许多网民认为不法分子冒着巨大风险却仍然愿意走私穿山甲的主要原因是：政府和国家对于非法走私穿山甲的惩治力度不够大，网民在看到非法走私的新闻后发表了很多激进的言论："谁敢贩卖，捕杀，野生动物直接打入大牢20年我看谁还敢去做""说白了还是惩罚力度不够，谁贩卖、杀害国家保护动物，拉出去毙了。谁买野生保护动物制品，罚到倾家荡产。"还有的网民认为走私活动依然猖獗的另一原因是监管和定性不到位，对于非法走私穿山甲之类的行为，应该加强监管力度，让不法分子无可乘之机。

（五）热点事件舆情小结

2019年可谓是穿山甲话题讨论十分活跃的一年，这一年内我国海关多次破获穿山甲非法走私案件，6月份"中华穿山甲功能性灭绝"这一话题的热议也为我们敲响了警钟，我们在关注舆论的同时也应该反思，该采取什么样的行动才能挽救这一岌岌可危的物种，下面将根据数据分析的结果，结合野生动物保护相关的资料，为保护穿山甲提供几条可行的建议。

（1）在微信、微博等公众常用的媒体社交平台加大宣传力度，内容要平易近人，话题要具有普适性，利用超话、营销号等流量工具来宣传保护穿山甲的重要性和紧迫性，公众在刷微博、看热文的同时就能提高对于保护野生穿山甲资源重要性的意识和抵制穿山甲用品的自觉性，同时还利用明星效应，发起明星超话、明星代言，利用公众人物的影响力为保护穿山甲发声。

（2）政府加强立法，要对非法贩卖捕杀穿山甲的犯罪团伙给予严厉打击和严惩，要对这种行为持有近乎于零容忍的态度，对于屡次走私、贩售穿山甲制品的非法分子要给予严厉惩处，在整个社会营造"不敢贩、不能贩"的良好社会氛围。

（3）寻找可行的解决方案来缓解穿山甲资源保护与利用的矛盾。为了从根本上解决这一矛盾，尤其是穿山甲中药材原料来源问题，可以从以下两个方面着手：第一，扩大穿山甲资源来源，如进行人工驯养，变野生为家养，或者向穿山甲售卖合法的国家进口以满足国内药用的需求。第二，积极寻找药用穿山甲的代用品，严禁使用野生穿山甲[2]。

（4）加强穿山甲栖息地的保护，依法管理，科学放生。可以设立禁猎期以恢复野生穿山甲的种群数量和种群结构。在禁猎期结束后，野生穿山甲资源达到可利用时，必须制订科学合理的年猎捕量和狩猎方案；对国家重大的基础工程项目如修建公路、铁路、水利等需要在野生动物资源丰富的山区或在珍稀濒危动物主要分布的地区建设时，必须把包括穿山甲在内的各种珍贵野生动物资源列入该工程环境质量影响报告书中加以论证，以加强对穿山甲等野生动物资源现有栖息地的保护工作；对查扣的穿山甲进行科学的放生，以防止外来穿山甲的入侵对本地种造成威胁；同时还可以构建穿山甲自然保护区，实行就地保护，根据穿山甲对栖息地生境的要求，对栖息地内不合理的林分进行改造，以最大程度地满足穿山甲对生境的需求，恢复穿山甲的栖息地，扩大穿山甲有效栖息地的面积[2]。

（5）迅速组织力量，开展资源清查。用一年左右的时间，对我国现有的穿山甲资源量及栖息地作一次详查，给出较为真实的资源量、栖息地面积及分布图等资料。并积极组织和开展穿山甲野外生物学研究，加大科技投入，依靠科技保护穿山甲资源。用两年左右的时间，对穿山甲一年四季及昼夜活动规律、活动习性、食性、繁殖习性、种群结构组成以及对栖息地的要求等生物学知识进行重点研究，为科学保护穿山甲资源及开展穿山甲人工驯养提供理论依据[2]。

四、热点事件二——大都市群雾霾生态舆情热点事件

摘要：随着雾霾的危害性日益显现，公众对雾霾问题也越来越关注。2019年7月生态环境部发布了1~6月全国空气质量状况，网民纷纷表达自己的观点。10月话题"今冬北方可能雾霾时间长范围广"登上微博热搜，公众对雾霾的讨论进入热议期。网民针对雾霾问题的舆论有正负两个方面，正面表达对相关部门发表的科普类文章的喜爱及对治理措施的支持，负面表达了对雾霾天气的不满及担忧，也对相关部门采取的治理措施提出质疑。面对这些舆论，相关部门应该采取有效措施，防止舆论影响其形象。

关键词：雾霾　治理措施　舆情分析

(一)事件概况

每年秋冬季是"雾霾"的高发期，冬季最为严重。这是因为进入冬季之后，除了全年都存在的工业、汽车尾气等污染之外，冬季的燃煤污染也会对空气造成巨大的影响，而且，因为我国气候特殊，冬季气流较少，"雾霾"难以被吹散，雨水减少，也难以被冲散，所以冬季"雾霾"是最严重的。"霾"使大气浑浊，视野模糊并导致能见度恶化，对人身体健康的影响极大。自2013年"雾霾"走进大众视野开始，这一生态问题持续引起公众的广泛关注，随着"雾霾"的不断出现且越发严重，该问题引起了社会公众的广泛讨论[3]。

"雾霾"，是"雾"和"霾"的组合词。"雾霾"常见于京津冀、长三角大城市群，代表城市有北京、天津、上海等。中国不少地区将雾并入霾一起作为灾害性天气现象进行预警预报，统称为"雾霾天气"。"雾霾"是特定气候条件与人类活动相互作用的结果。高密度人口的经济及社会活动必然会排放大量细颗粒物(PM2.5)，一旦排放超过大气循环能力和承载度，细颗粒物浓度将持续积聚，此时如果受静稳天气等影响，极易出现大范围的"雾霾"。

2019年7月8日，生态环境部发布了1~6月全国空气质量状况。对全国168个重点城市的空气质量进行了排名，标志了本年度空气质量相关热点话题的出现。随着空气质量排行榜的发布，微博相关讨论逐渐增加，但并未出现与"雾霾"相关的话题。

2019年10月17日，生态环境部有关负责人就《京津冀及周边地区2019~2020年秋冬季大气污染综合治理攻坚行动方案》答记者问时表示，观测史上罕见的超长"厄尔尼诺现象"将持续到年底。随后微博出现关于"雾霾"的热搜话题"今冬北方可能雾霾时间长范围广"，公众对"雾霾"的讨论逐渐增加。

2019年10月18日，北京市气象台5时50分发布大雾黄色预警信号，预计至10时，城区及南部地区有雾，部分地区能见度小于500米。随后"北京下半年首场特强浓雾"登上微博热搜榜，引起了网民的激烈讨论。

"雾霾"相关话题的热议，背后主要是公众对雾霾天气的不满，也对相关部门采取及时有效的措施提出了要求和建议。

（二）舆情态势分析

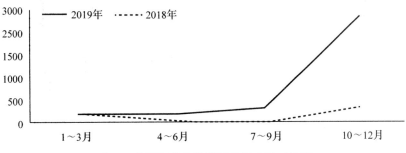

图 24 雾霾相关事件舆情发展走势对比图

1. 舆情走势

雾霾舆情总体走势呈季节性阶段循环，从搜索趋势来看，公众对雾霾的了解与关注可以集中体现在他们对"雾霾"相关问题的讨论上，根据对微信公众号、微博、新闻"雾霾"相关数据的数据分析可知：公众对雾霾保持持续的关注，并且在每年的 10~12 月呈现极高的搜索量。但相较 2018 年，2019 年公众对于雾霾的讨论数量更多，在 10 月开始急剧增加，这表明今年雾霾问题比去年更加严峻，这种情况在 10 月之后尤其明显（见图 24）。从走势图中可以看到雾霾舆情在 7 月有一个转折点，并在 10 月达到峰值。

7 月 8 日，生态环境部发布了 1~6 月全国空气质量状况，并公布了全国 168 个重点城市中空气质量前 10 位和后 10 位。同日，人民日报官博公布了全国 168 个重点城市空气质量前 10 位和后 10 位，随后引发了网民的热议，在 7 月 9 日，微博话题"上半年空气质量红黑榜"出现，参与讨论人数逐步增加。

10 月 17 日，生态环境部有关负责人就《京津冀及周边地区 2019~2020 年秋冬季大气污染综合治理攻坚行动方案》答记者问时表示，观测史上罕见的超长"厄尔尼诺现象"将持续到年底。同日，话题"今冬北方可能雾霾时间长范围广"登上微博热搜，中国新闻网官媒发布生态环境部就该事件的发声："今冬北方可能雾霾时间长范围广"将更加努力减排，引起了小范围网民的讨论，这一话题也引发了各大官媒对于"雾霾"的讨论，其中包括对雾霾的成因、危害的科普，同时，针对这一话题，网民也表达了对雾霾天气的不满。

10 月 18 日，北京市气象台 5 时 50 分发布大雾黄色预警信号，随后话题"北京下半年首场特强浓雾"登上微博热搜，该话题一经发布便引来了各大官煤的讨论，包括发布预警信息及雾霾天行车的安全提醒。网民对于这一话题也纷纷发表了自己的看法，关于"雾霾"的讨论人数增加。

2. 舆情来源

从图 25 可以看出，有关雾霾的舆情信息主要集中在微博平台（92%）。新媒体时代下，微博呈现出时效性强、传播范围广、传播效果好等特点，其影响力日渐增强，由于雾霾问题的季节性和普遍性，公众和官方媒体倾向在微博平台发布自己的观点并希望引起他人的共鸣。在微博平台上，最热门的微博话题是"上半年空气质量红黑榜"，发布者为各大官媒和大 V 博主，其内容大多为对全国 168 个重点城市空气质量的排名，极易引发网民的关注；同时一些官媒会借由雾霾相关话题发布对雾霾的科普文章，内容主要为雾霾的成因、危害及应对雾霾的建议等，这类文章同样受到了网民的关注。

微信平台信息量占所有舆情信息的 6%，其内容集中在雾霾带来的问题与一些应对雾霾天气的措施与建议，部分网民也在微信文章下发表了自己的观点。

包括人民网、新华网、央广网、光明网等主流新闻媒体发布的信息量占所有舆情信息的 2%，内

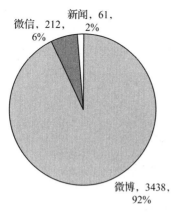

图 25　舆情信息平台来源分布图

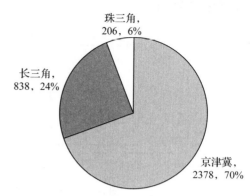

图 26　舆情信息来源分布图

容主要为科普性质,集中在雾霾带来的危害及相关衍生话题的讨论。文章《"雾霾经济"日渐式微?空气净化器新一季销量负增长》《遭遇"霾"伏,佩戴口罩有何讲究?》《雾霾天气小心呼吸道"中招"专家提醒:三类人群应重点防护》较具代表性。

从图 26 可以看出,关于雾霾话题信息来源主要来源于京津冀大都市群(70%),其次为长三角大都市群(24%)。作为国家首都,北京多年来在雾霾天气方面一直遭到诟病,引发了一系列社会舆情的热议。正是由于京津冀地区的重要性与特殊性,因而引发新媒体,尤其是微博群体的重点关注。此外,上海、广州以及杭州等沿海发达城市公众同样注重了解和认识雾霾相关情况。由此可见,京津冀和长三角大都市群有着极高的雾霾舆情关注度。

3. 舆情属性

从舆情属性分布可知(图 27),64.67%的网民发表了相对消极的负面言论,内容集中表达对雾霾天气的不满,同时有部分网民表达了希望雾霾早日消失的观点;仅有 2.10%的信息属性呈中性,内容主要为对雾霾产生原因的讨论;另有33.22%的正面言论,出现了例如"感谢""强"等词,表达了对科普雾霾类的文章的喜爱,同时有人对国家相关部门采取的积极措施表示了赞美与感谢。

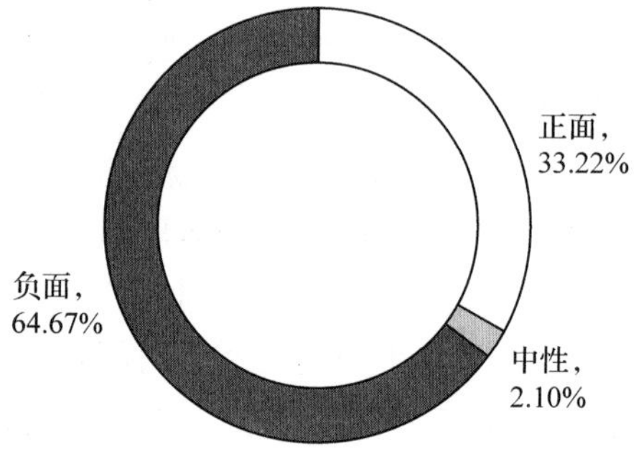

图 27　舆情信息属性分布图

(三)媒体报道解读

根据图 28 所示京津冀及长三角大都市群新闻、公众号、微博文章高频词可知,京津冀及长三角大都市群关于"雾霾"话题的讨论主要集中于以下几个方面:

1. 为公众科普雾霾的相关知识及雾霾的成因

雾霾问题一直是公众关注的热点,媒体也高度关注雾霾的情况。人民网、新华网、光明网等主流媒体以及人民日报、中国新闻网等新闻网站通过微博、官网等媒体平台在雾霾天气出现初期以及高峰期进行了相关报道。

从 7 月初上半年空气质量红黑榜发布开始,人民日报等新闻媒体就对这一榜单进行了报道,通过多种途径向公众报道这一消息,官方微博账号@人民日报首先发布"上半年空气质量红黑榜",随后如@每日经济新闻、@扬子晚报等官

图 28　大都市群(京津冀、长三角)
文章高频词

媒纷纷转发。10月各大官媒在微博对当年雾霾情况进行了预测并为公众进行预警，官方微博账号@中国新闻网首先发布"今冬北方可能雾霾时间长范围广"；@中国气象局随之转发，并对"雾"和"霾"的起因、区别等相关知识，及其可能带来的危害与应对措施作出介绍。同月，"北京下半年首场特强浓雾"话题登上热搜，官媒@中国天气首先对特强浓雾天气作出预警，随后各大官媒对空气质量、能见度等天气情况作了进一步说明，同时也有官媒对雾天行驶需要注意的事项进行了科普。

2. 关注雾霾对公众生活的影响，并为其提出相关的建议

雾霾与公众身体健康、日常出行有着密切的联系，这也是官方媒体的主要关注点。

（1）身体健康。秋冬季节，雾霾天气逐渐增多，雾霾对人体健康的影响越来越受到人们的重视，尤其是抵抗力较弱的老弱群体。公众号"丁香园"发表文章《雾霾可能导致偏瘫，你怕了吗?》指出雾霾对人体健康的危害，即可能增加卒中发生率，文章最后提供了面对雾霾的措施——戴口罩。新京报文章《雾霾对健康影响多大? 生态环境部首次披露》，这份官方报告首次披露空气质量对公众健康影响。报告以甘肃省兰州市为例，数据显示，2012 至 2013 年秋冬季（当年 11 月至次年 3 月）以来，兰州 PM2.5 浓度下降 13%，全市城乡居民呼吸系统疾病就诊病例减少 25%，就医费用下降 52%。

（2）日常出行。雾霾天气会对公众日常出行产生很多不利影响。首先在雾霾天气里，能见度很低，影响人们的视野，不论是自驾、骑车还是步行，都应该注意安全；其次，雾霾天气会使空气质量降低，暴露在室外环境中会对人体健康产生危害。中国天气网人民网在 2019 年 10 月发表文章《雾霾天气注意事项》，文章中汇总了雾霾天出行及日常生活应该注意的问题，为公众提供了避免雾霾侵害的六种措施，包括调整出行、关好门窗、避开人群、停止户外锻炼、尝试戒烟和佩戴口罩。此外，@天津消防、@合肥消防等官微也针对大雾天及雾霾天如何安全行驶为公众进行科普宣传。

3. 报道目前雾霾治理情况，回应公众诉求

针对公众对治理雾霾的强烈诉求，中国将雾霾重灾区划分了京津唐、长三角等区域，并针对各个区域雾霾问题的差异来推行行之有效的政策。差异化的治理政策能够更加有效地治理雾霾。各大官媒报道了各区域目前关于雾霾治理的进展。

就京津冀区域雾霾治理问题，科技日报文章《生态环境：重现蓝天白云 濯涤万水千山》一文阐述了目前京津冀地区治理雾霾的进展："为治理大气污染，科技部、原环保部启动了多个科研项目。2017 年 4 月，我国开展了大气重污染成因与治理攻关项目，汇集国内 2000 多名环境、大气、气象科学及行业治理等方面的优秀科学家和一线科研工作者，集中开展联合攻关。目前已基本弄清京津冀及周边地区大气重污染成因，实现了对重污染过程的精细化、定量化描述等。"《治理雾霾有"数"了》一文简单介绍了京津冀及周边地区雾霾成因报告。笔者认为新建的监测网络能摸清雾霾的底细，意味着治理责任可以分解落实了。同时中国环境新闻文章《京津冀大气重污染成因找到了，我们污染治理的路子是对的!》一文说明了京津冀及周边地区雾霾成因报告的有效性，即该报告印证了蓝天保卫战三年行动计划确定"重点行业和领域是钢铁、火电、建材等行业以及散乱污企业、散煤、柴油货车、扬尘治理等领域"的正确性。

与京津冀区域冬季供暖造成的雾霾不同，长三角区域重工业污染使该地区的空气质量令人担忧。新华网文章《长三角生态环境协同治理"你喝的水，我帮你守着!"》一文公布了目前长三角区域治理雾霾的最新进展和获得的成就。近年来，长三角区域陆续出台了《落实大气污染防治行动计划实施细则》《大气污染深化治理方案》以及《高污染车辆和船舶联防联控专项方案》，治霾效率大幅提升。

（四）网民观点分析

1. 表达对空气质量的不满

wxid_ l9x5iu07hao07ren：一年 365 天，我们这估计 200 多天都是轻度污染。

小鱼：用嘛都没用，就这大雾霾，幼儿园已请假，明天娃就去三亚过冬。

@我是大刚：今天的污染的确非常严重。

@王佳琪的：其实这是我前天拍的图，因为我已经两天都不敢出门了，都重度污染。

2. 对雾霾成因的猜测

,。?：用炉子太多。

图29　网民观点高频词

小树：冤枉配图的大烟囱了，水蒸气而已，我就是做电厂的，我知道。现在电厂的各项环保设施都特别严格，比国标都严格。脱硫脱硝除尘各种措施，锅炉的燃烧效率也高。电厂就是印钞机，最不在乎的就是花钱。污染还得是村里那些小炉子啊！燃烧效率低，煤也不好，烟大。

@闪电侠暴击：除非华北地区不烧煤供暖。否则无解。

@陈占恒在北京：化石能源(煤炭和石油)的使用是雾霾的元凶。

3. 为其他网民提供雾霾天的防范措施

天道酬勤：雾霾天气时做饭最好戴上雾霾口罩，因为抽油烟机会把外面的空气循环到室内。做完饭后再关闭好门窗，把室内的空气净化器打开进行室内空气净化！

Kevin Li：关注天气预报，出门戴口罩，回家禁闭门窗，打开净化设备。

崔学艺：尽量减少暴露在雾霾中，将室外活动转移到室内。

孙赛：雾霾天气，空气净化器的非有效使用，光待在室内也不能说安全，更别说没有空气净化器的了。

@一朝重衣今天也依然懒得动：空气净化器！口罩！武装起来！

@潇洒天涯三废哥：带好口罩。

@花村幼儿园看门老李头：今天大雾哦！戴好口罩才不会有鼻炎。

4. 对雾霾治理的期望

@花愿wish：希望北京每天都没有雾霾@一只小白珑。

@ pure沉淀：希望能有所作为，带娃但是伤不起了，反复咳嗽，幼儿园都没法去了。

5. 对相关部门的治理措施的意见

(1)认可意见。

天道酬勤：准确预报雾霾天气，便于百姓安排出行！雾霾知识科普，及时又必要！为政府这种细致周到的服务点赞！

爱吃螃蟹的猴：北上广深近期都是优良天，主流媒体社会舆论就没有关注雾霾的了，很好很好！

(2)质疑意见。

shang：全国范围内也没有一个可行性好的治霾方法。

雷驰：治标不治本，路上没车霾还是这么大，没有人还是有霾。

冯：我也是车主，今年开车少了很多，更多是地铁，要是限行能让空气质量大幅度提高，我一点意见都没，但是现在搞的好像污染都是因为开车，而且空气依然倒数前十是谁的锅?

余生：从源头上找雾霾产生原因，别老拿车开刀呀。

(五)舆情小结

每年秋冬季是"雾霾"的高发期，冬季最为严重。"雾霾"使大气浑浊，视野模糊并导致能见度恶化，对人身体健康的影响极大，因此公众对雾霾问题保持着持续关注。2019年雾霾从7月开始增加，在 10~12 月达到峰值，舆情主要集中在网民发表的对雾霾天气的看法。总体来说舆情呈负面态度，很多网民发表了对于雾霾天气造成的危害的不满，也为其他网民提供一些防范雾霾侵害的措施。同时表达了对于相关部门采取措施的不满及对雾霾治理的期望；同时，也包含一些正面情绪，包括对雾霾科普类文章的喜爱及对相关部门治理措施的认可和支持。很多人表示出对雾霾天气的不满及担忧，并对雾霾的治理措施产生了质疑。对于官方媒体发布的相关科普，包括雾霾的介绍、成因、防治措施和治理情况，数量相对较少，网民关注程度较低。因此，针对以上舆情态势，如何更有效地治理雾霾，帮助公众了解雾霾的情况、理解相关部门的治理工作，并消除人民对于雾霾的不满，应是当前针对雾霾工作的重点。

（1）充分宣传雾霾的相关知识，加深公众对雾霾问题的认识。公众大多对雾霾的认识不够全面，不了解雾霾的具体成因，普遍认为雾霾是由于冬季烧煤取暖导致。相关部门需要加大对雾霾相关知识的宣传力度，帮助公众了解雾霾的概念及具体成因，从而减少人们对相关部门采取措施的误解。

（2）增加雾霾天气的危害与防护措施的科普，提高公众的防护意识。多数人对雾霾天气的危害认识只停留在影响呼吸道健康及日常出行的层面，但雾霾中包含大量化学成分，长期吸霾会对身体造成无法挽回的伤害，需要引起更多人的注意。有关部门需要邀请相关专家科普雾霾的危害以及防护措施，减少雾霾天气对公众造成的不利影响。

（3）及时有效进行治理，及时向公众公开执行情况。针对现有的雾霾问题，结合多种手段进行治理，如调整产业结构、淘汰落后产能、调整能源结构、加大节能力度和考核以及调整运输结构，减少公路和货运比重。同时治理需要区域协调，加大科研投入，研发新的治理手段。更重要的是及时公布治理进展，让公众充分了解相关部门的作为，提高公众对政府的理解。

（4）监控相关舆情，及时回应公众质疑以减小其不满程度。公众发表的舆情对于相关部门的形象有极大影响，如有一些负面言论传播过广，同时没有得到官方回应，可能会极大降低政府的公信度。因此，有关部门需要及时监控相关舆情，对公众的质疑、不满言论及时做出回应，减少公众的不满，树立良好的政府形象。

五、舆情小结与对策建议

总体来看，京津冀大都市群中的新闻舆情主要来自媒体对 2019 北京世园会相关资讯的报道；长三角大都市群中的新闻舆情主要来自媒体对台风等强降水天气相关的预报和报道；珠三角大都市群中的新闻舆情主要来自媒体对象牙和穿山甲等濒危动物走私情况的报道。在这三个大都市群的舆情中，微信公众号推送的文章有对新闻内容的转发和评述，也有和生活相关的生态趣事、科普等；微博舆情除了官方微博号的博文外，还有大部分网民自发对其感兴趣的相关内容进行评论，如世园会、雾霾、穿山甲功能性灭绝和走私等相关内容评论较多，负面感情舆论数量超过半数。这与微博上人们的发言环境更加自由、负面激烈舆论更容易煽动网民情绪等有关，因而对社交媒体的舆情进行分析和回应是非常重要的。

三个大都市群都存在网民负面情绪占比较重的问题。其中，京津冀大都市群的负面观点主要是雾霾的担忧、对破坏公共绿地等不文明行为的谴责等；长三角大都市群的负面观点主要是对雾霾的担忧、对行道树选择的不满、对相关政策的不理解等；珠三角大都市群的负面观点主要是对拔光广州中药材科普基地艾草的谴责。

从对京津冀大都市群和长三角大都市群的舆情分析结果可以看出，雾霾问题同时困扰着身处这两个大都市群中的公众。面对这一问题，公众主要表达的是对雾霾天气的不满及对相关部门治理雾霾措施的不理解。相关部门应当及时对公众的质疑、不满言论进行回应，防止负面言论的传播损害政府形象。长三角大都市群出现的问题主要是走私和食用穿山甲。公众纷纷表达了对走私和食用穿山甲的愤怒及对穿山甲鳞片的中医药用价值的疑惑，相关部门在面对这一问题时，一方面向网民科普相关知识或辟谣相关传言,另一方面公布对走私和偷食穿山甲问题的处理情况,及时把控舆情走向。

参考文献

[1]曹寅白,韩瑞光.京津冀协同发展中的水安全保障[J].中国水利,2015(01):5-6.

[2]吴诗宝.马广智等.中国穿山甲现状及保护对策[J].自然资源报,2002,03(02):174-180.

[3]李明德,张玥,张琢悦,蒙胜军,张行勇,问婧利.2014~2017年雾霾网络舆情现状特征及发展态势研究——以新浪微博的内容与数据为例[J].情报杂志,2018,37(12):112-117.

第三篇

生态热点事件舆情分析

曹园非法占用林地违建事件的舆情分析

李 艳　宣欣迈　郭培燕*

摘要： 2019年3月19日，央广网《新闻纵横》栏目爆料黑龙江牡丹江"曹园"存在非法占用林地违建的情况，此事件迅速引发舆论的高度关注。该事件热度在27日达到了峰值，网民在各个平台发表自己的意见，微博、微信等平台的讨论量达到最高值。在经历了持续2周的舆情震荡后，该事件舆情自4月初趋于平静。事件引发了舆论对于违建调查过程和对于处理违法建筑方法的广泛讨论和关注，并且对我国林地违法建筑的监管和处理方法建言献策。

关键词： 曹园　林地违建　自行拆除

一、事件概况

3月19日，央广网发布名为《牡丹江森林深处暗藏违建：毁林百亩削山挖湖建私人庄园》的文章。央广新闻热线收到实名举报称，黑龙江牡丹江市张广才岭国有林区有人毁林削山挖湖建私家庄园，却没有任何审批手续。至此，曹园受到了社会各界的广泛关注。

3月20日，黑龙江省委书记张庆伟批示要求省委省政府成立督查组。牡丹江市水务、国土、公安等部门进入"曹园"实地调查。

3月21日，牡丹江市委市政府专项调查组对外发布曹园内部情况。黑龙江曹园文化投资有限公司法定代表人曹波及其项目经理接受调查。

3月26日，黑龙江省牡丹江市专项调查组透露，牡丹江"曹园"违建问题初步查明，涉事企业黑龙江曹园文化投资有限公司存在违法采伐、违法占地、违法建设等行为。牡丹江市责成涉事企业即日起开始自行拆除违建。调查组同时初步认定相关部门和中农发集团牡丹江军马场部分工作人员涉嫌失职失察，建议依法依规严肃追责，同时将根据进一步调查结果，追究涉事企业黑龙江曹园文化投资有限公司违法责任。

3月27日，曹园门楼被爆破拆除，曹园开始拆除。

4月2日，黑龙江牡丹江市森林公安局对黑龙江曹园文化投资有限公司法定代表人曹波、副总经理苏林芳，以涉嫌非法占用农用地、滥伐林木等罪，依法采取刑事拘留强制措施。

二、舆情态势分析

（一）舆情走势

根据爬取到的数据，曹园违建事件的舆情总量达到27508条。其中，新浪微博，相关微博博文及评论数量达到了15826条；微信相关报道的有关评论9988条；官媒的有关新闻报道评论和相关帖子论坛的评论共1694条。

3月20日晚，"曹园究竟是个什么园?"的节目在央视新闻频道《新闻1+1》中播出，同时，名为

* 李艳：北京林业大学经济管理学院教授，硕士生导师，主要研究方向为信息管理、竞争情报；宣欣迈：北京林业大学经济管理学院本科生；郭培燕：北京林业大学经济管理学院硕士研究生。

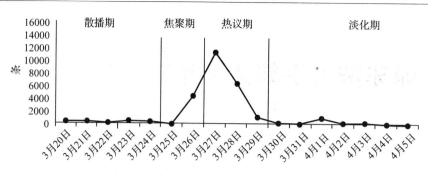

图1　黑龙江曹园违建事件舆情发展走势图

《牡丹江森林深处暗藏违建：毁林百亩削山挖湖建私人庄园》的文章在央视网、央视新闻等媒体的加持下开始扩散。3月21日，《新闻1+1》节目继续关注曹园违建事件。人民日报、新华网、央视新闻等媒体进行报道。

3月26日，专项调查组对外透露，曹园违建问题查明，曹园将自行拆除。3月27日，央视新闻、凤凰网、新京报等媒体相继报道有关新闻，以"曹园即日起自行拆除""牡丹江'曹园'违建问题初查明"等标题在微博和微信等渠道进行了广泛的传播。此外，曹园大门被爆破的消息和现场视频在网上大量传播。3月27日的信息量达到峰值11623条，相关信息在各个平台大量传播。

3月28日，有关信息继续传播，有关曹园林地价格等细节信息由央广网《新闻纵横》节目披露后受到了大量的关注，当日舆论量达到6000余条。

4月1日，人民日报针对曹园违建发表评论，同时其他的媒体再次进行转发，有关信息在网上再次引发900余次讨论。

通过趋势图，可以看出在3月27日，即曹园将自行拆除有关信息披露和大量传播的时候达到了高峰。

(二)舆情来源

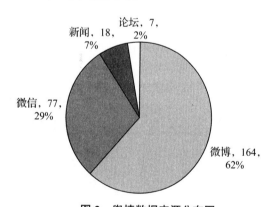

图2　舆情数据来源分布图

根据数据显示(图2)，自3月20日0时至4月2日24时，各个平台均有有关事件的报道出现，其中是微博推动事件舆情走向的决定性因素，共有164条相关博文，占62%；微信上出先有关文章77篇，占29%，官媒有关新闻报道共18篇，占7%，论坛相关帖子共7个，占2%。

在微博上的有关舆情的传播过程中中，@央广网、@央视新闻、@新京报、@环球时报、@凤凰网等媒体均对相关新闻进行了转发，使得消息很快引发了全网的高度关注。"牡丹江曹园大门被爆破""曹园即日起自行拆除"等热点推动了更大范围的阅读讨论。

微信上的相关报道中，央视新闻、澎湃新闻、中华网、新京报等媒体对曹园违建事件进行了持续的报道，网易、腾讯、东方网等媒体也对其进行了报道，有关曹园拆除和违法占地的信息在微信中大量传播。

(三)舆情属性

从舆论属性分布图(图3)可知，网民对于曹园违建的评论呈现较明显的两极分化情况，其中正面言论占18.22%，负面言论占80.32%，此外还有1.46%的言论为中立言论。其中，正面言论主要集中在网民对于政府查处曹园违建的支持言论和对曹园被拆除的正面积极评价；负面言论分布较为分散，有对于曹园违建表示愤慨的评论，对于可能存在的官商勾结的猜测和厌恶，例如"建造的时候，你们干什么去了""不知道说啥好了，要是一个小别墅还有情可原，那么大的动静，那么大的一个工程还需要10多年才发现"以及对已经建成的建筑被拆毁的惋惜，例如"太可惜了""建都建了，上交国家就留着吧！"

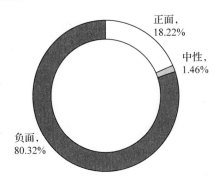

图3　舆情信息属性分布图

三、媒体报道解读

（一）持续追踪有关事件，多平台共同传播

3月19日事件被报道后，在各个平台和媒体都出现了对于曹园事件的持续关注和报道。在微博平台，消息从最早爆出事件时的"国有林地却深藏私人庄园，巨型违建为何无视处罚"到有关部门查明事件并做出反应时的"黑龙江'曹园'违建问题初步查明 即日起自行拆除"，再到"'曹园'租地70年：一亩林地一年3块，'不够一把筷子钱'"，各大媒体均对事件进行了持续的追踪报导。以为最早发布消息的@中国之声为例，在19日一天连续发送4条推文，随后在20日调查组现场取证，27日问题初步查明，28日曝出曹园林地价格过低，31日曹园违法建筑拆除完毕，4月2日曹园法定代表人被刑拘等重要时点均对有关事件进行了及时的报道。

而在微信平台，各大媒体集中于3月20日、3月27日和3月29日三个时点对曹园违建事件进行了集中的报道。报道的内容也主要集中在曹园违建的披露——"森林深处，好一个'曹园'？！"调查组初步的调查结果公布——"'曹园'违建初步查明"，在曹园被拆除后对于继续调查的分析——"'曹园'拆除进行中，调查仍将继续"。

除了在微博和微信上发布有关的信息，各个主流媒体也在各自的网站上发布了有关的信息，同时网易、新浪等门户网站也在各自的网站上转载了相关媒体的报道。"牡丹江森林深处惊现违建：毁林百亩削山挖湖建私人庄园""牡丹江'曹园'违建问题初步查明，即日起自行拆除""曹园主人涉嫌非法占用农用地、滥伐林木等罪被刑拘"等新闻和报道通过各个门户网站以新闻视频报道、图文解说等多形式的播报引发了全社会的广泛关注。

（二）主流媒体把握舆论方向，各媒体相继传播

此次曹园违建事件的媒体报道中，以央视网、人民网、新华社为代表的主流媒体把控住了舆论的主要方向，同时把控住了社会对事件的关注度。在事件初期，央视网积极通过各个平台发布事件的实时进展，其余媒体和社交账号积极转发主流媒体的有关信息。

3月27日，央视新闻发布《曹园即日起自行拆除》《牡丹江"曹园"违建问题初步查明，即日起自行拆除违建 150秒回顾事件始末》等有关内容后，新浪财经、凤凰网、新京报等媒体积极转载该信息，使得网名能够在各个评论区对事件发表有关评论。

3月28日，央视网发布名为《"曹园"租地70年：一亩林地一年3块，"不够一把筷子钱"》的文章后，相关信息又一次被各大媒体积极转载和传播。这一次不仅促使公众对于曹园事件的关注度更加高，也引导了公众展开对于曹园背后存在的责任缺失等问题的关注。

4月1日，人民日报就曹园违建事件发表名为《严惩破坏生态行为》和《"曹园事件"中一个细节令人印象深刻》的环境时评。时评一经发布就获得了包括@生态环境部在内的各大媒体的转载，引发了公众和有关部门对于协力促使相关法规落到实处的讨论和思考。

(三)针对曹园违建长期存在的原因探讨

在事件调查组发布初步调查报告,确认曹园属于林地非法违建后,各个媒体对于曹园数十年存在并且受到有关部门查处后仍然不改正背后的探讨。例如人民日报发表时评,认为此次事件表明,对具体责任人的处置固然重要,有关方面更应将此事作为制度完善、工作改进的契机。北青报认为"除了对曹园本身存在的问题进行调查,还要对政府相关部门的工作人员是否履职到位,是否不作为、慢作为、乱作为,甚至以权谋私、徇私枉法的行为进行调查"。南方日报认为曹园的存在是一种畸形的政商关系,招商引资,支持民营企业发展,维系良好政商关系,对地方政府来说是一项工作,但同时更不能忘记的是中央反复重申的构建"亲""清"新型政商关系。

(四)建言预防和整治类似违建事件

鉴于2018年年底曾经曝出"秦岭违建"的事件,各个媒体也都对于如何预防类似违建事件再发生发表了各自的观点。例如广西新闻网联系18年秦岭别墅违建事件,认为各地应该"不能光盯着别人头上的虱子,甚至只是幸灾乐祸、麻木不仁,关键还要目光向内,积极主动的从自己身上找问题,举一反三、冠冕排查整治,做到有则改之、无则加勉,防患于未然,只有这样才能避免类似的问题乱想不断重演。"凤凰网认为"只有从严格落实主体责任,加大中央环境保护督查力度,不拆不扣严格执法依法处置,抓紧整合相关污染防治和生态保护执法职责与队伍,每个环节都不掉链子,各种形式的'曹园'才不敢也无法野蛮生长"。北青报则认为"生态兴则文明兴,生态衰则文明衰"。生态环境是关系党的使命宗旨的重大政治问题,也是关系民生的重大社会问题。目前看,全社会并不缺少爱护生态环境的价值共识,更不缺少捍卫生态环境的法律法规,缺少的是从共识到行动,以及不折不扣的严格落实。

四、网民观点分析

(一)网民评论高频词分析

通过抽取微博、微信上各个媒体有关曹园违建的有关报道中的网民跟帖评论,经过清洗和去重后的2321条网民评论进行关键词词频分析,由图4可以看出,"拆除""违建""违法""浪费"等关键词词频较高。此外,关键词词频随着事件的不断变化也发生着改变,在3月20日至26日曹园事件刚曝出时,群众对于建筑违建本身关注程度较高大部分评论集中在对违建事件真相查明的希望和对于违建事件的愤怒,例如"支持严查""肯定要拆啊,而且这是林地""这么大的违章建筑。之前一点都不知情的?"因此,词频统计中出现了较多的"违法""违建""拆除"词(图5)。而在3月27日调查结果和有关处理方案公布,并且大门爆破的相关视频在网上大量传播的后,网民的评论开始就是否应该拆除出现了激烈的讨论,其中大量网民表达了不应该简单拆除有关违法建筑的观点:"拆了多浪费,不能改成景点吗""拆了干嘛,这不是浪费吗?国家直接没收,改成免费景点呗",此外还有些网民提出了个人看法"浪费资源。还不如留着收归国有,用于当地政府发展旅游"。由于有关言论的数量十分巨大,因此"浪费""可惜"等关键词的词频从3月27日开始就出现了大幅提高(图6)。

可以发现,随着政府措施和权威声音的响应和时间和推移,评论的重点倾向于对于拆除这一方案是否合理进行讨论,这说明网民对于曹园违建处理方案和对于事件进展状况的关心。

图4　曹园违建事件网民评论高频词　　　　图5　3月20日至26日曹园违建事件
　　　　　　　　　　　　　　　　　　　　　　曝出时网民评论高频词

图6　3月27日、28日曹园自行拆除后
网民评论高频词

(二)网民观点分析

由图7舆情观点分布,网民观点分为以下6类:

(1)观点一:呼吁严查事件真相,严厉追究有关人员责任(40.51%)。40.51%的网民呼吁严查曹园违建事件的真相,并且要追究有关人员的责任。有网民大力支持有关部门对该事件进行严查:"一查到底,严肃问责,惩一儆百!""虎头蛇尾啊!继续深挖,披露出来,才是真野马!"有部分网民认为相关事件背后有保护伞,需要继续查处有关责任人背后的保护伞和可能存在的钱权交易:"早就该查该拆了,跟百姓没半毛钱关系。""权钱交易的产物,没拆时也不会让百姓进去观赏的。"还有部分网民认为可以以这次曹园违建的事件为契机,在当地开展大规模类似事件的追查。"黑龙江这么多年的盘根错节,各种关系,各种腐败,也该是时候好好查查啦!"

(2)观点二:批评当地有关部门监管不力(12.79%)。12.79%的网民观点直指有关部门监管不力。有网民认为曹园违建存在的原因就是有关部门不作为:"这么大个事,居然靠举报才立案,才去查。这已经说明有些问题很严重了!""有时官僚不作为比胡作为更可恨"。有些网民认为快速认定曹园违建的事情值得赞许,但是对于曹园长期存在的事实则需要表达对有关部门的批评"这么快就查明原因了,给当地政府一个好评,但违规违法十多年才查,必须给当地政府给两个差评"。"曹园问题已定性为违法建筑,责令其自行拆除。可监管部门长期对违法行为,睁一只眼闭一只眼疏于查处。直至联合调查开始,才对军马场部分工作人员予以处罚!"还有网民表达了对政府现在才查处并且对于让曹园自行拆除的不信任："调查组和稀泥，拿国家利益给个人面子咯?""自己建造，让自己拆? 不要演捉放曹啊。"

（3）观点三：支持调查组让曹园其自行拆除的决定(10.36%)。10.36%的网民支持曹园被拆除的决定。有网民认为只要是违法的就应该拆："拆就对了""拆，凡是违法的全拆，速战速决"。还有网民认为拆除能起到警示作用，震慑那些妄图滥用公权力谋私的人："违法建筑拆除合法合情，有网民建议改作他用不可取，如实施，将会带来两大恶果，一是以后某些贪官看中你家建筑好，动用公权力说是违建，然后没收改作自己用，你如何分辩是上交国家还是到了贪官手中? 二是没收他用，违建者会觉得为国家为人民办了一件好事，可以流芳千古，他们会觉得很值得而以后更会大胆"。

（4）观点四：反对拆除已经建成的曹园建筑(26.92%)。26.92%的网民认为拆除曹园过于浪费。有网民从建造成本角度认为应该这么简单拆除："不管怎么说，还是觉得拆掉十分可惜，本质上还是创造的财富浪费了，没有物尽其用。"有网民认为既然林地已经被毁，不如留作国家资源："有点可惜了，要是能保留作为国家资源，多理想啊! 既然林已毁 何必再浪费资源""应该妥善利用，避免资源浪费!"。此外还有网民认为可以将其作为改为其他用途，并且提出了自己的建议："完全拆了也可惜，倒不如留作农民致富项目。""个人感觉已经建了这么好，可以利用价值留给老百姓让老百姓 有个景点可以游玩，在山上建起这么个""作为教育基地不应该拆除让后人深思你懂的"。

（5）观点五：提出自己的建议(2.42%)。2.43%的网民在评论中提出了自己关于曹园违建事件处理的建议。有网民说："花费那么多人力财力建成的，有没有一个两全其美的办法，既有以儆效尤的警示，又能保证不被破坏。"有网民认为可以利用其他的方法提高监管的效率："①利用卫星遥感影像辅助自然资源监督检查执法。②利用现代化测绘地信技术在短时间内精准确定"。

（6）观点六：发表独特观点(7.00%)。7%的网民就曹园违建事件发表了自己的独特观点。有网民表达了对违法建筑所造成的破坏环境的痛心："拆是拆了，怎么能恢复林地。"有网民联系了以前的人物事件发表了自己的看法："曹波与老毕都是坏在小人之手，被曾经的好朋友出卖。"这一部分的网民评论大多比较分散，以网民单纯抒发自己看法为主，但是大多表达了对于曹园长时间存在而并没有被依法取缔的愤慨。

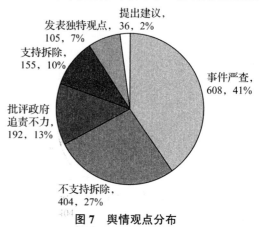

图7　舆情观点分布

五、舆情小结和对策建议

（一）舆情小结

黑龙江"曹园"违建事件有关舆论在被曝出后即受到了舆论的广泛关注，网民们在微博、微信等各个网络舆论平台积极地发表有关意见。在事件刚被曝光的时间段，大多数网民倾向于对于违建行为和违法建筑本身发表意见和态度，而在有关部门出台相关处理方案后，网民们的评论开始就有关部门处理方案是否合理爆发了激烈的讨论。并且在网名的评论中，有超过8成的评论包含了负面情绪，这体现了大多数网民对于非法占用林地违建的事件表达了强烈的愤慨以及对于有关部门处理方案并不是完全赞同。

（二）对策建议

（1）政府应加快对于相关事件的反应速度，积极引导相关舆论的发展。曹园违建事件作为秦岭违建事件后的又一起被曝光的大规模占用林地进行违法建设的事件，一经曝光就受到了媒体和民众的广泛关注。受到秦岭别墅违建事件有关结论的影响，曹园事件从一开始就衍生出了有关"政企勾结""有关部门执法不力"等有关舆论。但是由于政府对于事件的迅速反应和主流媒体对于相关报道的快速传播，使得这些没有证据的不利言论迅速消失，社会有关舆论逐渐聚焦于违建本身，舆论向着有益的方向发展。从传播情况来看，在有关部门做出回应前，舆论会处于无序发展的情况，但是当有关部门做出回应后，舆论会快速就有关部门的回应发生变化。因此，政府应该进一步加快对于有关事件的反应速度，确保有关社会舆论的发展态势能够尽早进入可控范围内。

（2）事件暴露出有关部门日常监管缺位，影响舆论的发展。分析网民舆论的观点，仍有相当数量的网民将言论聚焦于政府日常监管不利的情形。并且有关舆论在事件的全过程中一直没有消退。并且在曹园拆除的过程中大量出现"非得国家盯上了，下属部门才作为""有关当局早干嘛去啦？造成这么大的浪费！都是纳税人的血汗！"等将政府监管缺位和对政府行为不赞成结合的舆论。此种言论的大规模传播在无形中不仅增加了社会对于政府监管的追问，也降低了当地政府部门公信力。总的来说，政府有关部门应该加强日常过程中的监管，以预防以后出现类似事件的过程中出现的负面舆论给政府带来的不良影响。同时，在相关舆论发生的时候，有关部门需从案失察之责入手，严厉问责不能"高高举起轻轻放下"，通过行之有效的方法消除负面舆论所带来的影响。

（3）听取舆论意见，采取更加灵活的措施解决有关事件。对于该事件中政府对于违建的处理方法为让其自行拆除，而大量的网民表达了对于该决定的惋惜。网民们认为相较于将已经建成的建筑拆除、将其收为国有并且进行有效的利用可能更有效。而对于政府处理方案的不赞同，在一定程度上引发了网民对于有关部门不信任舆论的产生，进而弱化有关部门的公信力。"遇到违建，只用拆来解决真的很直线思维，就不能充公运营造福人民？等到把价值榨干了，再拆不迟"等有关舆论不仅反映了网民对于政府的处理方案的不赞成，也从侧面反映出可能存在更加合理的方案解决此类违法建筑。政府有关部门在遇到类似事件的时候，可以适当听取舆论的意见，采取民众更加能够接受的方案解决有关事件。

"熊猫扶贫"热点事件舆情分析

李　艳　　闫雨萌　　郭培燕[*]

摘要： 熊猫是国家一级保护动物，被称为"中国国宝"，受到大众的喜爱。熊猫借展是出于保护和科普的目的。而如今，借展熊猫的真实状况却引发了网民的担忧。大熊猫"成实"和"园月"于2019年9月借展仙盖山野生动物园，但至今园区设施依旧存在诸多问题，无法为大熊猫提供应有的照顾。该事件引起了网民热议。本文对"大熊猫成实和园月借展仙盖山野生动物园"事件引发的舆情进行深度的分析。从舆情走势、舆情来源、情感分析等方面探究了网民对于该事件的态度和主要观点。最后探讨了"熊猫扶贫"是否真的可行，并提出了一些建议。

关键词： 熊猫成实　仙盖山野生动物园　熊猫扶贫　野生动物保护

一、事件概况

2019年8月6日，江西省抚州仙盖山野生动物园称新的大熊猫馆基本完工，成都大熊猫繁育研究基地进行初次验收，针对存在的安全隐患及丰容①措施提出整改及提升意见。9月20日，熊猫基地进行了第二次验收，提出了进一步的整改意见。9月27日，整改完成，熊猫基地进行了最后的验收。

2019年9月30日，大熊猫"成实"和"园月"被送往仙盖山野生动物园，并将进行为期三年的借展。抚州仙盖山野生动物园位于江西省抚州市临川区仙盖山景区内，园区内的熊猫馆分为室内展厅、室内兽舍和户外运动场三大部分。大熊猫馆日常配有专职大熊猫饲养员2名、专业兽医1名、兼职兽医1名，同时还有来自成都大熊猫繁育研究基地经验丰富的饲养员1名，共同照顾"成实"与"圆月"。

2019年10月1日，刚刚运往园区的大熊猫"成实"和"园月"欲被展出，网民们得知展出消息后纷纷质疑园区没有留给"成实"和"园月"充分的适应期，并指出园区不应为了迎接国庆匆忙展出熊猫。园区由于舆论压力延迟至4日开始展出。

2019年10月4日，"成实"和"园月"入住三天后被展出，此时场馆门外仍堆积着建筑装修材料，同日仍有工作人员在安装空气净化装置。

2019年10月5日，网民反映在熊猫场馆内并未见到规定的消防设备。

2019年10月19日，熊猫场馆的外场围栏加高，但仍未安装玻璃。同日有网民发现为熊猫"成实"和"园月"准备的竹子有白斑且不新鲜，网民向成都大熊猫繁育研究基地反映该问题，未得到正面回应。

2019年10月26日，熊猫场馆外场围栏的玻璃仍未安装完成，同日园区为外场围栏刷红油漆。2019年10月27日，大熊猫展厅内出现漏雨情况。同日下午熊猫馆分别于14:03和14:17停电两次，第一次停电10分钟，第二次5分钟。

---

* 李艳：北京林业大学经济管理学院教授，硕士生导师，主要研究方向为信息管理、竞争情报；闫雨萌、郭培燕：北京林业大学经济管理学院硕士研究生。

① 丰容：动物园术语，在圈养条件下，丰富野生动物生活情趣，满足动物生理心理需求，促进动物展示更多自然行为而采取的一系列措施的总称。

成都大熊猫繁育研究基地与 9 月 27 日对仙盖山野生动物园进行最后验收后,园区依旧出现了施工未完成、停电、漏雨等诸多问题。并且网民反映仙盖山野生动物园的热线经常无法接通,只有一个熊猫馆的微信公众号可供交流。成都大熊猫繁育基地对网民反映的问题皆无正面回应。网民还反映,基地曾向公众承诺会在微博平台上持续更新两只大熊猫的日常生活视频,此事也并未履行。

二、舆情态势分析

(一)舆情走势

2019 年 9 月 28 日,成都大熊猫繁育研究基地宣布对仙盖山野生动物园熊猫馆园区最终验收完毕,预计于 9 月 30 日将两只大熊猫"成实"和"园月"送往园区,并于 10 月 1 日开园营业。一部分关注两只熊猫的网民在"成实和园月不去农业园"话题中对此提出了质疑,并质疑成都大熊猫繁育研究基地的借展行为。他们认为熊猫没能在到达新环境后度过应有的适应期,且对熊猫馆的基础设施的完备度表现出极大的担忧。因此引发了人们的关注,参与讨论的人数不断地增加(图 1)。

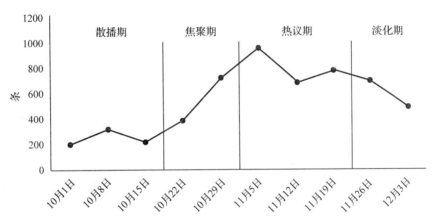

图 1 舆情走势图

迫于舆论压力,仙盖山野生动物园熊猫馆于 10 月 4 日开馆,2019 年 10 月 5 日,正值国庆出游高峰期间,游客看到熊猫馆的实地情况后,再次对熊猫馆设施不完备和园区管理不规范的问题提出了质疑。一些网民在"大熊猫成实"话题中提出了质疑,引起了较多的关注。同日,网民"守护大熊猫之声"发布了一篇《帮助脱贫,国宝有责?》的文章,提出了"大熊猫不应变成吸金、敛财、捞取政绩的工具"的观点,引发了大量网民的回应。10 月 5 日至 22 日,不断有网民反映问题,如舆情走势图所示,该事件的讨论量逐步增加并趋于稳定。

2019 年 10 月 23 日,熊猫馆开展已有近一个月的时间,但是园区对网民提出的问题没有积极正面的回应。熊猫馆的设施依旧没有安装结束,熊猫的食物也出现了不新鲜等问题。这些问题分别在"熊猫基地打工史上第一惨""接成实园月回家"等话题中引发大量的讨论。10 月 27 日为国际大熊猫日,网民们呼吁保护圈养的大熊猫,关注"成实"和"园月"的生活现状。10 月 23 日至 11 月 2 日,由于园区停电、漏雨等种种问题引发了网民更加激烈的讨论。网民们纷纷@国家林业与草原局、成都大熊猫繁育研究基地、紫光阁等政务微博,要求相关部门给出回应并将两只大熊猫接回到繁育基地。

2019 年 11 月 4 日至 7 日,不断有网民在话题"大熊猫成实"中发布两只熊猫的实时图片和视频,网民们其与一个多月前的图片和视频对比,发现两只熊猫的状态不佳,在此期间也没有得到相关部门的回应。网民们自发的在各个官方微博下转发相关的消息,舆情的热度达到制高点,引起了极为广泛的关注。直到 11 月 27 日一直保持着较高的讨论量。

2019年11月28日至12月6日，讨论量逐渐减少。讨论在12月5日有所起伏，这可能是由于当日"三只大熊猫将首次在川外野化放归"事件登上热搜榜，而该事件也与熊猫保护相关，所以许多网民在这个事件下再次展开对"成实"和"园月"问题的讨论。

(二)数据分析

据采集到的数据，自2019年9月28日至12月6日七十天内，大熊猫"成实"和"园月"被借展至仙盖山野生动物园事件的舆情数据总量为5506条。在此期间没有主流媒体报导过相关事件，所以本次舆情数据的来源主要是新浪微博平台。其中舆情初始阶段9月和10月共有1814条，占比32.95%。11月份的数据占比最高，共3252条，占比59.1%(图2)。12月讨论热度稍降，至12月6日有1673条，占比30.1%。在收集的数据中发现，网民们针

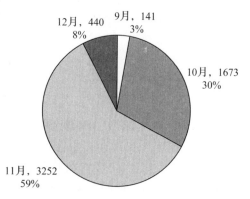

图2　舆情时间分布图

对话题的讨论量极高，例如"大熊猫成实"话题的粉丝量为2.4万，帖子为1.9万，阅读量为3.3亿；"成实和园月不去农业园"话题的讨论量为6万，阅读量为5288.2万等。由此可见，网民对熊猫"成实"和"园月"的借展事件关注度很高，并且在微博话题平台产生了大量的讨论。

(三)舆情情感分析

本文对清洗后的5506条数据进行情感分析，得到图3的结果。从中可以得出，正向的评论有1416条，占数据总量的25.63%；负向的评论有4021条，占数据总量的72.79%；中性的评论有87条，占数据总量的1.57%。其中，正面的评论集中在对"大熊猫保护"的重视，一部分网民积极讨论并呼吁各界重视熊猫以及其他野生动物的保护。而负面的评价中有理智的讨论也有极端的评价。部分理智的网民表达了对大熊猫"成实"

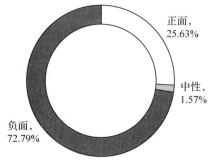

图3　舆情信息属性分布图

和"园月"的担忧以及希望能够将两只熊猫接回到成都大熊猫研究基地，并且频频到相关部门的政务微博下发帖或评论，希望能得到权威部门的回应。少部分网民表示了强烈的不满，不满的原因包括"成都大熊猫研究基地的验收结果与事实不符""仙盖山野生动物园的设施不齐全""相关部门回应不及时"等问题。

三、网民观点分析

本文根据筛选后的数据对微博内容和评论进行LDA划分主题，提取文本主题关键词。主题词表是从网民的评论中根据概率分析出某些关键词出现在同一主题下的可能。通过这种方法可以很好的简化问题的复杂程度，将繁杂的评论归纳为几个主题。本文将评论文本划分为4个主题，结果如表1舆情主题词表。

表1　2019年"熊猫扶贫"舆情主题词表

主题	关键词
主流媒体	紫光阁、国家林业与草原局、中国林业发布、成实园月农业园、成都大熊猫繁育研究基地、江西抚州仙盖山野生动物园、抚州市政府办公室、成都大熊猫繁育研究基地、人民日报、1818黄金眼、江西日报、央视新闻、新京报、新华网、人民网、澎湃新闻、都市现场、北京青年、报察网、中国成都服务、凤凰网、中国政府网、中国新闻网、成实

（续）

主 题	关键词
终止借展	停止违规借展接成实园月回家、成实园月农业园、接成实园月回家、成实园月回家、江西抚州仙盖山野生动物园、成都大熊猫繁育研究基地停止违规借展接成实园月回家、早日回家、国际熊猫日
设施问题	成实园月不想呆仙盖室内外场吸毒气不想吃工业竹子、心痛、孩子想回家、好瘦、玻璃、停电漏水、成都大熊猫繁育研究基地、竹子
野生动物保护	中央政府残害打工国宝大熊猫、乖宝宝、瘦好多、终止违规借展、可怜宝宝、小可爱、成实园月农业园、抚州市政府办公室、可怜孩子、野生动物保护

1. 寻求相关部门回应

从 9 月 28 日事件发生以来，微博网民就不断地通过各个渠道寻求相关部门回应。首先，该事件的起因是在成都大熊猫繁育研究基地最终验收了仙盖山野生动物园的熊猫馆区后，馆区依旧出现了"停电""漏水""装修未完成"以及"为大熊猫提供不新鲜的竹子"等问题。根据 2011 年 6 月 14 日国家林业局通过的《大熊猫国内借展管理规定》的第四条法令，"借展大熊猫的借入方应当具备与驯养繁殖大熊猫相适应的资金、设施和人员等条件"。最终验收结束后，馆区依旧出现了"安装外围栏""刷油漆""安装玻璃"等装修活动。对此，网民对成都大熊猫繁育研究基地的验收结果表示质疑。同时，中国野生动物保护协会发布的《守护大熊猫》称，熊猫的听觉非常灵敏，对周围的响动十分敏感。所以馆区装修产生的噪音以及游客发出的声音都会对大熊猫产生不利的影响。网民对大熊猫的生存环境表现出极大的担忧。大部分网民选择@成都大熊猫繁育基地和@江西抚州仙盖山野生动物园寻求回应，但是研究基地至今未有正面响应，园区的官方微博也没有回复网民的疑问。

其次在寻求研究基地和园区回应无果后，网民选择了三种类型官方微博传播舆情，试图引起更多的关注并寻求解决方案。三种官方微博分别是与野生动植物保护相关的官方微博、知名度较高的媒体平台和政府政务微博。野生动植物保护相关的官方微博主要有中国林业发布、国家林业与草原局等。影响较高的媒体平台主要有人民日报、江西日报、央视新闻、澎湃新闻等。政府的政务微博主要有紫光阁、抚州市政府办公室等。但时至 12 月 6 日仍未见主流媒体的相关新闻报道。

2. 接"成实"和"园月"回家

很多网民希望能终止仙盖山野生动物园的借展合约，将熊猫"成实"和"园月"接回成都大熊猫繁育研究中心。熊猫"成实"于 2016 年出生于成都大熊猫繁育研究中心的太阳产房，由于出生时毛色为灰色，被网民们戏称为"灰灰"，并拥有众多的"粉丝"。关注熊猫成实的微博网民持续跟进两只熊猫在仙盖山的生活状况，并不断地将两只熊猫的前后状态作比较。在"大熊猫成实"等话题中发布了许多对比的视频和照片，众多网民认为两只熊猫在仙盖山野生动物园没有得到妥善的照顾。个别网民称在国家林业局的官网上无法查询到仙盖山野生动物园的驯养繁育许可证。而据《大熊猫国内借展管理规定》，借展大熊猫必须取得具有大熊猫物种的国家重点保护野生动物驯养繁殖许可证[1]。所以一部分网民认为应该将大熊猫接回成都大熊猫繁育研究中心。

3. 指出仙盖山野生动物园存在的问题

部分网民在微博上不断地指出仙盖山野生动物园的设施问题，例如排水、停电和消防设备不齐全等问题，其中最关心的是两只熊猫的食品问题，例如某些网民指出仙盖山野生动物园为熊猫提供的竹子不新鲜且有白斑。据统计，一只成年大熊猫一天内需要进食 6~19kg 新鲜的竹子，其中应包括一定量的竹笋。而且，大熊猫只食用两日之内的新鲜竹子，一旦竹子不新鲜，大熊猫就可能会放弃进食。有白斑的竹子有极大可能感染了虫卵，且缺乏大熊猫需要的营养。所以"成实"和"园月"的食物问题一经曝光，立刻引起了微博网民极大的反响。众多网民开始关注仙盖山野生动物园的设施问题，并且一部分网民在实地考察之后提供了许多场地实际的视频和图片，激起了更多网民的关注。

4. 希望政府对野生动物能"重保护，轻利用"

部分微博网民持有更为深刻的观点，他们认为应该从法律出发改变我国野生动物的生活现状，呼吁政府对野生动物"重保护，轻利用"。除了大熊猫"成实"和"园月"借展仙盖山野生动物园的事件以外，本年度多起大熊猫事件都引发了关注。例如，借展泰国的大熊猫"创创"9月16日的死亡事件、四只熊猫借展内蒙古乌兰察布扶贫事件、江西大熊猫野放事件等。

网民们对大熊猫实际生活状况的关注度不断提高，一方面体现了当代民众对野生动物保护意识的觉醒，反映了主流官方媒体生态保护教育的结果，反映出社会对野生动物保护的正向积极态度；同时也反映出野生保护动物保护和利用过程中许多问题的存在。

据《大熊猫国内借展管理规定》的第三条，"借展大熊猫不得以单纯盈利为目的"。微博网民呼吁政府在外借大熊猫时不仅要考虑大熊猫为当地带来的经济效益，也要根据实际环境考虑当地是否适合驯养繁育大熊猫，不要让我们的国宝"流落异乡愁断肠"。种种事件表明部分借展的大熊猫不能适应外地的水土和食物，也有许多园区的设施不完备不能满足驯养繁育大熊猫的要求。部分微博网民认为大熊猫是"国宝"，政府应当对其充分的保护，提高对借展大熊猫园区的审查标准。

以"大熊猫借展"为话题，网民们也就野生动物保护展开了大量讨论。随着这类舆情的发酵和发展，网络参与者增多，带来的正能量是为社会提供一种野生动物保护的教育宣传，例如一部分网民志愿地从事野生动物的保护和追踪工作，通过微博平台，不断的向大众输出野生动物保护的现状，提出问题和建议。另一方面认为政府应当严格处置盗猎、捕杀、走私野生动物的行为，建议国家林业与草原局加强对各地地方政府野生动物保护和利用的监督管理。

四、舆情小结和对策建议

野生动物的普遍定义是所有非经人工饲养而能够独立在野外生存的各种动物。目前，我国《野生动物保护法》所涵盖的野生动物主要是指珍贵、濒危的陆生、水生野生动物和有重要生态、科学、社会价值的陆生野生动物[2]。2019年大熊猫"扶贫"事件引起了广泛的关注。大熊猫被誉为"活化石"，是世界生物多样性保护的旗舰物种，属于我国国家一级保护动物。据统计，截至2019年11月，全球圈养大熊猫种群数量达到600只[3]。而在这600只大熊猫中，至2018年12月借展的大熊猫数量为151只，占全部圈养大熊猫数目的25%。所以借展大熊猫的实际生活状况引发了网民大量的讨论。"成实"和"园月"借展的舆情事件在9月28日事件开端并没有引起大量的关注，在事件经过一个月的散播后，于11月7日达到舆情的热议点。而在12月虽然热度稍微降低，但是仍有一定关注度。有关部门应当从该事件中总结经验，把脉民众情绪，正确引导舆论方向，防止舆论向极端方向发展。

1. 加强野生动物保护教育科普

从舆情分析中，可以发现，网民们对于野生动植物保护的关注度越来越高。这对于野生动植物保护事业而言是一个好消息。保护野生动植物不仅需要政府相关部门的严防监管，更重要的是需要民众积极参与，无论是从意识上还是从行为上都能具备保护意识，自觉的抵制野生动植物制品，"没有买卖就没有杀害"。

近年来，我国对野生动植物的教育科普工作已有了一定的成效。各地纷纷建立"野生动物科普教育基地"，根据野生动物实际的分布区域以及种群数量进行不同类型的科普教育。并且网络信息的快速传播，加快了科普教育的进程。相关部门应进一步加强动物保护教育科普工作，尤其是针对一些自然保护区居民的科普工作，并从基础教育抓起加强宣传科普工作。

2. 缺乏有效沟通渠道

在舆情分析中，可以发现，该事件的散播期和集聚期较长，而且在舆情发生初期，网民们都较为理智，希望能够与相关部门沟通解决熊猫借展的问题。但是本次事件中相关双方仙盖山野生动物园和成都大熊猫繁育研究中心都没有及时给予正面回应。仙盖山野生动物园的官方微博账号并未发布任何实质性内容，而微信平台的公众号也无回应。部分网民拨打热线电话，但是园区初期的回应过于格式化，后期很难接通。而成都大熊猫繁育基地对投诉意见的处理效率较低。这些回应都引发了民众的不满。

在野生动植物保护方面，我们确实经常遇到投告无门的情况。建议政府部门在借展野生动物时能够严格审核借展园区的投诉热线建设。在馆内部显著处设置意见箱，同时保证投诉热线畅通。其次应该在民众投诉建议后快速反应，查找自身问题，尽快给出正面的回答，正确引导舆论的方向。

3. "熊猫扶贫"是否可行

根据本次事件舆情评论，网民们在质疑园区和基地的同时，也进行了深刻的思考，对"熊猫扶贫""熊猫借展"等方法的可行性展开了积极的讨论。网民们不止表现出对借展熊猫现状的担忧，也表示出对借展方因圈养熊猫产生的经济压力的忧虑。

"熊猫扶贫"是指将国宝大熊猫借展给一些贫困地区，通过大熊猫带动该地区的旅游业，帮助提升该地的经济水平。但是熊猫"扶贫"真的可行吗？

首先政府批准借展时应该在环境上考虑是否适合大熊猫生活，根据国家林业和草原局于 2016 年 12 月颁布的《大熊猫国内借展场馆设计规范》，大熊猫场馆应该选择在周边无污染、通风采光良好，地形地貌接近大熊猫自然栖息环境，周边植被条件良好的区域[1]。而大熊猫最适宜的湿度为 55%~65%。但是仙盖山野生动物园在五一期间就曾被披露环境恶劣，外场地常有垃圾堆积。同样的，在四只熊猫"扶贫"乌兰察布的事件中，内蒙古乌兰察布地区长年十分干燥，不适宜大熊猫生存，而大熊猫馆园区外场也没有任何加湿措施。

其次，国家林业与草原局近年来统一并提高了大熊猫的借展费用，成年大熊猫借展年租金是 70 万元。此外，如果借展地区不产竹子，那么竹子竹笋都需要从外地采购。竹子成本加运输费也是一笔不小的开支。除此之外还需要支付饲养员的人工费用、场馆设施的费用等等。以上所有的费用对于一个需要脱贫的地区来说，无疑是非常沉重的经济负担。

所以，在借展熊猫时，相关部门应该严格把关，不只是要考虑熊猫借展短期的经济效益，也要考虑新鲜度减弱后是否还会有稳定的旅游客源。科普借展是好的，但是同时也希望审核方和借展方能出于保护和科普的初心，坚守自己的责任，协调好保护和经济利益之间的关系。

参考文献

[1] 国家林业局. 大熊猫国内借展管理规定[J]. 司法业务文选，2011(32)：46-48.

[2] 全国人民代表大会常务委员会. 中华人民共和国野生动物保护法[Z]. 2016-07-02.

[3] 新华网. 2019 大熊猫最新数据发布：全球圈养大熊猫数量达 600 只[EB/OL]. [2019-11-12]. http://www.xinhuanet.com//2019-11/12/c_ 1125223631.htm.

凉山州木里县森林火灾舆情分析

李 艳 张 堰 郭培燕*

摘要：2019年3月30日至4月9日期间，凉山州木里县境内发生森林火灾，救火人员在扑救返途中遇山火复燃，30名消防人员就此牺牲，此事件迅速引发舆论的高度关注。本文从微博、微信、论坛等社会化媒体采集与该事件相关的21887条数据，通过舆情走势以及情感倾向性分析对事件进行梳理，采用TF-IDF算法进行关键词提取并进行可视化，为政府部门清晰了解舆论走向、发现网民声音提供信息支持，同时从舆论引导等方面为政府应对突发事件提供建议。

关键词：凉山火灾 舆情 消防队伍 抚恤 建议

一、事件概况

2019年3月30日18时许，四川省凉山彝族自治州木里藏族自治县雅砻江镇立尔村发生森林火灾，着火点在海拔3800余米左右，州、县两级启动应急预案，投入689人实施灭火。3月31日下午，扑火人员在转场途中，受瞬间风力风向突变影响，突遇山火爆燃，救火人员分两路撤离，其中一路成功逃生，而另一路30名扑火队员失去联系。

4月1日18时30分，据应急管理部消息，30名失联扑火队员遗体已全部找到，27名森林消防队员和3名地方干部群众牺牲。4月2日凌晨，载有救火英烈遗体的车队抵达凉山州州府所在地西昌市。上午，凉山州政府常务会议召开，研究关于将30名牺牲英雄申报评定为烈士的相关事宜。

4月4日，凉山州政府决定，为表达全州各族人民对牺牲烈士的深切哀悼，2019年4月4日为全州哀悼日，全州范围内停止一切公共娱乐活动。同时，经国务院批准，该日凉山州西昌市、木里县将降半旗，向在扑救木里森林火灾中牺牲的30位英雄致哀。11时许，据应急管理部官方微博消息，应急管理部、四川省人民政府批准在扑救四川凉山木里森林火灾中英勇牺牲的30名同志为烈士。15时15分，木里林业局第三营造管护处副主任王慧蓉在扑救过程中牺牲，新增一名牺牲的扑火人员。

4月5日，经过森林公安部门侦查后确认，木里森林大火的起火点和雷击树木均已找到，确认为雷击火。着火点是一棵云南松，位于山脊上，树龄约八十年。12时44分，接凉山州森林草原防火指挥部办公室报告，木里县雅砻江镇立尔村森林火灾火烧迹地内仅剩的3个烟点处理完毕，整个火场得到全面控制，已无蔓延危险，火场总过火面积约20公顷。

4月6日，经专家初步判断，幸存消防员开始出现急性应激反应：灭火时没有感到害怕，但最近开始出现频繁叹气、回忆火场等"闪回"现象和睡眠障碍，中科院心理研究所李晓景表示，会一直持续陪伴，并培养当地的力量进行后期心理援助工作。据凉山州人民政府新闻办，经公安部门现场勘查和尸检，木里县森林火灾新增遇难者王慧蓉遇难现场无过火迹象，遗体表面无烧伤痕迹，初步判定：系从山坡滑落摔跌致腰椎骨折，骨折片刺破血管，失血性休克死亡。目前，安抚和善后工作有序进行。

---

* 李艳：北京林业大学经济管理学院教授，硕士生导师，主要研究方向为信息管理、竞争情报；张堰：北京林业大学经济管理学院本科生；郭培燕：北京林业大学经济管理学院硕士研究生。

4月7日上午，四川凉山州木里县森林火灾火场受大风影响，东北面火烧迹地内悬崖处前期人工增雨降温降雪覆盖的隐蔽烟点复燃。当日，四川省森林消防总队已调动95名森林消防指战员赶赴火场，3架直升机已开始空中侦察和吊桶灭火工作。随后，复燃火点彻底扑灭，舆情趋于平息。

二、舆情态势分析

（一）舆情走势

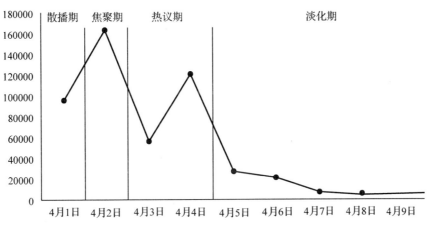

图1 凉山州木里县森林火灾舆情走势图

由图1可看出，4月1日中午，《四川省凉山州木里县发生森林火灾，有人员失联》的消息在@央视新闻、@中国日报等媒体官方微博的加持下开始在全网传播扩散。该日下午两点，@央视新闻再发消息《四川木里县森林火灾，30名扑火人员失去联系》经各方媒体扩散，一时抓住全网民的心，网民均发博表示希望扑火人员平安。18时49分，由@央视新闻首发《四川木里县森林火灾，30名失联扑火队员遗体全部找到》，经@人民日报、@人民网、@中国日报等官方微博的散播下，悲伤情绪蔓延全网。

4月2日，凉山州人民政府新闻办公室公布在火灾中牺牲的英雄名单，同时决定将牺牲人员评定为烈士。@人民日报、@央视新闻、@头条新闻等媒体相继进行报道，《请记住这30个名字！凉山森林火灾牺牲英雄名单公布》《牺牲消防员最后的朋友圈》等信息让人为之泪目，网民感怀消防员们为守护森林做出的牺牲，纷纷向英雄们致敬。同日，由人民日报发布的《辱骂凉山木里火灾牺牲人员网民被依法拘留》的信息再次轰动全网。相关消息继续引发舆论关注，该日信息量超过150000万条，达到传播最高峰。

4月3日，幸存森林消防员回到营地。@央视新闻、@人民日报等官博发布《回来了就好！回来了就好！》《18岁消防员王佛军牺牲 班长：我想去换他，让我去吧》，网民们纷纷表示关切，同时对牺牲人员表达惋惜之情，舆情逐渐降温。

4月4日，西昌市政府将4月4日定为哀悼日，央视新闻客户端以《选一个最好的方式记住你，凉山火灾独家报道》为主题进行报道，现场悲痛哀悼画面被大量传播，使得信息量再次增加形成次高峰。随后全网信息不断减少，4月7日，凉山火灾火场出现复燃，扑救现场再次牵动人心，"请务必平安归来"成为全民期待，相关信息在各平台继续传播。

截至4月8日，四川凉山森林火灾相关舆情信息高达498022条，通过趋势图可以看出相关舆情出现两次高峰值。

（二）舆情来源

有关四川凉山木里县森林火灾的舆情信息中，97.8%的舆情信息来自微博平台（图2）。@人民日报、@央视新闻等主流媒体官方微博以及@微凉山等政府官微在微博平台密切发布火灾救援相关报道，公布牺牲人员名单并表示沉痛悼念，消息很快引发全网舆论的高度关注；多位明星及微博大V发文表示哀悼，进一步推动这一消息在网络传播、扩散；"四川木里县森林火灾""致敬消防英雄""幸存消防员回忆爆燃瞬间""凉山火灾后续"等热门话题带动更大范围的阅读讨论，助推微博平台信息量高涨。

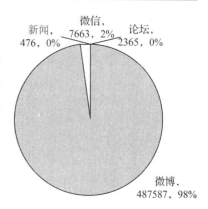

图2 凉山州木里县森林火灾
舆情信息来源分布图

其次，微信平台的信息量占比0.015%，共有消息7663条。人民日报、中国新闻网、澎湃新闻、中国消防、瞭望等主流媒体微信平台在其中起主导作用。由最初发现的26人遇难（中国新闻网发布文章《痛心！四川凉山山火已致26人遇难，皆为扑火人员》）到30人明确遇难（凤凰网新闻网客户端《痛心！凉山大火30名失联扑火队员全部遇难》），再由后来主流微信公众号发布《牺牲消防员最后朋友圈曝光：如果可以，我们希望没有"英雄"》《请记住这30个名字！凉山森林火灾牺牲英雄名单公布》《心疼！凉山火灾幸存消防员出现应激反应，网民：你们都要好好的》等内容在微信中散播开来，各网民们纷纷评论表达自己的悼念致敬之情，在微信上掀起一波讨论热潮。

此外，包括人民网、央广网、光明网等主流媒体以及各论坛，在其各自网站上发布火灾事件，占所有舆情信息的0.006%，共有消息2841条，内容主要为致敬英雄，并解答中国为何用人救火的原因以及表述中国消防员死亡并不是由于不专业等问题的科普类文章。

（三）舆情属性

通过对清洗后的数据进行情感分析，得出结果如图3，正面言论占38.35%，负面言论占60.10%，此外还有1.55%为中立信息。其中，正面言论主要集中在网民在消防员失联初期时表达对他们平安归来的期待，在消防员确认遇难后表达对他们致敬、走好、英雄不死以及对森林救火的建议；中性评论主要是对于事实信息的传播分散；负面评论比较分散，有网民对于消防员职业太危险的叹息，也有对中国森林灭火专业性的质疑，有对抚恤制度的不满等等，例如"这个职业太危险啊！""科技越来越好，消防员牺牲越来越多怎么

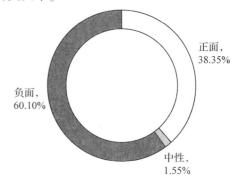

图3 凉山州木里县森林火灾
舆论属性分布图

回事""消防这么危险纯属玩命的勾当凭啥退出现役不能享受军人部队待遇呢？""让火烧，烧的东西烧完了自然就灭了，然后过几年新的芽重新长大，大自然不就是一直这么循环的""肯定是有突发情况或者指挥系统有大责任。正常情况不应该出现这么多人员牺牲的，就算扑火失败也应该能撤出来。现在能做的就是不传谣不信谣，等官方通知。"

三、媒体报道解读

（一）媒体报道可视化分析

将采集的舆情文本划分为官方媒体信息以及网民观点两部分，对官方媒体采用TF-IDF算法对凉山州木里县森林火灾事件舆情文本进行关键词提取，并对词语权重进行标准化，同时对60个关

键词进行可视化。表1是关键词提取结果，展示了媒体报道的重点，从中可以看出媒体对事件持续追踪，公布官方采取措施等方面引导舆情，其中可以看出央视新闻、头条新闻、新华视点、新民周刊等媒体在此次事件报道中作为主要信息散播源。

表1 2019年凉山州木里县森林火灾舆情信息媒体报道关键词词语权重统计TOP14

序 号	关键词	词语权重	序 号	关键词	词语权重
1	四川凉山木里	1	8	雅砻江镇立尔村	0.11
2	凉山火灾遇难	0.824	9	央视新闻	0.094
3	森林消防员	0.759	10	头条新闻	0.089
4	扑火队员牺牲	0.495	11	发生爆燃	0.083
5	凉山州西昌市	0.331	12	新华视点	0.024
6	牺牲人员遗体	0.314	13	降半旗志哀	0.013
7	送别英雄	0.216	14	新民周刊	0

为直观展示森林火灾舆情事件的关键词，我们对关键词以词云方式进行可视化，图4是基于TF-IDF算法提取的事件关键词。从中可以看出官方媒体主要对事件发生地点、人数、起火原因、牺牲人员朋友圈等进行报道。

图4 凉山州木里县森林火灾事件
主流媒体高频词

(二)媒体报道具体分析

1. 各大官媒持续关注报道火灾救援，微博成舆论主场

自3月30日森林火灾发生以来，国内媒体高度关注火灾的扑救、人员伤亡情况以及官方对火灾后续事件处置办法。央视新闻、人民日报、新华社、央广网、光明网等主流媒体等通过官方微博、官方微信、客户端等全媒体平台对四川凉山州木里县这场大火进行了报道。

其中，微博平台方面，官媒从"3月31日18时山火发生燃爆现场"到"直升机紧急飞赴四川执行山火救援任务"再到"起火原因：初步确认为雷击火"，从"30名失联扑火队员遗体全部找到"到"四川木里森林火灾牺牲烈士追悼会"再到"送救火英雄回家"，最后到"30名牺牲人员被批准为烈士"，全方位报道凉山森林火灾事件，相关信息达1000多条，相关评论40多万条，使得微博成为此次的舆论主场。

2. 主流媒体引导舆论走向，更多网民参与其微博互动

一是主动报道牺牲人员名单、朋友圈、生前合影以及生前愿望，引发全民的悲伤情绪的同时利用官方媒体信息权威性带动网民参与互动，从而把握舆论导向。

4月1日，在搜救员的不断排查下，逐渐找到受难人员，官媒持续播报从找到26名扑火人员遗体到找到30人遗体，同时在发博文时加上"痛心""悲痛""泪别""英雄"等词，形成悲伤的舆论氛围。4月2日在凉山州人民政府新闻办公室公布在火灾中牺牲的英雄名单，随后，@人民日报再次发布了这份沉重的名单，这30名扑火队员中90后、00后占87%，最大的49岁，最小的年仅19岁，英雄铸就了我们共和国的脊梁。@央视新闻发起"记住英雄的样子"话题产生1.5亿次阅读。

同日，@头条新闻发布"泪目！四川凉山森林火灾 牺牲消防员最后的朋友圈""牺牲消防员最后的朋友圈：再出发 求安慰"等消息，表示部分牺牲人员年龄小，且有人刚新婚不久朋友圈最近动态每一次都是在任务途中，该微博引发网民们的广泛关注，转发数高达210120次，评论量58300条，创下该日网民在此事件中参与互动的高点。另外，央视新闻、人民日报等主流媒体带动"村民

留存着扑火人员上山前的影像"生前愿望"等珍贵视频资料在全网传播,全民表达对英雄的敬意和哀悼。主流媒体的曝光,从一定程度上先发制人地把控住舆论发展以及为后来针对部分评论中的质疑提供充足的回应时间。

二是及时报道官方在火灾事件中的作为,让网民看到官方所作做出的努力。

4月1日下午,在消防人员失联的信息传播全网后,人民日报、央视新闻等媒体紧急发表"直升机紧急飞赴四川执行山火救援任务",表明官方在事件发生后所采取的措施;4月1日晚,当30名牺牲人员遗体全部找到后,网民处于悲伤情绪中,@今日新闻、@新华视点@央视新闻、人民日报、中国新闻网等纷纷发布"默哀!中国'应急管理部官网首次变黑白'""应急管理部表示下一步将全力做好火灾扑救,在确保安全的前提下,尽快将火扑灭;同时全力做好善后工作,组织接待好牺牲人员家属,落实好牺牲人员遗体辨认""国务院批准西昌降半旗志哀""四川凉山牺牲30名扑火队员申评烈士"等博文,表明官方在后续工作中尽职尽责,不会缺席后面的工作,这使得大部分民众情绪得到缓解。

三是回应质疑,发表科普类文章,权威解答指挥人员的专业性问题、山火爆燃危害、森林火灾如何自救以及为何要救森林等问题,引导舆论正向发展。

在网民们纷纷表达悼念以及敬意的同时,网上也出现了很多质疑,如"海拔4000米的无人区,为何要派人进山扑救?国外应对之法如何?我们的扑救队伍专业吗?""很多行业和职业还是存在不把人当人的老观念""为什么要用人去救火?不是有直升机可以降雨的吗?""灭山火死亡人数这么多,总觉得指挥错误或不了解情况进行错误的灭火,否则怎么是这个结果",出现指责领导指挥失误、救援思路错误等情绪。

面对种种质疑,人民日报文章《木里森林火灾:为何一定要救?》权威回应,"全世界看,大火带来的不只是生态损失,更会对林区周边城镇和人民的生命安全造成严重威胁"。"我国居民居住区与林区大多犬牙交错,一旦火势失控,后果不堪设想""全省77.84%的森林面积都位于贫困县,森林就是当地农户的主要经济来源之一,而木里县正是国家级贫困县""飞机灭火只能进行大范围明火扑灭,暗藏烟点必须辅助人员扑灭""2013年6月28日,美国亚利桑那州亚内尔山发生一起雷击引发的森林火灾"等内容回应民众质疑。同时,《人民日报》采访中国森林消防学科带头人白夜,解释山火爆燃属于森林极端火,短时间内产生极高温度让人员无法快速逃生。央视新闻文章《30名扑火队员牺牲,凶猛山火为何爆炸式蔓延?》,头条新闻发表博文《悲痛中的反思:木里森林火灾给应急指挥带来的启示》等均对质疑进行了专业解释。

3. 严惩不法行为,维护社会公德

当全民沉浸在悲伤的情绪中时,也存在一些不法分子在网络或者其他场合辱骂30名英勇牺牲的烈士,"四川人作恶多端""去大凉山吃烤全人"等言论让人气愤不已。对此,各地警方迅速行动,将这些诋毁英雄的不法人员依法查处,为自己的行为付出应有的代价。同时,媒体积极报道警方行动,侮辱救火英雄的行为将受到法律制裁。

央视新闻发布文章《在网上辱骂凉山火灾烈士构成寻衅滋事罪,福建男子获刑七个月》。今日头条发表文章《凉山火灾牺牲消防员被辱骂:生而为人,请务必善良》称,网络从来不是法外之地,侮辱救火英雄的行为真的丑陋至极,如果恶意非法传播必然会受到法律的严惩。

四、网民观点分析

(一)网民观点可视化分析

将网民观点相关舆情信息采用TF-IDF算法进行关键词提取,并对词语权重进行标准化,同时对60个关键词进行可视化。表2是关键词提取前20的结果,可以看出网民观点主要是对逝去英雄的默哀以及致敬，同时表达对消防员离开的惋惜之情。

表 2　2019 年凉山州木里县森林火灾舆情信息媒体报道关键词词语权重统计 TOP20

序　号	关键词	词语权重	序　号	关键词	词语权重
1	默哀英雄	1	11	救　火	0.099049
2	烈士致敬	0.920412	12	道　歉	0.068833
3	森林火灾	0.656167	13	山火爆燃	0.061158
4	平安归来	0.647861	14	火场扑救	0.058379
5	牺牲消防员	0.503614	15	逝者安息	0.034512
6	扑火人员	0.283886	16	生命永远	0.015
7	送别英雄	0.216	17	地方灭火	0.014
8	四川木里	0.0279	18	18	0.011
9	失联 30	0.236	19	心疼心痛	0.003
10	凉山大火	0.235	20	注意安全	0

为直观展示森林火灾舆情事件网民的观点，我们以词云方式对结果进行可视化，图 5 是基于 TF-IDF 算法提取的事件关键词。从中可以看出网民主要表达对牺牲消防员战士的敬意，相对于表 2 所展示的关键词，词云中可以看出网民对防火的希冀，对逝去英雄年龄太小的感叹等。

图 5　凉山州木里县森林火灾事件网民评论高频词

(二)网民观点具体分析

(1)牺牲人员遗体被找到前，网民们纷纷祈求平安。4 月 1 日上午，@央视新闻、@人民日报、@人民网等官博发表《四川省凉山州木里县发生森林火灾 有人员失联》的博文后，一时牵动网民的心，网民们纷纷表示希望失联人员可以平安归来，不要出现意外，此种情绪一直持续到"30 名失联扑火队员遗体全部找到"信息散布出来。

(2)牺牲人员被找到后，悼念、致敬英雄成舆论主体。4 月 1 日下午 18 时后，"30 名扑火人员均遇难""1 个 80 后，24 个 90 后，2 个 00 后——牺牲消防员最后的朋友圈!"等消息敲打着网民的神经，大家纷纷表示"非常心疼""真的难受""希望他们下辈子再不做消防人员""消防人员为我们负重前行"等情绪，时值清明临近，悼念、致敬救火英雄与缅怀英雄烈士形成同频共振，成为舆论主流声调，使 4 月 2 日从 4 月 1 日事件的焦聚期转为热议期。同时，这场火灾也促使网民将对消防员的关爱、致敬之情从线上移至线下。4 月 3 日起，山东济南、河南新乡、浙江杭州等多地消防部门都收到爱心礼物，其中夹杂着"不愿你们满身荣誉，只希望平安归来"等祝福字条，各地市民的善举获网民点赞。4 月 5 日至 7 日，烈士遗体被先后送回至山东、甘肃、陕西等老家，凉山州数千名群众自发送别，场面悲壮。新华社等媒体推出人物剪影报道，"刘代旭偶像是詹姆斯""蒋飞飞计划今年国庆办婚礼"等生平点滴引发网民泪目。

(3)多位明星发文哀悼，带动全民悲伤情绪蔓延。@成龙在微博发文称"痛悼英雄!";@黄晓明 在微博为扑火烈士点蜡烛默哀，称"烈火中的勇士，一路走好!";@姚晨 也微博发文称"太痛心了! 英雄们，一路走好……";舒淇随后转发微博致哀。此外，杜江表示:"消防员是和平年代牺牲最多的职业。消防员是在战斗中永不能后退的斗士! 默哀! 我的消防弟兄，向你们致敬";张艺潇转发微博并配文称"多希望只是愚人节的假新闻啊，英雄安息。各位消防员，军人，警察同志们，不希望你们成为新闻里的烈士，只祈祷每一次行动都能平安归来"。

（4）在对遇难者家属进行安抚处理时，同时不忘记幸存者，希望政府给予一定的资助。一部分网民表示"牺牲的是烈士，活下来的是英雄，都应该被尊敬，授予他们荣誉和待遇。不能让那些已经历经苦难坚强活下来的英雄，和烈士的家人们始终沉浸在悲痛之中而无法自拔，呼吁成立专门机构对他们进行帮助和关爱！""活着的也是英雄，我们国家往往忽略了活着的英雄！但愿以后不会让他们心寒！一定要给他们找个好的心理医生啊，可不是闹着玩啊！""活着回来的并不见得多好过，应激创伤反应不是小事情，如果真的关心消防员们，请给予充分的心理疏导和一个良好的恢复空间，时间是治愈良药，希望时间能让他们好起来！"该部分网民从幸存者角度看待问题，希望政府可以从心理、荣誉、待遇等方面对幸存者进行关照。

另一部分网民表示"希望该给的补助能一毛不差的到家里，毕竟这将来也是个顶梁柱。听说过之前的烈士家属每月只有小几百块钱度日的""烈士子女待遇，免费到大学，或十八岁以后""国家应该妥善安排烈士家属，包括父母养老问题，独生子走了，还有谁会陪他们"，从牺牲人员角度，希望可以加大抚恤力度以及监管力度，同时考虑烈士家庭中的父母养老、子女上学等问题，提供更好的帮助。

（5）指责媒体不保护家属以及幸存者隐私，过度曝光家属和幸存者的悲伤情绪。部分网民表示"对灾难当事人，对英烈们的家属，媒体采访的时候，能否避开他们极度悲哀的镜头？不要在他们伤心过度的时候去刺激他们受伤的心！不要在他们惊魂未定的时候，不断重复可怕的回忆！不要在大众媒体上公开曝光，他们的悲痛欲绝！""请不要再访他们了""媒体请放过消防员，不要再采访，回忆，一遍遍扒开伤口"。网民们认为在幸存者以及家属心理尚未恢复之时，过度采访以及曝光悲伤情绪，是对他们的二次伤害，不利于从悲伤情绪中走出来，甚至会影响到心理健康。

（6）指责消防指挥不专业，官方采取的灭火措施不当，表达对救树伤人的不满。相当一部分网民表示"唉。咋个又是这里哦……火灾多发的，政府组织人工降降雨，降降温撒。预防，预防，预防。每次发生火灾老冲锋陷阵的都是那些年轻的消防战士。人家那也是生命，也是有娘生，有爹疼的人啊！不要拿啥子奉献、牺牲、舍自我、拯救大爱这些空头的道德绑架祸害人家啦""雷击这么多次大火了，就没想过采取些避雷措施？""我有点不明白，为什么不能飞机扑火啊，生命多珍贵，哪怕烧掉一座山也不愿意有人牺牲，是不是经验不足，没提高警惕，太伤心了！""确实是指挥有问题，爆燃不是理由"。该部分网民认为，人的生命价值更高，而树并没有生命，与此同时加强对森林火灾的预防，不要在出事后对牺牲者奉献等词来掩盖官方的不作为。

（7）加强消防队伍专业化、科学化、职业化建设，同时开发一些新的科技帮助森林灭火，减少人为灭火。网民们表示"看到这样的消息，心都是抽抽的，30个家庭瞬间崩溃。建议在两方面做改进，一个是我们要给森林防火部门配备更加先进的装备，譬如无人机、精确的定位装置、火情分析系统（可根据无人机获得的信息以及大数据模型推演火情发展趋势，并能给防火员和消防员及时的预警提醒）等；二是我们应该考虑调整森林防火救火的一些机制，在什么情况下使用什么策略需要更科学一些。""经历了一次次的悲痛，我们需要这样理性的思考，需要这样中肯的声音。只有消防队伍的专业化，科学化才能减少损失。国家在这方面改革的步伐没有停止，希望能再加快点。少一些这样的英雄，少一些悲怆的眼泪。""很有探讨价值，我觉得在配强消防装备和科学用兵方面还有很多工作需要做！总之要本着最大限度减少消防员牺牲为第一原则来开展防火救火，能靠装备的就不靠人，人力解决不了的就不贸然投入兵力，不做无谓牺牲。真心希望国好家也好！"他们认为，消防的专业化、科学化、职业化建设可以有效地减少人员伤亡，同时希望研究人员可以研发出新的科技，如机器消防人、消防装备等来助力森林灭火。

五、舆情小结和对策建议

结合历年火灾的情况来看，三月是春季森林火灾频发高发阶段，防控形势不容乐观。就本次四川省凉山州木里县境内发生森林火灾而言，31人牺牲才让森林火灾真正进入大众的视野。那么火灾发生原因、如何有效预警、如何科学扑救减少人员伤亡等系列问题是相关部门在灾难之后应该反思总结的，而本次，针对舆情分析中网民们的观点以及事情的发展方面，提供以下政策建议。

（1）从源头上防控森林火灾，做好事前、事中、事后的准备。通过此次对森林火灾相关数据的爬取发现，森林火灾的起因一般是雷击火、居民行为导致不小心着火、电线老化落入山下农民柴火中起火等等，针对以上问题，分门别类建立防控方案。同时，3月作为森林火灾的高发季节，在这段时间里对消防员的专业训练应根据附近森林的地形制定训练方案，避免扑火过程中对地势不熟悉从而导致伤亡。此外，针对灭火资源的准备在火灾高发季节应充足。

（2）增加森林火灾对当地居民的危害与防护措施的科普，提高公众的防护意识。部分当地居民对森林火灾对自身的危害以及可能导致火灾的因素认识不够清晰，只停留在表层认知。官方应尽可能选择当地意见领袖，通过与之沟通交流来加深意见领袖对火灾的认识，最后由意见领袖为当地村民进行科普，从而将每户人家都培养成森林防火人。

（3）媒体在对幸存者以及家属进行采访时，应尽可能保护他们隐私，改进询问问题的方式。媒体的过度曝光对幸存者以及家属也是一种伤害，在事故发生后，媒体应该尽可能等当事人情绪稳定后，并对稿子检查后再进行采访，并且寻求相关当事人的同意剪辑视频，避免侵犯隐私或者造成第二次伤害。

（4）监控相关舆情，及时回答公众质疑以减轻其不满程度。公众发表的看法对于相关部门的形象有极大影响，如有一些负面言论传播过广没有得到官方的回应，可能会极大降低政府的公信度，同时可能会导致恶性事件。因此，对突发事件的舆情监测至关重要，及时回答质疑、对事件涉及矛盾利用官方媒体进行疏导，可以有效引导舆情，进而创建更好的舆论环境。

"城市林业——杨花柳絮"生态舆情
热点事件舆情分析

李 艳 蔡佳颖 郭培燕*

摘要： 每年四五月份，是杨柳絮飘飞的高峰期。漫天飘飞的柳絮虽然美丽，但也给公众的生活带来了很多不便，总会引起网民的广泛关注与讨论，是城市林业的关注焦点。本文对杨柳絮相关话题的舆情进行了深度分析，从舆情走势、舆情来源、情感分析等方面探究网民对于该事件的态度和主要观点，最后为相关部门提出了意见和建议。总的来说，网民对杨柳絮这一话题的情感以负面为主，绝大多数讨论集中在杨柳絮为公众生活带来的不便的抱怨，及对相关部门是否采取措施的质疑，正面言论集中在对杨柳絮的相关搞笑段子的赞同，但其背后也暗含着对杨柳絮治理的呼吁。而相关部门对该热点话题的回应较少，对网民的舆情反馈不到位，导致网民对于其所采取的措施不够了解而加剧了负面情绪，在此方面需要改进。

关键词： 杨絮 柳絮 城市林业

一、事件概况

杨柳絮主要出现在北京、天津、河北、山西一带。其飘飞时间和气温有着密切的关系。最先飘絮的毛白杨约在日平均气温达到14℃的时候，果实开始成熟炸裂，杨絮开始飘飞。之后，柳树及其他杨树，如小叶杨、加拿大杨等开始飞絮。杨絮在北方平均现身的时间为4月10日左右，而柳絮则会比杨絮晚一周出现，杨柳絮会同时存在半个月左右。

2019年3月底开始，微博上陆续有一些网民发表了对于即将到来的杨柳絮的心情，并有少部分网民表示当地已出现飞絮，标志着杨柳絮这一热点话题的开始。随后在4月2日，@中国天气网官方微博发布2019杨柳絮预警地图，预测了杨柳絮预警区域预警等级及时间，引起了小范围的关注与讨论。随着杨柳絮逐渐在河北、山西、北京各地出现，微博相关讨论逐渐增加，但并未产生集中性的话题。

2019年5月5日，微博出现多个杨柳絮相关热搜，话题集中在杨柳絮带来的问题、网民对杨柳絮采取措施的期望与行动以及一些杨柳絮相关的创意搞笑话题。此外，关于飞絮的持续时间也引发关注，有专家指出飞絮期将于5月中旬结束。

2019年5月15日，南京某高校培育出无絮杨树的消息传播开来，讨论量又达到了一个新的峰值。此后讨论随着杨柳絮的消失逐渐减少，到6月上旬基本停止。

杨柳絮相关话题的热议，尽管有很多网民产出了相关的搞笑段子，或是表达了杨柳絮与生活相关的美好片段，但主要的声音还是网民对杨柳絮对日常生活带来不便情况的不满情绪，及对相关部门对杨柳絮的处理提出的要求和建议。

二、舆情态势分析

（一）舆情走势

如图1所示，2019年3月底开始，微博上陆续出现了一些关于杨柳絮的讨论，内容集中在对于

---

* 李艳：北京林业大学经济管理学院教授，硕士生导师，主要研究方向为信息管理、竞争情报；蔡佳颖：北京林业大学经济管理学院本科生；郭培燕：北京林业大学经济管理学院硕士研究生。

即将到来的柳絮的担忧，以及少部分地区已经出现杨柳絮的情况的描述，标志着 2019 年杨柳絮这一热点话题的开始。4 月 2 日，中国天气网首先发布《2019 杨柳絮预警地图》，根据未来一段时间的气温和天气现象预报情况，预测了飘絮区域和时间，并以动态地图的形式展示。4 月 6 日，微博话题"京城杨柳絮开飘"出现，引发了部分网民对杨柳絮的小范围讨论。4 月 12 日，天气预报官方微博发布杨柳絮知识科普并进行抽奖，引发了更多网民对杨柳絮的关注，此后参与讨论的网民数量逐步增长。

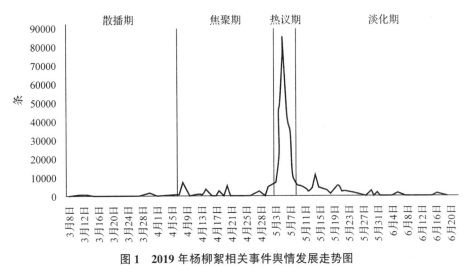

图 1　2019 年杨柳絮相关事件舆情发展走势图

5 月 5 日，杨柳絮相关话题关注度和讨论度迅速上升。"戴森吸柳絮""杨絮仙境"两个话题接连登上微博热搜。

其中"戴森吸柳絮"话题来源于一张微信朋友圈的截图分享，内容为号召北京有戴森吸尘器的人一起出门吸柳絮。戴森以"奢侈"消费为理念，其吸尘器价格基本在 3000 元以上，近年来在消费者间比较出名，也为话题带来了一定的趣味性，引起公众的兴趣。随后"杨絮仙境"话题登上热搜，其中以一个漫天杨絮的视频传播最广。

5 月 6 日，"光头强快来砍杨树""柳絮到底有多烦"两个话题登上微博热搜。

"光头强快来砍杨树"极具代表性，来源于当日上午 11:48 上传的一张聊天记录截图，内容为寻找光头强电话让其去保定砍树。该话题利用了家喻户晓的"光头强"的形象吸引网民兴趣，并结合了几个搞笑的片段与表情说明了杨柳絮带来的问题，成功引起网民的共鸣。

而"柳絮到底有多烦"则为阅读量和讨论量最高的话题，许多网民发表了自己的看法，分享为杨柳絮所做的"武装"，在此话题中还有一个"我的名字不叫杨树毛子"的视频也产生了热搜榜并引发了一定讨论，其主要围绕着中国天气官方微博发布的一则杨絮科普视频展开，以杨絮的口吻展开了一首搞笑的歌曲，并介绍了一些不常见的冷知识。

同日，《环球时报》记者发布消息称从中国林业科学研究院林业研究所研究员黄秦得知，此时北京飞絮持续时间已到中后期，再有 10 天左右时间，至 5 月中旬飞絮周期将告终结。此后讨论随着杨柳絮的消失逐渐减少。

5 月 7 日，"柳絮飘嘴里像在表演 Bbox"话题登上微博热搜，该话题来源于"柳絮到底有多烦"中一位网民发表的柳絮的笑话，内容描述了路人为吹走柳絮像在表演 Bbox。Bbox 是一种 Hip Hop 元素，属于流行音乐中的一种文化，可以通俗的理解为节奏口技。由于其搞笑的元素与 Bbox 这一生动的形容，引发了网民又一轮关于杨柳絮的热烈讨论。

5 月 15 日，"高校研发无絮杨树"一话题引起热议，网民纷纷表示希望尽快推广这一成果，减少杨柳絮为生活带来的不便。之后随着杨柳絮的逐渐消失，网民的讨论热度也逐渐下降，至 6 月上句讨论基本结束。

(二)舆情来源

有关杨柳絮的舆情信息主要集中在微博平台
(99.23%),如图 2 所示。由于杨柳絮问题的普遍性
及与日常生活的极大相关性,网民都倾向于在微博这
样的公共社交平台上发表自己对杨柳絮的相关看法,
并期望得到他人的共鸣。在微博平台上,最热门的两
条微博分别是"柳絮飘嘴里像在表演 Bbox""光头强快
来砍杨树"的话题起源,发布者均为个人且非大 V 博
主,其内容均带有搞笑元素,极易引发网友的兴趣;
@ 央视网快看,@ 中国新闻周刊的杨柳絮相关科普微
博同样受到网民关注,内容主要为应对杨柳絮的小建
议和杨柳絮的介绍。

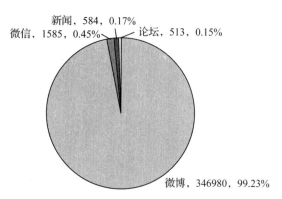

图 2　2019 年杨柳絮舆情信息来源分布图

微信平台信息量占所有舆情信息的 0.45%,内容多由微博相关话题衍生而来,其内容集中在杨
柳絮带来的问题与一些应对的小建议,部分网民也在微信文章下补充了自己的观点。

论坛的舆情信息占所有信息的 0.15%,内容主要为网民对于杨柳絮带来的影响的讨论;百度贴
吧由于平台特性,更多是关于某个地区关于本地杨柳絮话题的讨论。

最后,包括人民网、新华网、央广网、光明网等主流媒体,新浪、搜狐、网易等门户网站等也
发表了一些杨柳絮相关的新闻,占所有舆情信息的 0.17%。内容主要为科普性质,集中在杨柳絮的
介绍、应对方法,不同的是有更多地方媒体对公众对杨柳絮看法采访、或当地政府对杨柳絮的应对
政策的介绍。《焦点访谈杨树:成长的烦恼》《"飞絮季"春日科普和防护攻略》《北京科学定位杨柳雌
株　精准施策治理杨柳飞絮》等内容较有代表性。

(三)舆情属性

从舆情属性分布可知(图 3),28.26%的网民发表了相对
积极的正面言论,内容主要集中表达对杨柳絮相关搞笑话题
如"光头强""Bbox"的赞同,也有网民认为杨柳絮存在一定的
美感,少部分网民表示杨柳树存在是必要的,并对相关部门
的工作表达了认可与期望;仅有 1.96%的信息属性呈中性,
内容主要为某地方有杨柳絮的客观描述;另有 69.78%的负面
言论,出现了很多"讨厌""烦"的词,表达了对杨柳絮这一现
象的不满,以及对相关部门有没有采取措施及相关成效的质疑。

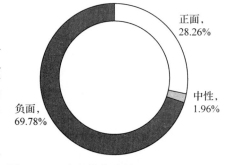

图 3　2019 年杨柳絮舆情信息属性分布图

三、媒体报道解读

1. 为公众科普杨柳絮的相关知识,了解杨柳絮的成因与治理情况

春季杨柳絮问题一直是公众关注的热点,媒体也高度关注杨柳絮的情况。人民网、新华网、光
明网等主流媒体,以及天气预报、中国天气网等网站通过微博、官网、客户端等媒体平台在杨柳絮
到来之前以及高峰期进行了相关报道。

从 4 月初杨柳絮还未大规模出现时,天气相关媒体就对今年的杨柳絮情况做出了预测与预警,
官方微博账号@ 中国天气网首先发布《2019 杨柳絮预警地图》;@ 天气预报随之转发,并进一步对
"杨柳絮"的来源、区域、时节等基本情况,可能带来的危害与预防措施作出介绍,并科普了一些相

关的冷知识，如杨柳絮可以吃等；随着杨柳絮的发生情况越来越普遍，也有更多的官方媒体进行了相关科普介绍。

2. 关注杨柳絮对公众生活的影响，并为其提出相关的建议

杨柳絮与公众日常出行、相关过敏、哮喘患者的疾病复发，甚至一些更为危险的情况如火灾都有着密切的联系，这也是官方媒体的主要关注点。

(1) 日常生活：出行/饮食/卫生。春天本是最适宜踏青出行的季节，然而杨柳絮却为公众的日常生活带来极大的不便。人民日报文章《柳絮飞扬惹人恼，怎么办？》即做出了相关介绍。一是漫天飞舞的杨柳絮会遮住公众的视线，影响公众日常出行；二是杨柳絮甚至可以钻进公众的嘴巴和鼻子，更为饮食带来的极大的不便；三是由于杨柳絮很轻的特点，加之春天常有的刮风，为清洁工的工作带来了很大困难，也影响了城市形象。

(2) 相关疾病患者：过敏/哮喘。杨柳絮作为一种过敏原，很容易引发过敏、哮喘等症状，此类患者在该时期可以说是寸步难行。人民网在 2017 年科普中国板块发表的科普文章《柳絮过敏患者表示好恨春天　如何才能躲过这一劫？》极具代表性。其针对两位医生进行了采访，帮助公众更好地了解杨柳絮过敏的症状、治疗方法与预防手段。作为一种过敏原，杨柳絮会引发打喷嚏、流鼻涕、咳嗽、瘙痒等过敏症状，严重时患者会出现哮喘等症状，甚至可以危及生命；而治疗原则则是通过常规的抗过敏药物进行治疗，如果情况未见好转甚至加剧，则需要迅速到医院进一步确诊。预防手段则主要为佩戴口罩、眼镜，关好门窗、生理盐水冲洗等物理手段，同样，易过敏人群也可以适当食用胡萝卜、柑橘等补充维生素 C。

此外，@环球时报官方微博也针对鼻炎患者发布了一组鼻炎操图片及相关介绍，由于其简单易学性，不少网友进行了转发评论与学习。

(3) 潜在危险：火灾。杨柳絮尽管有一定的观赏效果，看起来也极为弱不禁风，却可引发极大的危险。新华网发布《北京消防提示警惕杨柳絮"白色火患"》报道，对杨柳絮可能引发火灾的情况进行了警示。杨柳絮主要成分是纤维素，其松软结构包含大量空气，自身又含有植物油脂极易燃烧，一旦遇到火星或电火花，就会在短时间内燃烧且蔓延速度极快。北京大兴消防支队曾做过模拟杨柳絮引燃汽车的试验，从杨柳絮着火，到车辆被引燃，中间仅隔了一分半钟。此外，杨柳絮在四五月引发火灾也是较为常见的情况，有时在北京一天可发生 100 多起。很多媒体也报道了今年的相关案例，如《南京一高校内柳絮被引燃　18 个灭火器都没能扑灭》《淮安一天 800 多起火灾　都是飞絮惹的祸》。

3. 报道相关部门治理情况，回应公众诉求

针对公众对治理柳絮的强烈诉求，各大媒体也相继报道了各地对杨柳絮治理的作为情况，并深入回答了公众对于为什么不能直接砍树的疑惑。新京报《北京集中治理飞絮较多重点区域　杨柳絮为何年年飘飞？》一文针对北京的治理情况进行了报道，介绍了目前园林绿化部门正采取建立杨柳雌株数据库、树种更新升级、科学配置树种等手段以从根本上改善这一情况；也有意识的对人流密集区域进行了重点治理；同时园林工人也结合高压水枪、高枝修剪飞絮进行控制。相关园林绿化局工作人员也介绍了飞絮的成因：由于早期为加快城市绿化进程，可选择的树种有限，杨柳树由于易于繁殖、适宜气候等优势成为主力树种，且雌株价格较低，为城市生态作出了巨大贡献。此外，截至 2018 年年底，全市五环内目前共有杨柳雌株 28.4 万株，其中有超过 6 成长势良好，这也是导致今日漫天飞絮景象的一个原因。而对于为什么治理后效果不尽如人意的疑问，相关人员表示尽管园林绿化部门对治理飞絮已有相关计划，但计划需要考虑生态效益，分阶段去治理。因此"一砍了之"的做法是不合适的。

除此之外，有一些新兴的治理方法也开始出现。如@南京发布官方微博介绍了南京一高校新研发的无絮杨树，现已经选育 4 种杨树雄性不飘絮新品种，预计 3 至 5 年后将逐渐缓解杨絮问题。

四、网民观点分析

通过网络杨柳絮相关的舆情信息的关键词词频分析(表1)及词云图可视化(图4、图5),可以看出"飞絮""口罩""季节""出门""鼻炎""讨厌"等关键词词频较高,此类关键词主要为网民对于杨柳絮对生活的负面影响的讨论与抱怨,"喜欢""纷飞""回味"等词关键词词频略低于以上一类关键词,但也可以看出有少部分网民对杨柳絮抱有积极的情绪;值得关注的是"北京"一词词频极高,可知北京应是杨柳絮问题较为严重的地区,需要当地相关部门多加重视。

图4　2019年杨柳絮舆情信息词云-TF-IDF　　　图5　2019年杨柳絮舆情信息词云-TextRank

表1　2019年杨柳絮舆情信息关键词词频统计 TOP 70

序　号	关键词	词　频	序　号	关键词	词　频
1	柳　絮	0.50676097	36	谷　雨	0.00893364
2	杨　絮	0.20276262	37	三　月	0.00870253
3	过　敏	0.06247525	38	杨　花	0.00834054
4	飞　絮	0.05194114	39	Bbox	0.00822133
5	漫　天	0.04412885	40	打喷嚏	0.00814766
6	杨　树	0.03978129	41	过敏性	0.00808011
7	北　京	0.03297369	42	祛　火	0.00805428
8	有多烦	0.03179948	43	立　夏	0.00796688
9	口　罩	0.02860115	44	嫩　脆	0.00795882
10	纷　飞	0.02833715	45	下　雪	0.00793174
11	春　天	0.02818022	46	鲜　香	0.00790532
12	季　节	0.02682754	47	气　温	0.00782273
13	飞　舞	0.02330404	48	梧　桐	0.0076773
14	满天飞	0.02237661	49	消　防	0.00759572
15	毛　子	0.021377	50	烟　头	0.0075196
16	鼻　炎	0.02129078	51	眼　睛	0.00736318
17	真　的	0.02081685	52	春　风	0.00736065
18	天　气	0.01887911	53	生　活	0.00734472
19	出　门	0.0188053	54	飘　絮	0.00733834
20	火　灾	0.01865254	55	随　风	0.00729656
21	四　月	0.01679208	56	阳　光	0.00714628
22	五　月	0.01443422	57	哮　喘	0.00712873

（续）

序　号	关键词	词　频	序　号	关键词	词　频
23	飘　飞	0.01429795	58	明　目	0.00704307
24	满　天	0.01345743	59	哈哈哈	0.00678896
25	喜　欢	0.01302865	60	春　季	0.00671037
26	感　觉	0.01296224	61	时　节	0.00661683
27	柳　树	0.01261094	62	开　心	0.00660728
28	讨　厌	0.01196984	63	嘴　里	0.00659923
29	夏　天	0.01178929	64	口　感	0.00656501
30	鼻　子	0.0117635	65	路　上	0.00652244
31	花　粉	0.0110257	66	清热解毒	0.00642459
32	因风起	0.01051232	67	啊啊啊	0.00633787
33	空　气	0.00957079	68	引　发	0.00632254
34	大　名	0.00909238	69	难　受	0.00619076
35	毛　毛	0.00902875	70	烦　人	0.0061604

　　随后，通过对网络杨柳絮相关的舆情信息进行主题关键词的抽取，对网民的观点抽象出了以下几个主题，并对其进行了深入分析：

表2　2019年杨柳絮舆情信息相关主题及关键词

主　题	关键词
趣味表达杨柳絮对生活的影响	柳絮、哈哈、Bbox、戴森、吸柳絮、光头强、砍杨树、柳鲤、笑死、脸基尼、毛子、现代舞、棉花糖、毛毛、被子
抱怨杨柳絮对公众尤其相关疾病患者的影响	柳絮、杨絮、过敏、飞絮、北京、漫天、难受、鼻子、眼睛、鼻炎、嘴里、毛毛、口罩、有多烦、啊啊啊
杨柳絮相关知识的科普介绍	杨絮、柳絮、杨树、毛子、视频、四月、天气、中国、飞絮、名字、中旬、有多烦、大名、清热解毒、天气
杨柳絮引发的美好联想及诗词回忆	柳絮、因风起、诗词、纷飞、喜欢、梨花、美好、四月、未若、随风、仙境、杨花、谷雨、春天、人生
警示杨柳絮可能带来的火灾危险	柳絮、火灾、烟头、着火、派出所、民警、扑灭、提醒、易燃、随意、焚烧、消防、瞬间、发生、公园
关于相关部门的治理措施的网民意见与官方反馈	柳絮、北京、造成、为什么、杨絮、治理、杨树、柳树、飞絮、效果、无絮、国家、抑制剂、洒水、成灾

1. 趣味表达杨柳絮对生活的影响

@烟雾与镜像：街上有一个人在表演Bbox，走近一看，原来是柳絮飘嘴里了！【柳絮到底有多烦】。

@你的聊天截图：【光头强快来砍杨树】哈哈哈哈哈哈哈哈哈哈光头强你快来砍树吧，我替李老板给钱！

@未知：全北京有戴森的朋友们！让我们今晚充满电！明天一起上街！吸柳絮！好不好！！？

2. 抱怨杨柳絮对生活的影响

@少女兔iiilass：少女兔iiilass一到飘柳絮的季节就犯鼻炎，有跟我一样的嘛？【柳絮到底有多烦】。

@实时星闻：【光头强快来砍杨树】不是说柳絮纷飞里看见了故乡吗？柳絮太多，鼻炎患者是真可怜了。

@淮安气象：【柳絮到底有多烦】风大，飘絮肆虐，口罩必备！！必备！！

@皮肤管理专家吴凌燕：感觉这两年一到春天北京的柳絮杨絮好像越发多了，最近帝都出行建议大家都戴上口罩吧，能减轻呼吸道和皮肤的不适。看到微博有人发起的"戴森吸柳絮"的话题，我简直要响应了！

3. 杨柳絮相关知识的科普介绍

@中国天气："前方高能，请注意，I wanna really，好好说道一下杨絮！""我的名字不叫杨树毛子""柳絮到底有多烦""我大名叫杨絮，不叫杨树毛子每年四月中旬左右，我就开始飘啦，北京、天津、河北、山西，我的主要阵地晴天除了早晚，我都使劲儿飘啊，如果你爱过敏，出门要戴口罩，多吃蔬菜水果，冷水洗脸有必要，车启动前要清理，开车速度放慢，所有易燃物品远离，我要记牢变成飞絮之前，我还可以吃清热解毒，祛火明目口感鲜香，十分嫩脆如果在那时看见我，请吃掉我，中国天气的微博视频。"

@张瑜646766：【生科小知识】柳絮，即柳树的种子，上面有白色绒毛，随风飞散如飘絮，所以称柳絮。柳树：乔木，高可达18m，树冠开展疏散。树皮灰黑色，不规则开裂；枝细，下垂，无毛。芽线形，先端急尖。叶狭披针形，长9~16cm，宽0.5~1.5cm，先端长渐尖，基部楔形，边缘具锯齿；叶柄长5~10mm，有短柔毛；托叶仅生在萌发枝上。形态特征花序先叶或与叶同时开放；雄花序长1.5~3cm，有短梗，轴有毛；雄蕊2，花药红黄色；苞片披针形，外面有毛；腺体2；雌花序长达2~5cm，有梗，基部有3~4小叶，轴有毛；子房椭圆形，无柄或近无柄，花柱短，柱头2~4深裂；苞片披针形，外面有毛；腺体有1。蒴果长3~4月，花期3~4月，果期4~5月。分布范围分布于长江及黄河流域，其他各地均有种植。主要价值清热解毒药；祛风药；止血药各家论述①《本经》：主溃痈，逐脓血。②《别录》：主痂疥，恶疮，金疮。子：汁疗渴。③陶弘景：贴灸疮。④《药性论》：主止血。治湿痹四肢挛急，膝痛。采收和储藏：春季果实将成熟时采收，干燥。与杨花的区别柳的花都是单性花。花没有花被，只有一个鳞片。柳的雄花有两枚雄蕊，两个蜜腺。柳的雌花有一枚雌蕊，一个蜜腺。柳的花虽然没有花被，色彩不鲜明，但具有蜜腺，是借着花蜜来引诱昆虫传布花粉的，所以它是虫媒花。而杨的花与柳的花很相似，结构也很简单，但是没有蜜腺，不能分泌花蜜引诱昆虫传布花粉，只能借风力传布花粉，所以它是风媒花。柳和杨杨和柳均属杨柳科，但在植物学上是有严格区别的。它们有不少相似的地方。例如都有毛毛虫样的花序（柔荑花序），这种花序有雌雄之分，老熟时整个脱落，雌花序中的果实裂成两瓣，具有白色茸毛的种子就随风飘散出来。又如"沙里栽杨泥里柳"，杨、柳都易栽易活，可进行无性繁殖，随便折一枝条插进泥土里，很容易生根发芽。但长期的无性繁殖，会使杨树的生活力逐渐削弱，因此，有时得用播种育苗，进行有性繁殖。但是也有许多不同的地方。@甘肃农业大学 @甘肃农业大学学生会 @甘肃农业大学校团委 @甘农大生科院团委。

4. 杨柳絮引发的美好联想及诗词回忆

@美好春0523：生活不止诗和远方，还有烟火和厨房。简单的日子如诗似画地流着。坐拥烟尘，赏风红了樱桃，品雪白了梅花。任时光煮雨，却依然在烟火中闲卧岁月，即使是光阴里的一粒尘埃，也要如漫天飞舞的柳絮，潇洒在春光里。

@多识于草木鸟兽：说起柳絮，我还记得初中学《世说新语二则》，当时老师要求赏析，为什么"未若柳絮因风起"比"撒盐空中差可拟"更好。当时的答案是撒盐形似，但是柳絮神似balabala我当时还不服气，觉得既然形似，那肯定也就神似了，凭啥说柳絮更像……（反正我也没见过柳絮）直到我来北方上大学，第一次见到漫天飞舞的杨柳絮时，我才发现那个答案确实是扯：咏雪的话，杨柳絮就是形似，似得不行！

@雨过华灯上：忽如一夜北风至，飘扬飞雪入万户。学校里种满了柳树和杨树，现在正值春季，柳絮杨絮满天飞。让我产生了一种错觉，以为北风卷地白草折，曲园四月即"飞雪"。这些杨柳絮满天飞舞，迷住了双眼，又绕着腿边打转儿，在裤脚上留下丝丝缕缕，然后不安分地落在地上，聚集成群，像雪球一样，伴着吹来的不知是什么方向的风，越滚越大，兴冲冲地朝路人扑去，变得零零碎碎，又聚集，扑去，分散。我对柳絮的最初印象是《世说新语》中谢道韫的那句"未若柳絮因风起"，满带着对春天的希望和期待，满带着小女儿细腻的心思，短短几字，美不胜收。

5. 警示杨柳絮可能带来的火灾危险

@国家应急广播：【警惕春季飞絮成为引火源】春意渐浓，很多城市又进入到飞絮曼舞的季节，日常生活中，尤其是需要点燃明火的场合要特别注意，防范飞絮火灾；户外吸烟要完全熄灭烟头再丢弃，防止火星飞落；家中、院中积攒的大量飞絮应及时清理，以免飞火将其引燃；工厂锯切、抛光等车间特别要防止火星引燃飘入的柳絮。

@龙游消防：【蓝朋友的警告，春季柳絮飞舞 Get 几招应对吧】春意盎然，柳絮也踏着春的脚步开始到来，虽说柳絮漫天飞舞的画面十分美丽，但柳絮是一种易燃物质，被点燃后，火苗会瞬间蔓延开来，避免柳絮火灾要注意这些。

@看那炊烟袅袅：【光头强快来砍杨树】2秒钟的熊熊火焰，稍不注意可以酿成火灾！每年在我们农村因为杨絮而发生的火灾都有，担惊受怕的五月！

@右耳不乖：【柳絮飘嘴里像在表演 Bbox】每到这个季节，我村里总要着火几次。

6. 关于相关部门的治理措施的网民意见与官方反馈

（1）网民的认可意见。

@Zoe_127：【杨絮仙境】这些年政府都慢慢在治理了，以前的杨树很多都被砍改种别的了，杨絮的问题已经好很多了，发这种视频弄的好像政府没做事是的，每年有很多园林工人铺花、种草、种树、修剪那么辛苦是没看见呀，尊重一下别人的劳动成果。

@萧小茶：【戴森吸柳絮】真的要治理了，河北邯郸从几年前开始就给雌杨树打避孕药，每天晚上都有专人用水喷树，所以现在根本没有杨树毛毛了，北京大几百万颗杨树真的雪花飘飘了。

（2）网民的质疑意见。

@嘬豆汁的二爷：漫天的柳絮，不带口罩就往鼻子眼里钻，治理十多年这钱都花哪去了？从治理开始分批分次直接砍树重种，十多年新种的也挺粗的了吧！@北京12345 干点正事吧！北京·京华苑。

@舞林萌主不会舞：北京的杨花柳絮漫天乱舞，真是首都特色，大好春光被这乱舞的杨花柳絮弄的大煞风景。年年治理毫无用处，春风吹又生。倒不如全砍了干净。

@潘益兵：【高校研发无絮杨树】南京最恼人的是法国梧桐的梧桐絮，这么多年来，好像一直治理效果不好。//@南京发布：【不扰人！新品种无絮杨树来了】杨树是城市绿化的主力，然而漫天飞舞的杨絮成了困扰出行的大问题。@南京林业大学老师介绍，他们已经选育出4种杨树雄性不飘絮新品种，预计3至5年后将逐渐缓解"杨絮之恼"。你希望全面推广种植吗？"南京一高校研发无絮杨树"一手 video 的秒拍视频。

（3）官方的回应反馈。

@合肥今天：【合肥身边事】合肥3年更新短截1万多株杨树：加大洒水车出动频次 注射杨树花芽抑制剂。春末夏初，杨絮飞舞。"杨树具有较高的生态价值，治理不能简单一刀切，近年来合肥已采取堵、换、防、治等手段，对城区杨树飞絮进行综合治理。"合肥市林园局表示，三年多来城区共更新、短截杨树1万多株。

@无锡交通广播：【专治杨絮污染困扰，"南京一高校研发无絮杨树"：期望在未来全面使用】杨树产业为江苏人民带来了巨大财富，但带来的杨絮等生态环境问题也比较突出。南京林业大学老师介绍，他们已经选育出4种杨树雄性不飘絮新品种，2016年以来开始推广应用，预计3至5年后将逐渐缓解"杨絮之恼"。一手 video 的秒拍视频。

@青岛晚报：【答疑：又到柳絮爆发期 专家解答为啥不能砍了柳树】记者从市园林和林业局了解到，我市治理飞絮坚持"生态优先、兼顾保护"的原则，进行"长短结合、标本兼治、多措并举，综合治理"。科学认识杨柳树在改善城市生态环境中的重要作用，在巩固现有绿化成果前提下，逐步减少杨柳树，减少飞絮对城市的不良影响。？我市采用了多种措施来减少杨柳絮的影响，如根据杨树的花芽分化时间和植物激素变化来调控杨树开花，采用树干注射生物制剂（抑制剂或疏除剂）来抑制花芽分化或促使花果脱落，从而达到抑制飞絮的效果。每年在开花飞絮前，对杨柳树进行一次回缩修剪，减少枝条量，同时压低植株高度，减少飞絮的下落高度和数量，减轻飞絮状况。再者，杨树花芽在前一年的夏秋 6~10 月份分化，目前已存在于小枝的芽内。利用这个特性，在开花结实前将 1~2 年生枝剪除即可全面消除"飞絮"。在杨柳树开花季节进行喷水。一是向树体喷水，让花絮提前脱落。二是通过喷水保持空气和地面湿润，利于花絮落地，防止毛絮再次飘飞。及时扫除停留在地面的飞絮，最大限度地减少飞絮飘飞。在重点路段加强监管，并专门配备快速保洁车以便应急清扫。同时通过逐步改造现有种植杨柳树绿地的树种结构，逐年更新替代衰老杨柳树、病残杨柳树。通过"控制总量，减少存量，禁止增量"，减少杨柳树存量，减少飞絮总量。（分享自 @网易新闻）

@北京人不知道的北京事儿：【北京为什么柳絮那么多：后来虽然要求栽雄的，但实际苗圃拿的大多数都是雌的……】治理飞絮问题从 1980 年代就提上日程。一位当年的园林绿化高级工程师曾尴尬地表示，"当年确实没注意性别问题。"21 世纪初，为迎接 2008 奥运，北京进行了城市改造和道路扩建，相继出现了一片片的雌株杨树。一位了解内情的园林专家告诉《人物》记者："虽然北京市都要求栽雄的，但是这些苗圃企业在给苗子的时候，实际拿出大多数都是雌的。"（转自《人物》）原文链接：又到了和飞絮缠斗的季节。

五、舆情小结和对策建议

春季四五月份是杨柳絮的高发期，尽管漫天飞舞的杨柳絮存在着一定的观赏价值，但更多人关注杨柳絮为日常生活带来的不便和潜在的危险。2019 年杨柳絮从 4 月上旬开始，到 5 月中旬左右结束，舆情主要集中在网民发表的对杨柳絮的看法。总体来说舆情呈负面态度，很多人表示杨柳絮讨厌，让人心情烦躁，并对杨柳絮的治理情况产生了质疑；同时，很多网民发表了一些正面的观点，包括杨柳絮相关有趣的段子的赞同，互相提醒注意防护措施，以及对于杨柳絮治理的期望；同时，官方媒体发布的相关科普，包括杨柳絮的介绍、成因、防治措施和治理情况，数量相对较少，网民关注程度较低。因此，针对以上舆情态势，如何更有效地治理杨柳絮，帮助网民了解杨柳絮的情况、理解相关部门的治理工作，并消除网民对于杨柳絮的不满，应是当前针对杨柳絮工作的重点。

（1）充分宣传杨柳絮的相关知识，加深公众对杨柳絮问题的认识。多数网民对杨柳絮的认识不够全面，不了解杨柳树在城市绿化、生态环境方面起到的巨大作用，更不了解杨柳絮的历史成因，因此产生了"一砍了之"的想法。相关部门需要加大杨柳絮相关知识的宣传力度，帮助公众理解杨柳树发挥的作用，从而减少其对政府的误解。

（2）增加杨柳絮的危害与防护措施的科普，提高公众的防护意识。多数人对杨柳絮的危害认识不够清晰，只停留在影响出行等较浅的层面，但杨柳絮作为一个主要的过敏原，可能引起过敏甚至哮喘等症状，需要引起更多注意。相关部门需要邀请更多相关专家科普杨柳絮的危害以及防护措施，减少杨柳絮对公众造成的不利影响。

（3）及时有效对重点区域进行治理，及时向公众公开执行情况。针对现有的杨柳絮问题，结合多种手段进行治理，如高压水枪、高枝修剪、建立数据库监控等；对于网民负面情绪更为严重的地区如北京，当地政府要起到带头作用，并需要各区域相关部门互相学习，吸取经验。同时需要加大科研投入，研发新兴治理手段或树种。更重要的是及时公布执行情况，让网民充分了解相关部门的作为，提高公众对政府的理解。

（4）监控相关舆情，及时回答公众质疑以减小其不满程度。网民发表的负面舆情对于相关部门的形象有极大影响，如有一些负面言论传播过广同时没有得到官方回应，可能会极大降低政府的公信度。因此，需要相关部门及时监控相关舆情，对公众的质疑、不满言论及时做出回应，减少网民的不满。

"香椿自由"生态舆情热点事件舆情分析

李 艳 白 旭 郭培燕[*]

摘要：2019年3月至4月间，"香椿自由"成为微博热议话题，体现了网民对品质生活的追求，对林下经济产业升级的需要，引出基于电商发展林下经济的思考。本文从微博、微信和百度贴吧等社会化媒体信息源采集与该事件相关的2717条数据，结合价格传导理论，通过舆情走势和情感倾向性分析描述事件概况，使用TF-IDF算法和TextRank算法分别进行关键词提取并进行可视化，采用LDA算法和Word2vec算法从全文和上下文两个层面提取事件主题。从林产品电子商务和政府政策引导两个方面为林业经济产业管理提供一定的建议，有助于构建林产品的良好社会舆论氛围。

关键词：香椿自由 价格 舆情 林产品

一、事件概况

2019年3月中旬，继"车厘子自由"之后，"香椿自由"成为了热门话题。该网络流行语是指财富较为充裕，在任何时间地点，想吃任何数量的香椿，都可以随便吃，不用担心买不起[1]。香椿是多年生落叶乔木，别名椿。由于叶厚芽嫩，香味浓郁，自古便已被用作食用，"长春不老汉王愿，食之竟月香齿颊。"便表达了人们对其喜爱之情。而"自由"则准确反映了网民对高品质商品的强烈需求，也反映了林产品消费升级的过程。

每年4月中旬是香椿上市的季节，而今年的香椿消费热提前了近一个月。百度指数显示，2014年至2018年期间，香椿的搜索指数在每年4月20日左右达到年度峰值。而2019年3月18日前后，香椿的百度指数达到去年的峰值点，并在4月1日左右达到了近5年的搜索指数最高值，约为该关键词去年百度指数峰值的2倍，随后迅速下滑。网民关注度指数的暴涨暴跌，可能会对香椿供求关系产生影响，进而引起市场价格波动[2]。

由于地区、时间和物流费用等因素的影响，香椿的价格变化十分迅速。每年上市之初，香椿产量不足，空运成本较高，销售价格也会比较高，平均在80元以上；随着气温升高，产量提升，空运转换为陆运后，价格会迅速回落。

"香椿自由"在微信、微博等社交平台上广受热议，其背后有商家的营销助推，也有商品承载的符号意义，即网民把"香椿自由"标签当做其追求高品质生活的象征。社会舆情反映了广大网民的现实需求，促使相关政府机构推动林业经济产业升级，大力推进林业供给侧结构性改革。

二、舆情概况

(一)舆情走势

结合已有数据，本文以天为计数单位探讨香椿自由热点事件的舆情态势的散播期、聚集期、热议期和淡化期，如图1所示。

---

* 李艳：北京林业大学经济管理学院教授、硕士生导师，主要研究方向信息管理、竞争情报；白旭：北京林业大学经济管理学院本科生；郭培燕：北京林业大学经济管理学院硕士研究生。

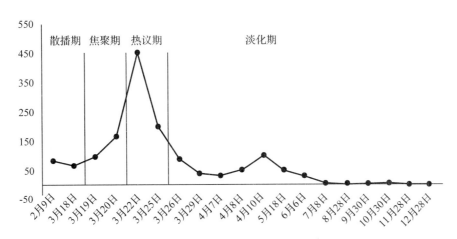

图1   香椿自由事件舆情发展走势图

3月22日左右，河南郑州金城街菜市场的香椿从120元1斤降到25元1斤，网民直呼终于过上了香椿自由的日子，引发了微信端和微博端用户的大量传播扩散。该日获取数据超过400条，微博话题"香椿自由过气"的阅读量达4968.3万，讨论量达3124条，微信文章阅读量达6万以上，舆情态势达到传播最高峰。

在2月，网民在百度贴吧热烈讨论车厘子自由，微博和微信端网民在3月和4月对香椿自由展开热议，央视网、天涯论坛等在4月发布少量相关信息。在热议期，微博端可获取数据量最高，达1293条，且从3月到10月持续发布相关信息。由此可见，微博为香椿自由事件的网络舆论主场。

截至10月31日，香椿自由事件已获取得舆情数据达2717条，微博阅读量高达3亿，通过趋势图可以看出舆情走势出现一次高峰，一次小幅回升。

（二）舆情来源

本文从微博、微信、新闻和论坛四大信息源进行数据采集，其中新闻包括人民网、光明网、央广网和新华网，论坛包括天涯论坛和百度贴吧，数据分布情况如图2所示。

有关香椿自由的舆情信息中，49%的舆情信息来自微博平台。@金融投资报、@郑州人民广播电台、@新浪财经等主流媒体以及政府官微在微博平台及时发布香椿相关信息，香椿作为河南特产，其市场价格与河南省的"三农建设"密切相关，该事件受河南省政府官微大量关注，郑州香椿降价消息更是引发全网舆论高峰。

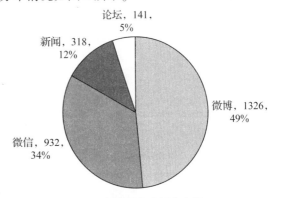

图2   舆情信息来源分布图

微信平台的信息量占比34%。新周刊和人民日报评论等主流媒体公众号的单篇相关文章阅读数达10万以上，并引发热烈讨论。体现了官方媒体对社会舆论的影响力，官方媒体账号是解民心、通民意、稳舆论的重要方式。

其次，论坛平台的信息量占比12%，网页新闻平台的信息量占比5%，信息来源为央视网、百度贴吧和天涯论坛。其中百度贴吧相关信息发布量最高，这可能与香椿自由事件的热议期短，内容偏生活化有关。

（三）舆情属性

为研究网民对香椿自由事件的情感态度，本文使用 ROST-CM 软件对 2717 条文本数据进行情感分析。情感得分为正即为正面情感态度，情感得分为 0 即为中性情感态度，情感得分为负即为负面情感态度，详见图 3。

从舆情属性分布可知，69.70% 的网民通过"喜欢""美味""想念"等评论表达网民对香椿的喜爱和幼时家庭生活的想念之情。13.62% 的信息属性呈中性，主要为价格对比和描述家里香椿树的情况的评论。另有 16.67% 的负面言论，侧重说明香椿难吃，价格太贵的个人情绪。总体来看，大部分网民对实现香椿自由持积极态度，表达了网民艰苦奋斗，追求美好生活，实现财务自由的现实期望。

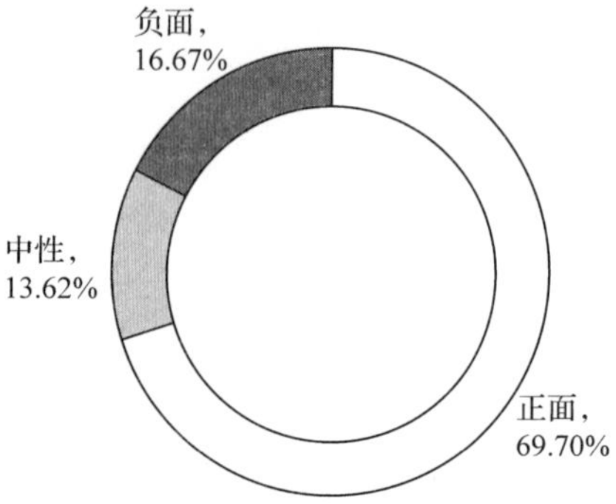

图 3　舆情信息属性分布图

三、媒体报道解读

本文采用 TF-IDF 算法和 TextRank 算法分别对香椿自由事件舆情文本进行关键词提取，并对词语权重进行标准化，同时对前 60 个关键词进行可视化。表 1 和表 2 是关键词提取结果。

表 1　2019 年香椿自由舆情信息关键词统计 TOP10——基于 TF-IDF 算法

序　号	关键词	权　重	序　号	关键词	权　重
1	价　格	1.00	6	喜　欢	0.45
2	菜市场	0.69	7	过　气	0.44
3	好　吃	0.58	8	郑　州	0.40
4	上　市	0.54	9	荔　枝	0.29
5	野　菜	0.50	10	小时候	0.24

表 2　2019 年香椿自由舆情信息关键词统计 TOP10——基于 TextRank 算法

序　号	关键词	权　重	序　号	关键词	权　重
1	价　格	1.00	6	喜　欢	0.46
2	菜市场	0.69	7	过　气	0.44
3	好　吃	0.57	8	郑　州	0.40
4	上　市	0.57	9	荔　枝	0.34
5	野　菜	0.55	10	小时候	0.31

从表 1 和表 2 中可以看出，网民十分关注香椿上市的价格，普遍认为香椿好吃，表达喜欢的积极情感倾向，并把香椿和小时候的记忆联系起来。继香椿自由之后，荔枝自由开始被热议。

为直观展示香椿自由事件的关键词，本文采用词云的方式对关键词进行可视化。图 4 是基于 TF-IDF 算法提取的香椿自由事件关键词云，图 5 是基于 TextRank 算法提取的香椿自由事件关键词云。从图中可以看出，这种方法不仅抽取出了此次事件的关键事物、地点、网民所关心的内容，还展现了网民的情感态度，以及未来可能成为"××自由"的水果。

通过对香椿自由事件的评论数据集进行关键词抽取可知，香椿作为一种野菜，其价格，尤其是菜市场的上市价，受到网民的持续关注，在线销售商家的关注度较低，有待进一步开发，拓展香椿的销售渠道；当香椿降价，即香椿自由过气时，网络热议较为明显；郑州、南京、上海和北京的香椿自由事件受关注度较高；网友把香椿和小时候的味道联系起来，多表达喜欢怀念的情感态度；在香椿自由之后，荔枝自由也可能成为新一代的炫富标志。

图 4　基于 TF-IDF 算法生成的词云　　　图 5　基于 TextRank 算法生成的词云

关键词对应微博原文梳理如下。

1. 香椿自由

@金融投资报：【香椿自由取代车厘子自由】继车厘子自由之后，"香椿自由"成新一代的"炫富标志"。1斤香椿有多贵？价格相当于39只小龙虾、10只鲍鱼、1只波士顿龙虾……这么贵的春椿，可能闻一下都要收费。

@聚焦上海：【"香椿自由"你实现了吗？】这段时间"香椿自由"成为热门词汇，部分地方香椿售价高达100元/斤，网友纷纷调侃"吃不起"。在上海菜场，香椿、马兰头、草头等时令蔬菜纷纷摆上摊位，市民也能够品尝舌尖上的春天。虽然近日香椿价格回落，但每斤仍卖80元左右，香椿价格仍是一枝独秀。

@央视财经：【"餐桌上的劳斯莱斯"便宜了！每斤卖25元，终于实现"香椿自由"】近期，香椿陆续上市，一些地区卖到超200元/斤，被吐槽为"贵妇菜"。不过，记者走访上海菜市场和生鲜超市发现，随着气温回升，香椿大量上市，价格也不断回落。菜市场里各摊位的香椿每斤售价在25元到32元不等，比刚上市的时候的便宜了不少。据摊主介绍，自香椿上市半个多月来，售价一路下跌。而随着香椿大量上市，价格还会走低。

2. 香椿自由过气

@郑州头条榜：【香椿自由过气！香椿从120元1斤降到25元1斤】3月20日，河南郑州金城街菜市场，香椿已从120元1斤降到25元1斤。卖菜摊主说当时的价格比牛肉还贵五倍，甚至不敢摆在台面上卖，一把就要四五十元，怕被顺走。

@新浪财经：【1元1把！农村大爷把香椿拉下神坛】家里种了1亩香椿，4月9日，山西洪洞，68岁的张大爷与老伴在路边卖香椿，一元一把，一把差不多二两，仅半小时左右就卖掉4斤。大爷称：自家种了一亩多地的香椿，挣点钱就行了，一天能卖一两百元。

3. 继香椿自由之后出现荔枝自由

@江西卫视：【又一高价水果出道！60元一斤的"荔枝自由"你实现了吗】5月9日，记者走访了成都十余家水果店和超市，大多数商铺的价格在20~40元，也有店铺因品种原因卖出了近60元一斤的价格。一家在线配送商店中，8折后的海南白糖罂荔枝卖64元一斤。继"香椿自由取代车厘子自由"，现在的荔枝，你吃得起吗？

@ Sinx_ 晓：2019年开年以来Morning姐成功地实现了车厘子自由、香椿自由、荔枝自由、龙虾自由以及大闸蟹自由，此刻，Morning姐正在为实现香肠与咸肉自由而奋力拼搏。So 为了自由，今天也要加油鸭！

@光明日报："车厘子自由""香椿自由""荔枝自由"总有一些新标准来鉴定我们过得如何？我来自盛产果蔬的城市这些"自由"在家是真的好实现，可是离家的我却觉得此刻自己挣钱养活自己才更有自由的味道，你同意吗？

4. 怀念小时候的香椿味道

@ HERO_ 想要长颈鹿的 Luka："香椿自由过气"作为一个老北京，似乎在春天吃香椿就跟"头伏饺子二伏面，三伏烙饼摊鸡蛋"一样，成为餐桌上一道仪式化的菜，什么香椿摊鸡蛋、香椿鱼儿、香椿拌豆腐……总而言之，甭管凉菜热菜还是主食，我们一家子向来是对香椿来者不拒。清楚地记得每年初春跟着我爸我大爷拿着大长杆儿打香椿的日子，也记得砍香椿树那天我哭得稀里哗啦的样子。现如今香椿按两卖，而我又身处"香椿不得宠"的南方，所以只能在午夜梦回之际多咂摸两口记忆里儿时大口吃香椿时的味道。

四、网民观点分析

本文对舆情语料集使用 LDA 算法和 Word2vec 算法，从全文和上下文两个层面提取香椿自由事件的主题。首先使用 LDA 算法计算出 3 类主题，表 3 展示了香椿自由事件的主题分布情况。

表 3　香椿自由事件主题分布

主题特征词	主题概括
香椿自由、炫富标志、贵妇菜	香椿成为了一种贵妇菜，实现香椿自由是炫富标志
香椿自由过气、郑州、牛肉、价格贵	河南郑州特产香椿降价，热卖价格一度超过了牛肉
香椿自由过气、拉下神坛、山西洪洞	山西洪洞大爷自家种香椿低价卖，把香椿拉下神坛

第一个主题的关键词包括"香椿自由""炫富标志""贵妇菜""终于实现"，结合特征词对应的内容可将该类主题概括为"香椿成为了一种贵妇菜，实现香椿自由是炫富标志"。在 3 月初，上海、山东、成都等地的第一批香椿上市，量少价高，网友在微博吐槽香椿成为"贵妇菜"。继"车厘子自由"后，"香椿自由"又成为了新一代人的炫富标志。更有网友表示不奢一夜暴富，但求长远香椿自由，人民日报评论公众号于 3 月 27 日发文表示用"香椿自由"衡量一个人的消费能力，准确性不足，甚至会造成"中产焦虑"。为了保证网民能买得起满足品质生活所需的商品，我们应从培育需求和扩大供给两个途径入手。

第二个主题的关键词包括"香椿自由过气""河南郑州""牛肉""价格贵"，结合特征词对应的内容可将该类主题概括为"河南郑州特产香椿降价，热卖价格一度超过了牛肉"。该话题最早是由网友微博发文称河南郑州金城街菜市场，香椿已从 120 元 1 斤降到 25 元 1 斤。卖菜摊主说当时的价格比牛肉还贵五倍。香椿价格大幅度跌落，一时引发网友热议，直呼终于能够实现香椿自由了。该舆论主题把舆情态势推向顶峰，香椿的价格变化是社会舆论的主要关注点。

第三个主题的关键词包括"香椿自由过气""拉下神坛""山西洪洞""自家种"，结合特征词对应的内容可将该类主题概括为"山西洪洞大爷自家种香椿低价卖，把香椿拉下神坛"。该主题来源于一位山西洪洞 68 岁的张大爷与老伴在路边卖香椿，卖一元一把，不求挣钱，让更多的人吃得到香椿。该事件成为微博话题关键词，有 354.9 万阅读量和 1020 个讨论量，其中有评论说大爷大妈展现了农民朋友踏实本分的性格。在香椿自由的舆论背后，我们应当看出信息不对称对林产品的产量和价格波动的影响，而电子商务可以在很大程度上解决这一问题。

分别选取"香椿""自由""炫富"作为关键词，使用 Word2vec 算法得出与关键字相似度最高的 5 个关键词。表 4 至表 6 展示了关键词相似度计算结果。

如表 4 所示，"好吃""记忆"等词与"香椿"的相似度较高，说明网友普遍认为香椿好吃，并把香椿味道与儿时记忆联系在一起。

如表 5 所示，"热点""炫富"等词与"自由"的相似度较高，说明"自由体"成为网友的关注热点，并把实现"xx 自由"当做一种炫富标志。

表4　同"香椿"最为接近的 5个关键词		表5　同"自由"最为接近的 5个关键词		表6　同"炫富"最为接近的 5个关键词	
接近度TOP5的词	相似度	接近度TOP5的词	相似度	接近度TOP5的词	相似度
自　由	0.99	车厘子	0.99	新一代	0.98
车厘子	0.98	香　椿	0.99	车厘子	0.97
好　吃	0.97	好　吃	0.97	自　由	0.96
取　代	0.97	热　点	0.97	香　椿	0.95
记　忆	0.96	炫　富	0.96	贵　妇	0.95

如表6所示，"新一代""车厘子""香椿"等词与"炫富"的相似度较高，说明香椿自由取代车厘子自由，成为新一代的炫富方式。

五、舆情小结与对策建议

继"车厘子自由"之后，"香椿自由"继续引发网友热议。香椿上市初期量少价高，后期由于运输和储存价格下降，产量增加，价格短时间内迅速下跌，进而引发网络舆论高峰。网民普遍反映香椿的价格问题，并把香椿味道和儿时老家记忆联系在一起，抒发思念之情。继"香椿自由"之后，"荔枝自由"又成为新一轮舆论热点，充分显示了蔬菜水果价格波动对区域和网民预期效应的传导作用。

根据价格传导理论，不同区域的同种商品的价格差异能够通过产业链或区域联系引起价格传导[3]。从区域间传导型来看，由于个别地区商品价格上涨，引起其他地区商品价格上涨的连锁反应。上海等地的第一批香椿上市，量少价高，仍需运输到北京等地进行销售。由于产量少且运输费用高，进而引发香椿在北京等地的市场价格陡升。舆情态势开始进入散播期。从预期效应传导型看，价格传导主要是通过人们对某种商品物价变动产生心理共鸣，最终引起物价变动的放大效应。当河南郑州的香椿价格陡降的消息在全网传播，"香椿自由过气"话题把舆情态势推向高峰期。网民直观感受到香椿价格开始跌落，各地的香椿价格也确实有所回落，其中"山西洪洞大爷把香椿拉下神坛"话题，可能是网民预期效应对上游生产商销售价格产生的传导影响，网友称赞农民踏实做生意的品质。香椿价格开始趋于正常，香椿自由事件的舆情态势迅速下降。

价格传导是由市场机制与宏观调控共同作用的结果，而价格主要是由市场的供求关系决定。香椿主要靠生产者直接将商品交给收购人员进行销售，这不便于生产者收集有效的市场信息，造成信息不对等，使该种林产品的价格受市场需求波动和市场供给波动影响较大。

由上述分析可知，香椿价格是网民的关注热点，也是影响网络舆情走势的重要因素。在国内，陕西省安康市已开始建立香椿的电商销售渠道，产品已销售到全国和欧亚4个国家，这一过程中，政府和龙头企业都为林产品电子商务的发展动力提供了动力。林产品电子商务定义为在森林及其衍生产品供应链的生产、加工、销售等过程中，相关企业或个体依托计算机技术和信息技术，利用网络收集、传递和发布信息，并在网上完成林产品或服务的购买、销售、电子支付及售后服务等业务的过程[4]。因此，我们可以从林产品电子商务方面入手，推动建立林产品网络舆论场的健康良好氛围。

（1）打通林产品供应链上下游，促进林业产业化发展。林产品的产量和价格波动会影响林产品行业整体的稳定性，而电子商务可以在一定程度上解决供需双方信息不对称的问题，让市场信息在供应链上快速传递；林业产业化的实质是市场化[5]，即以市场为导向，打通森林及其衍生产品供应链的生产、加工和销售等过程，借助电子商务强大的网络功能，使林产品供需双方跨越时间和空间进行沟通。帮助生产者有效避免因产量和价格的巨大波动带来的效益不稳定，促进林业企业与市场协同发展。

（2）开拓林产品线上销售渠道，提高林业经济效益。目前我国林产品物流体系尚不健全，林产品销售仍然存在渠道窄、交易成本高等问题[6]。电子商务可以将市场信息通过网络传递给买卖双方，线上订单信息可以快速准确地传递给销售商及时补充产品，传递给生产商适时调整产量。这拓展了传统线下买卖方式，由固定时间段营业的线下交易市场转为24小时开放的线上交易市场，大大地缩短了供应链，提高了林产品订单的数量和质量，激发林产品市场的经济活力。

（3）扶持龙头企业的管理化发展，加强政府导向作用。政府对林业经济产业发展的主导最为重要，政府重点扶持林业经济产业，有效加强企业与农户的合作，实现林业供给侧结构性改革，才能使林业经济实现进一步的管理化发展。政府应该扩大林产品的销售市场，扶持规模化林业企业作为龙头企业，引导农户积极与企业合作，加深农户对林业经济产业升级的了解，提升林产品的品牌竞争力，增加林产品市场收益，推进林业经济的快速发展。

参考文献

[1]https：//baike.baidu.com/item/香椿自由/23371132.
[2]蔡勋.禽流感疫情风险下媒体报道、消费者关注度与肉鸡市场价格波动研究[D].武汉：华中农业大学，2018.
[3]付莲莲.国内农产品价格波动影响因素的结构及动态演变机制[D].南昌：南昌大学，2014.
[4]王璐，樊坤，尤薇佳.林产品电子商务研究现状与展望[J].林业经济问题，2015，35(06)：562-567.
[5]施建华.林产品电子商务模式研究[D].南京：南京林业大学，2009.
[6]张彤，刘笑冰.国内林下经济发展现状问题及对策[J].中国林业经济，2018(06)：32-34.

第四篇
官媒涉林报道与地方政府林草部门舆情分析

官方媒体涉林报道舆情分析

马 宁 黄 钊 孙佳诺[*]

摘要：2019 年，对人民日报、央视新闻、光明日报等主流新闻媒体的涉林报道数据进行采集，共整理舆情信息共 25251 条。本文首先从舆情总体概况入手，分析了舆情数量以及新闻、微信和微博三个平台的舆情走势，然后对这三个平台的舆情内容进行了解读，其中生态文明建设、推进绿色发展、脱贫扶贫以及林地违建等热点事件是官方媒体关注的重点。最后进行总结并提出建议。

关键词：官方媒体 生态文明建设 绿水青山

一、舆情总体概况

媒体是提高公共事件的公众关注度和影响公众认知度的重要渠道。在媒体融合的提倡和鼓励下，主流新闻媒体通过"两微一端"的建设和维护，自身的传播力、影响力和公信力都大为提升[1]。例如，人民日报、央视新闻这两个中央媒体的官方微博账号粉丝量均突破了 9000 万。特别是人民日报，其人文化、高站位的评论，赢得了较高的公信力。因此，主流新闻媒体在公共事件热点舆情的有效处置及引导方面起着重要作用，能够推动和解决舆情所反映的社会问题。为探究官媒在网络舆情中的表现与作用，接下来将对官媒涉林报道舆情进行分析。

(一)舆情数量分析

2019 年，通过采集人民日报、央视新闻、光明日报等主流新闻媒体的数据，共整理涉林舆情信息共 25251 条，其中微信 1643 条，微博 4097 条，新闻 19511 条，其各占比例如图 1 所示。从传播特点看，新闻媒体是舆情传播的主力，新闻媒体是优质和原创内容的主要提供者，为受众提供话题，引导舆论走向。而微博、微信大多是对新闻报道的转发，从这个角度而言，新闻报道是微信、微博的重点信息源，在构建官媒涉林报道舆论生态中起着重要的"风向标"作用。

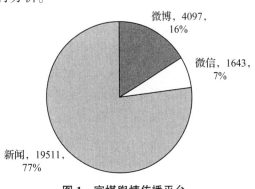

图 1 官媒舆情传播平台

(二)舆情走势分析

2019 年官媒每月涉林报道在新闻、微信以及微博三大平台的数据量以及走势对比如图 2、图 3 和图 4。

比较 2018 年和 2019 年新闻类舆情走势如图 2 所示，2018 年全年舆情走势基本较为平稳，波动较小，与 2019 年相比同样在 2 月份呈下降趋势，且在 8 月份之前，两年的舆情量的相差不大，8 月份之后，2019 年舆论增长迅速，相关新闻报道达到 2000 条以上。追溯原因后发现新闻平台围绕防

* 马宁：北京林业大学经济管理学院副教授、硕士生导师，主要研究领域为林业舆情分析、复杂系统建模与仿真、物流与供应链管理；黄钊：北京林业大学经济管理学院研究生；孙佳诺：北京林业大学经济管理学院本科生。

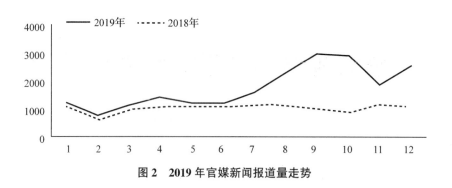

图2　2019年官媒新闻报道量走势

洪抗旱、野生动植物保护、脱贫攻坚等话题展开报道，继续推进相关工作，出现全年新闻量高峰。

　　总的来说，2019年新闻类舆情走势总体呈上升趋势，且从全年来看，上半年较为平稳，下半年则波动较大。其中，9月份出现了全年舆情峰值，相关信息量达到了2997条。

　　分月来看，1月至6月官媒涉林舆情基本平稳。1月，全国10余地省级两会陆续召开，各地的政府工作报告积极对接国家战略，聚焦于京津冀协同发展进程和长江流域中的生态问题，如河北提出，加快张家口首都水源涵养功能区和生态环境支撑区建设，北京积极推进京津风沙源治理二期、京冀生态水源保护林建设。2月，受春节假日影响，相关舆情信息量小幅走低。但国家林草局于当月印发的《关于促进林草产业高质量发展的指导意见》仍受多家媒体报道，其中规划了全国林业总产值的发展目标，以及产业结构的变化等。3月到4月，舆情信息量开始回升。习近平总书记于3月5日下午参加内蒙古代表团审议时强调，在"五位一体"总体布局中生态文明建设是其中一位，因此要全面贯彻落实绿色发展理念，努力推动生态文明建设迈上新台阶，各省也纷纷响应。5月到6月，呈小幅下降态势，其中持续关注长江经济带的生态保护。

　　从7月到9月，舆情量稳步上升，首先多家媒体报道了关于防汛抗旱的新闻，力争做好防汛关键期工作，同时对野生动植物保护的关注量增加，如"中新海关携手破特大走私象牙案""深圳买卖穿山甲犯罪团伙9人被抓"等。此外，习近平总书记于9月18日上午在郑州主持召开黄河流域生态保护和高质量发展座谈会，他强调要坚持绿水青山就是金山银山的理念，让黄河成为造福人民的幸福河，这些事件推动当月舆情信息量升至全年最高点。

　　从10月到11月，舆情量呈下降态势。10月舆情量较上月相对保持平稳，"见证七十载·草原新发展"专题受到了媒体的关注，包括赤峰市巧打乡村振兴和脱贫攻坚"组合拳"、阿什罕苏木防沙治沙，生态向好等。11月舆情量下降至8月份之前的平均水平，官媒继续跟进有关生态文明建设的报道，如"聚焦生态文明建设热点难点，中国生态文明论坛十堰年会今日启幕""美丽中国·网络媒体生态文明行"专题等。

　　12月舆情开始小幅上升，该月全国政协召开双周协商座谈会，主题围绕"建立生态补偿机制中

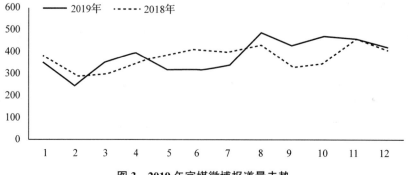

图3　2019年官媒微博报道量走势

存在的问题和建议"，针对生态补偿机制中法律法规不健全、补偿机制不完善、补偿资金渠道单一、补偿效益有待提升等问题，提出若干建议，这一事件得到了多家媒体的转发和报道。

比较 2018 年和 2019 年微博类舆情走势如图 3 所示，2018 年和 2019 年微博类舆情走势全年都有波动，但 2019 年整体呈上升趋势，其中在 8 月份出现了舆情峰值，达到了 485 条，"野外快没有穿山甲了""穿山甲或将升至国家一级保护动物"等话题受到了多家媒体的评论与转发。在其他月份也有关于野生动植物保护的报道，如"大连 100 头斑海豹幼崽被盗""鄱阳湖 16 只白琵鹭遭毒杀"等事件，期望能通过舆论引导，来呼吁大家保护野生动植物。此外，官方媒体对脱贫攻坚在行动、生态文明建设与绿色经济发展等工作的推进表现出信心。

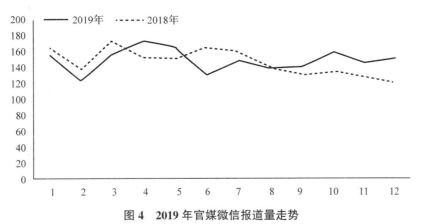

图 4　2019 年官媒微信报道量走势

比较 2018 年和 2019 年微信类舆情走势如图 4 所示，2018 年微信类数据全年呈下降趋势，而 2019 年则基本维持稳定，每月均在 100 篇到 200 篇之间。其中在 4 月份达到了舆情峰值，为 173 篇，探究原因后发现，4 月份多家媒体公众号报道了四川凉山大火事件，对事件的起因、扑救过程以及事后反思进行了详细分析，希望以后能够规避此类事件的发生。其他月份的关注重点则大部分都集中于曹园违建、长江 1 号洪水正式形成、"绿水青山就是金山银山"的生动实践等事件。

由此可见，官方媒体在新闻平台的涉林报道更多侧重于对宏观政策的解读，而在微信和微博平台主要是对新闻报道的转载，或者更关注于一些热点事件的传播，如中华穿山甲功能性灭绝等，以此来引导舆论，并促进相关社会问题的有效解决。

二、舆情内容分析

(一) 新　闻

分别对 2019 年和 2018 年的新闻数据进行关键词抽取，并利用词云展示了排名 TOP50 的关键词，结果如图 5 和图 6 所示。

从中明显可以看出，2019 年和 2018 年官方媒体在新闻平台的报道关键词相似，且其中"生态""脱贫""扶贫""保护""旅游""绿色"等关键词出现频率相对较高，由此可得，近两年来，官方媒体一直在报道生态保护、脱贫扶贫等工作的稳步推进，关注重点基本没有转移。

对 2019 年词云中的关键词语义进行扩展，发现绿色生态、生态效益、生态建设、生态旅游、水土保持等话题出现频率高。以生态旅游为例，其又称森林旅游，在 2019 年前三季度我国林业产业总产值达 5.13 万亿元，同比增长 5.3%，其中，生态旅游占我国林业 GDP 的前三名，成三大万亿级产业之一。目前，我国林业一、二、三产业比例已由 2012 年的 35∶53∶12 调整到 2018 年的 32∶46∶22，产业结构不断优化升级。以生态旅游为代表的新兴业态不断涌现，已建成 100 家森林体验、森林养生国家基地和 12 条国家森林步道，吸纳社会投资总额达 1400 亿元，全国林业产业从业人员超过 5000

图 5　2019 年官媒涉林报道文章关键词　　图 6　2018 年官媒涉林报道文章关键词

万人[2]。生态旅游是一种增进环保、崇尚绿色并倡导人与自然和谐共生的旅游方式。2016 年，为贯彻落实党的十八大和十八届三中、四中、五中全会关于加快生态文明建设和加快旅游业发展的精神，落实《国务院关于促进旅游业改革发展的若干意见》要求，推动生态旅游持续健康发展，国家发展改革委、国家旅游局在广泛调查研究、科学深入分析、充分征求意见的基础上，组织编制完成了《全国生态旅游发展规划(2016~2025 年)》，确定了全国生态旅游发展的指导思想、基本原则、发展目标、总体布局、重点任务，提出了六个方面的配套体系建设任务，并就实施保障做了具体安排，是未来十年全国生态旅游发展的重要指导性文件。自此生态旅游产业进入快速发展，充分体现"绿水青山就是金山银山"理念。

同样对 2018 年词云中的关键词语义进行扩展，发现绿色发展、环境治理、配套改革、绿色技术创新等话题出现频率高。实践表明，经济和生态是一个不可分割的整体。党的十八大提出把生态文明建设放在突出位置，并融入经济建设、政治建设、文化建设、社会建设各方面和全过程，十八届五中全会将绿色与创新、协调、开放、共享共同构成五大发展理念，党的十九大报告明确提出必须树立和践行"绿水青山就是金山银山"的理念，统筹山水林田湖草系统治理，建设美丽中国。这在原来的"山水林田湖"后加了一个"草"字，变成"山水林田湖草"，更符合生态系统的实际。在生态系统循环中，草发挥着重要的作用。报告还提到要建立多个方面的体系，对生态环境进行系统治理。如"建立健全绿色低碳循环发展的经济体系""构建市场导向的绿色技术创新体系""构建清洁低碳、安全高效的能源体系""实现生产系统和生活系统循环链接""优化生态安全屏障体系，构建生态廊道和生物多样性保护网络""构建政府为主导、企业为主体、社会组织和公众共同参与的环境治理体系"等。在这些体系行动下，对生态系统的各个领域和环节进行系统治理，特别是统筹"山水林田湖草"系统治理[3]。此外，《国务院机构改革方案》中提出组建的自然资源部、生态环境部等部门也为理顺山水林田湖草系统治理提供了管理保障。可见，我国发展更加注重加强生态环境保护，正在努力实现经济社会发展和生态环境保护协同共进。

(二)微　信

根据腾讯公布的截至 2019 年第三季度财报，微信及 WeChat 的合并月活跃账户数已达 11.51亿。微信是伴随新媒体的发展而兴起的一种信息传播工具，现已由网民之间的信息交流传播工具发展到政府与网民之间沟通的桥梁。网民通过微信浏览政务信息和工作动态，便能对某一民生问题发表意见、对政府工作提出建议。这既拓宽了社情民意表达的渠道，又丰富了监督政府工作的方式，同时微信也是网民交流和提出观点的主要工具。以下首先进行微信文章的热点计算，得出了排名前25 的文章见表 1。

表1 2019年林业信息化热点微信文章TOP25

	公众号	标题	发布时间	阅读量	点赞量	评论量
1	人民日报	总书记四年作出六次批示！"秦岭违建"为何惊动中央？	2019/1/8 21：40	100001	8663	4408
2	央视新闻	四川凉山州发生森林火灾 30名扑火人员失联	2019/4/1 15：02	100001	2110	3229
3	人民日报	心疼！凉山火灾幸存消防员出现应激反应……网友：你们都要好好的	2019/4/6 13：58	100001	5065	1640
4	央视新闻	美国NASA公布的这张照片，拍到了中国的绿水青山	2019/2/15 8：29	100001	4860	1484
5	人民日报	【关注】石家庄别墅乱象：一路狂奔，谁开的绿灯	2019/2/22 20：28	100001	2291	1717
6	央视新闻	为搞旅游建停车场 河南登封上万平方林木被毁	2019/4/13 18：14	100001	776	973
7	人民网	重磅！秦岭违建别墅整治始末	2019/1/9 23：14	100001	1239	629
8	新华社	趵突泉养的海豹又火了！有人质疑此举为"风水"，官方回应了……	2019/1/9 12：51	100001	574	547
9	人民日报评论	今天，你"香椿自由"了吗？（睡前聊一会儿）	2019/3/27 21：43	100001	517	348
10	央视新闻	10头成年斑海豹产仔6头？一查，非法获得	2019/4/13 13：07	100001	296	107
11	央视新闻	100头斑海豹被猎捕38头死亡 央视4问：斑海豹盗猎为何一再发生	2019/2/24 19：49	98526	638	539
12	人民网	痛心！大兴安岭连起18场火灾，一林业局副局长不幸殉职	2019/6/21 6：33	88118	396	149
13	央视新闻	曾违规决策秦岭北麓违建别墅项目！西安市原常务副市长吕健被双开	2019/6/14 18：22	80790	599	323
14	新华社	是否有污染区域"漏网"？——宁夏中卫"美利林区"污染事件调查	2019/11/15 7：47	62562	386	210
15	央视财经	曾经京津冀沙尘暴的"罪魁祸首"，如今变成了聚宝盆！是啥把沙漠变良田	2019/8/16 19：49	45431	322	104
16	央视焦点访谈	红树林惨遭生存威胁，背后的原因不止一个	2019/3/30 19：43	22434	166	134
17	新华每日电讯	当初随意圈画的自然保护区，如今官民都尴尬	2019/8/4 14：00	20084	50	41
18	央视新闻周刊-岩松说	山火过后，我们该做的不止是祭奠	2019/4/6 18：19	11966	117	38
19	中央广电总台中国之声	王有德：与沙漠斗争到底（功勋）	2019/10/9 8：00	10152	159	50
20	央视网	【央视关注】如此残忍！穿山甲徒有一身坚甲	2019/3/29 20：33	9830	36	42
21	光明网	大棚受冷落，警示产业扶贫要有长远考量（光明网评论员）	2019/5/11 15：11	9849	24	32
22	新华网思客	要花多久时间才能治理好北京的飞絮？（思客问答）	2019/5/5 19：21	5169	24	32
23	中央广电总台中国之声	辽宁省光伏项目被指侵占林地，空留大量树坑	2019/1/24 9：24	5026	43	82
24	新华每日电讯	产业扶贫要抓住"农村精英"（调查·观察周刊）	2019/11/18 9：55	1965	9	6
25	人民中国	【双语新闻】地球变得越来越"绿"，中国功不可没	2019/2/20 18：55	1076	20	1

　　然后对微信2019年的文章内容进行LDA主题划分，提取文本主题关键词，主题词表是从网民的评论中根据概率分析出某些关键词出现在同一主题下的可能。通过这种方法可以很好的简化问题的复杂程度，将繁杂的评论归纳为几个主题。本文将微信文章内容划分为3个主题，结果见表2。

表2 2019年官媒微信文章部分主题关键词表

主 题	关键词
林业生态	关乎地球肾这份数据帮算了算湿地家底、第一时间沙尘雾霾天气、春天里归乡客大庆龙凤湿地鸟儿回来、重庆交大课题组4000亩沙漠良田、重庆石柱破坏湿地建工业园月回访、生态保护生态旅游相得益彰、生态自然保护区建立国家公园、精准脱贫调研手记、湿地诗意、福建林改生态林业做优民生林业做大扶贫致富做强、观天下大道行荒漠化治理撷英、保护湿地携手应对气候变化
生态功能区	自然保护区保护动植物保护文化多样性、长江1号洪水正式预警南方多地暴雨来袭、荒漠变绿洲治沙种树当做信仰、神奇阿拉善沙漠暗藏黄金、洪水围城多路救援力量驰援千年临海古城、洪水来袭失联绝望、南方多地暴雨成灾全国175条河流发生超警洪水、彩色蜗牛竟是外来入侵物种、新时代新篇章北京推进生态涵养高质量、16条河流超警戒水位宜春一桥冲走萍乡新余汛情严峻、生态文明思想指引推进长江流域水生态文明
生态热点问题	辽宁省光伏项目指侵占林地空留树坑、秦岭违建惊动中央、搞旅游建停车场河南万平方林木毁、全球森林火灾高发期山火避险、除了穿山甲公子,中医是否也是野生动物"刽子手"、秦岭违建别墅整治始末、秦岭违建别墅整治不在乎中央部署打折扣、削山造地建别墅河北省委书记怒、七个自然保护区遭遇严重破坏侵占当地政府负责人约谈、如此残忍! 穿山甲徒有一身坚甲、辽宁沈阳棋盘山山火4000多人连夜扑救暂无人员伤亡、陕西秦岭违建惊动中央、违建西安业主斥巨资建屋顶花园勒令拆除

　　由LDA主题划分的结果可以看出,官媒微信文章的主题关键词可以分为林业生态、生态功能区、生态热点问题三类。在每一类中官媒公众号更关注的是热点事件,对事件起因、经过和结果以及网民的反应等进行转载和评述。

　　根据以上分析,对2019年官媒报道的热点事件进行回溯。

　　2019年1月,人民日报、人民网和央视新闻等公众号对秦岭别墅违建事件的整治始末进行了详细披露,对其产生的根本原因进行了评述,即在政治纪律方面放松警惕,降低了要求,如今中央推进生态文明建设的力度前所未有,各级政府及领导干部更应时刻绷紧政治纪律这根弦,做到令行禁止、落实到位。此外,辽宁省光伏项目被指侵占林地等事件也受到了媒体的关注。

　　2019年2月,来自NASA(美国宇航局)卫星的数据显示,地球比20年前更绿了,而这主要归功于中国和印度,尤其是中国的植树造林工程与两国共同的农业集约化管理,央视新闻和光明日报等官方媒体对此给予高度评价,中国深入实施三北防护林体系建设、退耕还林还草、天然林保护工程等重点生态工程,这是在用实际行动践行的"绿水青山就是金山银山"理念,充分展现了中国的大国担当,为其他国家提供了样板。同时央视新闻对斑海豹产子期间100只幼崽被盗事件进行了跟踪报道,提出要在日常管理中大力打击捕杀行为。

　　2019年4月,四川凉山大火事件成为多家媒体报道的焦点,如人民日报、新华网等都进行了及时的报道,包括起火点、扑救过程、伤亡情况等,在客观陈述事实的同时也表达了痛惜之情,给舆论引导带来了积极的正面效应。

　　2019年7月,央视新闻、新华网、人民日报等公众号紧急发布了关于长江1号洪水已经形成的新闻报道,及时引导公众提前做好准备,注意防范雷电等强对流天气的危害。

　　2019年11月,新华社和央广网对中卫美利林区污染事件进行后续报道,说明了事件发生后的检测与排查工作,探寻了污染发生的可能原因,相关部门应该根据调查结果,严肃追责问责,依法依规处理,把生态优先、绿色发展的各项措施要求落到实处。

　　抽取微信网民的评论数据进行情感分析,结果见表3。从总量上来看,对于官媒报道的新闻持正面态度的约占62.88%,而持负面评价的约占29.70%,中性评论占7.42%。说明大部分网民赞同并且支持官媒公众号的报道内容,但负面评论的存在证明其也还有需要改进的地方,如积极引导舆论,将网民反映的野生动植物保护问题落到实处,完善相关事件的问责机制等。从均值和总值上来看，持极端负面态度的网友相对较少，对于官媒公众号发布的内容大多都能进行理智地讨论，对舆情的发展与传播起到积极的影响作用。

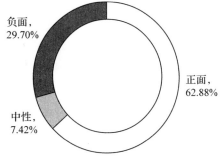

表3　微信评论文本情感分析

	平均值	总　值	总　量
微信正向情感值	8.048	4772.310	593
微信中性情感值	0	0	70
微信负向情感值	-3.968	-1111.212	280

图7　官媒微信文章正负面评论总数环形图

此外，对官媒微信文章评论的词频进行了统计，并展示了词频为TOP20的关键词。可以看到"点赞""鼓掌"是网民评论的高频词，说明其对官媒公众号的报道内容持较为积极的态度。同时"英雄""穿山甲""防火""绿水青山""治沙""违建"等高频词也表明了官媒公众号报道的聚焦主题，如"绿水青山就是金山银山""森林防火""保护野生动植物在行动"等。

表4　2019年官媒微信评论舆情信息关键词词频统计TOP20

序　号	关键词	词　频	序　号	关键词	词　频
1	英　雄	587	11	鼓　掌	175
2	点　赞	544	12	绿　色	159
3	保　护	424	13	植　树	144
4	穿山甲	412	14	银　山	133
5	森　林	288	15	救　火	122
6	防　火	242	16	植树造林	112
7	绿水青山	228	17	沙　漠	110
8	野生动物	225	18	秦　岭	108
9	治　沙	213	19	香　椿	107
10	违　建	185	20	金　山	105

（三）微　博

根据官方媒体发布微博的正文数据，对其进行词频统计，其中排名TOP20的高频词及词频展示见表5。

从高频词可以看出官媒微博关注的重点内容，如与生态相关的主题以及与穿山甲、斑海豹等野生动植物保护相关的话题仍然是讨论的热点。此外，脱贫扶贫也受到了多家媒体的关注，中共中央、国务院于2015年11月29日颁布的《中共中央　国务院关于打赢脱贫攻坚战的决定》，是指导当前和今后一个时期脱贫攻坚的纲要性文件，其中提出目标就是到2020年，稳定实现农村贫困人口不愁吃、不愁穿，义务教育、基本医疗和住房安全有保障，而林业扶贫是打赢脱贫攻坚战中的一个重要环节，可见未来很长一段时间内，官媒会继续跟进脱贫攻坚相关主题的报道。

表 5　2019 年官媒微博正文舆情信息关键词词频统计 TOP20

序　号	关键词	词　频	序　号	关键词	词　频
1	生　态	681	11	脱　贫	180
2	海　南	365	12	旅　游	169
3	保　护	353	13	濒　危	166
4	穿山甲	280	14	生态环境	161
5	乡　村	260	15	治　沙	143
6	斑海豹	258	16	森　林	131
7	曹　园	206	17	造　林	120
8	美　丽	191	18	林　地	118
9	补　偿	191	19	绿　色	117
10	产　业	182	20	黄　河	155

　　抽取微博网民的评论进行情感分析,结果见表 6。从总量上看(图 8),正面评论占 68.17%,负面评论占比 29.17%,中性评论占 2.66%,大部分网民对官媒微博发表的内容持正面态度,还有些网民是对某些具体事件表达自己的看法,比如对"鄱阳湖 16 只白琵鹭遭毒杀"事件,一些网民表示"已经不是那种解决不了温饱的年代了,搞不懂为什么还要毒害野生动物?""国家应该把珍稀野生动物保护层面与人并存",负面情感倾向明显,网民的质疑与愤怒对一些热点事件的解决具有重要的推进作用。因此官媒微博应该关注网民评论并及时给出回复,从而积极引导舆论走向。

表 6　微博评论文本情感分析

	平均值	总　值	总　量
微博正向情感值	3.755	4036.333	1075
微博中性情感值	0	0	42
微博负向情感值	-4.271	-1964.642	460

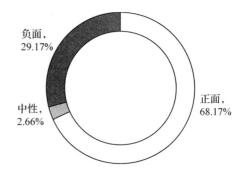

图 8　官媒微博正文正负面评论总数环形图

三、舆情小结

　　习近平总书记曾指出"新闻舆论工作各个方面各个环节都要坚持正确舆论导向"[4],因此新闻媒体应该考虑如何做好正确的舆论引导工作,为推动社会更好地向和谐稳定方向发展起到积极的作用。2019 年,通过对人民日报、央视新闻、光明日报等主流官方媒体进行监测,共得到了新闻、微信和微博三个平台的数据。从总体来看,不同的平台有不同的关注重点,新闻平台紧跟中央出台和颁布的各项宏观政策,对其进行解读和转发,而微信和微博则侧重于转发一些热点事件并进行评述,比如人民日报以增加舆论监督和批评内容的姿态,直面敏感的舆情和群众的诉求,多次发布关于拒绝野生动物制品的微博,呼吁大家共同保护野生动物。从网友在微信和微博平台的评论来看,大部分网友对官媒报道持正面态度,这些正面评论中部分是对官媒的点赞,而有些是对事件本身的赞同,官媒在一定程度上发挥了通达社情民意、疏导公众情绪的重要作用。

　　但是一些负面评论的存在也说明官媒有可以持续改进之处:

　　(1)新媒体时代,网民每个人都是新时代的新闻发现者、分析者、传播者和评论者,官方媒体要提高发布报道的及时性,掌握网络舆情引导的主动权,避免"舆论倒逼"的现象发生,比如针对

"熊猫成实和园月借展仙盖山野生动物园"热点事件，网民对此展开了热烈讨论，且大多数表现出了明显的负面倾向，希望接"成实"和"园月"回家，而官媒却缺少相关动态，在舆情传播中处于被动。

（2）正视网民提出的问题，安抚网民的情绪，要将事实的本原回馈给公众，切勿逃避责任，以故意隐瞒、扰乱视听等方式来转移公众注意力，要给公众提供正确的舆论导向和中正理性的分析。如一些官媒对谣传"中华穿山甲功能性灭绝"事件进行了转发和评述，不少网民表示"某些媒体太容易被误导了，报道至少要听多方观点，科学理性啊，中华穿山甲还在!""怎么成濒危动物的呢？我没买过相关制品，请问下广大网友你们买过吗?"等，可见，官媒在转发相关报道之前一定要确保事件的真实性。

综上，官媒应当发挥其在网络舆情中的重要作用，及时了解舆情动态，找出舆情症结，科学引导舆情动向，营造一个良好的舆论氛围。

参考文献

[1]学习时报．媒体参与公共事件的新变化［EB/OL］．［2016-08-22］．http：//dzb.studytimes.cn/shtml/xxsb/20160822/21415.shtml.

[2]今日热点．前三季度林产总产值达5.13万亿 生态旅游成万亿级产业［EB/OL］．［2019-12-04］．https：//toutiao.china.com/shsy/gundong/13000120/20191204/37496997.html.

[3]陕西省人民政府．在党的十九大精神指引下 加快推进新时代我省生态文明建设［EB/OL］．［2017-12-21］．http：//sndrc.shaanxi.gov.cn/html/100568/1027591.html.

[4]人民网．新闻舆论工作要坚持"讲导向"［EB/OL］．［2016-12-23］．http：//media.people.com.cn/n1/2016/1223/c14677-28972327.html.

地方政府林草部门舆情分析

马 宁 黄 钊 孙佳诺*

摘要： 当前，信息化媒介的快速发展使民意有了更广阔的表达空间，但同时海量网络信息数据的快速传播也带来了复杂多变的舆情环境，这便对政府的舆情回应能力提出了新的挑战。本文针对林草生态舆情，选取国家林业和草原局与北京市作为分析对象，从舆情数量与走势、舆情内容以及热点事件等方面，探究了其在 2019 年的舆情概况与舆情回应能力等。数据分析结果表明国家林草局和北京市的官方微博关注重点有所不同，前者多次转发野生动植物保护的专题报道，而后者则是有关园林园艺的话题居多，由此进行了相应的热点事件分析，并提出了总结与建议。

关键词： 地方政府 野生动植物保护 园林园艺

一、国家林草局官方微博舆情分析

（一）舆情总体概况

为加大生态系统保护力度，统筹森林、草原、湿地监督管理，加快建立以国家公园为主体的自然保护地体系，保障国家生态安全，《国务院机构改革方案》提出，将国家林业局的职责，农业部的草原监督管理职责，以及国土资源部、住房和城乡建设部、水利部、农业部、国家海洋局等部门的自然保护区、风景名胜区、自然遗产、地质公园等管理职责整合，组建国家林业和草原局，由自然资源部管理[1]。国家林业和草原局加挂国家公园管理局牌子。2018 年 3 月，十三届全国人大一次会议表决通过了关于国务院机构改革方案的决定，组建国家林业和草原局，不再保留国家林业局。2018 年 4 月 10 日，国家林业和草原局揭牌。

国家林业和草原局监督管理我国森林、草原、湿地、荒漠和陆生野生动植物资源开发利用和保护，组织生态保护和修复，开展造林绿化工作，管理国家公园等各类自然保护地等。

1. 舆情数量

2019 年，通过对国家林业和草原局官方微博的数据采集，共获得微博数据 4567 条，国家林业和草原局官方微博于 2012 年 05 月 04 日成立，截至 2020 年 1 月 1 日目前粉丝数为 3835753，可见其官方微博具有一定的影响力。

2. 舆情走势

2018 年及 2019 年国家林草局官媒微博每月数据量走势图如图 1。

比较分析国家林草局官方微博 2018 年和 2019 年的微博数据量可以看出，微博舆情走势并不受时间因素的影响，是否有较高舆情量的原因是当月是否有热点事件的发生，例如 2018 年 6 月份达到的舆情量峰值是由于保护粉红椋鸟事件引起了单条微博高达 890 条评论数的舆情高峰。

从 2019 年全年来看，微博舆情走势波动较大，在 4 月和 10 月分别达到一个峰值，10 月份出现了全年舆情的峰值，相关信息量达到了 672 条。分月来看，上半年总体除三至四月有较大的波动外，

---

* 马宁：北京林业大学经济管理学院副教授，硕士生导师，主要研究领域为林业舆情分析、复杂系统建模与仿真、物流与供应链管理；黄钊：北京林业大学经济管理学院研究生；孙佳诺：北京林业大学经济管理学院本科生。

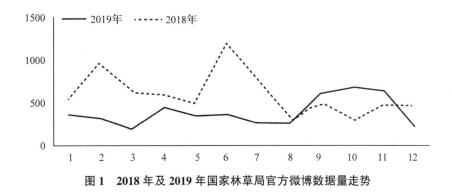

图1　2018年及2019年国家林草局官方微博数据量走势

舆情信息量基本呈现平稳波动的状态。下半年舆情信息量在9月、10月、11月升至较高水平。

1月至2月舆情信息处于中等水平，1月3日九江警方侦破一起非法毒杀珍稀候鸟案的微博获得了网民的关注，1月12日发布的国家林草局着手核实和督办滥采野生杜鹃问题引发网民热议，转发量高达1054，评论量也达到了384条。

2月至3月，舆情信息量有下降趋势，但仍处于中等水平，该月期间，一条"NASA和Nature集体发声：因为中国，地球比过去更绿色了"的微博获得了网民的关注，另外本月网民评论量最高的几条微博均与对上海辖区内驯养繁殖云豹的调查跟进有关，说明网民十分关注国家林草局对热点事件的处理与回应进度。

3月，舆情信息量达到一个谷值，该月微博内容多为转发或推广野生动物或地区生态环境报告，没有热点事件或能够引起网民产生共鸣获得广泛关注的事件报道，网民的关注度较低，导致舆情信息量降低。

4月舆情信息量回升，该月微博主要热点内容包括对《中华人民共和国野生动物保护法》的科普、对森林公安的致敬以及对在乌鲁木齐灰鹤遇高压线上的钢丝绳死亡事件的回应与处理进程，从数据可以看出，网民普遍对野生动植物保护方面的关注度较高。

5月到6月，舆情信息量较平稳，5月19日，2019全国林业草原科技活动周在北京林业大学启动，5月27日关注森林活动20周年总结大会在全国政协礼堂召开，另外本月底官媒转发的野生动物沙燕被成功救出也引起了网民不小的关注度。6月5日，2019年世界环境日全球主场活动在浙江省杭州市举行，国家主席习近平致贺信，6月17日是第二十五个世界防治荒漠化和干旱日，该月的微博内容主要是报道时事和科普知识，网民的关注度较往月有下降的趋势。

7月至9月，舆情信息量平稳，信息量较高的普遍是关于野生动物保护的相关微博，如7月28日，2019虎豹跨境保护国际研讨会在黑龙江省哈尔滨市开幕，7月29日老虎日，8月14日承德发现我国华北豹最北分布点都受到了网民的关注。9月，官博对旅泰大熊猫"创创"死亡的进展跟踪报告以及濒危野生动物猛增报道引起了网民较大的关注度。10月1日，国家林业和草原局"献礼新中国成立70周年"动画宣传片获得了666点赞量，旅泰大熊猫"创创"死亡结果通报引起了大量网民的关注与评论，是该月舆情信息量达到全年峰值的原因之一。

11月，官博发布了《中华人民共和国野生动物保护法》的科普，受到了大量网民的关注，单条微博的转发评论点赞量在全年来看达到了一个峰值。12月舆情信息量降至中等水平，柬埔寨加入国际竹藤组织成为第46个成员国的报道信息获得了网民的超过600的点赞量，该月其他微博内容为日常的科普或转发，没有热点事件的发生，舆情信息量降至中等水平。

（二）舆情内容分析

对2019年国家林草局官方微博数据进行关键词抽取，并利用词云展示了TOP50的关键词，结果如图 2 所示。

从图中明显看出，"野生动物""林业""创创""生态""森林""保护""草原"等关键词出现频率较高，由此可以看出，官博内容集中在野生动物保护和林业生态等，其中"创创""旅泰""保护""繁育""大熊猫""野生动物"等关键词说明了官博对旅泰大熊猫"创创"死亡事件的跟踪报道占比较大，主要原因是网民得知事件发生后，高度关注事件进展以及后续处理事宜。"国家""林业""森林""草原""生态"等关键词的出现频率也比较高，主要原因是 2019 年全国林业草原科技活动周的启动，关注森林活动 20 周年总结大会的召开，以及中国林草 70 年宣传片的放出。

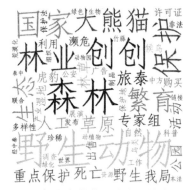

图 2　2019 年国家林草局官方微博内容关键词

然后对 2019 年国家林草局的官方微博文章内容进行 LDA 主题划分，提取文本主题关键词，并分为 4 个主题，结果见表 1。

表 1　2019 年国家林草局官方微博文章部分主题关键词表

主　题	关键词
野生动物保护	"中华人民共和国野生动物保护法""西藏羌塘国家级自然保护区自成立以来，保护区内的重点保护野生动物种群数量明显增加，藏羚羊种群数量已由原来的 5 万只至 7 万只，恢复到目前的万只以上""我局正在了解线路的具体位置并将开展相关工作。保护野生动物，人人有责""请不要伤害野生动物，更不要食用野生动物""保护野生动物在行动"
森林公安与森林消防	"你知道森林公安吗？今日请为他们点赞""森林消防员胡润润年：赴汤蹈火 竭诚为民""茶城森警：嫌疑人已经连夜抓获，已指认现场，案件正在办理中""大连森林公安情况通报：市县两级森林公安迅速出击对猎捕野生鸟类非法行为坚决打击""根河林业局副局长于海俊急率 60 名专业森林扑火队员第一时间赶赴火场，为保护国家森林资源和人民生命财产安全，他身先士卒，奋力扑救森林大火"
生态热点问题	"越野不是撒野，法律不是儿戏""旅泰大熊猫'创创'死亡一事最新进展""旅泰大熊猫'创创'死亡结果通报""中国生态之变：濒危野生动物猛增'死亡之海'不在""大网已经拆除，崖沙燕'爸爸妈妈'已经回家""解决方案来啦，专员办组织专家就鸟类保护问题提供技术支持""我局正在了解线路的具体位置并将开展相关工作""国内 12 家快递物流签署自律公约：拒寄非法野生动植物及制品"
森林生态现况普及	"22.96%，中国森林覆盖率最新数据揭秘：为参与森林资源清查的工作人员点赞""森林覆盖率增长趋势图：最新的全国森林覆盖率 22.96%""林业产业，产值背后的价值""林草辉煌 70 年""2.2 亿公顷森林、4 亿公顷草原让超过 3/5 的国土披上绿装""关注森林""走入森林，森呼吸，森林是氧吧，是美丽中国的'心头好'""森林，自然美的重要元素"

由 LDA 主题划分的结果可以看出，官方微博文章的主题关键词可以分为野生动物保护、森林公安森林消防员、生态热点问题、森林生态现况普及四类。在每一类中官博关注的侧重点有所不同，对于森林公安森林消防员舆情以及森林生态舆情方面，官博重点关注对相关知识的科普，如森林公安、森林的重要性、森林覆盖率等；而对野生动物保护舆情和生态热点问题舆情方面，官博的侧重点在对于热点问题的起因、经过和结果的跟进报道上，如旅泰大熊猫"创创"死亡事件、灰鹤受高压钢丝绳电击伤害事件、崖沙燕被困网中事件等。

根据国家林草局官方微博发布微博的评论数据，对其进行词频统计，其中排名 TOP20 的高频词及词频展示见表 2。

从高频词可以看出官方微博评论中的重点内容，网民对于"大熊猫""林业""创创""草原"的关注度最高，可见网民着重关注林业草原相关内容以及大熊猫"创创"事件。从整体上看，"野生动物""保护""森林""圈养""养殖""猎杀"等高频词可以看出野生动植物保护是网民热议的话题，其中包括网民热议的微博话题"保护野生动物在行动"；从局部来看，大熊猫"创创""林慧"是网民评论最关注的内容，主要原因是大熊猫"创创"死亡引起网民热议，其次"旅游景点""生态""湿地""森林"

表 2　2019 年国家林草局官方微博评论部分主题关键词表

序　号	关键词	词　频	序　号	关键词	词　频
1	大熊猫	1411	11	森　林	514
2	林　业	1333	12	圈　养	417
3	草　原	1283	13	湿　地	335
4	创　创	1235	14	猎　杀	331
5	林　慧	1085	15	野　狼	329
6	保　护	976	16	生　态	310
7	熊　猫	969	17	旅游景点	297
8	野生动物	821	18	达　标	264
9	保护区	599	19	致　敬	244
10	动　物	584	20	养　殖	232

等高频词可以看出网民也较为关注生态环境的保护，"致敬"高频词反映了网民在向森林公安、森林消防员表示致敬。

　　抽取微博网友的评论进行情感分析，结果如图 3 所示。从总量上看出，总发言数达 3443 条，其中正面评论占 32.04%，中性评论占 1.95%，负面评论占 66.02%，从数据可以看出，评论中很大一部分网友持负面态度，正面评论数不及一半，究其原因应有以下三点：一是网民对野生动物保护的重视程度很大，以至于网民对待珍稀野生动物受到不法待遇时强烈表达自己的不满与愤怒；二是网民在手机或电脑屏幕的一端，仅能看到官方媒体发布的消息，无法得知整体事件调查解决的进展，导致网民对国家林草局回应能力有疑虑而产生负面评论；三是网民易被舆论风向导引，态度不坚定的网民看到负面的舆论倾向易跟随舆论而产生负面评论。因此国家林草局官方微博应当及时关注网友评论并给出回复，防止"以负生负"的情况发生，应当让网民及时了解事件进展，积极引导舆论走向。

表 3　2019 年官方微博评论文本情感分析

	平均值	总　值	总　量
微博正向情感值	131.469	145010.320	1103
微博中性情感值	0	0	67
微博负向情感值	−10.307	−23426.78	2273

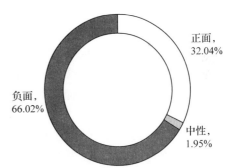

图 3　国家林草局官方微博正文正
负面评论总数环形图

(三)热点事件

1. 概　况

　　从 2019 年国家林业和草原局官方微博的数据中可以看到，网民以及官方都把更多的注意力放在了野生动植物保护事件上，大部分舆情信息量较高的微博都与其有关，可见官方微博的热点事件聚焦于野生动植物保护方面，其中包括对《中华人民共和国野生动物保护法》的科普微博、对珍稀动植物的科普，还有官方微博对野生动植物热点事件的跟踪报道或跟进报告，例如在 9 至 10 月份大熊猫"创创"死亡事件的跟进报告相关微博使舆情信息量高升至全年较高水平。

2. 趋势分析

　　2019 年国家林草局官方微博野生动植物保护数据量走势如图 4 所示。

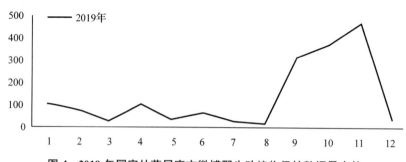

图4　2019年国家林草局官方微博野生动植物保护数据量走势

从走势图4可以看出，1至8月，野生动植物保护数据量处于平稳波动在较低水平，9至11月持续上升，具体分月来看，1月，宣传中国野生植物保护协会在线举报平台；发布九江警方侦破一起非法毒杀珍稀候鸟案的报道。2月，官博转发"国保动物全部没有私人饲养许可"的举报并表示线索跟进中，不少网民显示积极情绪，希望当局尽快抓到不法分子。3月，世界野生动植物日发布全球主题和我国主题。4月，灰鹤被高压线上的钢丝绳伤害事件的跟进报告。5月，解救被困崖沙燕跟进报道；发布《国内12家快递物流签署自律公约：拒寄非法野生动植物及制品》报道。7月，海南立案查处五指山市黄花梨盗砍滥伐问题，国家林草局表示已责成驻广州森林资源监督专员办事处和海南省林业局组成督导组，赴现地开展督办。8月，官博发布我国科研人员首次在野外拍摄到孟加拉虎活体照片的报道。9月至10月，旅泰大熊猫"创创"死亡事件跟进报道，引发网民的热议，使数据量持续上升。11月，官方就热点事件发布《中华人民共和国野生动物保护法》的科普微博，评论数达到全年峰值，主要原因是官方一直未能回应评论中对于举报网红无防护措施接触珍稀野生动物事件，导致大量负面评论的产生。12月，官博针对近期发生的网红博主"晒图"、重庆一咖啡馆饲养野生动物的行为向网民回应，将责成北京市园林绿化局和重庆市林业局开展调查，引发网民的讨论，但本月则整体没有引发网民整体热议的热点事件，致使本月的野生动植物保护舆情信息量降至正常水平。

3. 网民观点

通过官方微博内容的分析以及对于网民评论的情感分析可以看出，网民尤其重视官方微博对于举报信息是否给予及时的回应以及解决工作的进展程度，例如4月份发生的灰鹤被高压线上的钢丝绳伤害的事件，在官方未表态前，许多网民就在原举报微博的评论中@官方微博来寻求帮助，4月28日10：56，官方微博接到举报信息后发布工作报告，表示当局正在了解线路的具体位置并将开展相关工作。下午15点34分，官方回应已经确定线路具体位置。4月29日发布解决方案。相关的三条微博的评论大部分以积极为主，如"办事效率杠杠的！""太给力了！国家林业和草原局这两年很多重大生态项目上反应都超级快！""效率很高！飞鸟谢谢你们！""真的很棒很高效了，谢谢你们！"等，均显示出当官博解决事件速度较快时，能引起网民的多数好评，灰鹤事件相关微博评论文本情感分析见表3，正负面评论总数环形图如图5所示。

表4　灰鹤事件相关微博评论文本情感分析

	平均值	总　值	总　量
微博正向情感值	4.685	192.085	41
微博中性情感值	0	0	14
微博负向情感值	-2.735	-24.615	9

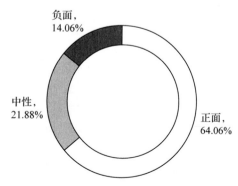

图5　灰鹤事件相关微博正负面评论总数环形图

而当网民的举报未能得到及时回应时，官博的评论以负面为主，网民开始质疑官博解决事件的态度和能力，例如官博于 1 月 12 日发布关于"1 月 9 日央视报道滥采野生杜鹃问题后，我局立即进行核实和督办。"引起网民对国家林草局的跟进速度的质疑，消极评论占比较大，滥采野生杜鹃事件相关微博评论文本情感分析见表 4，正负面评论总数环形图如图 6 所示。

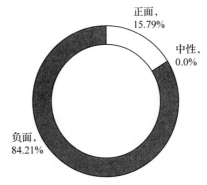

图 6　滥采野生杜鹃事件相关微博
正负面评论总数环形图

表 5　滥采野生杜鹃事件相关微博评论文本情感分析

	平　均　值	总　　值	总　　量
微博正向情感值	11. 8667	71. 2	6
微博中性情感值	0	0	0
微博负向情感值	−3. 0975	−99. 12	32

4. 小　结

网民将官方微博当做一个解决现实问题的途径，网民在野生动植物保护方面的正义感很强，且许多网民会把情感带入到珍稀野生动植物上，当大部分网民无法亲临现场解决问题时，往往把希望寄托于官博，他们更加重视当局对于热点事件的报道速度和工作进展速度，而官方微博的态度也一定程度上代表了国家政府的态度，这意味着，一旦发生热点事件，网民会极其关注官方动态，官方的一举一动都会影响舆论的走向。

综上所述，当热点事件发生时，尤其是动植物保护方面的问题，网民会较以往更加积极密切地关注官博发布的动态，此时官博的动态就会被网民放大，稍有偏差就会被网民认为对事件不作为，舆论导向就会趋向消极负面，但另一方面，在高度的关注下，官方微博也更加容易将舆论导向正确的方向，因此此时官博的动态有着至关重要的作用。

（四）总结与建议

通过对国家林业和草原局官方微博信息的采集，能够看出网民对于生态方面的关注程度较高，且网民尤其在意官博对于热点事件的回应速度与回应内容。根据全年评论量的情感分析和野生动植物保护相关微博的情感分析可以看出，网民对于此类事件有着极高的敏感度，虽然在滥采野生杜鹃事件的微博中，84.21%的负面评论可能大部分是网民在表达自己的心痛与不满，但是评论中不乏对当局工作能力、事件回应能力的质疑，如此一边倒的舆论倾向是一个较为严重的问题，网络信息的传播本身就有易被错误引导的弊端，此时官方微博更要正确的引导舆论走向。

通过对这些负面评论的分析，国家林草局的官方微博有一些地方仍需加强改进：

（1）官方微博应该提高活跃度，更加积极的回应网民的提问和举报，尤其是点赞量高的评论，这样的评论往往是舆论的源头，网民在很大程度上会更加容易看到这些点赞量高的评论，因此官方微博应当提高回应的活跃度，积极正确地引导舆论走向。

（2）事件处理进展报告及时，并正面回应提问量较高的问题，安抚网民情绪，切勿逃避、拖延，否则只会加重网民的负面倾向，而大量的负面评论很容易将舆论导向错误的方向，这时官博很难及时挽回舆论局面。因此官博应当在舆论前期就给网民提供正确的舆论导向和理性的分析。

（3）及时发布工作进展，不仅限于热点事件发生时，在日常的微博中也应当向网民告知目前的一些工作及工作进展，避免网民产生当局不回应不作为的负面情绪，同时也能够让网民监督工作进度，让网民对于当局的工作负责程度有更多的信赖，以此能够提高当局工作在网民中的认同感。

网络是一个大熔炉，良莠不齐的信息很容易让网民的信息辨别出现偏差，官方微博需要担起"官方"的责任，发挥其在网络舆情中的重要作用，及时关注舆情动态，科学引导舆情动向，营造良好的舆情氛围。

二、北京市园林绿化局官方微博舆情分析

（一）舆情总体概况

北京市园林绿化局（首都绿化办）是负责北京市园林绿化工作的市政府直属机构。市园林绿化局设 17 个内设机构和北京市园林绿化局森林公安局，机关编制 122 名。根据中央机构编制委员会《关于组建北京市园林绿化局的批复》和北京市人民政府办公厅《关于组建北京市园林绿化局和北京公园管理中心的通知》，组建北京市园林绿化局，挂首都园林绿化委员会办公室的牌子。

北京市园林绿化局主要职责为加强本市园林绿化城乡统筹发展、保护和合理利用林业资源、加强对全市园林的科学规划、统一管理，负责政策研究、标准制定、监督执法[2]。

1. 舆情数量

2019 年，通过对北京市园林绿化局微博的数据采集，共获得涉林舆情数据 1865 条。北京市园林绿化局的政务微博@首都园林绿化于 2012 年 3 月 1 日正式上线，作为首都园林绿化外宣新阵地，政务微博将会有效动员群众积极参与首都绿化，进一步推进首都园林绿化事业发展，目前其官方微博账号的粉丝数为 164075。

2. 舆情走势

2018 年和 2019 年北京市园林绿化局微博的舆情走势如图 7 所示，可见 2019 年微博类舆情走势全年都有波动，但波动较为平稳，主要集中在中等水平。舆论信息在 3 月份和 9 月份出现舆论峰值，达到 208 条，3 月份的"义务植树"等话题受到多家媒体的评论与转发。9 月份"第十一届北京菊花文化节"及"国庆游园"举办再一次将舆论推向高峰。在其他月份也多次出现关于北京市各大公园景区如颐和园、鹫峰等的报道，官媒更多的侧重围绕重大节日及活动进行宣传，通过关注园林风景等的建设维护，树立"绿水青山就是金山银山"理念，促进市民环保观念的形成。

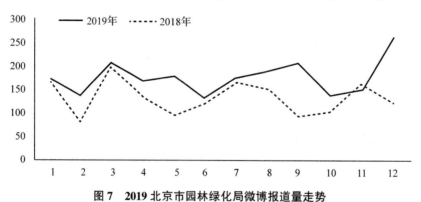

图 7　2019 北京市园林绿化局微博报道量走势

分月来看，上半年 1 月至 3 月有较大波动，其中 2 月受春节假日影响，舆情信息量小幅走低。1 月北京市园林绿化局微博的发文量处于中等水平，其于 1 月 1 日发布的"14 处公园风景区多项文化活动带您迎新年"话题网民参与度较高，2 月舆情信息量下降，但"北京春季赏花时间表"仍引起

了网民小范围的讨论。3月随着春季到来,义务植树活动受到了很多网民的支持,@首都园林绿化也发布了相应的"北京市义务植树接待点"。

3月份到到6月份舆论信息量总体上呈下降趋势。4月份多个事件受到了网民的关注,如4月9日"东城区33个口袋公园刷新市民家门口风景"和4月12日"天坛公园的百年杏花林"引发热议。5月至6月微博发文量又开始减少,其中"浪漫初夏500里月季'彩虹带'环绕京城"赏花活动的发布与之前月份的舆情信息重复度较高,网民关注度较低,热点事件相较其他月份较少,因此6月舆情信息量达到谷底。

下半年相较上半年每月波动较大,6月份至7月份为回升阶段,6月6日"三大主题十四项文化活动,端午乐游园"等围绕端午系列主题活动受到网民关注,引发网民对于游园庆祝传统节日的共鸣。7月份至8月份继续呈回升趋势,7月6日,围绕世园会展开的"2019北京世园会'一花一园一城'系列国家园艺宣传片"引发热议,获得网民的广泛评论。7月19日"两只被救雨燕回归天空,暂别京城"以及7月24日@首都园林绿化发布的"文明游园倡议书"和"不文明游园行为黑名单"受到了大量网民关注,转发评论数较多。

8至9月份舆论信息量上升趋势,8月14日"延崇联手共保冬奥赛区生态安全"引发网民较大的关注度。9月份到10月份舆论信息呈下降趋势,其中九月份主要围绕"第十一届北京菊花文化节活动",重复度较高。10月到12月舆情信息量上升,各种如"圆明园喜添6只黑天鹅小宝宝"等园林资讯是网民关注的重点。

(二)舆情内容分析

经过对2019年的新闻数据词进行关键词抽取,并利用词云展示排名前50的关键词,结果如图8所示。

对2019年微博关键词进行扩展,可以发现:"园林""园艺""生态""植树"等关键词出现较多,以北京世界园艺博览会为代表,世园会累计接待游客934万人次,共举办3284场文化活动,促进了绿色产业的合作,503公顷的土地供应早了百余个"园中园",生动地诠释了人与自然和谐相处的理念。园林园艺建设和园林园艺展览展会的举办是建设生态和谐首都的必备条件。十九大报告中指出:"必须坚持节约优先、保护优先、自然恢复为主的方针,形成节约资源、保护环境的空间格局、产业结构、生产方式、生活方式、还自然以美丽、宁静、和谐。"截至2020年,区域绿色植地比率达到40%,下凹式绿地率达到50%,人均绿化面积为20平方米,整体绿

图8 2019年首都园林绿化微博涉林报道文章关键词

化率达到50%,将首都打造为生态宜居的城市。园林建设以行动践行理念,满足人民对生态环境质量的需求。

林地建设与森林观光也是官媒报道的另一个重要方面,珍稀名贵树木的保护及举报破坏行为成为宣传的重点,官媒侧重季节变化下宣传推荐首都森林宜休憩的地点和时间来提高群众爱林护林的意识。"延庆荣膺国家森林城市称号""为冬奥赛区筑牢森林安全网",延庆地区作为森林城市的代表被官媒多次报道。

然后对2019年北京市园林绿化局官方微博内容进行LDA主题划分,提取文本主题关键词,并分为四个主题,结果见表6。

表 6　2019 年北京市园林绿化局官方微博文章部分主题关键词表

主　题	关键词
园林园艺	"美景惊艳冬天来源海淀园林""改革开放周年北京花卉产业发展史，花卉文化北京历史悠久，改革开放政策扶持社会投入，市民需求带动花卉产业北京城，一年四季花儿开放风光，花儿芳香充斥生活角落""世园槐林弄锦杨林大道，延庆区世园工作越来越受关注，世园配套工程百康路东姜路园艺主题大道槐林弄锦，杨林大道世园园区美景内外相映""绿色项链提前戴，北京将现一环百园美景，2019 年全市一道绿隔地区新开工公园，提前一年一环百园城市戴上一条美丽生态项链"
森林公安与森林消防	"本周发布橙色森林火险预警""北京森林火险升级橙色预警，请市民朋友在此期间勿携带火种进入林区，严禁野外违规违章用火"
造林绿化	"2019 年园林绿化工作加快新一轮百万亩造林绿化，本市新增造林 23 万亩改造提升 1.73 万亩跨年度项目实施安排新增造林 28.4 万亩""本市聚焦高质量加快工作进度工程建设中突出重点区域节点，确保圆满完成新一轮百万亩造林绿化""义务植树日前篮球绿色情中国篮球协会认种认养绿地活动，东城区龙潭西湖公园中国篮球协会出资万元认养公园柳荷轩景区 6329 平方米绿地树木，悬挂二维码认养树牌活动拉开年首都义务植树尽责活动序幕""园林课堂京城观鸟季燕雀天冷大雁南飞季节，鸟儿飞北京停留休息补充体力，越冬候鸟陆续到场成群结队路过北京"
游园活动	"春节期间北京处公园风景区推出余项特色文化活动供市民游玩体验，包括庙会民俗体验传统文化展演游园赏景赏花冰雪娱乐活动四大类文化活动""乐游园梅丽燕郊共度梅好时光，国色天香醉梅乡村梦想第六届梅花迎春跨年展在燕郊植物园梅园展出，梅园温室大棚未见梅花芳香扑鼻，梅花品种 500 余，梅花悉数亮相，徜徉于花海拍照留念生态京津冀"

由 LDA 主题划分的结果可以看出，官方微博文章的主题关键词可以分为野生动物保护、园林园艺舆情、森林公安森林消防舆情、森林生态舆情、游园活动舆情。在每一类官博关注的侧重点有所不同，对于园林园艺舆情，官博重点园林园艺产业的发展，如北京花卉产业的发展。森林生态舆情方面主要为造林工程的推进，持续推进京津风沙源治理。而对于森林公安和森林消防舆情主要是防火预警，强调防火的重要性，提高群众的警惕性。游园舆情方面主要是对游园活动的报道，侧重民俗与游园相结合。

根据北京市园林绿化局官方微博发布微博的正文数据，对其进行词频统计，其中排名 TOP20 的高频词及词频展示见表 7。

表 7　2019 年北京市园林绿化局官方微博正文部分主题关键词表

序　号	关键词	词　频	序　号	关键词	词　频
1	园林绿化	1119	11	丁香	196
2	植树	723	12	采摘	194
3	首都	698	13	春花	174
4	公园	587	14	参与	154
5	北京	582	15	北京市	154
6	园林	508	16	世园	149
7	绿化	282	17	怀柔区	149
8	赏菊	243	18	认养	145
9	森林公园	200	19	黑天鹅	145
10	圆柏	198	20	延庆	130

从高频词可以看出官方微博重点关注的内容，如园林绿化相关的主题，例如植树活动、建设森林公园、花卉品种的增加以及世园会的举办；另外官博重点关注了几个地区，如怀柔区、延庆区等地。从整体上看，首都的园林建设是生态保护的重点内容。

表 8 微博评论文本情感分析

	平均值	总 值	总 量
微博正向情感值	6.240	3101.061	215
微博负向情感值	-2.753	-189.932	339
微博中性情感值	0	0	0

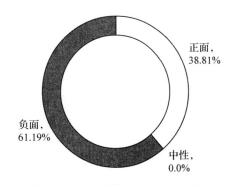

图 9 首都园林绿化微博正负面评论总数环形图

对微博网友的评论进行情感分析,结果如表 8 所示。从总量上看,对于官媒报道的新闻持正面态度的约占 37.99%,总量达到 215 条。持消极态度的网友评论占到了约 59.89%,总量达到 339 条(图 9)。说明官媒的宣传与引导作用尚不令人满意,政府的生态工作有待增强,负面情绪主要集中在对野生动物事件处理上,网民对@首都园林绿化的跟进速度和处理力度上意见较大,期望官方能给出更加正面明确的回应。

野生动物的保护是网民持续关注的热点,可以看出大多数网民对野生动物保护态度积极,官微是网民揭发滥捕滥杀野生动物行为的重要途径,也是该类事件被曝光的重要平台,官微的处理力度极大地影响网民情绪。官微应加大对该类事件处理力度,积极回应群众,防止负面情绪滋长。

另一方面,园林的建设与保护是与群众生活紧密贴合的重要方面,积极评论主要集中在对园林建设进展和处罚破坏园林行为的表扬上。官媒积极发布此类建设信息为群众的生活提供更多的便捷,了解园林活动,丰富生活。

(三)热点事件

1. 概 况

从 2019 年北京市园林绿化局官方微博的数据中可以看出,网民以及官方都更多的关注园林绿化,大部分舆论信息量较高的微博都与之相关,可见官方微博的热点事件聚焦在园林园艺方面。包括园林园艺活动的举办,园林园艺产业的发展两大部分。

其中北京市园林绿化局官方微博主要集中在对园林园艺发展成果的介绍汇报和展望目标,以及对园林园艺活动的预告和宣传。从时间线来看,发布了大量关于园林建设方面的舆情信息。

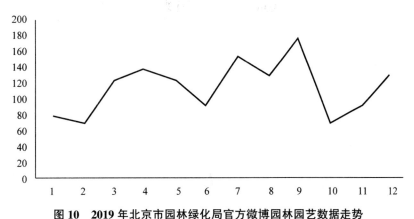

图 10 2019 年北京市园林绿化局官方微博园林园艺数据走势

2. 趋势分析

由图 10 可知,1 月,发布北京中轴线将添两大城市公园,展望公园建设,2 月份,宣布海淀公园成为全国首座 AI 科技主题公园,紧紧围绕园林建设,3 月份,官媒发布大兴将实施造林绿化 3.28 万亩,4 月份,官媒发布中央军委领导参加首都义务植树活动围绕首都园林绿化展开,5 月份,官微发布助力世园会,丰台园林人齐心协力勇创佳绩,鼓励先进的园林建设活动,

6 月份,发布北京世界花卉大观园,7 月份,官媒发布 2019 北京世园会"一花一园一城"系列国家园艺宣传片,宣传世园会,8 月份,发布昌平"上新"的公园,盘点园林建设进程,9 月份,安德城市森林公园开园,10 月份,发布 2019 年北京市园林绿化行政执法人员培训班举办,11 月份,发布北京市唯一国家级城市湿地公园的发展历程,围绕新公园的建设展开,12 月份,发布玉渊潭公园种植羽衣甘蓝,补充园林品种更新的舆情。

3. 网民观点

网民对首都园林园艺建设的关注度很大,大部分舆情信息都产生由于此,通过对官媒内容的分析以及网民评论的情感态度分析可以看出,网民尤其重视市园林园艺的建设进程和对个别人破坏园林草木行为的惩戒,在园林内举办的传统民俗活动更是引发市民的热议。例如对于 11 月 4 日发布的百望山森林公园彩叶林总面积千余亩,有网民评论"今天去了,层林尽染",11 月 8 日发布的立冬,有网民评论:"立冬快乐园林君,别忘了吃饺子。"大多数网民的评论均为积极,可见北京市园林绿化局官微在园林活动的宣传方面得到网民的认可。而对园林服务与执法活动,消极评论较多,例如官媒发布的金秋畅游世园,有网民评论:"估计除了延庆人民,其他区域的不去,交通不方便,虽然票价和园博园一样了,但是没有园博交通便利啊。""看到了许多大妈大爷爬树、摇树、摘果子""我都预约到了,但是需要提前几天去换票,我们外地游客不能去北京庆祝国庆吗?""微信买票根本无法实名认证"。另外官媒的评论中网民提问占相当一部分比例,例如"请问,这个龙的造型,是在哪可以观赏到?""请问花坛什么时间撤掉啊?""你好,我想请问一下,今年北京的银杏开始黄了吗?观赏期大概会在什么时候呀?"

由此可见,网民期望官方微博可以及时发布游园活动的预告以及具体的时间安排,并希望通过官方微博反映园林园艺建设上存在的问题,使问题得以及时改进,网民对首都的园林有强烈的爱护情感,十分关注相关园林的建设,官方微博一定程度上代表了北京政府的态度,所以网民十分关注官方微博的动态和官方微博的回应。

4. 小　结

综上所述,当热点事件发生时,尤其是园林园艺活动方面,网民会以更积极的态度参与到互动中来,并希望能得官方微博对园林活动具体消息的发布,及时回应相关园林建设服务执法上存在的问题,在这种情况下,官方微博应当更详细地给予网民活动安排,积极回应网民关切,发挥正确舆论导向的作用,起到积极的引导作用。

另一方面,新园林的建设是网民尤为关注的热点,官方微博应当积极公布相关建设进程,公开化、透明化,并及时听取和回应网民的意见和建议。

(四)总结与建议

根据微博评论与点赞数,负面评论与之相关的主要为"不文明游园行为",首都园林尤其是圆明园等古迹园林的保护受到众多网民的关注。热点事件的曝光与处理是群众关心的重要方面,其中官媒的反应速度与处理力度是影响事件舆论走向的重要方面。另一方面在于园林园艺设计不合理之处,网民期望官方微博能够积极回应,其次为一些野生动物的保护。网民的提问中可以看出对官方微博的质疑态度。

通过对负面评论的分析,可以得出官媒的改进方向:

(1)减少信息的重复发布,丰富内容的多样性和详细度。官媒不仅仅承担着信息公开的任务,更承担着方便群众生活的重要任务,应当减少类似信息的发布,围绕市民关注的热点事件积极报

道，履行好自身职责。

（2）及时追踪时间进度，积极回应网民的问题与建议。接受并及时响应网民的互动与质询意见，避免不作为与怠作为。针对园林服务的负面评论占大多数，反映出园林服务存在很大的问题，网民期望通过官方微博提出相关漏洞和园林过程中存在的问题，官方微博应当及时回应，避免网民负面情绪的堆积。

（3）及时纠正网民的信息偏差。即时公布消息同时应当避免与事件相关的人或组织恶意操纵舆论风向，应当发挥官方的权威性，科学引导。官方微博应当加强科普工作，从网民的评论中可以看出，部分网民缺乏科学知识，官方微博应当加强科普的力度，防止相关网民误导群众，导致恶性循环。

参考文献

［1］新华网. 国家林业和草原局、国家公园管理局挂牌［EB/OL］.［2018-04-10］. http：//www. xinhuanet. com/politics/2018-04/10/c_ 1122660331. htm.

［2］北京市园林绿化局. 北京市园林绿化局职能配置、内设机构［EB/OL］.［2019-04-15］. http：//yllhj. beijing. gov. cn/zwgk/jgzn/jgzz/201904/t20190415_ 110303. shtml.